谨将此书献给我的先生孝谦

特殊杂交应力有限元与三维应力集中

田宗漱 著

科学出版社
北京

内 容 简 介

本书系统介绍作者及其研究团队30多年来所建立的一系列具有优良性质的新型特殊多场变量有限元。这些元以其精度高、计算量少、既适用于各向同性材料也适用于各向异性材料、可方便快捷地分析多种复杂边界条件下多类槽孔的三维应力等突出优点，反映了有限元学科在解决应力集中等问题的前沿性进展，引起国内外学者的关注。

这些特殊元不仅为一直难以解决的多类槽孔三维应力集中及多类曲面附近的三维应力分析，提供了新的计算方法；也为目前难以破解的槽孔层板破坏机理，展示了新的探讨途径。

作者建立的单元程序及麻省理工学院(MIT)的 FEABL 程序(及其扼要说明)(见附录 C)可从 www.sciencep.com 下载，读者可直接用它们求解多类槽孔及曲面附近的三维应力分布。同时，也可以通过当前通用程序所开窗口，将这些杂交应力元的单元程序与位移元通用程序连接，进行求解。

本书可供工程力学与计算力学专业师生，航空、航天、船舶、机械、土木、水利等专业工程技术人员参考。

图书在版编目(CIP)数据

特殊杂交应力有限元与三维应力集中 / 田宗漱著. —北京：科学出版社，2018.4

ISBN 978-7-03-056987-5

Ⅰ. ①特… Ⅱ. ①田… Ⅲ. ①结构力学 Ⅳ. ①O342

中国版本图书馆 CIP 数据核字(2018)第 051679 号

责任编辑：余 丁 陈 静 / 责任校对：郭瑞芝

责任印制：张克忠 / 封面设计：迷底书装

科学出版社 出版

北京东黄城根北街 16 号

邮政编码：100717

http://www.sciencep.com

艺堂印刷(天津)有限公司 印刷

科学出版社发行 各地新华书店经销

*

2018 年 4 月第 一 版 开本：787×1092 1/16

2018 年 4 月第一次印刷 印张：17 1/2

字数：700 000

定价：128.00 元

(如有印装质量问题，我社负责调换)

前　言

正确地分析槽孔构件(尤其是层合构件)在承载下的三维应力集中，以及准确地确定曲面附近的三维应力分布，是确保工程构件安全工作的重要课题之一。

研究表明：槽孔边附近局部区域，应力梯度快速变化，呈现复杂的三维应力状态，用传统的复变函数或光弹试验方法分析，能力有限；而用一般假定位移有限元求解，收敛很慢，就是用高阶多项式作为插值函数的高精度元，亦无助于事。正因为此类问题的复杂性，近一个世纪其解决方法的研究，进展缓慢。

本书作者及其研究团队，利用美国麻省理工学院卞学鐄(Pian T H H)教授创立的多场变量杂交应力有限元方法，开辟了解决此问题的新途径，先后创立了31种新颖、高效的特殊三维杂交应力有限元，它们不仅可以十分简便地进行各向同性及各向异性材料槽孔构件的三维应力集中计算，也可以十分准确地分析多类曲面构件的三维应力分布。

书中系统论述了这些特殊元建立的基础理论及计算实例，这将有助于科研工作者进一步探讨构件应力集中造成的破坏机理；同时也提供了典型单元刚度矩阵的程序，工程技术人员可将其与现有通用库程序直接连接，方便快捷地计算工程实际中所遇到的、以前又难以解决的多类槽孔的三维(及二维)应力集中。

本书反映了有限元学科在解决应力集中等问题前沿性的新突破，是一部系统性强、理论联系实际且具有创见性的学术专著。同时也从一个侧面反映了我们在高等有限元这门新兴科学基础理论及扩展应用方面所取得的成果。

书中多年研究工作曾得到国家自然科学基金的资助，中国科学院大学对本书出版也给予支持，在此一并致谢！

作者热忱欢迎同行和读者对本书批评指正。

田宗漱

2016年2月于北京博雅西园

目　　录

第 1 章　小位移变形弹性理论基本方程

1.1　应力、应变、位移、体积力、表面力

弹性体的力学响应可用三类量来表示，即：应力(力学量)、应变及位移(几何量)。这三类量通常有以下三种表示方法，通常用其英文第一字母代表：

工程表示　　　　　　E (Engineering)

仿射正交张量表示　　T (Cartesian Tensor)

矩阵(或矢量)表示　　M (Matrix or Vector)

这三种表示方法是等同的。

(1)应力：物体内一点的应力状态用 6 个独立的应力分量表示

E：$\sigma_x,\sigma_y,\sigma_z,\tau_{yz},\tau_{zx},\tau_{xy}$（直角坐标：$x,y,z$）

$$(\tau_{yz}=\tau_{zy},\tau_{zx}=\tau_{xz},\tau_{xy}=\tau_{yx}) \tag{1.1.1a}$$

T：σ_{ij}（$i,j=1,2,3$；卡氏坐标：x_1,x_2,x_3）

$$(\sigma_{ij}=\sigma_{ji}) \tag{1.1.1b}$$

M：
$$\boldsymbol{\sigma}=\{\sigma_x,\sigma_y,\sigma_z,\tau_{yz},\tau_{zx},\tau_{xy}\}^{\mathrm{T}}=\{\sigma_{11},\sigma_{22},\sigma_{33},\sigma_{23},\sigma_{31},\sigma_{12}\}^{\mathrm{T}} \tag{1.1.1c}$$

(2)应变：物体内一点的应变状态也用 6 个独立的应变分量表示

E：$\varepsilon_x,\varepsilon_y,\varepsilon_z,\gamma_{yz},\gamma_{zx},\gamma_{xy}$

$$(\gamma_{yz}=\gamma_{zy},\gamma_{zx}=\gamma_{xz},\gamma_{xy}=\gamma_{yx}) \tag{1.1.2a}$$

T：
$$\varepsilon_{ij}\ (i,j=1,2,3;\ \varepsilon_{ij}=\varepsilon_{ji}) \tag{1.1.2b}$$

M：
$$\boldsymbol{\varepsilon}=\{\varepsilon_x,\varepsilon_y,\varepsilon_z,\gamma_{yz},\gamma_{zx},\gamma_{xy}\}^{\mathrm{T}}=\{\varepsilon_{11},\varepsilon_{22},\varepsilon_{33},2\varepsilon_{23},2\varepsilon_{31},2\varepsilon_{12}\}^{\mathrm{T}} \tag{1.1.2c}$$

剪应变的工程表示与张量表示差 1/2，即

$$\gamma_{yz}=2\varepsilon_{23}\qquad \gamma_{zx}=2\varepsilon_{31}\qquad \gamma_{xy}=2\varepsilon_{12} \tag{1.1.3}$$

(3)位移：物体内一点的位移以 3 个位移分量表示

E：
$$u,v,w \tag{1.1.4a}$$

T：
$$u_i\ (i=1,2,3) \tag{1.1.4b}$$

M：
$$\boldsymbol{u}=\{u,v,w\}^{\mathrm{T}}=\{u_1,u_2,u_3\}^{\mathrm{T}} \tag{1.1.4c}$$

所以，弹性理论空间问题的未知量有 6 个应力分量、6 个应变分量及 3 个位移分量，一共 15 个未知量。实际上，应力、应变、位移都是弹性体内各点坐标的函数，即都是场量。以后，为了与弹性理论变分原理的术语一致，$\boldsymbol{\sigma}$、$\boldsymbol{\varepsilon}$、$\boldsymbol{u}$ 称为三类变量。

同时，弹性体还有给定的单位体积的体积力及单位表面上的表面力。

(4)体积力：给定单位体积的体积力有 3 个分量

E： $\bar{F}_x, \bar{F}_y, \bar{F}_z$ ① (1.1.5a)

T： $\bar{F}_i \ (i=1,2,3)$ (1.1.5b)

M： $\bar{\boldsymbol{F}} = \{\bar{F}_x, \bar{F}_y, \bar{F}_z\}^{\mathrm{T}} = \{\bar{F}_1, \bar{F}_2, \bar{F}_3\}^{\mathrm{T}}$ (1.1.5c)

表面力：边界面上单位表面上的面力也有 3 个分量

E： $\bar{T}_x, \bar{T}_y, \bar{T}_z$ (1.1.6a)

T： $\bar{T}_i \ (i=1,2,3)$ (1.1.6b)

M： $\bar{\boldsymbol{T}} = \{\bar{T}_x, \bar{T}_y, \bar{T}_z\}^{\mathrm{T}} = \{\bar{T}_1, \bar{T}_2, \bar{T}_3\}^{\mathrm{T}}$ (1.1.6c)

1.2 应变能和余能

1.2.1 应变能密度

考虑一杆件承受轴向拉伸[图 1.1(a)]，假定其拉力 P 的变化很慢，以致杆在各瞬时均处于平衡状态，这种加载过程称为静过程。这时拉力 P 与伸长 u 之间的关系如图 1.1(b)所示。横坐标 u 与曲线之间的面积 W_a，代表拉力 P 所做的功。在静过程中，可以忽略其动态力，同时，不考虑随着物体的弹性变形而产生的极小电磁及热现象能量消耗。根据能量守恒原理，此功在数值上等于物体变形所储存的**应变能**。对于一个理想弹性体，外力做的功将全部转变为物体所储存的应变能。随着变形的消失，它又以功的形式放出。这种应变能是由于变形而且仅由于变形而产生。

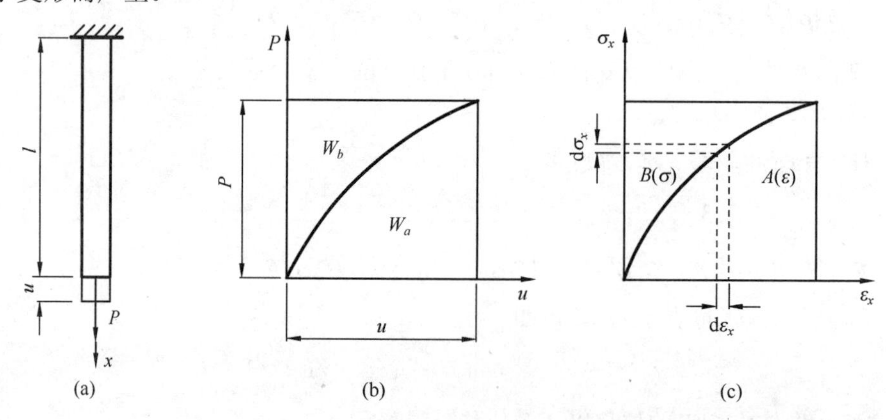

图 1.1 应变能密度与余能密度

图 1.1(c)为此杆对应的应力-应变曲线，其横坐标 ε_x 与曲线间的面积代表单位体积的应变能，又称为**应变能密度**，以 $A(\varepsilon)$ 表示。因此可知，在单向受力状态，应变能密度为

$$A(\varepsilon) = \int_0^{\varepsilon_x} \sigma_x \mathrm{d}\varepsilon_x \tag{a}$$

同理，在复杂受力状态下其应变能密度定义为

① 书中除特别说明，字母上加一横线表示该量是给定的。

$$
\begin{aligned}
A(\varepsilon) &= \int_0^{\varepsilon_{ij}} (\sigma_{11}\mathrm{d}\varepsilon_{11} + \sigma_{22}\mathrm{d}\varepsilon_{22} + \sigma_{33}\mathrm{d}\varepsilon_{33} + 2\sigma_{23}\mathrm{d}\varepsilon_{23} + 2\sigma_{31}\mathrm{d}\varepsilon_{31} + 2\sigma_{12}\mathrm{d}\varepsilon_{12}) \\
&= \int_0^{\varepsilon_{ij}} \sigma_{ij}\ \mathrm{d}\varepsilon_{ij}
\end{aligned} \tag{1.2.1}
$$

1.2.2　余能密度

图 1.1(b)中，纵坐标 P 与曲线之间的面积 W_b 称为**余能**。同理，图 1.1(c)中纵坐标 σ_x 与曲线之间的面积 $B(\sigma)$ 为单位体积的余能，又称为**余能密度**。因此

$$
B(\sigma) = \int_0^{\sigma_x} \varepsilon_x\ \mathrm{d}\sigma_x \tag{b}
$$

而且

$$
A(\varepsilon) + B(\sigma) = \varepsilon_x \sigma_x \tag{c}
$$

对于线性弹性体，由于应力应变为直线关系，所以 $A(\varepsilon) = B(\sigma)$。对于非线性弹性体，其应力应变关系为曲线，因而应变能密度与余能密度并不相等。

弹性体在复杂受力状态时，其余能密度 $B(\sigma)$ 为

$$
\begin{aligned}
B(\sigma) &= \int_0^{\sigma_{ij}} (\varepsilon_{11}\mathrm{d}\sigma_{11} + \varepsilon_{22}\mathrm{d}\sigma_{22} + \varepsilon_{33}\mathrm{d}\sigma_{33} + 2\varepsilon_{23}\mathrm{d}\sigma_{23} + 2\varepsilon_{31}\mathrm{d}\sigma_{31} + 2\varepsilon_{12}\mathrm{d}\sigma_{12}) \\
&= \int_0^{\sigma_{ij}} \varepsilon_{ij}\ \mathrm{d}\sigma_{ij}
\end{aligned} \tag{1.2.2}
$$

同时也存在

$$
A(\varepsilon) + B(\sigma) = \varepsilon_{ke}\sigma_{ke} = \boldsymbol{\varepsilon}^{\mathrm{T}}\boldsymbol{\sigma} \tag{1.2.3}
$$

1.3　小位移变形弹性理论基本方程

以下讨论在体力和给定的边界条件下、处于平衡状态的小位移变形弹性体的基本方程。所谓小位移变形弹性理论，是假定物体内一点的位移分量 u、v、w 小到可以把基本方程线性化，而这些线性化的基本方程有以下几组。

1.3.1　平衡方程(力学方程)

E：在笛卡儿直角坐标系中，弹性体一点的 6 个应力分量必须满足 3 个平衡方程

$$
\begin{aligned}
&\frac{\partial \sigma_x}{\partial x} + \frac{\partial \tau_{xy}}{\partial y} + \frac{\partial \tau_{xz}}{\partial z} + \bar{F}_x = 0 \\
&\frac{\partial \tau_{yx}}{\partial x} + \frac{\partial \sigma_y}{\partial y} + \frac{\partial \tau_{yz}}{\partial z} + \bar{F}_y = 0 \\
&\frac{\partial \tau_{zx}}{\partial x} + \frac{\partial \tau_{zy}}{\partial y} + \frac{\partial \sigma_z}{\partial z} + \bar{F}_z = 0
\end{aligned} \tag{1.3.1a}
$$

T：以上 3 个平衡方程可用张量形式表达

$$\sigma_{ij,j}+\bar{F}_i=0 \qquad (i,j=1,2,3) \tag{1.3.1b}$$

其中，$\sigma_{ij,j}$表示σ_{ij}对x_j的偏导数，即$\dfrac{\partial\sigma_{ij}}{\partial x_j}$。以后书中凡是$(\cdots)_{,j}$都表示$\dfrac{\partial(\cdots)}{\partial x_j}$。

同时，同一项中指标的符号(而不是阿拉伯字)重复，代表该指标由1至3求和，即代表$\sum\limits_1^3$。略去求和符号，这种重复的指标，叫**哑标**，如

$$\sigma_{ii}=\sigma_{11}+\sigma_{22}+\sigma_{33} \tag{a}$$

所以式(1.3.1b)中第一项的符号j为哑标，它表示指标j由1至3求和，即代表

$$\frac{\partial\sigma_{i1}}{\partial x_1}+\frac{\partial\sigma_{i2}}{\partial x_2}+\frac{\partial\sigma_{i3}}{\partial x_3}+\bar{F}_i=0 \qquad (i=1,2,3) \tag{b}$$

在式(b)中，如取$i=1$，可得

$$\frac{\partial\sigma_{11}}{\partial x_1}+\frac{\partial\sigma_{12}}{\partial x_2}+\frac{\partial\sigma_{13}}{\partial x_3}+\bar{F}_1=0 \tag{c}$$

这就是工程表示中平衡方程(1.3.1a)的第一式。同样i分别取2及3，将得到其余两个方程。

由于哑标代表求和，所以可以用任何重复的字母表示，如下式

$$\sigma_{ik,k}+\bar{F}_i=0 \qquad (i=1,2,3) \tag{d}$$

与式(1.3.1b)的展开式(b)完全相同。因此，哑标用别的重复符号置换结果一样。

M：平衡方程同样可用矩阵表达

$$\boldsymbol{D}^{\mathrm{T}}\boldsymbol{\sigma}+\bar{\boldsymbol{F}}=\mathbf{0} \tag{1.3.1c}$$

式中，$\boldsymbol{D}$为微分算子阵

$$\boldsymbol{D}^{\mathrm{T}}=\begin{bmatrix}\partial_{,1} & 0 & 0 & 0 & \partial_{,3} & \partial_{,2}\\ 0 & \partial_{,2} & 0 & \partial_{,3} & 0 & \partial_{,1}\\ 0 & 0 & \partial_{,3} & \partial_{,2} & \partial_{,1} & 0\end{bmatrix}$$

$$=\begin{bmatrix}\dfrac{\partial}{\partial x} & 0 & 0 & 0 & \dfrac{\partial}{\partial z} & \dfrac{\partial}{\partial y}\\ 0 & \dfrac{\partial}{\partial y} & 0 & \dfrac{\partial}{\partial z} & 0 & \dfrac{\partial}{\partial x}\\ 0 & 0 & \dfrac{\partial}{\partial z} & \dfrac{\partial}{\partial y} & \dfrac{\partial}{\partial x} & 0\end{bmatrix} \tag{1.3.2}$$

$\boldsymbol{D}$阵元素的排列，与式(1.1.1a)～式(1.1.1c)阵中应力分量的排列顺序一一对应。如果改变了式(1.1.1c)中应力分量的顺序，则矩阵$\boldsymbol{D}$中元素的排列顺序也需作相应改变。

1.3.2 应变位移方程(几何方程)

小位移变形弹性体中，应变位移关系的三种表示方式如下：

E：在笛卡儿直角坐标系中，弹性体的6个应变分量与3个位移分量的关系为

$$
\begin{aligned}
\varepsilon_x &= \frac{\partial u}{\partial x} \\
\varepsilon_y &= \frac{\partial v}{\partial y} \\
\varepsilon_z &= \frac{\partial w}{\partial z} \\
\gamma_{yz} &= \frac{\partial v}{\partial z} + \frac{\partial w}{\partial y} \\
\gamma_{zx} &= \frac{\partial u}{\partial z} + \frac{\partial w}{\partial x} \\
\gamma_{xy} &= \frac{\partial u}{\partial y} + \frac{\partial v}{\partial x}
\end{aligned}
\tag{1.3.3a}
$$

T：以上 6 个方程可用如下张量形式表示

$$
\varepsilon_{ij} = \frac{1}{2}(u_{i,j} + u_{j,i}) \qquad (i, j = 1, 2, 3) \tag{1.3.3b}
$$

当取 $i = 1$，而 j 分别取 1 及 2 时，可得

$$
\varepsilon_{11} = \frac{\partial u_1}{\partial x_1} \tag{e}
$$

$$
2\varepsilon_{12} = \frac{\partial u_1}{\partial x_2} + \frac{\partial u_2}{\partial x_1} \tag{f}
$$

此结果与式(1.3.3a)中的第 1 及第 6 式相同。同时由式(f)可见，剪应变 $2\varepsilon_{12}$ 与 γ_{xy} 相等。这就是式(1.1.2c)中诸剪应变 ε_{23}、ε_{31} 及 ε_{12} 前面均加 2 倍的原因。

M：应变位移方程的矩阵表达为

$$
\boldsymbol{\varepsilon} = \boldsymbol{D}\,\boldsymbol{u} \tag{1.3.3c}
$$

将式(1.3.3c)展开，可得

$$
\begin{Bmatrix} \varepsilon_x \\ \varepsilon_y \\ \varepsilon_z \\ \gamma_{yz} \\ \gamma_{zx} \\ \gamma_{xy} \end{Bmatrix}
=
\begin{Bmatrix} \varepsilon_{11} \\ \varepsilon_{22} \\ \varepsilon_{33} \\ 2\varepsilon_{23} \\ 2\varepsilon_{31} \\ 2\varepsilon_{12} \end{Bmatrix}
=
\begin{bmatrix}
\frac{\partial}{\partial x} & 0 & 0 \\
0 & \frac{\partial}{\partial y} & 0 \\
0 & 0 & \frac{\partial}{\partial z} \\
0 & \frac{\partial}{\partial z} & \frac{\partial}{\partial y} \\
\frac{\partial}{\partial z} & 0 & \frac{\partial}{\partial x} \\
\frac{\partial}{\partial y} & \frac{\partial}{\partial x} & 0
\end{bmatrix}
\begin{Bmatrix} u \\ v \\ w \end{Bmatrix}
\tag{1.3.3d}
$$

可以看到，用矩阵表示的平衡方程(1.3.1c)和应变位移方程(1.3.3c)两个方程中的微分算子阵互为转置。

1.3.3 应力应变关系(物理方程或本构方程)

小位移变形弹性理论中的应力应变关系[1]，以线性、齐次形式给出，它们有两类表达式。

1. 第一类应力应变关系表达式

E：对于**各向异性的线性弹性体**，当以应变表示应力时，其应力应变关系为

$$\begin{aligned}
\sigma_x &= c_{11}\varepsilon_x + c_{12}\varepsilon_y + c_{13}\varepsilon_z + c_{14}\gamma_{yz} + c_{15}\gamma_{zx} + c_{16}\gamma_{xy} \\
\sigma_y &= c_{21}\varepsilon_x + c_{22}\varepsilon_y + c_{23}\varepsilon_z + c_{24}\gamma_{yz} + c_{25}\gamma_{zx} + c_{26}\gamma_{xy} \\
\sigma_z &= c_{31}\varepsilon_x + c_{32}\varepsilon_y + c_{33}\varepsilon_z + c_{34}\gamma_{yz} + c_{35}\gamma_{zx} + c_{36}\gamma_{xy} \\
\tau_{yz} &= c_{41}\varepsilon_x + c_{42}\varepsilon_y + c_{43}\varepsilon_z + c_{44}\gamma_{yz} + c_{45}\gamma_{zx} + c_{46}\gamma_{xy} \\
\tau_{zx} &= c_{51}\varepsilon_x + c_{52}\varepsilon_y + c_{53}\varepsilon_z + c_{54}\gamma_{yz} + c_{55}\gamma_{zx} + c_{56}\gamma_{xy} \\
\tau_{xy} &= c_{61}\varepsilon_x + c_{62}\varepsilon_y + c_{63}\varepsilon_z + c_{64}\gamma_{yz} + c_{65}\gamma_{zx} + c_{66}\gamma_{xy}
\end{aligned} \tag{1.3.4a}$$

方程中与对角线居对称位置的弹性系数相等

$$c_{mn} = c_{nm} \qquad (m, n = 1,2,\cdots,6) \tag{1.3.5}$$

反之，当用应力表示应变时其应力应变关系为

$$\begin{aligned}
\varepsilon_x &= s_{11}\sigma_x + s_{12}\sigma_y + s_{13}\sigma_z + s_{14}\tau_{yz} + s_{15}\tau_{zx} + s_{16}\tau_{xy} \\
\varepsilon_y &= s_{21}\sigma_x + s_{22}\sigma_y + s_{23}\sigma_z + s_{24}\tau_{yz} + s_{25}\tau_{zx} + s_{26}\tau_{xy} \\
\varepsilon_z &= s_{31}\sigma_x + s_{32}\sigma_y + s_{33}\sigma_z + s_{34}\tau_{yz} + s_{35}\tau_{zx} + s_{36}\tau_{xy} \\
\gamma_{yz} &= s_{41}\sigma_x + s_{42}\sigma_y + s_{43}\sigma_z + s_{44}\tau_{yz} + s_{45}\tau_{zx} + s_{46}\tau_{xy} \\
\gamma_{zx} &= s_{51}\sigma_x + s_{52}\sigma_y + s_{53}\sigma_z + s_{54}\tau_{yz} + s_{55}\tau_{zx} + s_{56}\tau_{xy} \\
\gamma_{xy} &= s_{61}\sigma_x + s_{62}\sigma_y + s_{63}\sigma_z + s_{64}\tau_{yz} + s_{65}\tau_{zx} + s_{66}\tau_{xy}
\end{aligned} \tag{1.3.6a}$$

式中，柔度系数 s_{mn} 同样存在

$$s_{mn} = s_{nm} \qquad (m, n = 1,2,\cdots,6) \tag{1.3.7}$$

对于**各向同性线性弹性体**，上述应力应变关系简化为

$$\begin{aligned}
\sigma_x &= \lambda\varepsilon_V + 2\mu\varepsilon_x \\
\sigma_y &= \lambda\varepsilon_V + 2\mu\varepsilon_y \\
\sigma_z &= \lambda\varepsilon_V + 2\mu\varepsilon_z \\
\tau_{yz} &= \mu\gamma_{yz} \\
\tau_{zx} &= \mu\gamma_{zx} \\
\tau_{xy} &= \mu\gamma_{xy}
\end{aligned} \tag{1.3.8a}$$

式中，ε_V 为体积应变，可表示为

$$\varepsilon_V = \varepsilon_x + \varepsilon_y + \varepsilon_z \tag{1.3.9}$$

这里两个独立弹性常数 λ、μ 称为拉梅系数。它们和杨氏弹性系数 E 及泊松比 ν 的关系为

$$\lambda = \frac{\nu E}{(1+\nu)(1-2\nu)} \qquad \mu = \frac{E}{2(1+\nu)} \tag{1.3.10}$$

将式(1.3.8a)倒过来，也可以得到用应力表示应变

$$
\begin{aligned}
\varepsilon_x &= \frac{1}{E}[\sigma_x - \nu(\sigma_y + \sigma_z)] \\
\varepsilon_y &= \frac{1}{E}[\sigma_y - \nu(\sigma_z + \sigma_x)] \\
\varepsilon_z &= \frac{1}{E}[\sigma_z - \nu(\sigma_x + \sigma_y)] \\
\gamma_{yz} &= \frac{2(1+\nu)}{E}\tau_{yz} \\
\gamma_{zx} &= \frac{2(1+\nu)}{E}\tau_{zx} \\
\gamma_{xy} &= \frac{2(1+\nu)}{E}\tau_{xy}
\end{aligned}
\tag{1.3.11a}
$$

以上是第一类应力应变关系的工程表达式。其对应的张量及矩阵表达形式如下。

T：对于**各向异性线性弹性体**，式(1.3.4a)用张量表示为

$$
\sigma_{ij} = C_{ijkl}\varepsilon_{kl} \qquad (i, j = 1, 2, 3) \tag{1.3.4b}
$$

式中，C_{ijkl} 为弹性常数，而且

$$
C_{ijkl} = C_{klij} = C_{jikl} = C_{ijlk} \tag{1.3.12}
$$

在式(1.3.4b)右侧，指标 k 、l 重复是哑标，表示 1 至 3 求和，所以此式展开为

$$
\begin{aligned}
\sigma_{ij} = {} & C_{ij11}\varepsilon_{11} + C_{ij22}\varepsilon_{22} + C_{ij33}\varepsilon_{33} + 2C_{ij23}\varepsilon_{23} \\
& + 2C_{ij31}\varepsilon_{31} + 2C_{ij12}\varepsilon_{12} \qquad (i, j = 1, 2, 3)
\end{aligned}
\tag{1.3.13}
$$

当 i 、j 分别取 1、2、3 时，即得到对应的工程表达式(1.3.4a)。

反之，也可以应力表示应变

$$
\varepsilon_{ij} = S_{ijkl}\sigma_{kl} \qquad (i, j = 1, 2, 3) \tag{1.3.6b}
$$

式中，k 、l 同样为哑标，也存在

$$
S_{ijkl} = S_{klij} = S_{jikl} = S_{ijlk} \tag{1.3.14}
$$

同时还有

$$
C_{ijkl}S_{klmn} = \delta_{nm}^{ij} \tag{1.3.15}
$$

这里 δ_{mn}^{ij} 为

$$
\begin{aligned}
\delta_{mn}^{ij} = \delta_{mn}^{ji} = \delta_{nm}^{ji} = \delta_{nm}^{ij} = 1 \qquad (ij = mn) \\
\delta_{mn}^{ij} = \delta_{mn}^{ji} = \delta_{nm}^{ji} = \delta_{nm}^{ij} = 0 \qquad (ij \neq mn)
\end{aligned}
\tag{1.3.16}
$$

对于**各向同性体**，式(1.3.8a)也可以用张量表示

$$
\sigma_{ij} = \lambda\, \varepsilon_{kk}\delta_{ij} + 2\mu\varepsilon_{ij} \qquad (i, j = 1, 2, 3) \tag{1.3.8b}
$$

式中，δ_{ij} 也是克氏符号(Kronecker 符号)，即

$$\delta_{ij}=\begin{cases}1 & (i=j)\\0 & (i\neq j)\end{cases}$$

ε_{kk} 中的 k 重复是哑标，它代表体积应变 ε_V

$$\varepsilon_{kk}=\varepsilon_{11}+\varepsilon_{22}+\varepsilon_{33}=\varepsilon_V=u_{k,k}=\frac{\partial u_1}{\partial x_1}+\frac{\partial u_2}{\partial x_2}+\frac{\partial u_3}{\partial x_3} \tag{1.3.17}$$

当式(1.3.8b)中 $i=1$、j 分别取 1 及 2 时，可得

$$\begin{aligned}\sigma_{11}&=\lambda\varepsilon_V\delta_{11}+2\mu\varepsilon_{11}=\lambda\varepsilon_V+2\mu\varepsilon_x\\\sigma_{12}&=\lambda\varepsilon_V\delta_{12}+2\mu\varepsilon_{12}=2\mu\varepsilon_{12}=\mu\gamma_{xy}\end{aligned} \tag{1.3.18}$$

此两式与式(1.3.8a)中的第一式及第六式一致。同时可见，虽然 ε_{12} 与 γ_{xy} 相差 1/2，但二者所得应力 σ_{12} 一样。

与式(1.3.11a)对应，也可以用应力张量表示应变

$$\varepsilon_{ij}=\frac{1}{E}[(1+\nu)\sigma_{ij}-\nu\sigma_{kk}\delta_{ij}] \tag{1.3.11b}$$

M：小位移变形线性弹性体，不管其材料各向同性与否，应力应变关系可统一表达为如下矩阵的形式

$$\boldsymbol{\sigma}=\boldsymbol{C}\,\boldsymbol{\varepsilon} \tag{1.3.4c}$$

$$\boldsymbol{\varepsilon}=\boldsymbol{S}\,\boldsymbol{\sigma} \tag{1.3.6c}$$

对于线性各向异性弹性体的弹性常数阵 $\boldsymbol{S}$ 及柔度阵 $\boldsymbol{C}$ 分别为

$$\boldsymbol{S}=\begin{bmatrix}s_{11} & s_{12} & s_{13} & s_{14} & s_{15} & s_{16}\\ & s_{22} & s_{23} & s_{24} & s_{25} & s_{26}\\ & & s_{33} & s_{34} & s_{35} & s_{36}\\ & \text{对称} & & s_{44} & s_{45} & s_{46}\\ & & & & s_{55} & s_{56}\\ & & & & & s_{66}\end{bmatrix} \tag{1.3.19}$$

$$\boldsymbol{C}=\begin{bmatrix}c_{11} & c_{12} & c_{13} & c_{14} & c_{15} & c_{16}\\ & c_{22} & c_{23} & c_{24} & c_{25} & c_{26}\\ & & c_{33} & c_{34} & c_{35} & c_{36}\\ & \text{对称} & & c_{44} & c_{45} & c_{46}\\ & & & & c_{55} & c_{56}\\ & & & & & c_{66}\end{bmatrix} \tag{1.3.20}$$

对各向同性弹性体，$\boldsymbol{C}$ 及 $\boldsymbol{S}$ 中元素可以简化。

应力应变关系适用于已知应力求应变，或已知应变求应力，有时，也称它们为物理方程或本构关系。

2. 第二类应力应变关系表达式

在讨论这种表达式前，先推导线性弹性体的应变能密度 $A(\varepsilon)$ 及余能密度 $B(\sigma)$ 表达式。

应变能密度定义为

$$A(\varepsilon)=\int_0^{\varepsilon_{ij}}\sigma_{ij}\,\mathrm{d}\,\varepsilon_{ij} \tag{1.2.1}$$

对于**线性弹性体**，将其应力应变关系表达式代入式(1.2.1)，可得

$$\begin{aligned}A(\varepsilon)&=\int_0^{\varepsilon_{ij}}C_{ijkl}\varepsilon_{kl}\mathrm{d}\varepsilon_{ij}\\&=\frac{1}{2}C_{ijkl}\varepsilon_{kl}\varepsilon_{ij}\\&=\frac{1}{2}\boldsymbol{\varepsilon}^{\mathrm{T}}\boldsymbol{C}\boldsymbol{\varepsilon}\end{aligned} \tag{1.3.21a}$$

同理，余能密度定义为

$$B(\sigma)=\int_0^{\sigma_{ij}}\varepsilon_{ij}\,\mathrm{d}\,\sigma_{ij} \tag{1.2.2}$$

利用式(1.3.6b)，可得

$$\begin{aligned}B(\sigma)&=\int_0^{\sigma_{ij}}S_{ijkl}\sigma_{kl}\mathrm{d}\sigma_{ij}\\&=\frac{1}{2}S_{ijkl}\sigma_{ij}\sigma_{kl}\\&=\frac{1}{2}\boldsymbol{\sigma}^{\mathrm{T}}\boldsymbol{S}\boldsymbol{\sigma}\end{aligned} \tag{1.3.22a}$$

对于**线性各向同性弹性体**，如将式(1.3.8b)及式(1.3.11b)分别代入式(1.3.21a)和式(1.3.22a)，可以得到

$$A(\varepsilon)=\frac{1}{2}(\lambda\varepsilon_{kk}\varepsilon_{ll}+2\mu\varepsilon_{kl}\varepsilon_{kl}) \tag{1.3.21b}$$

$$B(\sigma)=\frac{1}{2E}[(1+\nu)\sigma_{kl}\sigma_{kl}-\nu\sigma_{kk}\sigma_{ll}] \tag{1.3.22b}$$

由式(1.3.21a)及式(1.3.22a)可见，应变能密度及余能密度分别是应变$\boldsymbol{\varepsilon}$及应力$\boldsymbol{\sigma}$的二次式，所以

$$A\geqslant 0,\qquad B\geqslant 0 \tag{1.3.23}$$

只有当应变或应力为零时，上式才取零值。

现在转向导出应力应变关系的第二类表达式。

E：由应变能的定义(1.2.1)，显而易见

$$\begin{aligned}&\sigma_x=\frac{\partial A}{\partial\varepsilon_x}\qquad\sigma_y=\frac{\partial A}{\partial\varepsilon_y}\qquad\sigma_z=\frac{\partial A}{\partial\varepsilon_z}\\&\tau_{yz}=\frac{\partial A}{\partial\gamma_{yz}}\qquad\tau_{zx}=\frac{\partial A}{\partial\gamma_{zx}}\qquad\tau_{xy}=\frac{\partial A}{\partial\gamma_{xy}}\end{aligned} \tag{1.3.24a}$$

同理，由余能定义(1.2.2)可知

$$
\begin{aligned}
&\varepsilon_x = \frac{\partial B}{\partial \sigma_x} \qquad \varepsilon_y = \frac{\partial B}{\partial \sigma_y} \qquad \varepsilon_z = \frac{\partial B}{\partial \sigma_z} \\
&\gamma_{yz} = \frac{\partial B}{\partial \tau_{yz}} \qquad \gamma_{zx} = \frac{\partial B}{\partial \tau_{zx}} \qquad \gamma_{xy} = \frac{\partial B}{\partial \tau_{xy}}.
\end{aligned} \tag{1.3.25a}
$$

同时，由式(1.2.3)给出

$$
A(\varepsilon) + B(\sigma) = \sigma_x \varepsilon_x + \sigma_y \varepsilon_y + \cdots + \tau_{xy}\gamma_{xy} \tag{1.3.26a}
$$

以上三式均为应力应变关系表达式。它们也可用下列张量及矩阵表达。

T：

$$
\sigma_{ij} = \frac{\partial A(\boldsymbol{\varepsilon})}{\partial \varepsilon_{ij}} \tag{1.3.24b}
$$

$$
\varepsilon_{ij} = \frac{\partial B(\boldsymbol{\sigma})}{\partial \sigma_{ij}} \tag{1.3.25b}
$$

$$
A(\boldsymbol{\varepsilon}) + B(\boldsymbol{\sigma}) = \varepsilon_{kl}\sigma_{kl} \tag{1.3.26b}
$$

M：

$$
\boldsymbol{\sigma} = \frac{\partial A(\boldsymbol{\varepsilon})}{\partial \boldsymbol{\varepsilon}} \tag{1.3.24c}
$$

$$
\boldsymbol{\varepsilon} = \frac{\partial B(\boldsymbol{\sigma})}{\partial \boldsymbol{\sigma}} \tag{1.3.25c}
$$

$$
A(\boldsymbol{\varepsilon}) + B(\boldsymbol{\sigma}) = \boldsymbol{\varepsilon}^{\mathrm{T}}\boldsymbol{\sigma} \tag{1.3.26c}
$$

对于应力应变关系式的第二类表达式，可注意以下两点。

(1)这三种表达式不仅适用于**线性弹性体**，也适用于**非线性弹性体**；同时，这三种表达式等价。

如对式(1.3.26b)取变分，可见

$$
\frac{\partial A}{\partial \varepsilon_{ij}}\delta\varepsilon_{ij} + \frac{\partial B}{\partial \sigma_{ij}}\delta\sigma_{ij} = \varepsilon_{kl}\delta\sigma_{kl} + \sigma_{kl}\delta\varepsilon_{kl} \tag{g}
$$

从而得

$$
\left(\frac{\partial A}{\partial \varepsilon_{ij}} - \sigma_{ij}\right)\delta\varepsilon_{ij} + \left(\frac{\partial B}{\partial \sigma_{ij}} - \varepsilon_{ij}\right)\delta\sigma_{ij} = 0 \tag{h}
$$

由于 $\delta\varepsilon_{ij}$ 与 $\delta\sigma_{ij}$ 是彼此无关的两个独立变分，而要使式(h)成立，必须是它们括号里的系数项分别为零，这样就得到式(1.3.24b)及式(1.3.25b)。所以这三种应力应变关系**彼此等价**。

(2)对于线性弹性体，由于

$$
\begin{aligned}
A &= \frac{1}{2}C_{ijkl}\varepsilon_{ij}\varepsilon_{kl} \\
B &= \frac{1}{2}S_{ijkl}\sigma_{ij}\sigma_{kl}
\end{aligned} \tag{i}
$$

所以，$A(\varepsilon)+B(\sigma)=\varepsilon_{kl}\sigma_{kl}$ 可以写成

$$\frac{1}{2}C_{ijkl}\varepsilon_{ij}\varepsilon_{kl}+\frac{1}{2}S_{ijkl}\sigma_{ij}\sigma_{kl}=\varepsilon_{kl}\sigma_{kl} \tag{1.3.27}$$

上式也可简化为

$$A+B-\varepsilon_{ij}\sigma_{ij}=-\frac{1}{2}(\varepsilon_{ij}-S_{ijkl}\sigma_{kl})(\sigma_{ij}-C_{ijmn}\varepsilon_{mn}) \tag{1.3.28}$$

而对于非线性弹性体，以上等式不成立，即

$$A+B-\varepsilon_{ij}\sigma_{ij}\neq\frac{1}{2}\left(\sigma_{ij}-\frac{\partial A}{\partial\varepsilon_{ij}}\right)\left(\varepsilon_{ij}-\frac{\partial B}{\partial\sigma_{ij}}\right) \tag{1.3.29}$$

三类基本方程中，平衡方程与应变位移方程是适用于连续介质的一般方程，它们与物体的性质无关。而应力应变关系则不同，它代表了弹性体的材料性质，与材料的弹性系数有关。

1.3.4　边界条件

弹性体的表面 S 可以分为两部分（$S=S_\sigma\cup S_u$，图1.2）：一部分表面 S_σ 上给出了表面力 $\overline{\boldsymbol{T}}$，另一部分表面 S_u 上给出了位移 $\overline{\boldsymbol{u}}$，因此，其边界条件分为以下两类。

1. 位移已知边界条件

E：$u_x=\overline{u}_x\quad u_y=\overline{u}_y\quad u_z=\overline{u}_z$　　(1.3.30a)

T：$u_i=\overline{u}_i\quad(i=1,2,3)$　　（S_u上）　　(1.3.30b)

M：$\boldsymbol{u}=\overline{\boldsymbol{u}}$　　(1.3.30c)

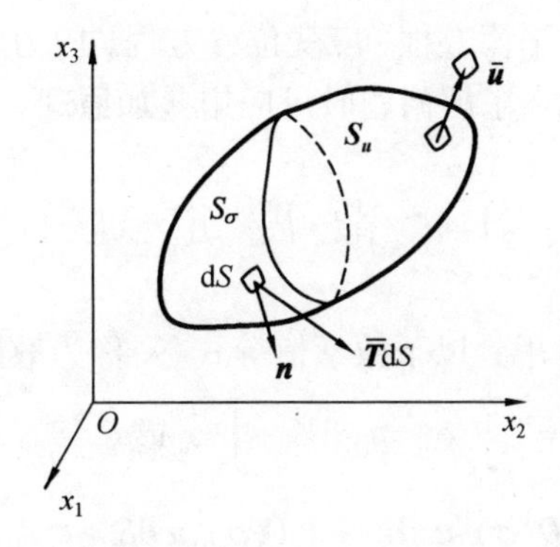

图 1.2　弹性体表面 $S=S_\sigma\cup S_u$ 的边界条件

2. 表面力已知边界条件

$$\text{E:}\quad\begin{aligned}&\sigma_x\nu_x+\tau_{xy}\nu_y+\tau_{xz}\nu_z=\overline{T}_x\\&\tau_{yx}\nu_x+\sigma_y\nu_y+\tau_{yz}\nu_z=\overline{T}_y\\&\tau_{zx}\nu_x+\tau_{zy}\nu_y+\sigma_z\nu_z=\overline{T}_z\end{aligned}\qquad(S_\sigma\text{上}) \tag{1.3.31a}$$

其中，ν_x、ν_y、ν_z 为边界外向法线的方向余弦[①]。

$$\text{T:}\quad T_i=\bar{T}_i \quad (i=1,2,3) \qquad (S_\sigma\text{上}) \tag{1.3.31b}$$

$$T_i=\sigma_{ij}\nu_j$$

其中

$$\nu_x=\cos(n,x),\ \nu_y=\cos(n,y),\ \nu_z=\cos(n,z) \tag{1.3.32}$$

式(1.3.31b)左边哑标 j 展开

$$\sigma_{i1}\nu_1+\sigma_{i2}\nu_2+\sigma_{i3}\nu_3=\bar{T}_i \qquad (i=1,2,3) \tag{1.3.33}$$

显然与式(1.3.31a)相同。

其矩阵形式为

$$\text{M:}\quad \begin{bmatrix} \nu_x & 0 & 0 & 0 & \nu_z & \nu_y \\ 0 & \nu_y & 0 & \nu_z & 0 & \nu_x \\ 0 & 0 & \nu_z & \nu_y & \nu_x & 0 \end{bmatrix} \begin{Bmatrix} \sigma_x \\ \vdots \\ \tau_{xy} \end{Bmatrix} = \begin{bmatrix} \bar{T}_x \\ \bar{T}_y \\ \bar{T}_z \end{bmatrix} \qquad (S_\sigma\text{上}) \tag{1.3.31c}$$

或

$$\boldsymbol{T}=\bar{\boldsymbol{T}} \qquad (\boldsymbol{\nu\sigma}=\boldsymbol{T}) \qquad (S_\sigma\text{上}) \tag{1.3.31d}$$

以上讨论可知，基本方程的张量及矩阵表达式较工程表达式简洁。以后在变分推导时，采用张量表达式；而在有限元列式时，将采用矩阵表达式，以简化计算。

由于小位移变形理论假定位移小到允许所有基本方程(应力应变关系除外)线性化，而现在所得到的全部基本方程——平衡方程、应变位移方程、应力应变关系及力学和几何边界条件——都具有**线性**形式，因此在求解问题时可应用**叠加原理**。

1.4　散 度 定 理

以后的变分公式推导中，常用到以下数学恒等式(又称为散度定理，Divergence Theorem)。

$$\text{T:}\quad \int_V \frac{1}{2}\sigma_{ij}(u_{i,j}+u_{j,i})\,\mathrm{d}V=-\int_V \sigma_{ij,j}u_i\,\mathrm{d}V+\int_S \sigma_{ij}\nu_j u_i\,\mathrm{d}S \tag{1.4.1a}$$

$$\text{M:}\quad \int_V \boldsymbol{\sigma}^{\mathrm{T}}(\boldsymbol{Du})\,\mathrm{d}V=-\int_V (\boldsymbol{D}^{\mathrm{T}}\boldsymbol{\sigma})^{\mathrm{T}}\boldsymbol{u}\,\mathrm{d}V+\int_S (\boldsymbol{\nu\sigma})^{\mathrm{T}}\boldsymbol{u}\,\mathrm{d}S \tag{1.4.1b}$$

式中，V 为体积，S 为表面积。

对此恒等式的数学证明如下。

由于 $\sigma_{ij}=\sigma_{ji}$，有

$$\int_V \frac{1}{2}\sigma_{ij}(u_{i,j}+u_{j,i})\,\mathrm{d}V=\int_V\left(\frac{1}{2}\sigma_{ij}u_{i,j}+\frac{1}{2}\sigma_{ji}u_{j,i}\right)\mathrm{d}V \tag{a}$$

---

① 本书中 ν 表示泊松比；ν_x、ν_y、ν_z，ν_1、ν_2、ν_3 表示边界面外向法线方向余弦。

式(a)右边第二项 i 及 j 均为哑标，而哑标可用别的符号置换，因此，这里用 i 置换 j，用 j 置换 i，从而得到

$$\begin{aligned}\int_V \frac{1}{2}\sigma_{ij}(u_{i,j}+u_{j,i})\ \mathrm{d}V &= \int_V\left(\frac{1}{2}\sigma_{ij}u_{i,j}+\frac{1}{2}\sigma_{ji}u_{j,i}\right)\ \mathrm{d}V \\ &= \int_V \sigma_{ij}u_{i,j}\mathrm{d}V \\ &= \int_V (\sigma_{ij}u_{i,j}-\sigma_{ij,j}u_i)\ \mathrm{d}V\end{aligned} \tag{b}$$

再利用高斯定理[又称奥斯特罗格拉特斯基(Остроградский)公式]即得

$$\int_V \frac{1}{2}\sigma_{ij}(u_{i,j}+u_{j,i})\ \mathrm{d}V = -\int_V \sigma_{ij,j}u_i\ \mathrm{d}V+\int_S \sigma_{ij}\nu_j u_i\ \mathrm{d}S \tag{1.4.1a}$$

从力学方面证明此定理可见文献[1]。

1.5 小　　结

1. 小位移变形弹性理论平衡问题基本方程

1)平衡方程(3 个)

$$\sigma_{ij,j}+\bar{F}_i=0 \qquad (i=1,2,3)$$

$$\begin{bmatrix}\partial_{,1} & 0 & 0 & 0 & \partial_{,3} & \partial_{,2}\\ 0 & \partial_{,2} & 0 & \partial_{,3} & 0 & \partial_{,1}\\ 0 & 0 & \partial_{,3} & \partial_{,2} & \partial_{,1} & 0\end{bmatrix}\boldsymbol{\sigma}+\bar{\boldsymbol{F}}=\boldsymbol{D}^{\mathrm{T}}\boldsymbol{\sigma}+\bar{\boldsymbol{F}}=\mathbf{0}$$

2)应变位移方程(6 个)

$$\varepsilon_{ij}=\frac{1}{2}(u_{i,j}+u_{j,i}) \qquad (i,j=1,2,3)$$

$$\boldsymbol{\varepsilon}=\boldsymbol{D}\,\boldsymbol{u}$$

3)应力应变关系(物理方程)(6 个)：适用于线性及非线性弹性体

$$\frac{\partial A(\varepsilon)}{\partial \varepsilon_{ij}}=\sigma_{ij} \qquad \frac{\partial B(\sigma)}{\partial \sigma_{ij}}=\varepsilon_{ij} \qquad A(\varepsilon)+B(\sigma)=\sigma_{kl}\varepsilon_{kl}$$

$$\frac{\partial A(\boldsymbol{\varepsilon})}{\partial \boldsymbol{\varepsilon}}=\boldsymbol{\sigma} \qquad \frac{\partial B(\boldsymbol{\sigma})}{\partial \boldsymbol{\sigma}}=\boldsymbol{\varepsilon} \qquad A(\boldsymbol{\varepsilon})+B(\boldsymbol{\sigma})=\boldsymbol{\sigma}^{\mathrm{T}}\boldsymbol{\varepsilon}$$

对线性弹体

$$\sigma_{ij}=C_{ijkl}\varepsilon_{kl} \qquad \varepsilon_{ij}=S_{ijkl}\sigma_{kl} \qquad (i,j=1,2,3)$$

$$\boldsymbol{\sigma}=\boldsymbol{C\varepsilon} \qquad \boldsymbol{\varepsilon}=\boldsymbol{S\sigma} \qquad (\boldsymbol{C},\boldsymbol{S}\text{为对称阵})$$

4)边界条件

位移已知边界条件

$$u_i = \bar{u}_i \qquad (i=1,2,3) \qquad\qquad (S_u\text{上})$$

$$\boldsymbol{u} = \bar{\boldsymbol{u}}$$

外力已知边界条件

$$\sigma_{ij}\nu_j = \bar{T}_i \qquad\qquad (S_\sigma\text{上})$$

$$\begin{bmatrix} \nu_x & 0 & 0 & 0 & \nu_z & \nu_y \\ 0 & \nu_y & 0 & \nu_z & 0 & \nu_x \\ 0 & 0 & \nu_z & \nu_y & \nu_x & 0 \end{bmatrix} \boldsymbol{\sigma} = \boldsymbol{\nu}\,\boldsymbol{\sigma} = \bar{\boldsymbol{T}}$$

2. 数学恒等式(散度定理)

$$\int_V \frac{1}{2}\sigma_{ij}(u_{i,j} + u_{j,i})\,\mathrm{d}V = -\int_V \sigma_{ij,j}\,u_i\,\mathrm{d}V + \int_S \sigma_{ij}\nu_j u_i\,\mathrm{d}S$$

$$\int_V \boldsymbol{\sigma}^{\mathrm{T}}(\boldsymbol{D}\boldsymbol{u})\mathrm{d}V = -\int_V (\boldsymbol{D}^{\mathrm{T}}\boldsymbol{\sigma})^{\mathrm{T}}\boldsymbol{u}\,\mathrm{d}V + \int_S (\boldsymbol{\nu}\,\boldsymbol{\sigma})^{\mathrm{T}}\boldsymbol{u}\,\mathrm{d}S$$

参 考 文 献

[1] 田宗漱, 卞学鐄(Pian T H H). 多变量变分原理及多变量有限元方法. 2 版. 北京: 科学出版社, 2014

第2章　小位移变形弹性理论最小余能经典变分原理 Π_C 及 Hellinger-Reissner 广义变分原理 Π_{HR}

第1章将小位移变形弹性理论的静力问题，归结为求解微分方程组的边值问题。这种问题，除了少数情况，一般难以求得准确解。

为此，从19世纪后期，人们将原来求解微分方程的边值问题，转化为直接寻求在一定条件下一些泛函的极值(或驻值)①去解决，这种方法称为微分方程边值问题的**变分解法**。

将弹性理论的微分方程边值问题转化为泛函的极值(或驻值)问题，称为**弹性理论的变分原理**。这些变分原理，不仅是求解弹性理论问题的有力工具，而且是多种类型有限元方法建立的数学基础。

本书主要论述建立在变分原理基础上的多场变量特殊有限元及其应用。在讲述这些有限元之前，先介绍建立这些特殊元将要用到的最小余能经典变分原理及 Hellinger-Reissner 广义变分原理。更多用到的一些变分原理，将在以后各章介绍不同的特殊有限元方法时，分别论述。

2.1　最小余能原理

2.1.1　最小余能原理 Π_C 及泛函约束条件[1-3]

在一切具有足够光滑性并满足平衡方程及外力已知边界条件的允许应力 $\boldsymbol{\sigma}$ 中，真实的应力 $\boldsymbol{\sigma}$ 必定使弹性系统的总余能为最小。

弹性系统的总余能 Π_C，由以下两部分组成：

弹性体的余能

$$\Pi_{C_1} = \int_V B(\sigma)\ \mathrm{d}V \tag{a}$$

已知边界位移的余能

$$\Pi_{C_2} = -\int_{S_u} \overline{u}_i \sigma_{ij} \nu_j\ \mathrm{d}S = -\int_{S_u} T_i \overline{u}_i\ \mathrm{d}S \quad (T_i = \sigma_{ij}\nu_j) \tag{b}$$

弹性体的总余能为

$$\Pi_C = \Pi_{C_1} + \Pi_{C_2} \tag{c}$$

于是最小余能原理归结为

---

① 所谓泛函，是其值由一个或多个函数的选取而确定的量，即函数的函数。泛函的极大点和极小点统称极点。极大、极小点和拐点合在一起统称驻点。极点上的泛函值称为极值，驻点上的泛函值称为驻值。

最小余能原理的泛函

$$\Pi_C = \int_V B(\boldsymbol{\sigma})\,\mathrm{d}V - \int_{S_u} \bar{u}_i \sigma_{ij} \nu_j \ \mathrm{d}S = 极小 \tag{2.1.1}$$

$$\Pi_C = \int_V B(\boldsymbol{\sigma})\,\mathrm{d}V - \int_{S_u} \boldsymbol{T}^{\mathrm{T}} \bar{\boldsymbol{u}}\ \mathrm{d}S = 极小 \qquad (\boldsymbol{T} = \boldsymbol{\nu\sigma})$$

变分约束条件

$$\sigma_{ij,j} + \bar{F}_i = 0 \qquad (\boldsymbol{D}^{\mathrm{T}}\boldsymbol{\sigma} + \bar{\boldsymbol{F}} = \boldsymbol{0}) \qquad (V内) \tag{2.1.2}$$

$$\sigma_{ij}\nu_j - \bar{T}_i = 0 \qquad (\boldsymbol{\nu\sigma} = \bar{\boldsymbol{T}}) \qquad (S_\sigma上) \tag{2.1.3}$$

2.1.2 最小余能原理的证明

最小余能原理的证明包括以下两部分。

(1) 当 $\delta\Pi_C = 0$，在应用了应力应变关系后，满足应变位移方程及位移已知边界条件

$$\varepsilon_{ij} = \frac{1}{2}(u_{i,j} + u_{j,i}) \qquad (\boldsymbol{\varepsilon} = \boldsymbol{Du}) \qquad (V内) \tag{2.1.4}$$

$$u_i = \bar{u}_i \qquad (\boldsymbol{u} = \bar{\boldsymbol{u}}) \qquad (S_u上) \tag{2.1.5}$$

(2) 当 $\delta\Pi_C = 0$ 时，$\delta^2\Pi_C \geqslant 0$，即泛函 Π_C 取极小值。

设 σ_{ij} 为一组满足以下平衡条件

$$\left.\begin{aligned} &\sigma_{ij,j} + \bar{F}_i = 0 \qquad (V内) \\ &\sigma_{ij}\nu_j - \bar{T}_i = 0 \qquad (S_\sigma上) \end{aligned}\right\} \tag{d}$$

并使 Π_C 为**极小值**的允许应力。

设 σ_{ij}^* 为另一组只满足平衡条件

$$\left.\begin{aligned} &\sigma_{ij,j}^* + \bar{F}_i = 0 \qquad (V内) \\ &\sigma_{ij}^*\nu_j - \bar{T}_i = 0 \qquad (S_\sigma上) \end{aligned}\right\} \tag{e}$$

的任意允许应力。

对于小位移变形理论，假定应力 σ_{ij} 产生微小变化 $\delta\sigma_{ij}$ 时，物体的形状保持不变，则边界面的 ν_j 不变，所以式(e)中的方向余弦仍然为 ν_j。

同时设

$$\sigma_{ij}^* = \sigma_{ij} + \delta\sigma_{ij} \tag{f}$$

代入式(e)并减去式(d)，可得

$$\delta\sigma_{ij,j} = 0 \qquad (V内) \tag{g}$$

$$\delta\sigma_{ij}\nu_j = 0 \qquad (S_\sigma上) \tag{h}$$

将 σ_{ij} 及 σ_{ij}^* 分别代入泛函 Π_C，有

$$\begin{aligned}\Pi_C^* &= \int_V B(\sigma + \delta\sigma)\,\mathrm{d}V - \int_{S_u} \overline{u}_i(\sigma_{ij} + \delta\sigma_{ij})\nu_j\,\mathrm{d}S \\ \Pi_C &= \int_V B(\sigma)\,\mathrm{d}V - \int_{S_u} \overline{u}_i\sigma_{ij}\nu_j\,\mathrm{d}S\end{aligned} \tag{i}$$

从而得到

$$\begin{aligned}\Delta\Pi_C &= \Pi_C^* - \Pi_C \\ &= \int_V [B(\sigma+\delta\sigma) - B(\sigma)]\,\mathrm{d}V - \int_{S_u} \overline{u}_i\delta\sigma_{ij}\nu_j\,\mathrm{d}S\end{aligned} \tag{j}$$

将 $B(\sigma+\delta\sigma)$ 展开

$$B(\sigma+\delta\sigma) - B(\sigma) = \frac{\partial B}{\partial\sigma_{ij}}\delta\sigma_{ij} + \frac{1}{2}\frac{\partial^2 B}{\partial\sigma_{ij}\partial\sigma_{kl}}\delta\sigma_{ij}\delta\sigma_{kl} + \cdots \tag{k}$$

由于

$$\Delta\Pi_C = \delta\Pi_C + \delta^2\Pi_C + O(\delta^3\Pi_C) \tag{l}$$

所以

$$\delta\Pi_C = \int_V \frac{\partial B}{\partial\sigma_{ij}}\delta\sigma_{ij}\,\mathrm{d}V - \int_{S_u} \overline{u}_i\delta(\sigma_{ij}\nu_j)\,\mathrm{d}S \tag{m}$$

$$\delta^2\Pi_C = \frac{1}{2}\int_V \frac{\partial^2 B}{\partial\sigma_{ij}\partial\sigma_{kl}}\delta\sigma_{ij}\delta\sigma_{kl}\,\mathrm{d}V \tag{n}$$

式(m)中，由于不考虑 ν_j 的改变，所以可写入变分符号内。

(1) 证明：$\delta^2\Pi_C \geqslant 0$

对于小位移变形线性弹性体，由于 $B(\sigma) \geqslant 0$，所以

$$\delta^2\Pi_C = \int_V B(\delta\sigma)\,\mathrm{d}V \geqslant 0 \tag{o}$$

对于非线性弹性体，只要

$$\frac{\partial^2 B}{\partial\sigma_{ij}\partial\sigma_{kl}} \geqslant 0 \tag{p}$$

则 $\delta^2\Pi_C \geqslant 0$。

对大多数弹性体，条件(p)是满足的。

(2) 证明：$\delta\Pi_C = 0$ 导出应变位移方程及位移已知边界

由于泛函 Π_C 中的自变函数 σ_{ij} 受到平衡方程的约束，所以 σ_{ij} 中 6 个应力分量并不是全部独立的，应力的变分 $\delta\sigma_{ij}$ 需满足齐次平衡方程(g)，因此，现在还不能由式(m)等于零得出自然条件。由于式(g)，我们引入下列积分

$$\int_V u_i\delta\sigma_{ij,j}\,\mathrm{d}V = 0 \tag{q}$$

来解除平衡方程对于应力的约束[①]，引入量的量纲与 Π_C 相同。

---

① 此问题将在 2.1.3 节讨论。

将式(q)加在式(m)上对式(m)没有影响，因而

$$\delta \Pi_C = \int_V \frac{\partial B}{\partial \sigma_{ij}} \delta \sigma_{ij} \ \mathrm{d}V + \int_V u_i \delta \sigma_{ij,j} \ \mathrm{d}V - \int_{S_u} \overline{u}_i \delta(\sigma_{ij} \nu_j) \ \mathrm{d}S \tag{r}$$

利用散度定理

$$\int_V u_i \ \delta \sigma_{ij,j} \ \mathrm{d}V = -\int_V u_{i,j} \ \delta \sigma_{ij} \ \mathrm{d}V + \int_{S_u + S_\sigma} u_i \delta(\sigma_{ij} \nu_j) \ \mathrm{d}S \tag{s}$$

由式(h)知，在S_σ上$\delta(\sigma_{ij}\nu_j)=0$；同时，将上式右侧第一项写为对称的形式

$$\int_V u_i \ \delta \sigma_{ij,j} \ \mathrm{d}V = -\int_V \frac{1}{2}(u_{i,j} + u_{j,i}) \delta \sigma_{ij} \ \mathrm{d}V + \int_{S_u} u_i \delta(\sigma_{ij} \nu_j) \ \mathrm{d}S \tag{t}$$

代入式(r)，并令$\delta \Pi_C = 0$，有

$$\begin{aligned} \delta \Pi_C = & \int_V \left[\frac{\partial B}{\partial \sigma_{ij}} - \frac{1}{2}(u_{i,j} + u_{j,i}) \right] \delta \sigma_{ij} \ \mathrm{d}V \\ & + \int_{S_u} (u_i - \overline{u}_i) \ \delta(\sigma_{ij} \nu_j) \ \mathrm{d}S = 0 \end{aligned} \tag{u}$$

由于引入式(q)已解除了域内平衡方程对应力的约束，所以在式(u)中，域V内的$\delta \sigma_{ij}$没有约束，于是域内的$\delta \sigma_{ij}$及边界S_u上的$\delta(\sigma_{ij}\nu_j)$都是独立的任意变分，从而得到：

欧拉方程

$$\frac{\partial B}{\partial \sigma_{ij}} - \frac{1}{2}(u_{i,j} + u_{j,i}) = 0 \qquad (V\text{内}) \tag{2.1.6}$$

自然边界条件

$$u_i = \overline{u}_i \qquad (S_u\text{上}) \tag{2.1.5}$$

变分运算到此为止。

如果再利用应力应变关系

$$\frac{\partial B}{\partial \sigma_{ij}} = \varepsilon_{ij} \tag{2.1.7}$$

则欧拉方程(2.1.6)转变为应变位移方程

$$\varepsilon_{ij} = \frac{1}{2}(u_{i,j} + u_{j,i}) \qquad (V\text{内})$$

所以在**利用了应力应变关系[式(2.1.7)]后**，$\delta \Pi_C = 0$的确给出了应变位移方程，连同变分所得位移已知边界条件，变分前的平衡方程和外力已知边界条件，以及所用的应力应变关系，从而使弹性理论全部基本方程得到满足，因而是弹性理论问题的正确解。

同时可见，$\delta \Pi_C = 0$时，$\delta^2 \Pi_C \geqslant 0$，所以正确解使弹性体的总余能取极小值。

2.1.3 最小余能原理的注意事项

(1)此变分原理阐明，**真实的应力与静力可能的应力**(即只满足平衡方程及外力已知边界条件的应力)**之区别在于：真实的应力满足变形连续条件**(即应变位移方程及位移已知边界条件)。

因此，最小余能原理是能够从应变位移方程及位移已知边界条件中解出位移的必要充分条件。

(2) 余能原理只与应力 $\boldsymbol{\sigma}$ 有关(域内的及边界 S_σ 上的应力)，变分所得欧拉方程及自然条件[式(2.1.5)及式(2.1.6)]也只涉及应力 $\boldsymbol{\sigma}$ 及位移 $\boldsymbol{u}$。

应变 $\boldsymbol{\varepsilon}$ 并不参与变分。如不需求 $\boldsymbol{\varepsilon}$，则不用应力应变关系[式(2.1.7)]。应力应变关系也不参与这个原理证明过程的运算，只是作为求应变 $\boldsymbol{\varepsilon}$ 的一个附加条件，所以应力应变关系是这个变分原理的**非变分约束条件**[1]。

(3) 这个变分原理，开始选择允许应力时，要求 $\boldsymbol{\sigma}$ 既满足外力已知边界条件又满足平衡方程，有时是不易的。为此，可以引入应力分量的应力函数表达式，使平衡方程自动满足

$$\boldsymbol{\sigma} = \bar{\boldsymbol{D}}^{\mathrm{T}}\boldsymbol{\phi} + \boldsymbol{\sigma}^{\mathrm{F}} \tag{2.1.8}$$

式中，$\boldsymbol{\phi}$ 为应力函数。这样，所选 $\boldsymbol{\sigma}$ 只需满足外力已知边界条件。

同时余能原理 Π_C 的泛函也可以用应力函数表示为

$$\Pi_C(\boldsymbol{\phi}) = \int_V B(\boldsymbol{\sigma})\,\mathrm{d}V + \int_{S_u} (\bar{\boldsymbol{D}}^{\mathrm{T}}\boldsymbol{\phi} + \boldsymbol{\sigma}^{\mathrm{F}})^{\mathrm{T}} \boldsymbol{\nu}^{\mathrm{T}} \bar{\boldsymbol{u}}\,\mathrm{d}S \tag{2.1.9}$$

这个公式在以下有限元列式中用到。

(4) 余能原理为弹性理论近似分析提供了一条有效途径。当用这个原理找到应力 $\boldsymbol{\sigma}$ 的近似解后，如果还需求应变 $\boldsymbol{\varepsilon}$，则可利用应力应变关系，一般没有困难。

但是如果还需求位移 $\boldsymbol{u}$，这一步将是困难的，实际上往往行不通。因为这时求得的 $\boldsymbol{\sigma}$ 是近似值，再求得的 $\boldsymbol{\varepsilon}$ 也是近似值，一般 $\boldsymbol{\varepsilon}$ 不严格满足应变协调方程，所以不能由 $\boldsymbol{\varepsilon}$ 求出 $\boldsymbol{u}$。为了求得位移，就得用其他方法，如单位虚载荷等方法。

2.2　Hellinger-Reissner 变分原理

2.2.1　小位移变形弹性理论的广义变分原理

(1) 利用以上所讨论的小位移变形弹性理论最小余能变分原理，常常可以简便地寻找某些微分方程边值问题的近似解。但是，它是在一定的约束条件下求总余能的极小值，而在一些情况，例如复杂的边界条件下，要事先满足这个变分原理的约束条件，并不容易。

因此自然想道：可否利用拉格朗日乘子法，解除泛函变分时的约束条件，再通过识别拉格朗日乘子建立新的泛函？这个问题的回答是肯定的。这样，对于新泛函，其自变函数将不必事先满足这些约束条件。

这种解除约束后泛函的变分原理，我国称为**广义变分原理**(Generalized Variational Principle)，美国称之为修正的变分原理(Modified Variational Principle)或扩展的变分原理(Extended Variational Principle)，Zienkiewiez 称之为混合变分原理(Mixed Variational Principle)。

(2) 一般讲，所谓**广义变分原理**，是用拉格朗日乘子法(或其他方法)解除了原有基本变分原理的约束，从而建立比基本原理少约束条件或者无约束条件的变分原理。广义变分原理是将基本变分原理的部分或全部约束条件解除，所得的变分原理。

(3) 早在 1759 年，Lagrange 即提出了现在称为“拉格朗日乘子”的方法，以解决约束条件下函数的极值问题。Courant 及 Hilbert 在他们 1924 年的名著《数学物理方法》[4]中，从数学上阐述了利用拉格朗日乘子法解除变分法中的约束条件。

但是，将这种方法引入到力学中来，逐级解除弹性理论中原有变分原理的各种约束条件，从而系统地建立各级的广义变分原理，却是近 50 年来一些学者的成就。他们利用拉格朗日乘子法，不仅使一些学科中有关场变量的广义变分原理的建立，有了统一的方法，而且对于连续介质特定问题，提供了建立其相应广义变分原理的统一方法，这是十分重要的进展。

但是到目前为止，人们对广义变分原理仍在进行深入的探讨，一些学者的意见也不尽相同，对拉格朗日乘子法也还有若干不理解的地方，这将推动这门学科朝前发展。

2.2.2 Hellinger-Reissner 广义变分原理 Π_{HR}

Hellinger-Reissner 变分原理是一种弹性理论的广义变分原理，它是包含两类场变量 $(\boldsymbol{u},\boldsymbol{\sigma})$，并且仅受应力应变关系约束的变分原理。

Hellinger-Reissner 变分原理，可以通过利用拉格朗日乘子，解除最小余能原理的变分约束条件——域内的平衡方程及外力已知边界条件——来建立。

最小余能原理的变分约束条件为

平衡方程

$$\sigma_{ij,j}+\bar{F}_i=0 \qquad (V\text{ 内}) \tag{a}$$

外力已知边界条件

$$\sigma_{ij}\nu_j-\bar{T}_i=0 \qquad (S_\sigma\text{ 上}) \tag{b}$$

泛函为

$$\Pi_C(\sigma_{ij})=\int_V B(\sigma)\,\mathrm{d}V-\int_{S_u}\sigma_{ij}\nu_j\bar{u}_i\,\mathrm{d}S=\text{极小} \tag{c}$$

变分后给出

欧拉方程：以应力表示的变形协调条件

$$\frac{\partial B}{\partial\sigma_{ij}}=\frac{1}{2}(u_{i,j}+u_{j,i}) \qquad (V\text{ 内}) \tag{d}$$

自然边界条件：位移已知边界条件

$$u_i=\bar{u}_i \qquad (S_u\text{ 上}) \tag{e}$$

应力应变关系是此变分原理的非变分约束条件

$$\frac{\partial B}{\partial\sigma_{ij}}=\varepsilon_{ij} \tag{f}$$

在利用了应力应变关系[式(f)]以后，式(d)给出应变位移方程

$$\varepsilon_{ij}=\frac{1}{2}(u_{i,j}+u_{j,i}) \tag{g}$$

现在引入两类拉格朗日乘子 $\lambda_i(x_i)$ 及 $\eta_i(x_i)(i=1,2,3)$ 来解除 Π_C 的两类约束，从而构成新的泛函 Π^*

$$\begin{aligned}\Pi^*(\sigma_{ij},\lambda_i,\eta_i)=&\int_V[B(\sigma)+\lambda_i(\sigma_{ij,j}+\bar{F}_i)]\,\mathrm{d}V\\&-\int_{S_u}\sigma_{ij}\nu_j\bar{u}_i\,\mathrm{d}S+\int_{S_\sigma}\eta_i(\sigma_{ij}\nu_j-\bar{T}_i)\,\mathrm{d}S\end{aligned} \tag{h}$$

注意到 λ_i 及 η_i 也是新泛函 Π^* 的独立自变函数，所以 Π^* 有三类独立变量：σ_{ij}、λ_i 及 η_i。

令其变分为零，得到

$$\begin{aligned}\delta\Pi^*=&\int_V\left[\frac{\partial B(\sigma)}{\partial\sigma_{ij}}\delta\sigma_{ij}+\lambda_i\,\delta\sigma_{ij,j}+(\sigma_{ij,j}+\bar{F}_i)\delta\lambda_i\right]\mathrm{d}V\\&-\int_{S_u}\bar{u}_i\delta(\sigma_{ij}\nu_j)\,\mathrm{d}S\\&+\int_{S_\sigma}[\eta_i\delta(\sigma_{ij}\nu_j)+(\sigma_{ij}\nu_j-\bar{T}_i)\delta\eta_i]\,\mathrm{d}S=0\end{aligned} \tag{i}$$

式中

$$\int_V\lambda_i\,\delta\sigma_{ij,j}\ \mathrm{d}V=\int_{S_u+S_\sigma}\lambda_i\,\delta(\sigma_{ij}\nu_j)\ \mathrm{d}S-\int_V\lambda_{i,j}\,\delta\sigma_{ij}\ \mathrm{d}V \tag{j}$$

注意到 $\delta\sigma_{ij}=\delta\sigma_{ji}$ 及哑标置换，上式最后一项可写为

$$\int_V\lambda_{i,j}\delta\sigma_{ij}\ \mathrm{d}V=\int_V\left(\frac{1}{2}\lambda_{i,j}+\frac{1}{2}\lambda_{j,i}\right)\delta\sigma_{ij}\ \mathrm{d}V \tag{k}$$

将式(j)及式(k)代入式(i)，有

$$\begin{aligned}\delta\Pi^*=&\int_V\left\{\left[\frac{\partial B(\sigma)}{\partial\sigma_{ij}}-\frac{1}{2}(\lambda_{i,j}+\lambda_{j,i})\right]\delta\sigma_{ij}+(\sigma_{ij,j}+\bar{F}_i)\delta\lambda_i\right\}\mathrm{d}V\\&+\int_{S_u}(\lambda_i-\bar{u}_i)\delta(\sigma_{ij}\nu_j)\,\mathrm{d}S\\&+\int_{S_\sigma}[(\eta_i+\lambda_i)\delta(\sigma_{ij}\nu_j)+(\sigma_{ij}\nu_j-\bar{T}_i)\delta\eta_i]\,\mathrm{d}S\\=&0\end{aligned} \tag{l}$$

由于在 V 内的 $\delta\sigma_{ij}$ 及 $\delta\lambda_i$，在 S_u 上的 $\delta(\sigma_{ij}\nu_j)$，及 S_σ 上的 $\delta(\sigma_{ij}\nu_j)$ 和 $\delta\eta_i$ 都是独立变分，所以要使 $\delta\Pi^*$ 等于零，则有

欧拉方程

$$\left.\begin{aligned}&\frac{\partial B}{\partial\sigma_{ij}}-\frac{1}{2}(\lambda_{i,j}+\lambda_{j,i})=0\\&\sigma_{ij,j}+\bar{F}_i=0\end{aligned}\right\}\quad(V\text{内}) \tag{m}$$

自然边界条件

$$\lambda_i-\bar{u}_i=0\qquad(S_u\text{上}) \tag{n}$$

$$\eta_i + \lambda_i = 0 \qquad （S_\sigma 上） \tag{o}$$

$$\sigma_{ij}\nu_j - \bar{T}_i = 0 \qquad （S_\sigma 上） \tag{p}$$

现在识别拉格朗日乘子，由式(n)及式(o)得到

$$\lambda_i = u_i \qquad （V 内） \tag{q}$$

①

$$\eta_i = -u_i \qquad （S_\sigma 上） \tag{r}$$

将已识别的拉格朗日乘子 λ_i, η_i 代入新泛函 Π^*，即得下列已识别拉格朗日乘子的 Hellinger-Reissner 变分原理的泛函

$$\begin{aligned}\Pi_{HR}(\boldsymbol{\sigma},\boldsymbol{u}) &= \int_V [B(\sigma) + (\sigma_{ij,j} + \bar{F}_i)u_i]\,\mathrm{d}V \\ &\quad - \int_{S_u} \sigma_{ij}\nu_j \bar{u}_i\,\mathrm{d}S - \int_{S_\sigma} (\sigma_{ij}\nu_j - \bar{T}_i)u_i\,\mathrm{d}S \\ &= 驻值\end{aligned}$$

或 (2.2.1)

$$\begin{aligned}\Pi_{HR}(\boldsymbol{\sigma},\boldsymbol{u}) &= \int_V [\boldsymbol{B}(\boldsymbol{\sigma}) + (\boldsymbol{D}^{\mathrm{T}}\boldsymbol{\sigma} + \bar{\boldsymbol{F}})^{\mathrm{T}}\boldsymbol{u}]\,\mathrm{d}V \\ &\quad - \int_{S_u} \boldsymbol{T}^{\mathrm{T}}\bar{\boldsymbol{u}}\,\mathrm{d}S - \int_{S_\sigma} (\boldsymbol{T} - \bar{\boldsymbol{T}})^{\mathrm{T}}\boldsymbol{u}\,\mathrm{d}S \quad (\boldsymbol{T} = \boldsymbol{\nu\sigma}) \\ &= 驻值\end{aligned}$$

如利用散度定理

$$\int_V \sigma_{ij,j}u_i\,\mathrm{d}V = -\int_V \sigma_{ij}u_{i,j}\,\mathrm{d}V + \int_{S_u+S_\sigma} \sigma_{ij}\nu_j u_i\,\mathrm{d}S \tag{s}$$

则 Hellinger-Reissner 变分原理的泛函也可写为

$$\begin{aligned}\Pi_{HR}(\boldsymbol{\sigma},\boldsymbol{u}) &= \int_V [B(\sigma) - \sigma_{ij}u_{i,j} + \bar{F}_i u_i]\,\mathrm{d}V \\ &\quad - \int_{S_u} \sigma_{ij}\nu_j(\bar{u}_i - u_i)\,\mathrm{d}S + \int_{S_\sigma} \bar{T}_i u_i\,\mathrm{d}S \\ &= 驻值\end{aligned}$$

或 (2.2.2)

$$\begin{aligned}\Pi_{HR}(\boldsymbol{\sigma},\boldsymbol{u}) &= \int_V [\boldsymbol{B}(\boldsymbol{\sigma}) - \boldsymbol{\sigma}^{\mathrm{T}}(\boldsymbol{Du}) + \bar{\boldsymbol{F}}^{\mathrm{T}}\boldsymbol{u}]\,\mathrm{d}V \\ &\quad - \int_{S_u} \boldsymbol{T}^{\mathrm{T}}(\bar{\boldsymbol{u}} - \boldsymbol{u})\,\mathrm{d}S + \int_{S_\sigma} \bar{\boldsymbol{T}}^{\mathrm{T}}\boldsymbol{u}\,\mathrm{d}S \quad (\boldsymbol{T} = \boldsymbol{\nu\sigma}) \\ &= 驻值\end{aligned}$$

① 在上节推导最小余能原理时，为了反映平衡方程这组约束条件，在泛函 Π_C 中加了一项 $\int_V u_i \delta\sigma_{ij,j}\,\mathrm{d}V$，这一项是用已识别的拉格朗日乘子 $\lambda_i = u_i$，与本节 $\delta\sigma_{ij,j}$ 项乘积的积分得出[式(i)]，所以这一项表示用拉格朗日乘子解除 Π_C 域中平衡方程这组约束。

这个广义变分原理的泛函是 Reissner 于 1950 年提出的[5]。有人指出 Hellinger 在 1914 年也做了基本相同的工作[6]，所以称之为 Hellinger-Reissner 变分原理。Reissner 在给《有限元手册》[7]所写的文章中指出：他在推导此泛函表达式时，是假定自变函数事先满足位移约束条件 $u_i=\bar{u}_i(S_u上)$，所以在式(2.2.2)中没有面积分 $\int_{S_u}\boldsymbol{T}^{\mathrm{T}}(\bar{\boldsymbol{u}}-\boldsymbol{u})\,\mathrm{d}S$ 这一项。现在解除位移已知边界的约束条件，导出包含此项在内的泛函公式，是由 Fraeijs[8]和 Langhaar[9]给出的。

2.2.3　Hellinger-Reissner 广义变分原理注意事项

(1)泛函 Π_{HR} 具有两类独立的自变函数：应力 $\boldsymbol{\sigma}$ 及位移 $\boldsymbol{u}$。

我们知道，在最小余能原理中应力 $\boldsymbol{\sigma}$ 是自变函数，但是由于 $\boldsymbol{\sigma}$ 的 6 个分量需满足 3 个平衡方程，所以它们不全是独立的。而在 Hellinger-Reissner 变分原理中，引入拉格朗日乘子解除了平衡方程这组约束条件，所以 6 个应力分量全是独立的自变函数。

同时，在解除约束组成新泛函 Π^* 时，拉格朗日乘子 $\boldsymbol{\lambda}$ 也是新泛函的独立自变函数，当识别了 $\boldsymbol{\lambda}=\boldsymbol{u}$，并在 Π^* 中以位移 $\boldsymbol{u}$ 取代 $\boldsymbol{\lambda}$ 后，位移 $\boldsymbol{u}$ 也就成为泛函 Π_{HR} 的独立自变函数。

所以 Hellinger-Reissner 变分原理是包含两类独立变量(应力 $\boldsymbol{\sigma}$ 及位移 $\boldsymbol{u}$)的广义变分原理。

(2) Π_{HR} 较 Π_C 的推广在于：$\boldsymbol{u}$ 不必事先满足位移边界条件及应变位移方程，$\boldsymbol{\sigma}$ 不必事先满足平衡方程及外力已知边界条件，$\boldsymbol{u}$ 与 $\boldsymbol{\sigma}$ 之间事先也不必满足任何关系；同时，$\boldsymbol{u}$ 与 $\boldsymbol{\sigma}$ 可以是广义函数[10]，允许它们有某些不连续。

(3) Π_{HR} 的变分只取驻值，而不取极值。也就是说，只能证明当 $\delta\Pi_{HR}=0$ 时给出弹性理论全部基本方程，而它的二次变分可能大于、小于或等于零。

(4)我们知道应力应变关系是最小余能原理的非变分约束条件。现在由最小余能原理到 Hellinger-Reissner 变分原理的推导中，并没有引用拉格朗日乘子消去这组约束条件，也就是说，没有通过任何途径，使应力应变关系变成此变分原理的欧拉方程，所以**应力应变关系仍然是 Hellinger-Reissner 变分原理的非变分约束条件**。

Hellinger-Reissner 变分原理的泛函 $\Pi_{HR}(\boldsymbol{\sigma},\boldsymbol{u})$ 中没有包含应变 $\boldsymbol{\varepsilon}$，如需求 $\boldsymbol{\varepsilon}$ 可根据应力应变关系

$$\frac{\partial B}{\partial \sigma_{ij}}=\varepsilon_{ij} \tag{t}$$

进行计算。

(5)对于泛函 Π_{HR}，当选择的 $\boldsymbol{\sigma}$ 事先满足平衡方程及外力已知边界条件时，Π_{HR} 将退化为 Π_C，即事先满足所解除约束条件，新泛函即退化为原来的泛函。

2.3　弹性理论变分原理与数学变分原理

弹性理论变分原理与数学变分命题这两个问题本质上是相同的，都是寻找泛函极值(或驻值)的变分问题，但两者在具体处理问题的途径上却不尽相同[11-13]。

2.3.1 数学变分命题

数学变分命题是根据问题的物理背景建立泛函及约束条件，再去求泛函的极值(或驻值)，从而得到相应的欧拉方程及自然边界条件。变分问题的解，是通过求解变分所得自然条件而得到。所以，数学变分问题是先有泛函，再去求解欧拉方程及自然边界条件。

因此，在数学变分命题中只有：

(1) 变分约束条件——变分前自变函数必须满足的条件；

(2) 自然条件——变分后所得欧拉方程及自然边界条件；

(3) 这里没有不参加变分的变量及非变分约束条件——与变分原理的证明过程无关，给出不参与变分的变量与泛函自变函数之间关系的附加条件。

2.3.2 弹性理论的变分问题

弹性理论的变分问题是已知弹性理论的域内方程组及边界条件，需要去找对应的泛函，使得这个泛函的约束条件、泛函极值(或驻值)所得欧拉方程及自然边界条件的总和，正好与弹性理论的基本方程一致。所以，弹性理论的变分问题是先有其待解方程及边界条件，再去找它们对应的泛函，实质是数学变分问题的反问题。

对于小位移变形弹性理论问题，其三类场变量$\boldsymbol{\sigma}$、$\boldsymbol{\varepsilon}$及$\boldsymbol{u}$必须满足 15 个方程及两类边界条件。一般当微分方程难以求解、边界形状复杂或边界形状并不复杂而边界条件复杂时，难以找到理论解。于是希望通过变分的方法去求解，这就是所谓变分问题的直接解法。不过，用这种方法一般求得的是近似解。

而要用变分方法找到弹性理论问题的近似解，首先得有其相应泛函，事实上，要找得相应的泛函，也非易事①。很自然的想法是，将弹性理论的三类场变量及其相应方程分类，根据具体问题的需要，先求这三类变量中的一类或两类，再去求其余变量。

这样，需先求的变量就成为相应变分原理中泛函的自变函数，对应这些自变量的基本方程，也就成为该泛函变分前的约束条件或变分后的自然条件。其余变量就会与此变分原理的推证无关，而与其相关的方程也就成为此泛函的**非变分约束条件**。

因此，弹性理论变分问题比数学变分问题，多出一种非变分约束条件，以及不包含在某个变分原理泛函中的场变量。

2.4 小　　结

弹性理论变分原理的优点在于：

(1) 变分泛函通常具有明确的物理意义，而且在坐标系的变换中保持不变；

(2) 变分原理把给定问题，转换成一个比原来更易于求解的等价问题；

(3) 变分原理有时可以得出所研究问题精确解的上界或下界；

---

① 并不是所有的微分方程，都存在以它为欧拉方程的泛函。要为微分方程 $N(\gamma)=0$ 求出一个泛函，其充分必要条件是：$N(\gamma)$ 是具势算子。可以证明，所有线性微分方程都满足此条件，所以能找到对应泛函[14-16]。当不能找到对应泛函时，可用加权残数法(如配点法、子域法、力矩法、最小二乘法、伽辽金法等)去找微分方程的近似解[14-17]。

(4) 当弹性理论问题不能求得精确解时，变分原理常常可以给问题提供近似解。

参 考 文 献

[1] 钱伟长. 广义变分原理. 上海: 知识出版社, 1985

[2] 钱令希. 余能原理. 中国科学, 1950. 1: 449-456

[3] Washizu K. Variational Methods in Elasticity and Plasticity. 3rd ed. Oxford: Pergamon Press, 1982

[4] Courant R, Hilbert D. Methods of Mathematical Physics. Berlin: Springer Berlin, 1924

[5] Reissner E. On a variational theorem of elasticity. J Math & Phys, 1950. 29: 90-95

[6] Hellinger E. Die allgemeinen ansätze der mechanik der kontinua. Enzyklopädae der Mathematischen Wissenschaften, part 4. 1914. 30: 654-655

[7] Reissner E. Variational principles in elasticity//Kardestuncer H, Norrie D H. Finite Element Handbook. New York: McGraw-Hill, 1987

[8] Fraeijs de Veubeke B M. Diffusion des inconnues hyperstatiques dans les voilures à longerons couplés. Bull Serv Technique Aeronautique, 1951. 24: 1-18

[9] Langhaar H L. Energy Methods in Applied Mechanics. London: John Wiley & Sons, 1962

[10] 哈尔本 I. 广义函数论导引. 王光寅, 译. 北京: 科学出版社, 1957

[11] 胡海昌. 弹性力学变分原理选讲. 北京：中国科学院研究生院, 1988

[12] 鹫津久一郎 K. 能量原理. 尹泽勇，江伯南, 译. 北京：中国建筑工业出版社, 1983

[13] 列宾逊 Л C. 弹性力学的变分方法. 叶开源，卢文达, 译. 北京：科学出版社, 1965

[14] 钱伟长. 变分法及有限元(上). 北京: 科学出版社, 1980

[15] 彭旭麟, 罗汝梅. 变分法及其应用. 武汉: 华中工学院出版社, 1983

[16] 米赫林 C Г. 数学物理中的直接方法. 周先意, 译. 北京: 高等教育出版社, 1959

[17] Zienkiewicz O C. The Finite Element Method. 3rd Ed. New York：McGraw-Hill, 1977

第3章 根据修正的余能原理 Π_{mc} 及 Hellinger-Reissner 原理 Π_{HR} 建立的有限元模式

这一章将介绍根据修正余能原理建立的两种杂交应力模式——早期杂交应力元Ⅰ及根据 Hellinger-Reissner 原理建立的早期杂交应力元Ⅱ，同时介绍这两种模式的特点。

在讨论这些内容之前，先明确有限元的分类。对于有限元的分类有两种方法，为避免混淆，这里将依据卞学鐄教授在文献[1]中提到的，1981 年在亚特兰大(Atlanta)举行的“杂交及混合有限元国际会议”上，Gallagher 教授建议的方法进行分类，即：**凡用多变量泛函进行列式，最后求解矩阵方程中的未知量仅为结点位移的有限元方法，均称杂交法；而求解方程包含多于一类场变量的方法称为混合法。**

以后各章中，对多场变量有限元均依照上述统一意见，按其最终矩阵方程中求解未知量的性质进行分类。

3.1 修正的余能原理及早期杂交应力元Ⅰ

3.1.1 最小余能原理

用有限元进行求解时，首先将弹性体离散为许多的单元。现在设想整个定义域 V 离散成 N 个单元(图 3.1)，设 V_n 为其中第 n 个单元的体积；S_{σ_n} 为第 n 个单元的外力已知边界；S_{u_n} 为第 n 个单元的位移已知边界；S_{ab} 为第 n 个单元和其他单元的相邻边界。单元间交界面 S_{ab} 是由于将域离散为有限元时才出现。

对第 n 个单元，如其边界以 S_n 表示，则

$$S_n = \partial V_n = S_{\sigma_n} \cup S_{u_n} \cup S_{ab}$$

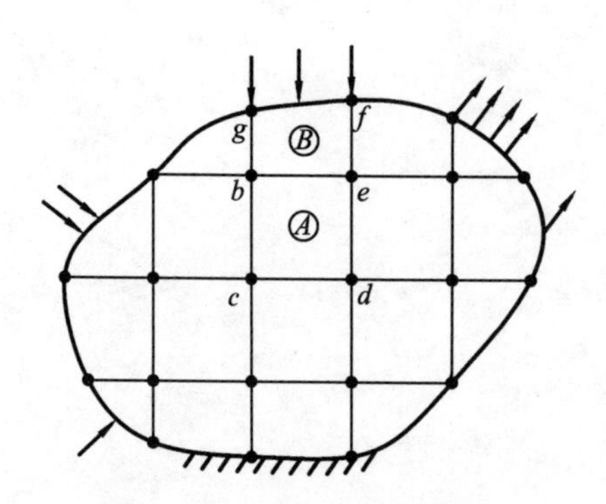

图 3.1 定义域被离散为有限元

如图 3.1 中的单元 B，其 $S_{ab} = S_{gb} \cup S_{be} \cup S_{ef}$，$S_{u_n} = 0$，$S_{\sigma_n} = S_{gf}$。以后各类有限元的分析中，对相邻两个单元交界面上的位移及边界力需给予充分注意。

对离散后弹性体的最小余能原理表达式为

$$\Pi_C(\boldsymbol{\sigma}^*) = \sum_n \left[\int_{V_n} B(\boldsymbol{\sigma})\, \mathrm{d}V - \int_{S_{u_n}} \boldsymbol{T}^{\mathrm{T}} \bar{\boldsymbol{u}}\, \mathrm{d}S \right] \tag{3.1.1}$$

$$= \text{极小} \qquad (\boldsymbol{T} = \boldsymbol{\nu\sigma})$$

线性弹性体：$B(\boldsymbol{\sigma}) = \dfrac{1}{2}\boldsymbol{\sigma}^{\mathrm{T}}\boldsymbol{S}\boldsymbol{\sigma}$

约束条件

$$\boldsymbol{D}^{\mathrm{T}}\boldsymbol{\sigma} + \bar{\boldsymbol{F}} = \boldsymbol{0} \qquad (V_n\text{内}) \tag{3.1.2}$$

$$\boldsymbol{\nu\sigma} - \bar{\boldsymbol{T}} = \boldsymbol{0} \qquad (S_{\sigma_n}\text{上}) \tag{3.1.3}$$

$$\boldsymbol{T}^{(a)} + \boldsymbol{T}^{(b)} = \boldsymbol{0} \qquad (S_{ab}\text{上}) \tag{3.1.4}$$

式(3.1.4)在 S_{ab} 面上的约束条件是当弹性体离散后，进行单元求和时出现的。由于最小余能原理要求场变量 $\boldsymbol{\sigma}$ 在整个定义域上满足平衡方程，现将定义域离散为许多单元时，在两个相邻单元的交界面上，并不要求应力场连续，但要求由 $\boldsymbol{T} = \boldsymbol{\nu\sigma}$ 定义的边界力必须保持平衡。如图 3.2 所示平面问题，则要求分别作用于两个单元公共边界 AB 上的边界力 $\boldsymbol{T}^{(a)}(s)$ 及 $\boldsymbol{T}^{(b)}(s)$ 需满足**互逆条件(或称平衡条件)**

$$T_i^{(a)}(s) + T_i^{(b)}(s) = 0 \qquad (i = 1, 2)$$

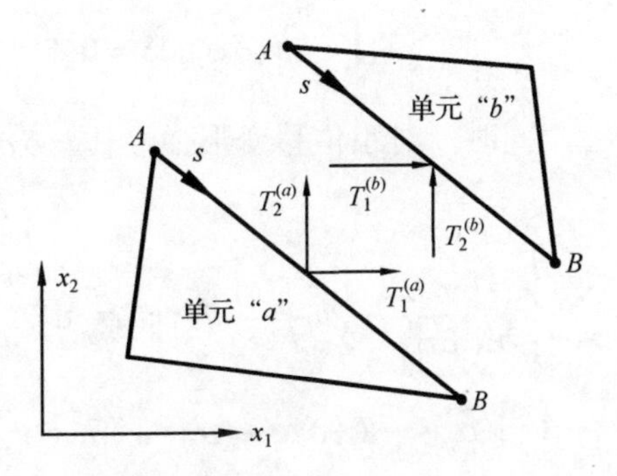

图 3.2　相邻单元交界面上边界力平衡

3.1.2　修正的余能原理

现在导出以后将用到的一种修正的余能原理 Π_{mc} [2,3]。

引用两组拉氏乘子 $\boldsymbol{\alpha}$ 及 $\boldsymbol{\beta}$，解除余能原理中外力已知边界条件及元间边界力互逆条件两组约束[式(3.1.3)及式(3.1.4)]，得到新泛函

$$\begin{aligned}\Pi^*(\boldsymbol{\sigma}^*, \boldsymbol{\alpha}, \boldsymbol{\beta}) = \Pi_C &+ \sum_n \int_{S_{\sigma_n}} \alpha_i (\sigma_{ij}\nu_j - \bar{T}_i)\, \mathrm{d}S \\ &+ \sum_{ab} \int_{S_{ab}} \beta_i [T_i^{(a)} + T_i^{(b)}]\, \mathrm{d}S\end{aligned} \tag{a}$$

这时，只剩下约束条件

$$\sigma_{ij,j}+\bar{F}_i=0 \qquad (V_n\text{内}) \tag{b}$$

对泛函 Π^* 进行变分

$$\begin{aligned}\delta\Pi^* = &\sum_n\left\{\int_{V_n}\frac{\partial B}{\partial\sigma_{ij}}\delta\sigma_{ij}\,\mathrm{d}V-\int_{S_{u_n}}\bar{u}_i\delta(\sigma_{ij}\nu_j)\,\mathrm{d}S\right.\\&\left.+\int_{S_{\sigma_n}}[(\sigma_{ij}\nu_j-\bar{T}_i)\,\delta\alpha_i+\alpha_i\,\delta(\sigma_{ij}\nu_j)]\,\mathrm{d}S\right\}\\&+\sum_{ab}\int_{S_{ab}}\{[T_i^{(a)}+T_i^{(b)}]\delta\beta_i+\beta_i\delta T_i^{(a)}+\beta_i\,\delta T_i^{(b)}\}\,\mathrm{d}S\\=&\,0\end{aligned} \tag{c}$$

由式(b)可知

$$\delta\sigma_{ij,j}=0 \tag{d}$$

所以有

$$\int_{V_n}u_i\,\delta\sigma_{ij,j}\,\mathrm{d}V=0 \tag{e}$$

利用散度定理

$$\begin{aligned}\int_{V_n}u_i\,\delta\sigma_{ij,j}\,\mathrm{d}V=&-\int_{V_n}\left(\frac{1}{2}u_{i,j}+\frac{1}{2}u_{j,i}\right)\delta\sigma_{ij}\,\mathrm{d}V\\&+\int_{\partial V_n}u_i\nu_j\delta\sigma_{ij}\,\mathrm{d}S=0\end{aligned} \tag{f}$$

由于 $\partial V_n=S_{\sigma_n}\cup S_{u_n}\cup S_{ab}$，同时，对小位移变形弹性体 $\nu_j\delta\sigma_{ij}=\delta(\sigma_{ij}\nu_j)$，所以将式(f)代入式(c)后，可得

$$\begin{aligned}\delta\Pi^*=&\sum_n\left\{\int_{V_n}\left(\frac{\partial B}{\partial\sigma_{ij}}-\frac{1}{2}u_{i,j}-\frac{1}{2}u_{j,i}\right)\delta\sigma_{ij}\,\mathrm{d}V\right.\\&+\int_{S_{\sigma_n}}[(\sigma_{ij}\nu_j-\bar{T}_i)\,\delta\alpha_i+(\alpha_i+u_i)\delta(\sigma_{ij}\nu_j)]\,\mathrm{d}S\\&\left.+\int_{S_{u_n}}(u_i-\bar{u}_i)\delta(\sigma_{ij}\nu_j)\,\mathrm{d}S\right\}\\&+\sum_{ab}\int_{S_{ab}}\{[T_i^{(a)}+T_i^{(b)}]\delta\beta_i\\&+[\beta_i+u_i^{(a)}]\,\delta T_i^{(a)}+[\beta_i+u_i^{(b)}]\,\delta T_i^{(b)}\}\,\mathrm{d}S=0\end{aligned} \tag{g}$$

由于在 V_n 内的 $\delta\sigma_{ij}$，在 S_{σ_n} 上的 $\delta\alpha_i$ 及 $\delta(\sigma_{ij}\nu_j)$，在 S_{u_n} 上的 $\delta(\sigma_{ij}\nu_j)$，以及在 S_{ab} 上的 $\delta\beta_i$，$\delta T_i^{(a)}$ 及 $\delta T_i^{(b)}$ 均为独立变分，所以由式(g)及应用了应力应变关系式后，得到如下欧拉方程及自然边界条件，同时，也得到识别的拉氏乘子：

V_n 内

$$\varepsilon_{ij}=\frac{1}{2}(u_{i,j}+u_{j,i}) \tag{h}$$

S_{u_n} 上
$$u_i = \bar{u}_i \tag{i}$$

S_{σ_n} 上
$$\sigma_{ij}\nu_j - \bar{T}_i = 0 \tag{j}$$

$$\alpha_i = -u_i \tag{k}$$

S_{ab} 上
$$T_i^{(a)} + T_i^{(b)} = 0 \tag{l}$$

$$\beta_i = -u_i^{(a)} = -u_i^{(b)} \tag{m}$$

所以有

$$u_i^{(a)} = u_i^{(b)} \qquad (S_{ab}\text{上}) \tag{n}$$

将式(k)及式(m)已识别的拉氏乘子 $\boldsymbol{\alpha}$ 及 $\boldsymbol{\beta}$ 代回原泛函 Π^*，同时考虑到 Π^* 的最后一项现在为

$$\sum_{ab}\int_{S_{ab}} \beta_i[T_i^{(a)} + T_i^{(b)}]\,\mathrm{d}S = -\sum_{ab}\int_{S_{ab}} [u_i^{(a)}T_i^{(a)} + u_i^{(b)}T_i^{(b)}]\,\mathrm{d}S \tag{o}$$

可将以上积分的两项，分别归并至单元“ a ”与单元“ b ”各自的求和式中，于是得到泛函 Π_{mc}

$$\begin{aligned}\Pi_{mc}(\boldsymbol{\sigma}^*, \boldsymbol{u}) = \sum_n\bigg[&\int_{V_n} B(\sigma)\,\mathrm{d}V - \int_{S_{u_n}} T_i\bar{u}_i\,\mathrm{d}S \\ &- \int_{S_{\sigma_n}} (T_i - \bar{T}_i)u_i\,\mathrm{d}S - \int_{S_{ab}} u_i T_i\,\mathrm{d}S\bigg] \quad (T_i = \sigma_{ij}\nu_j)\end{aligned} \tag{p}$$

由于此式中的位移 $\boldsymbol{u}$ 只在单元边界上选取，记为 $\tilde{\boldsymbol{u}}$，代表单元**边界上**的位移。从而得到第一种修正的余能原理

$$\begin{aligned}\Pi_{mc}(\boldsymbol{\sigma}^*, \tilde{\boldsymbol{u}}) &= \sum_n\left[\int_{V_n} B(\boldsymbol{\sigma})\,\mathrm{d}V - \int_{\partial V_n} \boldsymbol{T}^{\mathrm{T}}\tilde{\boldsymbol{u}}\,\mathrm{d}S + \int_{S_{\sigma_n}} \bar{\boldsymbol{T}}^{\mathrm{T}}\tilde{\boldsymbol{u}}\,\mathrm{d}S\right] \\ &= \text{驻值} \qquad (\boldsymbol{T} = \boldsymbol{\nu}\,\boldsymbol{\sigma})\end{aligned} \tag{3.1.5}$$

约束条件

$$\boldsymbol{D}^{\mathrm{T}}\boldsymbol{\sigma}^* + \bar{\boldsymbol{F}} = \boldsymbol{0} \qquad (V_n\text{内}) \tag{3.1.6}$$

$$\tilde{\boldsymbol{u}} = \bar{\boldsymbol{u}} \qquad (S_{u_n}\text{上}) \tag{3.1.7}$$

后一组约束条件[式(3.1.7)]，系将泛函式(p)简化为式(3.1.5)时得出的。

可见，这个变分原理具有两类独立的场变量：单元内部的应力 $\boldsymbol{\sigma}^*$ 及定义在**单元边界**上的位移 $\tilde{\boldsymbol{u}}$。该变分原理在变分时，要求所选择的 $\boldsymbol{\sigma}^*$ 需满足平衡方程(用带星号的 $\boldsymbol{\sigma}^*$ 表示满足平衡方程的应力)，选择的 $\tilde{\boldsymbol{u}}$ 需满足位移已知边界条件。其变分的结果满足应变位移方程、外力已知表面上的边界条件、单元交界面 S_{ab} 上的位移协调条件 $\boldsymbol{u}^{(a)} = \boldsymbol{u}^{(b)}$ 及边界力互逆条件 $\boldsymbol{T}^{(a)} + \boldsymbol{T}^{(b)} = \boldsymbol{0}$。再加上应力应变关系，所以满足弹性理论全部基本方程，是弹性理论问题的正确解。

3.1.3　早期杂交应元 I

杂交应力元是卞学鐄教授早在 1964 年创立的，他建议利用最小余能原理建立单元刚度

矩阵[2,3]，以避免构造 C_1 阶连续性板、壳元所遇到的困难。后来，这个方法又发展至在整个定义域上用修正余能原理进行列式，同时计入分布的体积力[4,5]，使之更为完整。

有限元方法起始是基于最小势能原理的单场变量假定位移元，杂交应力元的创立，最先打开了多场变量有限元方法的大门，为有限元学科的发展开辟了广阔的新天地。

早期建立的杂交应力元有三类，我们先来讨论第 I 类早期杂交应力元。

1. 早期杂交应力元 I 的变分原理及有限元列式

选取

$$\boxed{\begin{aligned}\boldsymbol{\sigma}^* &= \boldsymbol{P\beta} + \boldsymbol{P}_F\boldsymbol{\beta}_F \\ \tilde{\boldsymbol{u}} &= \boldsymbol{Lq}\end{aligned}} \tag{3.1.8}$$

式中，$\boldsymbol{\sigma}^*$ 是平衡应力场；$\boldsymbol{P\beta}$ 为满足齐次平衡方程的一组通解；$\boldsymbol{P}_F\boldsymbol{\beta}_F$ 为与体积力等有关的一组特解；$\boldsymbol{L}$ 为单元边界面上位移插值函数；$\boldsymbol{q}$ 是待定位移参数，一般选为广义结点位移。

由应力 $\boldsymbol{\sigma}^*$ 求出边界力 $\boldsymbol{T}$

$$\boldsymbol{T} = \boldsymbol{\nu}\,\boldsymbol{\sigma}^* = \boldsymbol{R\beta} + \boldsymbol{R}_F\boldsymbol{\beta}_F \tag{q}$$

式中

$$\begin{aligned}\boldsymbol{R} &= \boldsymbol{\nu}\boldsymbol{P} \\ \boldsymbol{R}_F &= \boldsymbol{\nu}\boldsymbol{P}_F\end{aligned} \tag{r}$$

将式(3.1.8)代入泛函(3.1.5)，同时利用上式及 $B(\boldsymbol{\sigma}) = \dfrac{1}{2}\boldsymbol{\sigma}^{\mathrm{T}}\boldsymbol{S\sigma}$，可得

$$\Pi_{mc}(\boldsymbol{\beta},\boldsymbol{q}) = \sum_n\left(\frac{1}{2}\boldsymbol{\beta}^{\mathrm{T}}\boldsymbol{H\beta} + \boldsymbol{\beta}^{\mathrm{T}}\boldsymbol{H}_F\boldsymbol{\beta}_F - \boldsymbol{\beta}^{\mathrm{T}}\boldsymbol{Gq} + \boldsymbol{S}^{\mathrm{T}}\boldsymbol{q} + \boldsymbol{B}_n\right) \tag{s}$$

式中

$$\begin{aligned}
&\boldsymbol{H} = \int_{V_n}\boldsymbol{P}^{\mathrm{T}}\boldsymbol{SP}\,\mathrm{d}V \qquad \boldsymbol{H}_F = \int_{V_n}\boldsymbol{P}^{\mathrm{T}}\boldsymbol{SP}_F\,\mathrm{d}V \\
&\boldsymbol{G} = \int_{\partial V_n}\boldsymbol{R}^{\mathrm{T}}\boldsymbol{L}\,\mathrm{d}S \qquad \boldsymbol{G}_F = \int_{\partial V_n}\boldsymbol{R}_F^{\mathrm{T}}\boldsymbol{L}\,\mathrm{d}S \\
&\boldsymbol{S}^{\mathrm{T}} = -\boldsymbol{\beta}_F^{\mathrm{T}}\boldsymbol{G}_F + \int_{S_{\sigma_n}}\bar{\boldsymbol{T}}^{\mathrm{T}}\boldsymbol{L}\,\mathrm{d}S \\
&\boldsymbol{B}_n = \frac{1}{2}\boldsymbol{\beta}_F^{\mathrm{T}}\left(\int_{V_n}\boldsymbol{P}_F^{\mathrm{T}}\boldsymbol{SP}_F\,\mathrm{d}V\right)\boldsymbol{\beta}_F
\end{aligned} \tag{t}$$

由于各个单元的 $\boldsymbol{\sigma}^*$ 是独立的，所以在单元上将 $\boldsymbol{\beta}$ 并缩掉，由

$$\frac{\partial\Pi_{mc}}{\partial\boldsymbol{\beta}} = \boldsymbol{0} \qquad \boldsymbol{H\beta} + \boldsymbol{H}_F\boldsymbol{\beta}_F - \boldsymbol{Gq} = \boldsymbol{0} \tag{u}$$

解得

$$\boldsymbol{\beta} = \boldsymbol{H}^{-1}(\boldsymbol{Gq} - \boldsymbol{H}_F\boldsymbol{\beta}_F) \tag{v}$$

代回泛函得到

$$\Pi_{mc}(\boldsymbol{q}) = -\sum_{n}\left(\frac{1}{2}\boldsymbol{q}^{\mathrm{T}}\boldsymbol{k}\boldsymbol{q} - \boldsymbol{q}^{\mathrm{T}}\bar{\boldsymbol{Q}}_n + \boldsymbol{C}_n\right) \tag{w}$$

式中，$\boldsymbol{C}_n$ 为常数阵；$\boldsymbol{k}$ 及 $\bar{\boldsymbol{Q}}_n$ 分别为单元的刚度矩阵及等效结点载荷

$$\begin{aligned}
&\boldsymbol{k}=\boldsymbol{G}^{\mathrm{T}}\boldsymbol{H}^{-1}\boldsymbol{G}\\
&\bar{\boldsymbol{Q}}_n = \boldsymbol{G}^{\mathrm{T}}\boldsymbol{H}^{-1}\boldsymbol{H}_F\boldsymbol{\beta}_F + \boldsymbol{S}\\
&\boldsymbol{C}_n = \frac{1}{2}\boldsymbol{\beta}_F^{\mathrm{T}}\boldsymbol{H}_F^{\mathrm{T}}\boldsymbol{H}^{-1}\boldsymbol{H}_F\boldsymbol{\beta}_F - \boldsymbol{B}_n = \text{常数阵}
\end{aligned} \tag{3.1.9}$$

由 $\mathrm{d}\,\Pi_{mc}(\boldsymbol{q}) = \boldsymbol{0}$ 得待解方程

$$\boldsymbol{K}\boldsymbol{q} = \boldsymbol{Q} \qquad \left(\boldsymbol{K} = \sum_{n}\boldsymbol{k}\right) \tag{3.1.10}$$

利用位移已知表面边界条件，由上式解得 $\boldsymbol{q}$，代回式(v)可得 $\boldsymbol{\beta}$，再利用式(3.1.8)可得应力 $\boldsymbol{\sigma}^*$。

总结以上讨论，当不考虑体积力时，杂交应力元 I 的单元刚度矩阵，按照以下步骤求得

$$\left.\begin{cases}\boldsymbol{\sigma}^* = \boldsymbol{P}\boldsymbol{\beta} \\ \quad \boldsymbol{T} = \boldsymbol{\nu}\boldsymbol{P}\boldsymbol{\beta} = \boldsymbol{R}\boldsymbol{\beta} \\ \tilde{\boldsymbol{u}} = \boldsymbol{L}\boldsymbol{q}\end{cases}\right\} \longrightarrow \begin{cases}\boldsymbol{H} = \int_{V_n}\boldsymbol{P}^{\mathrm{T}}\boldsymbol{S}\boldsymbol{P}\,\mathrm{d}V \\ \boldsymbol{G} = \int_{\partial V_n}\boldsymbol{R}^{\mathrm{T}}\boldsymbol{L}\,\mathrm{d}S\end{cases} \longrightarrow \boldsymbol{k} = \boldsymbol{G}^{\mathrm{T}}\boldsymbol{H}^{-1}\boldsymbol{G} \tag{x}$$

2. 几点说明

(1) 由以上讨论可知，杂交应力元 I 具有两个独立的场变量：元内满足平衡条件的应力场，以及元上满足位移已知边界条件的位移场，它最后的求解方程又是以结点位移为未知量的矩阵位移法，所以它是一种**杂交元**。

由于现在的杂交元是在单元内假定应力场，因此，这种杂交元称为**杂交应力元**(Hybrid Stress Element)，或者称为**假定应力杂交元**(Assumed Stress Hybrid Element)，它是早期建立的三种杂交应力元的一种，现称其为杂交应力元 I。

(2) 建立杂应应力元 I，关键在于适当地选择元内应力场及边界位移场，并使这两类独立的场变量 $\boldsymbol{\sigma}^*$ 及 $\tilde{\boldsymbol{u}}$ 相互匹配。换言之，应力参数 $\boldsymbol{\beta}$ 与结点位移 $\boldsymbol{q}$ 之间应取一种合理的配合，以提高单元的求解精度。

(3) 与协调的位移元相比，杂交应力元可以建立具有特殊受力表面的单元，从而极大改进了用有限元求解一些工程问题的精度。

协调位移模式不能准确反映给定外力边界上的外力分布，例如，在无外力边界上，位移元会产生不真实的边界力。而杂交应力元通过适当选择应力场，将使无外力边界面上的边界力准确为零。Pian[3]及 Yamada 等[6]证实，应用具有给定无外力边界的特殊单元，可以有效地改善有些问题有限元解的精度。特别是当这类单元的尺寸相对比较大时，改善尤为明显。Dunger 及 Severn[7]应用具有无外力自由边的特殊杂交应力元分析了圆柱形坝，也证明了这类单元的先进性。田及 Pian 等建立了一系列这类特殊杂交应力元，高效地分析了具有多类槽孔构件的三维(及二维)应力集中问题，后续几章将系统介绍这方面的工作。

3.2　由 Hellinger-Reissner 原理建立的早期杂交应力元 II

3.2.1　变分泛函

第 2 章已建立了 Hellinger-Reissner 广义变分原理的以下两种泛函表达式：

$$\begin{aligned}\Pi_{HR}(\boldsymbol{\sigma},\boldsymbol{u})=&\int_V[-B(\boldsymbol{\sigma})+\boldsymbol{\sigma}^{\mathrm{T}}(\boldsymbol{D}\boldsymbol{u})-\bar{\boldsymbol{F}}^{\mathrm{T}}\boldsymbol{u}]\,\mathrm{d}V-\int_{S_\sigma}\bar{\boldsymbol{T}}^{\mathrm{T}}\boldsymbol{u}\,\mathrm{d}S\\&-\int_{S_u}\boldsymbol{T}^{\mathrm{T}}(\boldsymbol{u}-\bar{\boldsymbol{u}})\,\mathrm{d}S=\text{驻值}\qquad(\boldsymbol{T}=\boldsymbol{\nu}\boldsymbol{\sigma})\end{aligned}\tag{3.2.1}$$

或

$$\begin{aligned}\Pi_{HR}^{1}(\boldsymbol{\sigma},\boldsymbol{u})=&\int_V[-B(\boldsymbol{\sigma})-(\boldsymbol{D}^{\mathrm{T}}\boldsymbol{\sigma}+\bar{\boldsymbol{F}})^{\mathrm{T}}\boldsymbol{u}]\,\mathrm{d}V+\int_{S_u}\boldsymbol{T}^{\mathrm{T}}\bar{\boldsymbol{u}}\,\mathrm{d}S\\&+\int_{S_\sigma}(\boldsymbol{T}-\bar{\boldsymbol{T}})^{\mathrm{T}}\boldsymbol{u}\,\mathrm{d}S=\text{驻值}\qquad(\boldsymbol{T}=\boldsymbol{\nu}\boldsymbol{\sigma})\end{aligned}\tag{3.2.2}$$

当物体离散为 n 个有限元时，与式(3.2.1)相应的泛函及约束条件为

$$\begin{aligned}\Pi_{HR}(\boldsymbol{\sigma},\boldsymbol{u})=&\sum_n\left\{\int_{V_n}[-B(\boldsymbol{\sigma})+\boldsymbol{\sigma}^{\mathrm{T}}(\boldsymbol{D}\boldsymbol{u})-\bar{\boldsymbol{F}}^{\mathrm{T}}\boldsymbol{u}]\,\mathrm{d}V-\int_{S_{\sigma n}}\bar{\boldsymbol{T}}^{\mathrm{T}}\boldsymbol{u}\,\mathrm{d}S\right.\\&\left.-\int_{S_{u_n}}\boldsymbol{T}^{\mathrm{T}}(\boldsymbol{u}-\bar{\boldsymbol{u}})\,\mathrm{d}S\right\}\qquad(\boldsymbol{T}=\boldsymbol{\nu}\boldsymbol{\sigma})\\&=\text{驻值}\end{aligned}\tag{3.2.3}$$

约束条件可取以下三者之一

- $\boldsymbol{u}^{(a)}=\boldsymbol{u}^{(b)}$
- $\boldsymbol{\sigma}^{(a)}=\boldsymbol{\sigma}^{(b)}$　　（S_{ab}上）　　(3.2.4)
- 部分 $\boldsymbol{\sigma}^{(a)}$ = 部分 $\boldsymbol{\sigma}^{(b)}$
  另一部分 $\boldsymbol{u}^{(a)}$ = 另一部分 $\boldsymbol{u}^{(b)}$

以上约束条件的产生是由于用泛函 Π_{HR} [式(3.2.3)]进行有限元列式时，可以同时选择 $\boldsymbol{\sigma}$ 及 $\boldsymbol{u}$，这时所选择的 $\boldsymbol{\sigma}$ 无须事先满足平衡方程，但它们必须使泛函有定义，如以 $\boldsymbol{I}$ 代表式(3.2.3)右侧的第二项积分

$$\boldsymbol{I}=\int_{V_n}\boldsymbol{\sigma}^{\mathrm{T}}(\boldsymbol{D}\boldsymbol{u})\,\mathrm{d}V\tag{a}$$

为使 $\boldsymbol{I}$ 项有界，可以选取两相邻单元交界处的位移协调，而相应的应力则不必连续；也可以选取两个单元的应力在交界处连续，而位移不必连续；当然，也可以让部分应力连续，另一部分位移协调以达到式(a)可积的目的。

同样，当利用式(3.2.2)进行有限元列时，其泛函也可以写为

$$
\boxed{\begin{aligned}
\Pi_{HR}^{1}(\boldsymbol{u},\boldsymbol{\sigma}) &= \sum_{n}\left\{\int_{V_n}[-B(\boldsymbol{\sigma})-(\boldsymbol{D}^{\mathrm{T}}\boldsymbol{\sigma}+\bar{\boldsymbol{F}})^{\mathrm{T}}\boldsymbol{u}]\,\mathrm{d}V+\int_{S_{u_n}}\boldsymbol{T}^{\mathrm{T}}\bar{\boldsymbol{u}}\,\mathrm{d}S\right.\\
&\left.\quad+\int_{S_{\sigma_n}}(\boldsymbol{T}-\bar{\boldsymbol{T}})^{\mathrm{T}}\boldsymbol{u}\,\mathrm{d}S\right\}\qquad(\boldsymbol{T}=\boldsymbol{\nu\sigma})\\
&= \text{驻值}
\end{aligned}}\tag{3.2.5}
$$

3.2.2　有限元列式

用 Π_{HR} 进行有限元列式时，由于单元间 $\boldsymbol{\sigma}$ 与 $\boldsymbol{u}$ 选择的连续条件不同，有限元列式可以完全不同。这里讨论的列式方法，是基于**元间位移连续，而应力是完全独立**的情况[3,8,9]。

选取

$$
\boxed{\begin{aligned}\boldsymbol{u}&=\boldsymbol{Nq}\\ \boldsymbol{\sigma}&=\boldsymbol{P\beta}\end{aligned}}\tag{3.2.6}
$$

式中，$\boldsymbol{q}$ 为广义结点位移；$\boldsymbol{\beta}$ 为应力参数。

这样选择的位移，沿两个单元相邻边界满足协调条件

$$
\boldsymbol{u}^{(a)}=\boldsymbol{u}^{(b)}\qquad(S_{ab}\text{ 上})\tag{b}
$$

同时假定 $\boldsymbol{u}$ 满足位移边界条件

$$
\boldsymbol{u}=\bar{\boldsymbol{u}}\qquad(S_{u_n}\text{ 上})\tag{c}
$$

而假定的应力 $\boldsymbol{\sigma}$ 并不要求满足平衡条件。

将式(3.2.6)代入式(3.2.3)，同时利用式(c)，对线弹性体可得

$$
\Pi_{HR}(\boldsymbol{q},\boldsymbol{\beta})=\sum_{n}\left(-\frac{1}{2}\boldsymbol{\beta}^{\mathrm{T}}\boldsymbol{H\beta}+\boldsymbol{\beta}^{\mathrm{T}}\boldsymbol{Gq}-\boldsymbol{Q}_n^{\mathrm{T}}\boldsymbol{q}\right)\tag{d}
$$

其中

$$
\begin{aligned}
\boldsymbol{H}&=\int_{V_n}\boldsymbol{P}^{\mathrm{T}}\boldsymbol{SP}\,\mathrm{d}V\\
\boldsymbol{G}&=\int_{V_n}\boldsymbol{P}^{\mathrm{T}}\boldsymbol{B}\,\mathrm{d}V\qquad(\boldsymbol{B}=\boldsymbol{DN})\\
\boldsymbol{Q}_n^{\mathrm{T}}&=\int_{V_n}\bar{\boldsymbol{F}}^{\mathrm{T}}\boldsymbol{N}\,\mathrm{d}V+\int_{S_{\sigma_n}}\bar{\boldsymbol{T}}^{\mathrm{T}}\boldsymbol{N}\,\mathrm{d}S
\end{aligned}\tag{3.2.7}
$$

由于在 S_{u_n} 上已满足了位移已知边界条件[式(c)]，所以泛函(3.2.3)中右侧的积分项 $\int_{S_{u_n}}\boldsymbol{T}^{\mathrm{T}}(\boldsymbol{u}-\bar{\boldsymbol{u}})\,\mathrm{d}S$ 为零。

在元上并缩掉参数 $\boldsymbol{\beta}$

$$
\frac{\partial\Pi_{HR}}{\partial\boldsymbol{\beta}}=\boldsymbol{0}\qquad\boldsymbol{\beta}=\boldsymbol{H}^{-1}\boldsymbol{G}\,\boldsymbol{q}\tag{3.2.8}
$$

代回式(d)，得到

$$
\Pi_{HR}(\boldsymbol{q})=\sum_{n}\left(\frac{1}{2}\boldsymbol{q}^{\mathrm{T}}\boldsymbol{kq}-\boldsymbol{Q}_n^{\mathrm{T}}\boldsymbol{q}\right)\tag{e}
$$

其中单元刚度矩阵 $\boldsymbol{k}$ 是已熟悉的形式

$$
\boldsymbol{k}=\boldsymbol{G}^{\mathrm{T}}\boldsymbol{H}^{-1}\boldsymbol{G}\tag{3.2.9}
$$

由下式得到待解方程

$$\frac{\partial \Pi_{HR}}{\partial \boldsymbol{q}}=\mathbf{0} \qquad \boldsymbol{K}\boldsymbol{q}=\boldsymbol{Q} \qquad \left(\boldsymbol{K}=\sum_{n}\boldsymbol{k}\right) \tag{3.2.10}$$

可见，这种方法最终也归结为求解结点位移为未知数的刚度矩阵法。因而，这种有限元也是**一种杂交应力元。**

当利用上式解得结点位移 $\boldsymbol{q}$ 后，代入式(3.2.8)求得 $\boldsymbol{\beta}$，再利用式(3.2.6)求得 $\boldsymbol{u}$ 及 $\boldsymbol{\sigma}$。

在以上列式中，如假定应力分量选取为一种非耦合形式

$$\boldsymbol{P}=\begin{bmatrix} \boldsymbol{P}_1 & & & \mathbf{0} \\ & \boldsymbol{P}_2 & & \\ & & \ddots & \\ \mathbf{0} & & & \boldsymbol{P}_6 \end{bmatrix} \tag{f}$$

则 $\boldsymbol{H}$ 阵成为

$$\boldsymbol{H}=\begin{bmatrix} \boldsymbol{H}_1 & & & \mathbf{0} \\ & \boldsymbol{H}_2 & & \\ & & \ddots & \\ \mathbf{0} & & & \boldsymbol{H}_6 \end{bmatrix} \tag{g}$$

以及

$$\boldsymbol{H}^{-1}=\begin{bmatrix} \boldsymbol{H}_1^{-1} & & & \mathbf{0} \\ & \boldsymbol{H}_2^{-1} & & \\ & & \ddots & \\ \mathbf{0} & & & \boldsymbol{H}_6^{-1} \end{bmatrix} \tag{h}$$

这样，将大大简化式(3.2.9)中 $\boldsymbol{H}$ 阵取逆的计算量。

如利用在 S_{ab} 上部分满足位移连续及部分满足应力连续的约束条件进行列式，将得到不同形式的有限元方程。

3.2.3　注意事项

1. 以上依照式(3.2.3)进行有限元列式时，基于对假定的应力场 $\boldsymbol{\sigma}$ 没有约束

依照上述方法，当选择的位移场 $\boldsymbol{u}$ 满足元间协调及位移已知边界条件

$$\begin{aligned} \boldsymbol{u}^{(a)}&=\boldsymbol{u}^{(b)} \qquad &(S_{ab}\text{上}) \\ \boldsymbol{u}&=\bar{\boldsymbol{u}} \qquad &(S_{u_n}\text{上}) \end{aligned} \tag{i}$$

如果所选择的应力场 $\boldsymbol{\sigma}$ 及位移场 $\boldsymbol{u}$ 同时还满足弹性理论协调方程，也就是说，如选取足够的应力项，使得 $\boldsymbol{S\sigma}$ 能包括所有的应变项 $\boldsymbol{Du}$，即满足协调方程

$$\boldsymbol{S\sigma}=\boldsymbol{Du} \tag{j}$$

此外对应力再无限制时，由 Π_{HR} 导出的单元刚度矩阵时不计体积力及表面力，则对线性弹性体，式(3.2.3)成为

$$\begin{aligned}\Pi_{HR} &= \int_{V_n}[-\frac{1}{2}\boldsymbol{\sigma}^{\mathrm{T}}\boldsymbol{S}\boldsymbol{\sigma}+\boldsymbol{\sigma}^{\mathrm{T}}(\boldsymbol{D}\boldsymbol{u})]\mathrm{d}V \\ &= \int_{V_n}\frac{1}{2}\boldsymbol{\sigma}^{\mathrm{T}}(\boldsymbol{D}\boldsymbol{u})\mathrm{d}V = \int_{V_n}\frac{1}{2}(\boldsymbol{D}\boldsymbol{u})^{\mathrm{T}}\boldsymbol{C}(\boldsymbol{D}\boldsymbol{u})\mathrm{d}V \\ &= \frac{1}{2}\boldsymbol{q}^{\mathrm{T}}\boldsymbol{k}\boldsymbol{q}\end{aligned} \tag{k}$$

其中

$$\boldsymbol{k} = \int_{V_n}(\boldsymbol{D}\boldsymbol{N})^{\mathrm{T}}\boldsymbol{C}\,(\boldsymbol{D}\boldsymbol{N})\,\mathrm{d}V \tag{l}$$

可见，其单元刚度阵和利用最小位能原理 Π_P 所建立的单元刚度阵恒等。

这个事实表明：**由 Π_{HR} 建立的单元，当元内假定应力场不受平衡方程约束时，将导致与位移元同样结果——这就是 Fraeijs de Veubeke 所指出的极限原则(Limitation Principle)**[10]。

2. 如所选位移场除满足条件式(i)外，同时还满足平衡方程

$$\boldsymbol{D}^{\mathrm{T}}\boldsymbol{\sigma}+\bar{\boldsymbol{F}}=\boldsymbol{0} \qquad (V_n\text{内}) \tag{m}$$

利用散度定理

$$\int_{V_n}\boldsymbol{\sigma}^{\mathrm{T}}(\boldsymbol{D}\boldsymbol{u})\,\mathrm{d}V = -\int_{V_n}(\boldsymbol{D}^{\mathrm{T}}\boldsymbol{\sigma})^{\mathrm{T}}\boldsymbol{u}\,\mathrm{d}V+\int_{\partial V_n}\boldsymbol{T}^{\mathrm{T}}\boldsymbol{u}\,\mathrm{d}S \qquad (\boldsymbol{T}=\boldsymbol{\nu}\,\boldsymbol{\sigma}) \tag{n}$$

及平衡方程，则式(3.2.3)成为

$$\begin{aligned}\Pi_{HR} &= \sum_n\int_{V_n}-B(\boldsymbol{\sigma})\,\mathrm{d}V+\int_{\partial V_n}\boldsymbol{T}^{\mathrm{T}}\boldsymbol{u}\,\mathrm{d}S-\int_{S_{\sigma_n}}\bar{\boldsymbol{T}}^{\mathrm{T}}\boldsymbol{u}\,\mathrm{d}S \\ &= -\Pi_{mc} \qquad\qquad (\boldsymbol{T}=\boldsymbol{\nu}\,\boldsymbol{\sigma})\end{aligned} \tag{o}$$

可见，对于 Π_{HR}，如所选的位移 $\boldsymbol{u}$ 满足元间协调条件及位移已知边界条件，由单元内部位移 $\boldsymbol{u}$ 得到的单元边界位移，与 Π_{mc} 中边界位移 $\tilde{\boldsymbol{u}}$ 的表达式相同，同时，所选应力 $\boldsymbol{\sigma}$ 还满足平衡方程时，则由 Π_{HR} 所导出的单元刚度阵 $\boldsymbol{k}$，将与 Π_{mc} 的恒等。

这种应力 $\boldsymbol{\sigma}$ 满足平衡方程，根据 Π_{HR} 所构造的杂交应力元，称为**早期杂交应力元Ⅱ**。它与 Π_{mc} 的列式区别在于，Π_{HR} 是在单元内部选择协调的位移场，而 Π_{mc} 则是在单元边界上选择协调的位移场。

例 3.1　利用 Π_{HR} 与 Π_{mc} 构造平面 4 结点矩形杂交应力元

单元形状及结点位移如图 3.3 所示。x、y 为整体坐标；ξ、η 为局部等参坐标。

1) $\boldsymbol{\sigma}$ 选择

根据 Π_{HR} 与 Π_{mc} 构造杂交应力元时，所选单元假定应力 $\boldsymbol{\sigma}$ 均应满足平衡方程。当不计及体积力时，$\boldsymbol{\sigma}$ 可选为

$$\begin{aligned}\boldsymbol{\sigma} &= \begin{Bmatrix}\sigma_x\\ \sigma_y\\ \tau_{xy}\end{Bmatrix} = \begin{bmatrix}1 & 0 & 0 & y & 0 & x & 0\\ 0 & 1 & 0 & 0 & x & 0 & y\\ 0 & 0 & 1 & 0 & 0 & -y & -x\end{bmatrix}\begin{Bmatrix}\beta_1\\ \vdots\\ \beta_7\end{Bmatrix} \\ &= \boldsymbol{P}\boldsymbol{\beta}\end{aligned} \tag{p}$$

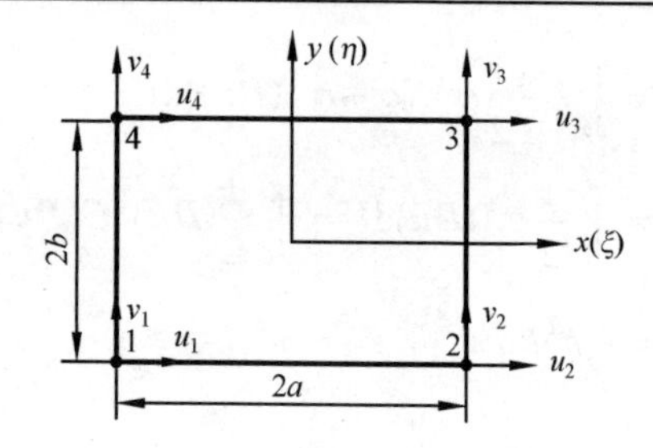

图 3.3　4 结点矩形平面单元

此时应力参数 β 的数目为 7，大于所需最小数($\beta_{\min}=5$)①；同时 $\boldsymbol{\sigma}$ [式(p)]满足齐次平衡方程

$$\boldsymbol{D}^{\mathrm{T}}\boldsymbol{\sigma}=\boldsymbol{0} \tag{q}$$

2) 位移选择

依据 Π_{mc} 及 Π_{HR} 进行单元列式的区别在于，由 Π_{mc} 列式需选择协调的边界位移场 $\tilde{\boldsymbol{u}}$

$$\tilde{\boldsymbol{u}}=\begin{Bmatrix}\tilde{\boldsymbol{u}}_{12}\\ \vdots \\ \tilde{\boldsymbol{u}}_{41}\end{Bmatrix}=\boldsymbol{L}\boldsymbol{q} \tag{r}$$

如沿边 12，可选取

$$\tilde{\boldsymbol{u}}_{12}=\begin{Bmatrix}\tilde{u}_{12}\\ \tilde{v}_{12}\end{Bmatrix}=\begin{bmatrix}\frac{1-\xi}{2} & 0 & \frac{1+\xi}{2} & 0\\ 0 & \frac{1-\xi}{2} & 0 & \frac{1+\xi}{2}\end{bmatrix}\begin{Bmatrix}u_1\\ v_1\\ u_2\\ v_2\end{Bmatrix} \tag{s}$$

同理，可得到其余三个边的边界位移 $\tilde{\boldsymbol{u}}_{23},\tilde{\boldsymbol{u}}_{34},\tilde{\boldsymbol{u}}_{41}$。这时计算单元刚度矩阵中的 $\boldsymbol{G}$ 阵，是沿 4 个侧表面积分得到，即

$$\boldsymbol{G}=\int_{\partial V_n}\boldsymbol{R}^{\mathrm{T}}\boldsymbol{L}\,\mathrm{d}S \qquad (表面积分) \tag{t}$$

而由 Π_{HR} 列式时，是在单元内部选择协调的位移场 $\boldsymbol{u}$，即

$$\boldsymbol{u}=\begin{Bmatrix}u\\ v\end{Bmatrix}=\frac{1}{4}\sum_{i=1}^{4}(1+\xi_i\xi)(1+\eta_i\eta)\begin{Bmatrix}u_i\\ v_i\end{Bmatrix}=\boldsymbol{N}\boldsymbol{q} \tag{u}$$

计算单刚中的 $\boldsymbol{G}$ 阵只是一个简单的体积分

$$\boldsymbol{G}=\int_{V_n}\boldsymbol{P}^{\mathrm{T}}(\boldsymbol{D}\boldsymbol{N})\,\mathrm{d}V \qquad (体积积分) \tag{v}$$

现在由式(u)求得的沿单元四个边界的位移，与 Π_{mc} 的边界位移 $\tilde{\boldsymbol{u}}$ [式(s)]相同，所以此例由 Π_{HR} 与 Π_{mc} 算得的单元刚度阵 $\boldsymbol{k}$ 相等。

显然，Π_{HR} 中 $\boldsymbol{G}$ 阵的计算要比 Π_{mc} 简便。尤其对一个三维元，Π_{HR} 中的 $\boldsymbol{G}$ 阵只需计算一个体积分[式(v)]，而 Π_{mc} 的 $\boldsymbol{G}$ 阵则要计算 6 个面积分[式(t)]，从这一点看，用 Π_{HR} 构造杂交

① 此问题在 3.4 节说明。

应力元要比用 Π_{mc} 节省 CPU 时间。但是有利就有弊，Π_{HR} 要求在单元内部选择位移场，同时满足单元边界协调条件，对一般 C_0 阶单元，应用等参变换达到此目的不难，但对板、壳等 C_1 阶元，建立协调的位移场并非易事；而用 Π_{mc} 来构造板、壳杂交应力元，它仅要求选择沿单元边界协调的位移，这就容易多了。

3.3　两种早期杂交应力元小结

3.3.1　两种早期杂交应力元

前面阐述了根据修正的余能原理，建立的一种早期杂交应力元，即根据泛函 $\Pi_{mc}\,(\boldsymbol{\sigma}^*,\boldsymbol{u})$ 建立的杂交应力元Ⅰ，及根据 Hellinger-Reissner 原理 $\Pi_{HR}\,(\boldsymbol{\sigma}^*,\boldsymbol{u})$ 建立的杂交应力元Ⅱ，现将这两类早期杂交应力模式汇总列于表 3.1 以资比较。

表 3.1　两种早期杂交应力模式

<table>
<tr><td>杂交应力元Ⅰ
$\Pi_{mc}\ (\boldsymbol{\sigma}^*,\tilde{\boldsymbol{u}})$</td><td>杂交应力元Ⅱ
$\Pi_{HR}\ (\boldsymbol{\sigma}^*,\boldsymbol{u})$</td></tr>
<tr><td colspan="2">$\boldsymbol{\sigma}^*=\boldsymbol{P\beta}$</td></tr>
<tr><td>$\tilde{\boldsymbol{u}}=\boldsymbol{Lq}$（$\partial V_n$ 上）</td><td>$\boldsymbol{u}=\boldsymbol{Nq}$（$V_n$ 内）</td></tr>
<tr><td colspan="2">$\Pi=\pm\sum_n\left(\frac{1}{2}\boldsymbol{\beta}^{\mathrm{T}}\boldsymbol{H\beta}-\boldsymbol{\beta}^{\mathrm{T}}\boldsymbol{G}\,\boldsymbol{q}+\boldsymbol{Q}_n^{\mathrm{T}}\boldsymbol{q}\right)$</td></tr>
<tr><td>$\boldsymbol{H}=\int_{V_n}\boldsymbol{P}^{\mathrm{T}}\boldsymbol{SP}\ \mathrm{d}V$
$\boldsymbol{G}=\int_{\partial V_n}\boldsymbol{R}^{\mathrm{T}}\boldsymbol{L}\,\mathrm{d}S$</td><td>$\boldsymbol{H}=\int_{V_n}\boldsymbol{P}^{\mathrm{T}}\boldsymbol{S}\,\boldsymbol{P}\ \mathrm{d}V$
$\boldsymbol{G}=\int_{V_n}\boldsymbol{P}^{\mathrm{T}}(\boldsymbol{DN})\ \mathrm{d}V$</td></tr>
<tr><td colspan="2">$\frac{\partial\Pi}{\partial\boldsymbol{\beta}}=\boldsymbol{0}$　　$\boldsymbol{\beta}=\boldsymbol{H}^{-1}\boldsymbol{G}\,\boldsymbol{q}$
$\Pi=\mp\sum_n\left(\frac{1}{2}\boldsymbol{q}^{\mathrm{T}}\boldsymbol{kq}-\boldsymbol{Q}_n^{\mathrm{T}}\boldsymbol{q}\right)$　　$\boldsymbol{k}=\boldsymbol{G}^{\mathrm{T}}\boldsymbol{H}^{-1}\boldsymbol{G}$
$=\mp(\frac{1}{2}\boldsymbol{q}^{\mathrm{T}}\boldsymbol{Kq}-\boldsymbol{Q}^{\mathrm{T}}\boldsymbol{q})$</td></tr>
<tr><td colspan="2">$\mathrm{d}\Pi=0$　　$\boldsymbol{Kq}=\boldsymbol{Q}$</td></tr>
<tr><td colspan="2">变分泛函</td></tr>
<tr><td>$\Pi_{mc}=\sum_n\left\{\int_{V_n}\frac{1}{2}\boldsymbol{\sigma}^{*\mathrm{T}}\boldsymbol{S\sigma}^*\mathrm{d}V-\int_{\partial V_n}\boldsymbol{T}^{\mathrm{T}}\tilde{\boldsymbol{u}}\,\mathrm{d}S+\int_{S_{\sigma_n}}\overline{\boldsymbol{T}}^{\mathrm{T}}\tilde{\boldsymbol{u}}\,\mathrm{d}S\right\}$</td><td>$\Pi_{HR}=\sum_n\left\{\int_{V_n}[-\frac{1}{2}\boldsymbol{\sigma}^{*\mathrm{T}}\boldsymbol{S\sigma}^*+\boldsymbol{\sigma}^{*\mathrm{T}}(\boldsymbol{Du})-\overline{\boldsymbol{F}}^{\mathrm{T}}\boldsymbol{u}]\mathrm{d}V-\int_{S_{\sigma_n}}\boldsymbol{T}^{\mathrm{T}}\boldsymbol{u}\,\mathrm{d}S\right\}$</td></tr>
<tr><td colspan="2">约束条件</td></tr>
<tr><td>$\boldsymbol{D}^{\mathrm{T}}\boldsymbol{\sigma}^*+\overline{\boldsymbol{F}}=\boldsymbol{0}$　(V_n 内)
$\tilde{\boldsymbol{u}}=\overline{\boldsymbol{u}}$　　(S_{u_n}上)</td><td>$\boldsymbol{D}^{\mathrm{T}}\boldsymbol{\sigma}^*+\overline{\boldsymbol{F}}=\boldsymbol{0}$（$V_n$ 内）
$\boldsymbol{u}^{(a)}=\boldsymbol{u}^{(b)}$　（S_{ab}上）
$\boldsymbol{u}=\overline{\boldsymbol{u}}$　　（S_{u_n}上）</td></tr>
</table>

3.3.2　假定应力杂交模式小结

由以上讨论可知，以上两种早期假定应力杂交应力模式具有以下特点：

(1) 可以依据不同的变分泛函 Π_{mc} 及 Π_{HR}，构造不同的杂交应力元。

(2) 根据 Π_{HR} 构造三维及二维 C_0 阶元，较之用 Π_{mc} 要方便。对于板、壳问题，当要求 C_1 阶连续性时，利用 Π_{mc} 则更为方便。

(3) 杂交应力元易于计入无外力表面边界条件。

(4) 应用杂交应力元，处理接近不可压缩的材料或考虑横向剪切的梁、板等问题时，不会出现锁住现象[11]。

(5) 应用杂交应力元，也可有效地分析具有随机增强相非匀质材料问题[11]。

3.4 扫除附加运动变形模式(扫除多余零能模式)

3.4.1 附加运动变形模式

(1) 如果一个单元除了刚体运动外，还有其他的变形模式，使它的变形能为零，则这种变形模式称为**多余零能模式**，或称**附加运动变形模式**。

这里所谓的“附加”，是指单元除刚体运动使其变形能为零外，还有其他的变形模式，也使其变形能为零。有时为简单起见，省略“附加”两字，简称零能模式，意义不变。

一个单元的变形能为

$$\begin{aligned} 2U_d &= \int_{V_n} \boldsymbol{\sigma}^{\mathrm{T}} \boldsymbol{\varepsilon} \, \mathrm{d}V \\ &= \int_{V_n} \boldsymbol{\sigma}^{\mathrm{T}} (\boldsymbol{D} \boldsymbol{u}) \, \mathrm{d}V \end{aligned} \tag{a}$$

如果此单元分别独立的选取应力及位移

$$\begin{aligned} \boldsymbol{\sigma} &= \boldsymbol{P}\boldsymbol{\beta} \\ \boldsymbol{u} &= \boldsymbol{N}\boldsymbol{q} \end{aligned} \tag{b}$$

将式(b)代入式(a)，得到

$$2U_d = \boldsymbol{\beta}^{\mathrm{T}} \boldsymbol{G} \boldsymbol{q} \tag{c}$$

式中

$$\boldsymbol{G} = \int_{V_n} \boldsymbol{P}^{\mathrm{T}} (\boldsymbol{D}\boldsymbol{N}) \, \mathrm{d}V \tag{d}$$

当所选择的应力与位移匹配不当而使

$$\boldsymbol{G}\boldsymbol{q} = \boldsymbol{0} \tag{e}$$

时，则单元的变形能为零，即

$$U_d = 0$$

从而产生附加运动变形模式(或多余零能模式)。这时，没有任何外力作用，单元将产生机动变形，呈现不稳定状态。

(2) 对一个单元，如何去确定它是否具有附加的零能模式呢？可以通过这样途径：设 λ 为单元刚度矩阵 $\boldsymbol{k}$ 的本征值，则有

$$(\boldsymbol{k} - \lambda \boldsymbol{I})\, \boldsymbol{q} = \boldsymbol{0} \tag{f}$$

于是，由有限元分析可知

$$2U_d = \boldsymbol{q}^{\mathrm{T}}\boldsymbol{k}\,\boldsymbol{q} = \lambda\,\boldsymbol{q}^{\mathrm{T}}\boldsymbol{q} \tag{g}$$

式中，如 $\lambda = 0$，则 $U_d = 0$。

所以，一个单元的附加运动变形模式，在数学上表现为单元刚度矩阵奇异，即不满铁，或者说，$\boldsymbol{k}$ 阵出现零的本征值。

若单元刚度阵 $\boldsymbol{k}$ 出现 n 个零本征值，就称此单元具有 n 个多余零能模式。

(3) 对所建立的单元，一般学者建议不应具有附加运动变形模式。因为如果单元具有这样模式，则由其组合而成的整体就有可能产生机动变形，这显然是需要排除的。

3.4.2　扫除附加运动变形模式

Babuska[12]及 Brezzi[13]对扫除零能变形模式，提出了应满足的数学形式稳定准则——LBB 条件，Xue 等[14]也对此问题进行了研究。

Pain 及 Chen[15]从 Hellinger-Reissner 原理出发，建议适当地选择假定应力项，可以方便扫除零能变形模式。

现在先来讨论当一个单元不具有附加零能模式时，应满足的必要条件。当根据 Hellinger-Reissner 原理导出单元刚度矩阵时，其单元能量泛函为

$$\Pi_{HR}(\boldsymbol{\sigma},\boldsymbol{u}) = \int_{V_n}\left[-\frac{1}{2}\boldsymbol{\sigma}^{\mathrm{T}}\boldsymbol{S}\boldsymbol{\sigma} + \boldsymbol{\sigma}^{\mathrm{T}}(\boldsymbol{D}\boldsymbol{u})\right]\mathrm{d}V \tag{h}$$

选取

$$\boldsymbol{u} = \boldsymbol{N}\,\boldsymbol{q} \qquad \boldsymbol{\sigma} = \boldsymbol{P}\boldsymbol{\beta} \tag{i}$$

则泛函成为

$$\Pi_{HR}(\boldsymbol{\beta},\boldsymbol{q}) = -\frac{1}{2}\boldsymbol{\beta}^{\mathrm{T}}\boldsymbol{H}\boldsymbol{\beta} + \boldsymbol{\beta}^{\mathrm{T}}\boldsymbol{G}\boldsymbol{q} \tag{j}$$

式中

$$\left.\begin{aligned}\boldsymbol{H}_{(m\times m)} &= \int_{V_n}\boldsymbol{P}^{\mathrm{T}}\boldsymbol{S}\boldsymbol{P}\,\mathrm{d}V\\ \boldsymbol{G}_{(m\times n)} &= \int_{V_n}\boldsymbol{P}^{\mathrm{T}}(\boldsymbol{D}\boldsymbol{N})\,\mathrm{d}V\end{aligned}\right\} \tag{k}$$

这里设 m 为应力参数 $\boldsymbol{\beta}$ 的数目；n 为结点自由度数；r 为单元刚体自由度数。

由式 (j) 并缩掉 $\boldsymbol{\beta}$ 后，得到单元刚度矩阵

$$\underset{(n\times n)}{\boldsymbol{k}} = \underset{(n\times m)}{\boldsymbol{G}^{\mathrm{T}}}\ \underset{(m\times m)}{\boldsymbol{H}^{-1}}\ \underset{(m\times n)}{\boldsymbol{G}} \tag{l}$$

从式 (l) **左边**可见

$$秩\ \boldsymbol{k} \geqslant n - r \tag{m}$$

由式 (l) **右边**可见，当阵 $\boldsymbol{G}^{\mathrm{T}}_{(n\times m)}$ 的秩由其列数 m 确定时 (即 $\boldsymbol{G}^{\mathrm{T}}$ 为高矩阵)，则对任意的矩阵 $\boldsymbol{H}^{-1}$，只要可乘，就有

$$秩\,(\boldsymbol{G}^{\mathrm{T}}\boldsymbol{H}^{-1}\boldsymbol{G}) = 秩\,(\boldsymbol{H}^{-1}) \tag{n}$$

由于 $\boldsymbol{H}$ 阵正定对称，所以

$$秩\,\boldsymbol{H} = 秩\,(\boldsymbol{H}^{-1}) = m \tag{o}$$

因而

$$秩\,(\boldsymbol{G}^{\mathrm{T}}\boldsymbol{H}^{-1}\boldsymbol{G}) = m \tag{p}$$

所以，从式(1)右边可知，如果阵 $\boldsymbol{G}^{\mathrm{T}}\ (n\times m)$ 的秩为 m，则 $\boldsymbol{G}^{\mathrm{T}}\boldsymbol{H}^{-1}\boldsymbol{G}$ 的秩也为 m。

对比式(m)与式(p)可知，使 $\boldsymbol{k}$ 阵满足秩的**必要条件为**

$$m \geqslant n - r \tag{3.4.1}$$

使 $\boldsymbol{k}$ 阵满秩的**必要充分条件为**

$$秩 \underset{(n\times m)}{\boldsymbol{G}^{\mathrm{T}}} = n - r \tag{3.4.2}$$

这样才能保证 $\boldsymbol{G}^{\mathrm{T}}$ 阵为高矩阵，也只有在这个前提下，以上讨论才成立。

Pian 及 Chen 从物理方面分析了此问题[15]，由于单元的变形能为

$$\begin{aligned} 2U_d &= \int_{V_n} \boldsymbol{\sigma}^{\mathrm{T}}\boldsymbol{\varepsilon}\,\mathrm{d}V \\ &= \int_{V_n} \boldsymbol{\sigma}^{\mathrm{T}}(\boldsymbol{D}\boldsymbol{u})\,\mathrm{d}V = \boldsymbol{\beta}^{\mathrm{T}}\boldsymbol{G}\boldsymbol{q} \end{aligned} \tag{q}$$

将位移 $\boldsymbol{u}$ 分解为刚体位移及引起物体变形的位移两部分，即令

$$\boldsymbol{u} = \bar{\boldsymbol{N}}\begin{Bmatrix} \boldsymbol{\alpha}_{(n-r)\times 1} \\ \boldsymbol{R}_{(r\times 1)} \end{Bmatrix} \tag{r}$$

式中，$\boldsymbol{\alpha}$ 为变形位移参数；$\boldsymbol{R}$ 为刚体位移参数。

比较式(r)及式(i)第一式，设有

$$\boldsymbol{q} = \boldsymbol{T}\begin{Bmatrix} \boldsymbol{\alpha} \\ \boldsymbol{R} \end{Bmatrix} \tag{s}$$

因而

$$\begin{aligned} 2U_d &= \boldsymbol{\beta}^{\mathrm{T}}\boldsymbol{G}\,\boldsymbol{q} = \boldsymbol{\beta}^{\mathrm{T}}\boldsymbol{G}\,\boldsymbol{T}\begin{Bmatrix} \boldsymbol{\alpha} \\ \boldsymbol{R} \end{Bmatrix} \\ &= \boldsymbol{\beta}^{\mathrm{T}}[\boldsymbol{G}_{\alpha}\quad \boldsymbol{G}_{R}]\begin{Bmatrix} \boldsymbol{\alpha} \\ \boldsymbol{R} \end{Bmatrix} \\ &= \underset{1\times m}{\boldsymbol{\beta}^{\mathrm{T}}}\ \underset{m\times(n-r)}{\boldsymbol{G}_{\alpha}}\ \underset{(n-r)\times 1}{\boldsymbol{\alpha}} \end{aligned} \tag{t}$$

刚体模式不产生变形能。

从而可见，对于任何 $\boldsymbol{\alpha}$ 的组合(或任何单独的变形模式 α_i)，使变形能 U_d 为零，则形成一个附加零能模式。所以，为**避免附加零能模式，对任何的 $\boldsymbol{\alpha}$ 组合(或任何单独的 α_i)，U_d 必需不等于零**。因此，避免零能模式的必要条件是

$$m \geqslant n - r$$

即，为避免零能模式必要与充分条件为

$$\text{秩}\ \underset{m\times(n-r)}{\boldsymbol{G}_{\alpha}} = n-r \tag{3.4.3}$$

对这个结论，有以下几点说明。

(1) 对一个单元，其刚体自由度的数目 r 是确定的，单元结点自由度数 n 也是确定的，这时，所选择元内假定应力场其参数 $\boldsymbol{\beta}$ 的数目m，必须满足式(3.4.1)。否则，就是这个单元具有足够的约束防止它产生刚体位移，它还会产生附加的运动模式[16-18]，也就是说，当单元选择的应力项不恰当，其应力在所给应变上做功为零时，这个单元仍会产生附加的零能模式。

(2) 条件(3.4.1)只是扫除附加零能模式的必要条件，而非充分条件。因为，即使满足了这个条件，若应力项选择不当，仍可能产生附加的零能模式[18, 19]。

(3) 要保证一个单元没有附加零能模式，其充分必要条件是式(3.4.3)。如果阵 $\boldsymbol{G}_\alpha$ 所有的列是线性独立的，同时 $m=n-r$，当 $\boldsymbol{G}_\alpha$ 化为非零值对角阵时，式(3.4.3)就得以满足，这时 U_d 将不为零。所以文献[15]建议，**选择一个独立的β_i 项与一个应变项 α_i 相匹配，来满足式(3.4.3)，从而扫除多余零能模式。**

对于一些多结点元，由于加入平衡条件等要求，一般 $\boldsymbol{G}_\alpha$ 并不是对角阵，此时可检查 $\boldsymbol{G}_\alpha$ 的秩是否满足条件(3.4.3)。

3.4.3　选择单元应力场扫除零能模式的方法及实例

文献[15]建议，一般可以通过以下步骤选择单元应力场，并检查此单元是否具有零能模式：

(1) 根据单元形状及结点数选择位移场 $\boldsymbol{u}=\boldsymbol{N}\boldsymbol{q}$；

(2) 求得应变 $\boldsymbol{\varepsilon}=\boldsymbol{D}\boldsymbol{u}$；

(3) 通过选取一个应力项与一个应变项相对应的方法，来确定假定应力场 $\boldsymbol{\sigma}$；

(4) 检查矩阵 $\boldsymbol{G}_\alpha$ 是否满秩($\boldsymbol{G}_\alpha$ 阵的所有列是否线性相关)。

以下给出算例，说明上述步骤的具体应用。

例 3.2　确定图 3.4 所示 4 结点平面应力元的应力 $\boldsymbol{\sigma}$，并检查单元是否具有零能变形模式

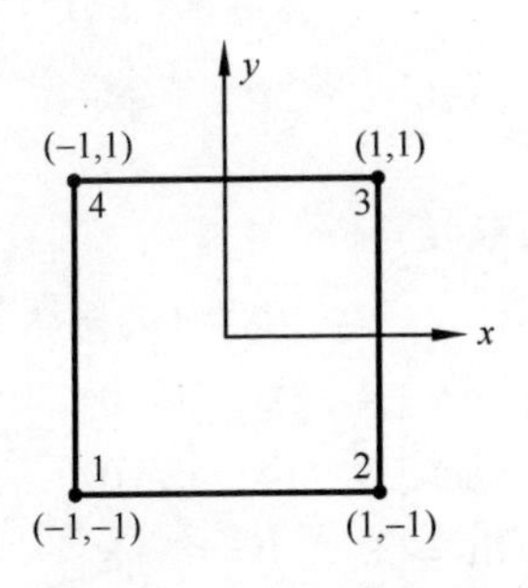

图 3.4　4 结点平面元

1) 选取位移

$$\begin{aligned}\boldsymbol{u}&=[u\quad v]^{\mathrm{T}}\\&=\frac{1}{4}\sum_{i=1}^{4}(1+x_i x)(1+y_i y)\begin{Bmatrix}u_i\\v_i\end{Bmatrix}\end{aligned} \tag{u}$$

式(u)展开得到

$$\begin{aligned} u &= \alpha_1 + \alpha_2 x + \alpha_3 y + \alpha_4 xy \\ v &= \alpha_5 + \alpha_6 x + \alpha_7 y + \alpha_8 xy \end{aligned} \tag{v}$$

2) 求得应变($\boldsymbol{\varepsilon} = \boldsymbol{B\alpha}$)

$$\begin{aligned} \varepsilon_x &= \frac{\partial u}{\partial x} = \underline{\alpha_2} + \underline{\alpha_4} y \\ \varepsilon_y &= \frac{\partial v}{\partial y} = \underline{\alpha_7} + \underline{\alpha_8} x \\ \gamma_{xy} &= \frac{\partial u}{\partial y} + \frac{\partial v}{\partial x} = \underline{\alpha_3 + \alpha_6} + \alpha_4 x + \alpha_8 y \end{aligned} \tag{w}$$

位移 $\boldsymbol{u}$ 中的刚体运动模式为

$$\begin{aligned} u &= \alpha_1 \\ v &= \alpha_5 \\ \omega &= \frac{\partial u}{\partial y} - \frac{\partial v}{\partial x} = \alpha_3 - \alpha_6 \end{aligned} \tag{x}$$

所以，位移 $\boldsymbol{u}$ 中共有 5 个变形模式：$\alpha_2, \alpha_4, \alpha_7, \alpha_8$ 及 $(\alpha_3 + \alpha_6)$。

3) 选取应力($\boldsymbol{\sigma} = \boldsymbol{P\beta}$)

构造平衡应力场 $\boldsymbol{\sigma}$ 时，既可选择下列工况 A，也可选择工况 B，其中工况 A 的各个 β 项，均与式(w)中下部带横线独立的 α 项一一对应，工况 A 对应式(w)中实线框内各项，而工况 B 对应式(w)中虚线框内各项。

工况 A(不耦合)　　　　工况 B(耦合)

$$\begin{aligned} \sigma_x &= \beta_1 + \beta_4 y & \qquad \sigma_x &= \beta_1 - \beta_5 x \\ \sigma_y &= \beta_2 + \beta_5 x & \qquad \sigma_y &= \beta_2 - \beta_4 y \\ \tau_{xy} &= \beta_3 & \qquad \tau_{xy} &= \beta_3 + \beta_4 x + \beta_5 y \end{aligned} \tag{y}$$

4) 计算 $\boldsymbol{G}_\alpha$

这两种应力场算得的 $\boldsymbol{G}_\alpha$ 均为

$$\boldsymbol{G}_\alpha = \int_{-1}^{1}\int_{-1}^{1} \boldsymbol{P}^{\mathrm{T}}\boldsymbol{B}\,\mathrm{d}x\,\mathrm{d}y = \begin{array}{c} \begin{array}{ccccc} \alpha_2 & \alpha_7 & (\alpha_3+\alpha_6) & \alpha_4 & \alpha_8 \end{array} \\ \begin{bmatrix} 4 & 0 & 0 & 0 & 0 \\ 0 & 4 & 0 & 0 & 0 \\ 0 & 0 & 8 & 0 & 0 \\ 0 & 0 & 0 & 4/3 & 0 \\ 0 & 0 & 0 & 0 & 4/3 \end{bmatrix} \end{array} \begin{array}{c} \beta_1 \\ \beta_2 \\ \beta_3 \\ \beta_4 \\ \beta_5 \end{array} \tag{z}$$

可见，阵 $\boldsymbol{G}_\alpha$ 的秩$=5$，所以现在选取的两种应力场中任一种，均不具有附加零能模式。

3.4.4　单元稳定所需最小应力参数的意见

董[20]建议，对一个单元未必需要扫除其全部附加零能模式。他认为，如果一个单元存在附加运动模型，而由这类单元组装成的总体，再加上边界约束条件后，这类运动模式就不大可能出现(除极少例外情况)，这样，为了防止组装后很少可能出现的情况，扫除一个很好单元的全部附加运动模式，可能未必值得。事实上，已经知道单元运动模式的存在及它们的形状，就可能在单元的组装时，发现与避免这些潜在的运动模式。

杜[21]及 Kuna 和 Zwicke[22]分别利用不同的特殊三维杂交应力元与一般有限元组合，在分析具有圆孔或裂纹的构件时，他们所用特殊单元应力参数$\boldsymbol{\beta}$的数目，远小于式(3.4.1)所需的最少数，但都得到了好的结果，证实了董平的建议。

也正如 Pian 在文献[1]中所指出的：“有限元解的稳定性是一个整体性问题，它并不需要单个的单元去满足 LBB 条件，特别是当这种单元与一些相邻单元连接，而后者又具有大量结点的时候”。

3.5 小　　结

本章介绍了根据修正的余能原理 Π_{mc} 及 Hellinger-Reissner 原理 Π_{HR} 所建立的早期杂交应力元 I 及 II。这些不同于传统位移元的有限元模式，打开了有限元发展的新领域，使有限元从单场变量——位移，扩展至多场变量——位移及应力，从而引导有限元学科走向蓬勃发展的新时期。

这里所介绍的有限元模式汇总列于表 3.2。

表 3.2　根据 Π_{mc} 及 Π_{HR} 建立的杂交应力元

变分原理	有限元模型	变量	矩阵方程中的未知数	矩阵方法	参考文献
1 Π_{mc} $(\boldsymbol{\sigma}^*,\tilde{\boldsymbol{u}})$	早期杂交应力元 I	应力：$\boldsymbol{\sigma}^* = \boldsymbol{P}\boldsymbol{\beta} + \boldsymbol{P}_K\boldsymbol{\beta}_K$ $\boldsymbol{\beta}$：应力参数 （$\boldsymbol{\sigma}^*$ 满足平衡方程） 边界位移：$\tilde{\boldsymbol{u}} = \boldsymbol{L}\boldsymbol{q}$ $\boldsymbol{q}$：广义结点位移	$\boldsymbol{q}$ $\Pi_{mc}(\boldsymbol{\beta},\boldsymbol{q}) \to \Pi_{mc}(\boldsymbol{q})$	位移法 $\boldsymbol{Kq} = \boldsymbol{Q}$	Pian (1964)[2]
2 Π_{HR} $(\boldsymbol{\sigma}^*,\boldsymbol{u})$	早期杂交应力元II	应力：$\boldsymbol{\sigma}^* = \boldsymbol{P}\boldsymbol{\beta}$（$\boldsymbol{\sigma}^*$ 满足平衡方程） 位移：$\boldsymbol{u} = \boldsymbol{N}\boldsymbol{q}$	$\boldsymbol{q}$ $\Pi_{HR}(\boldsymbol{q},\boldsymbol{\beta}) \to \Pi_{HR}(\boldsymbol{q})$	位移法 $\boldsymbol{Kq} = \boldsymbol{Q}$	Tong, Pian (1969)[4]

参 考 文 献

[1] Pian T H H. State-of-the-art development of hybrid / mixed finite element method. J Finite Elements Anal Desi, 1995. 21: 5-20

[2] Pian T H H. Derivation of element stiffness matrices by assumed stress distributions. AIAA J, 1964. 2: 1333-1336

[3] Pian T H H. Element stiffness matrices for boundary compatibility and for prescribed boundary stresses. Proc 1st Conf on Matrix Methods in Struct Mech, 1965: 457- 477

[4] Tong P, Pian T H H. A variational principle and the convergence of a finite element method base on assumed stress distribution. Int J Solids Struct, 1969. 5: 463- 472

[5] Pian T H H. Formulations of finite element methods for solid continua//Oden J T, Gallagher R H, Yamada Y.

Recent Advances in Matrix Methods of Structural Analysis and Design. Alabama: Univ of Alabama Press, 1971: 49-83

[6] Yamada Y, Nakagiri S, Takatsuka K. Analysis of Saint-Venant torsion problem by a hybrid stress model. Seisan-Kenkyu, 1969. 21(11): 25-30

[7] Dunger R, Severn P T. Triangular finite element of variable thickness and their application to plate and shell problems. J Stain Anal, 1969. 4(1): 10-21

[8] Pian T H H, Tong P. Basis of finite elements methods for solid continua. Int J Num Meth Engng, 1969. 1: 3-28

[9] Pian T H H. Reflections and remarks on hybrid and mixed finite element methods//Atluri S N, Gallagher R H, Zienkiewicz O C. Hybrid and Mixed Finite Element Methods. New York: John Wiley and Sons Ltd, 1983

[10] Fraeijs de Veubeke B M. Displacement and equilibrium models in the finite element method//Zienkiewicz O C, Holister G S. Stress Analysis. London: John Wiley and Sons Ltd, 1965

[11] 田宗漱, Pian T H H. 多变量变分原理与多变量有限元方法. 2 版. 北京: 科学出版社, 2014

[12] Babuska I. The finite element method with Lagrange multipliers. Number Math, 1973. 20: 179-192

[13] Brezzi F. On the existence, uniqueness and approximation of saddle point problems arising from Lagrangian multipliers. RAIRO, 1974. 8: 129-151

[14] Xue W M, Karloviz L A, Atluri S N. On the existence and stability conditions for mixed-hybrid finite element solutions based on Reissner's variational principle. Int J Solid Struct, 1985. 21(1): 97-116

[15] Pian T H H, Chen P D. On the suppression of zero energy deformation modes. Int J Num Meth Engng, 1983. 19: 1741-1752

[16] Spilker R L. High order three dimensional hybrid stress elements for thick plate analysis. Int J Num Meth Engng, 1981. 17: 53-69

[17] Pian T H H, Mau S T. Recent studies in assumed stress hybrid model//Clough R W, Yamamoto Y, Oden J T. Advance in Computational Methods in Structural Mechanics and Design. Huntsville: UAH Press, 1972: 87-106

[18] Yang C T, Rubinstein R, Atluri S N. On some fundamental studies into the stability of hybrid / mixed finite element methods for Navier-Stokes equations in solid / fluid mechanics//Kardestuncer H. Finite Differences and Calculus of Variations. Ithca: Univ of Conn Press, 1982: 25-75

[19] Peterson K. Derivation of stiffness matrix for hexadedron elements by the assumed stress hybrid mothod. Cambridge: Dept of Aero and Astro, MIT, 1972

[20] Tong P. Guidelines for stress distribution selection in hybrid stress method. 内部通讯, 1983

[21] 杜太生. 用理性方法建立具有一个无外力圆柱表面三维特殊杂交应力元 [硕士学位论文]. 北京: 中国科学院研究生院, 1990

[22] Kuna M, Zwicke M. A mixed hybrid finite element for three-dimensional elastic crack analysis. Int J Fract, 1990. 45: 65-79

第 4 章　根据修正的余能原理 Π_{mc} 及 Hellinger-Reissner 原理 Π_{HR}，建立具有一个给定无外力圆柱表面的特殊杂交应力元及其应用（Ⅰ）

具有各类槽孔的板块或变宽度的凸肩板，在多种载荷下的受力分析，是工程上常遇到的问题，这是因为槽孔的存在，会产生局部的高应力梯度区域，即应力集中。

数值算例表明，对这类问题，应用传统的假定位移元及一般的假定应力元求解，收敛很慢。有限元解的收敛速度，取决于高应力梯度区域内解的性质[1]，数值示例显示：一般的高精度元 —— 如用高阶多项式作为插值函数构造的单元 —— 并不能改进其收敛性，除非应用极密的网格，否则很难在局部应力区域得到准确的应力解[2-6]。

这些年，我们首先依据 Hellinger-Reissner 原理(或修正的最小余能原理)，建立了一系列具有一个无外力圆柱表面或一个无外力直表面、且具有不同结点数的特殊三维杂交应力元。这类单元的建立，大大提高了分析多类槽孔构件三维(及二维)应力集中问题的收敛速度，在相当粗的网格下，即可得到满意的结果。

下面将逐一讨论这些特殊元的建立，首先讨论具有一个无外力圆柱表面 12 结点及 8 结点三维杂交应力元的建立。

4.1　具有一个无外力圆柱表面特殊三维杂交应力元

考虑一个具有一个无外力圆柱表面 12 个结点的(或 8 结点)特殊杂交应力元，其几何形状如图 4.1 及图 4.2 所示。其中平面 5678 及 1234 均平行于 *xoy* 面；侧表面 1265 及 4378 沿径向方向、并垂直于 *xoy* 面；平面 2376 也垂直于 *xoy* 面，但可以与平面 1265 成任意角度。带影线的 1584 为一个给定的无作用的外力圆柱表面。

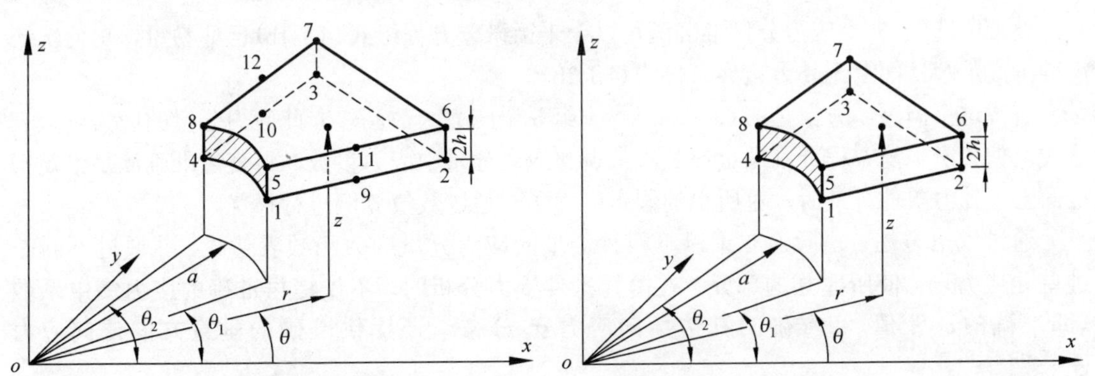

图 4.1　具有一个无外力圆柱表面的 12 结点三维元　　图 4.2　具有一个无外力圆柱表面的 8 结点三维元

对于一个 12 结点三维元，当其厚度 $2h$ 为零时，就退化为具有一个无外力圆弧边的二维 6 结点元。如果此 12 结点三维元只有角结点而没有边中点 9、10、11 及 12，就成为一个 8

结点三维元(图 4.2)，当它再退化为二维元时($2h=0$)，即成为具有一个无外力圆弧边的 4 结点膜元。

4.1.1 单元假定应力场的建立

这类特殊元根据 Hellinger-Reissner 原理 Π_{HR} 或修正的余能原理 Π_{mc} 建立。如第 3 章所述，建立一个杂交应力元，既要选择位移场又要选择应力场，而关键在于选择合理的假定应力场。

当利用这两种原理中的任一种建立杂交应力元时，所选择的假定应力场在元内必须准确满足平衡方程

$$\boldsymbol{D}^{\mathrm{T}}\boldsymbol{\sigma}+\bar{\boldsymbol{F}}=\boldsymbol{0} \qquad (V\text{ 内}) \tag{4.1.1a}$$

及圆柱面上无外力边界条件

$$\boldsymbol{T}=\boldsymbol{\nu\sigma}\Big|_{\text{圆柱面1584上}}=\boldsymbol{0} \qquad (\text{部分 } S_\sigma \text{ 上}) \tag{4.1.2a}$$

以上条件以柱坐标表示，当不计体积力时，其应力场的 6 个应力分量应满足以下齐次微分方程

$$\begin{aligned}
&\frac{\partial\sigma_r}{\partial r}+\frac{1}{r}\frac{\partial\tau_{r\theta}}{\partial\theta}+\frac{\partial\tau_{rz}}{\partial z}+\frac{\sigma_r-\sigma_\theta}{r}=0\\
&\frac{\partial\tau_{r\theta}}{\partial r}+\frac{1}{r}\frac{\partial\sigma_\theta}{\partial\theta}+\frac{\partial\tau_{z\theta}}{\partial z}+\frac{2\tau_{r\theta}}{r}=0\\
&\frac{\partial\tau_{zr}}{\partial r}+\frac{1}{r}\frac{\partial\tau_{z\theta}}{\partial\theta}+\frac{\partial\sigma_z}{\partial z}+\frac{\tau_{zr}}{r}=0
\end{aligned} \tag{4.1.1b}$$

及外力边界条件

$$\begin{Bmatrix}\sigma_r\\ \tau_{r\theta}\\ \tau_{rz}\end{Bmatrix}_{r=a}=\boldsymbol{0} \tag{4.1.2b}$$

要使所选的 6 个应力分量准确满足以上平衡微分方程组式(4.1.1b)已非易事，更何况还需准确满足圆柱面上无外力边界条件式(4.1.2b)。

解决这个问题，方案是：首先，引入一组 6 个应力函数，建立此应力分量的应力函数表达式，使齐次平衡方程准确满足；其次，调整应力分量中应力参数，再使之准确满足给定圆柱面上无外力条件。最后，对所得的假定应力场，通过数值算例进行择优。

通过以上方法，先后建立了以下四种类型的应力分量应力函数表达式，并通过不断改进单元应力场，**使所建立的单元，在槽孔构件受力分析时，不仅提供准确的应力集中系数(即准确的 $\sigma_\theta^{\max}$ 值)和准确的孔边环向应力 $\boldsymbol{\sigma}_\theta$ 分布，还提供准确的垂直方向法向应力 $\boldsymbol{\sigma}_z$** [7-10]。

下面依序介绍这四种类型应力分量的应力函数表达式。

1. *应力分量的应力函数表达式*

(1)类型 I [7]

$$
\begin{aligned}
&\sigma_r = \frac{1}{r}\frac{\partial \varphi_1}{\partial r} + \frac{1}{r^2}\frac{\partial^2 \varphi_1}{\partial \theta^2} + z\left(\frac{1}{r}\frac{\partial \varphi_2}{\partial r} + \frac{1}{r^2}\frac{\partial^2 \varphi_2}{\partial \theta^2}\right)\\
&\sigma_\theta = \frac{\partial^2 \varphi_1}{\partial r^2} + z\frac{\partial^2 \varphi_2}{\partial r^2}\\
&\tau_{r\theta} = \frac{1}{r^2}\frac{\partial \varphi_1}{\partial \theta} - \frac{1}{r}\frac{\partial^2 \varphi_1}{\partial r\partial \theta} + z\left(\frac{1}{r^2}\frac{\partial \varphi_2}{\partial \theta} - \frac{1}{r}\frac{\partial^2 \varphi_2}{\partial r\partial \theta}\right)\\
&\tau_{rz} = \frac{1}{r}\frac{\partial \varphi_3}{\partial r}\\
&\tau_{z\theta} = \frac{1}{r}\frac{\partial^2 \varphi_3}{\partial r\partial \theta}\\
&\sigma_z = \varphi_4(r,\theta) - \frac{z}{r}\left(\frac{\partial^2 \varphi_3}{\partial r^2} + \frac{1}{r}\frac{\partial^3 \varphi_3}{\partial r\partial \theta^2}\right)
\end{aligned}
\tag{4.1.3}
$$

(2) 类型Ⅱ[11]

$$
\begin{aligned}
&\sigma_r = \frac{1}{r}\frac{\partial \varphi_1}{\partial r} + \frac{1}{r^2}\frac{\partial^2 \varphi_1}{\partial \theta^2} + z\left(\frac{1}{r}\frac{\partial \varphi_2}{\partial r} + \frac{1}{r^2}\frac{\partial^2 \varphi_2}{\partial \theta^2}\right)\\
&\sigma_\theta = \frac{\partial^2 \varphi_1}{\partial r^2} + z\frac{\partial^2 \varphi_2}{\partial r^2}\\
&\tau_{r\theta} = \frac{1}{r^2}\frac{\partial \varphi_1}{\partial \theta} - \frac{1}{r}\frac{\partial^2 \varphi_1}{\partial r\partial \theta} - \frac{1}{r}\frac{\partial \varphi_3}{\partial r} + z\left(\frac{1}{r^2}\frac{\partial \varphi_2}{\partial \theta} - \frac{1}{r}\frac{\partial^2 \varphi_2}{\partial r\partial \theta}\right)\\
&\tau_{rz} = \frac{1}{r}\frac{\partial \varphi_3}{\partial r} + \frac{z}{r^2}\frac{\partial^2 \varphi_3}{\partial r\partial \theta}\\
&\tau_{\theta z} = \frac{1}{r^2}\frac{\partial^2 \varphi_3}{\partial r\partial \theta} + z\left(\frac{1}{r}\frac{\partial^2 \varphi_3}{\partial r^2} + \frac{1}{r^2}\frac{\partial \varphi_3}{\partial r}\right)\\
&\sigma_z = \varphi_4(r,\theta) - z\left(\frac{1}{r}\frac{\partial^2 \varphi_3}{\partial r^2} + \frac{1}{r^2}\frac{\partial^3 \varphi_3}{\partial r\partial \theta^2}\right) + \frac{z^2}{r^2}\frac{\partial^3 \varphi_3}{\partial r^2\partial \theta}
\end{aligned}
\tag{4.1.4}
$$

(3) 类型Ⅲ[12]

$$
\begin{aligned}
&\sigma_r = \frac{1}{r}\frac{\partial \varphi_1}{\partial r} + \frac{1}{r^2}\frac{\partial^2 \varphi_1}{\partial \theta^2} + z\left(\frac{1}{r}\frac{\partial \varphi_2}{\partial r} + \frac{1}{r^2}\frac{\partial^2 \varphi_2}{\partial \theta^2}\right)\\
&\sigma_\theta = \frac{\partial^2 \varphi_1}{\partial r^2} + z\frac{\partial^2 \varphi_2}{\partial r^2}\\
&\tau_{r\theta} = \frac{1}{r^2}\frac{\partial \varphi_1}{\partial \theta} - \frac{1}{r}\frac{\partial^2 \varphi_1}{\partial r\partial \theta} - \frac{\partial \varphi_3}{\partial r} + z\left(\frac{1}{r^2}\frac{\partial \varphi_2}{\partial \theta} - \frac{1}{r}\frac{\partial^2 \varphi_2}{\partial r\partial \theta}\right)\\
&\tau_{rz} = \frac{1}{r}\frac{\partial \varphi_3}{\partial r} + \frac{z}{r}\frac{\partial^2 \varphi_3}{\partial r\partial \theta}\\
&\tau_{z\theta} = \frac{1}{r}\frac{\partial^2 \varphi_3}{\partial r\partial \theta} + z\left(\frac{\partial^2 \varphi_3}{\partial r^2} + \frac{2}{r}\frac{\partial \varphi_3}{\partial r}\right)\\
&\sigma_z = \varphi_4(r,\theta) - \left(\frac{z}{r}\frac{\partial^2 \varphi_3}{\partial r^2} + \frac{z}{r^2}\frac{\partial^3 \varphi_3}{\partial r\partial \theta^2} + \frac{z^2}{r^2}\frac{\partial^2 \varphi_3}{\partial r\partial \theta} + \frac{z^2}{r}\frac{\partial^3 \varphi_3}{\partial r^2\partial \theta}\right)
\end{aligned}
\tag{4.1.5}
$$

(4)类型Ⅳ[13]

$$
\begin{aligned}
\sigma_r &= \frac{1}{r}\frac{\partial \varphi_1}{\partial r}+\frac{1}{r^2}\frac{\partial^2 \varphi_1}{\partial \theta^2}+z\left(\frac{1}{r}\frac{\partial \varphi_2}{\partial r}+\frac{1}{r^2}\frac{\partial^2 \varphi_2}{\partial \theta^2}\right)\\
\sigma_\theta &= \frac{\partial^2 \varphi_1}{\partial r^2}+z\frac{\partial^2 \varphi_2}{\partial r^2}\\
\tau_{r\theta} &= \frac{1}{r^2}\frac{\partial \varphi_1}{\partial \theta}-\frac{1}{r}\frac{\partial^2 \varphi_1}{\partial r\partial \theta}-\frac{\partial \varphi_4}{\partial r}+z\left(\frac{1}{r^2}\frac{\partial \varphi_2}{\partial \theta}-\frac{1}{r}\frac{\partial^2 \varphi_2}{\partial r\partial \theta}\right)\\
\tau_{rz} &= \frac{1}{r}\frac{\partial \varphi_3}{\partial r}+\frac{z}{r}\frac{\partial^2 \varphi_4}{\partial r\partial \theta}\\
\tau_{z\theta} &= \frac{1}{r}\frac{\partial^2 \varphi_3}{\partial r\partial \theta}+z\left(\frac{\partial^2 \varphi_4}{\partial r^2}+\frac{2}{r}\frac{\partial \varphi_4}{\partial r}\right)\\
\sigma_z &= \varphi_5(r,\theta)-\frac{z}{r}\left(\frac{\partial^2 \varphi_3}{\partial r^2}+\frac{1}{r}\frac{\partial^3 \varphi_3}{\partial r\partial \theta^2}\right)-\frac{z^2}{r}\left(\frac{\partial^3 \varphi_4}{\partial r^2\partial \theta}+\frac{1}{r}\frac{\partial^2 \varphi_4}{\partial r\partial \theta}\right)
\end{aligned}
\tag{4.1.6}
$$

式(4.1.3)～式(4.1.5)中的$\varphi_4(r,\theta)$及式(4.1.6)中的$\varphi_5(r,\theta)$沿r及θ均选取为线性函数。

这四种类型的应力分量表达式，均准确满足齐次平衡方程[式(4.1.1b)]。

2. 将以上式中的应力函数$\varphi_i(i=1\sim 4)$沿θ方向展为三角级数及沿r方向展为多项式

$$
\varphi_i = g_{io}(r)+\sum_n g_{in}(r)\cos n\theta+\sum_m g_{im}(r)\sin m\theta \quad (i=1,2,3) \tag{4.1.7}
$$

3. 使以上应力分量满足圆柱表面上无外力边界条件[式(4.1.2b)]

这样，就得到以下具有一个无外力圆柱表面特殊元的假定应力场。

注意到一个8结点三维元，空间刚体具有6个自由度($r=6$)，单元一个结点具有3个自由度，所以，8结点三维元扫除多余零能模式后所需最小β数为18，即

$$
\beta_{\min}=3\times 8-6=18 \qquad (8\text{ 结点三维数}) \tag{a}
$$

同理，一个12结点三维元的最小β数为30，即

$$
\beta_{\min}=3\times 12-6=30 \qquad (12\text{ 结点三维元}) \tag{b}
$$

4. 单元假定应力场

(1)根据类型Ⅰ的应力分量应力函数表达式(4.1.3)，最早建立了具有一个无外力圆柱表面的三维8结点元SC8Ⅰ1[7]。继而建立了具有一个无外力圆柱表面的三维12结点元SC12Ⅰ[8,9]。

这个12结点三维元SC12Ⅰ的应力场表达式为

$$
\begin{aligned}
\sigma_r &= \left(1-\frac{a^2}{r^2}\right)\beta_1+\left(1-\frac{4a^2}{r^2}+\frac{3a^4}{r^4}\right)(\beta_2\cos 2\theta+\beta_3\sin 2\theta)\\
&\quad +r\left(1-\frac{a^4}{r^4}\right)(\beta_4\cos\theta+\beta_5\sin\theta)\\
&\quad +r\left(1-\frac{5a^4}{r^4}+\frac{4a^6}{r^6}\right)(\beta_6\cos 3\theta+\beta_7\sin 3\theta)
\end{aligned}
$$

$$
\begin{aligned}
&+r^2\left(1-\frac{6a^6}{r^6}+\frac{5a^8}{r^8}\right)(\beta_8\cos4\theta+\beta_9\sin4\theta)\\
&+z\left[\left(1-\frac{a^2}{r^2}\right)\beta_{10}+\left(1-\frac{4a^2}{r^2}+\frac{3a^4}{r^4}\right)(\beta_{11}\cos2\theta+\beta_{12}\sin2\theta)\right.\\
&+r\left(1-\frac{a^4}{r^4}\right)(\beta_{13}\cos\theta+\beta_{14}\sin\theta)\\
&\left.+r\left(1-\frac{5a^4}{r^4}+\frac{4a^6}{r^6}\right)(\beta_{15}\cos3\theta+\beta_{16}\sin3\theta)\right]
\end{aligned}
\tag{4.1.8}
$$

$$
\begin{aligned}
\sigma_\theta=&\left(1+\frac{a^2}{r^2}\right)\beta_1-\left(1+\frac{3a^4}{r^4}\right)(\beta_2\cos2\theta+\beta_3\sin2\theta)\\
&+r\left(3+\frac{a^4}{r^4}\right)(\beta_4\cos\theta+\beta_5\sin\theta)\\
&-r\left(1-\frac{a^4}{r^4}+\frac{4a^6}{r^6}\right)(\beta_6\cos3\theta+\beta_7\sin3\theta)\\
&-r^2\left(1-\frac{2a^6}{r^6}+\frac{5a^8}{r^8}\right)(\beta_8\cos4\theta+\beta_9\sin4\theta)\\
&+z\left[\left(1+\frac{a^2}{r^2}\right)\beta_{10}-\left(1+\frac{3a^4}{r^4}\right)(\beta_{11}\cos2\theta+\beta_{12}\sin2\theta)\right.\\
&+r\left(3+\frac{a^4}{r^4}\right)(\beta_{13}\cos\theta+\beta_{14}\sin\theta)\\
&\left.-r\left(1-\frac{a^4}{r^4}+\frac{4a^6}{r^6}\right)(\beta_{15}\cos3\theta+\beta_{16}\sin3\theta)\right]
\end{aligned}
$$

$$
\begin{aligned}
\tau_{r\theta}=&-\left(1+\frac{2a^2}{r^2}-\frac{3a^4}{r^4}\right)(\beta_2\sin2\theta-\beta_3\cos2\theta)\\
&+r\left(1-\frac{a^4}{r^4}\right)(\beta_4\sin-\beta_5\cos\theta)\\
&-r\left(1+\frac{3a^4}{r^4}-\frac{4a^6}{r^6}\right)(\beta_6\sin3\theta-\beta_7\cos3\theta)\\
&-r^2\left(1+\frac{4a^6}{r^6}-\frac{5a^8}{r^8}\right)(\beta_8\sin4\theta-\beta_9\cos4\theta)\\
&+z\left[-\left(1+\frac{2a^2}{r^2}-\frac{3a^4}{r^4}\right)(\beta_{11}\sin2\theta-\beta_{12}\cos2\theta)\right.\\
&+r\left(1-\frac{a^4}{r^4}\right)(\beta_{13}\sin\theta-\beta_{14}\cos\theta)
\end{aligned}
$$

$$-r\left(1+\frac{3a^4}{r^4}-\frac{4a^6}{r^6}\right)(\beta_{15}\sin3\theta-\beta_{16}\cos3\theta)\Bigg]$$

$$\tau_{rz}=\left(1-\frac{a^2}{r^2}\right)\beta_{17}+\left(1-\frac{a^4}{r^4}\right)(\beta_{18}\cos2\theta+\beta_{19}\sin2\theta)$$

$$+r\left(1-\frac{a^4}{r^4}\right)(\beta_{20}\cos\theta+\beta_{21}\sin\theta)$$

$$+r\left(1-\frac{a^6}{r^6}\right)(\beta_{22}\cos3\theta+\beta_{23}\sin3\theta)$$

$$+r^2\left(1-\frac{a^6}{r^6}\right)(\beta_{24}\cos2\theta+\beta_{25}\sin2\theta)$$

$$+r^2\left(1-\frac{a^8}{r^8}\right)(\beta_{26}\cos4\theta+\beta_{27}\sin4\theta)$$

$$\tau_{z\theta}=-2\left(1-\frac{a^4}{r^4}\right)(\beta_{18}\sin2\theta-\beta_{19}\cos2\theta)$$

$$-r\left(1-\frac{a^4}{r^4}\right)(\beta_{20}\sin\theta-\beta_{21}\cos2\theta)$$

$$-3r\left(1-\frac{a^6}{r^6}\right)(\beta_{22}\sin3\theta-\beta_{23}\cos3\theta)$$

$$-2r^2\left(1-\frac{a^6}{r^6}\right)(\beta_{24}\sin2\theta-\beta_{25}\cos2\theta)$$

$$-4r^2\left(1-\frac{a^8}{r^8}\right)(\beta_{26}\sin4\theta-\beta_{27}\cos4\theta)$$

$$\sigma_z=\beta_{28}+r\beta_{29}+\theta\beta_{30}-\frac{z}{r}\Bigg[\left(1+\frac{a^2}{r^2}\right)\beta_{17}$$

$$-\left(3-\frac{7a^4}{r^4}\right)(\beta_{18}\cos2\theta+\beta_{19}\sin2\theta)$$

$$+r\left(1+\frac{3a^4}{r^4}\right)(\beta_{20}\cos\theta+\beta_{21}\sin\theta)$$

$$-r\left(7-\frac{13a^6}{r^6}\right)(\beta_{22}\cos3\theta+\beta_{23}\sin3\theta)$$

$$-r^2\left(1-\frac{7a^6}{r^6}\right)(\beta_{24}\cos2\theta+\beta_{25}\sin2\theta)$$

$$-r^2\left(13-\frac{21a^8}{r^8}\right)(\beta_{26}\cos4\theta+\beta_{27}\sin4\theta)\Bigg]$$

式(4.1.8)是对一个三维 12 结点元依照类型Ⅰ建立的假定应力场。当单元退化为二维 6 结点元时，此膜元的应力场可令式(4.1.8)中的应力分量τ_{rz}、$\tau_{\theta z}$及σ_z为零、其余 3 个应力分量σ_r、σ_θ及$\tau_{r\theta}$不随z变化得到。容易证明，此二维应力场还满足弹性理论协调方程。

根据应力场类型Ⅰ，我们还建立了具有一个给定均匀受压圆柱表面的三维特殊元 SC8Ⅰ2[10]的应力场。

(2)根据应力场类型Ⅱ，建立了三维 8 结点特殊元 SC8Ⅱ[11]的应力场；以及由应力场类型Ⅲ，建立了三维 12 结点特殊元 SC12 Ⅲ[12]及 8 结点特殊元 SC8 Ⅲ[13]的应力场；根据应力场类型Ⅳ，建立了三维 12 结点特殊元 SC12 Ⅳ[14]的应力场。

4.1.2 单元位移场及单刚计算

这一类特殊杂交应力元，既可利用修正的余能原理$\Pi_{mc}(\boldsymbol{\sigma}^*,\tilde{\boldsymbol{u}})$列式，也可以利用 Hellinger-Reissner 原理$\Pi_{HR}(\boldsymbol{\sigma}^*,\boldsymbol{u})$列式，依这两种原理列式时均包括两类场变量：假定应力场及假定位移场。两种原理的假定应力场，选取相同的上述满足平衡条件的应力场。但是依照这两种原理建立单元的位移场不同，其位移场分别选取如下。

1. *依据$\Pi_{HR}(\boldsymbol{\sigma}^*,\boldsymbol{u})$列式*

选取$\boldsymbol{u}$为元内各点的位移，设单元位移场的插值函数为$\boldsymbol{N}$，则

$$\boldsymbol{u}=\boldsymbol{N}\boldsymbol{q}=\sum_i \boldsymbol{N}_i\,\boldsymbol{q}_i \tag{4.1.9}$$

$$\boldsymbol{N}_i=N_i\,\boldsymbol{I}\qquad \boldsymbol{I}=\begin{bmatrix}1&0&0\\0&1&0\\0&0&1\end{bmatrix}\quad \text{（三维问题）} \tag{c}$$

$$\boldsymbol{q}_i=\begin{Bmatrix}u_i\\v_i\\w_i\end{Bmatrix} \tag{d}$$

对 8 结点元

$$N_i=\frac{1}{8}(1+\xi_i\xi)(1+\eta_i\eta)(1+\zeta_i\zeta)\qquad (i=1,2,\cdots,8) \tag{e}$$

对 12 结点元

$$N_i=\begin{cases}\dfrac{\xi_i\xi}{8}(1+\xi_i\xi)(1+\eta_i\eta)(1+\zeta_i\zeta) & (i=1,2,\cdots,8)\\[2mm] \dfrac{1}{4}(1-\xi^2)(1+\eta_i\eta)(1+\zeta_i\zeta) & (i=9,10,11,12)\end{cases} \tag{f}$$

式中，(ξ_i,η_i,ζ_i)为结点i的自然坐标。

由式(4.1.8)(将此式写成矩阵$\boldsymbol{\sigma}=\boldsymbol{P}\boldsymbol{\beta}$形式)及式(4.1.9)，可得

$$G=\int_{V_n}\boldsymbol{P}^{\mathrm{T}}(\boldsymbol{D}\boldsymbol{N})\,\mathrm{d}V \tag{4.1.10}$$

从而有

$$\boldsymbol{H}=\int_{V_n}\boldsymbol{P}^{\mathrm{T}}\boldsymbol{S}\,\boldsymbol{P}\,\mathrm{d}V \tag{4.1.11}$$

式中，$\boldsymbol{S}$ 为材料弹性阵。

有了 $\boldsymbol{G}$ 阵及 $\boldsymbol{H}$ 阵，即可求得单元刚度矩阵 $\boldsymbol{k}$

$$\boldsymbol{k}=\boldsymbol{G}^{\mathrm{T}}\boldsymbol{H}^{-1}\boldsymbol{G} \tag{4.1.12}$$

2. 依据 $\Pi_{mc}(\boldsymbol{\sigma}^*,\tilde{\boldsymbol{u}})$ 列式

这时 $\tilde{\boldsymbol{u}}$ 为**单元各边界面**的位移，设

$$\tilde{\boldsymbol{u}}=\boldsymbol{L}\boldsymbol{q} \tag{4.1.13}$$

无论是三维 8 结点还是 12 结点元，只要将各面的坐标代入形函数表达式(e)或式(f)中，即得到单元表面位移的插值函数 $\boldsymbol{L}$(例如，图 4.3 和图 4.4 中令 $\xi=+1$，可以得到表面 2376 位移的插值函数)，对一个三维元，单元边界面位移 $\tilde{\boldsymbol{u}}$ 由 6 个表面位移组成

$$\tilde{\boldsymbol{u}}=\begin{Bmatrix}\tilde{\boldsymbol{u}}_{2376}\\ \vdots \\ \tilde{\boldsymbol{u}}_{1234}\end{Bmatrix}=\boldsymbol{L}\,\boldsymbol{q} \tag{4.1.14}$$

从而得到位移 $\tilde{\boldsymbol{u}}$ 的插值函数阵 $\boldsymbol{L}$。

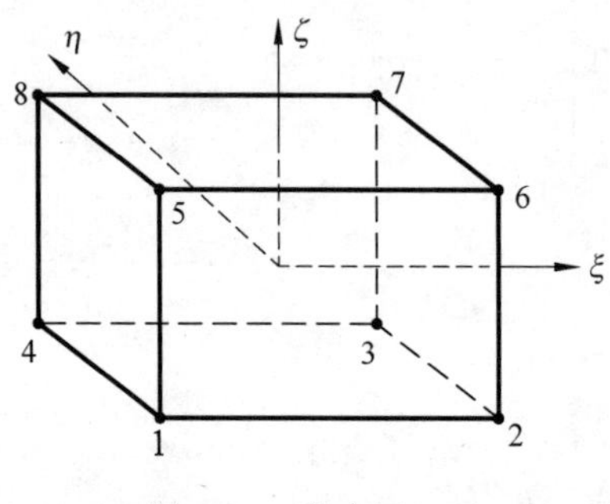

图 4.3　8 结点元

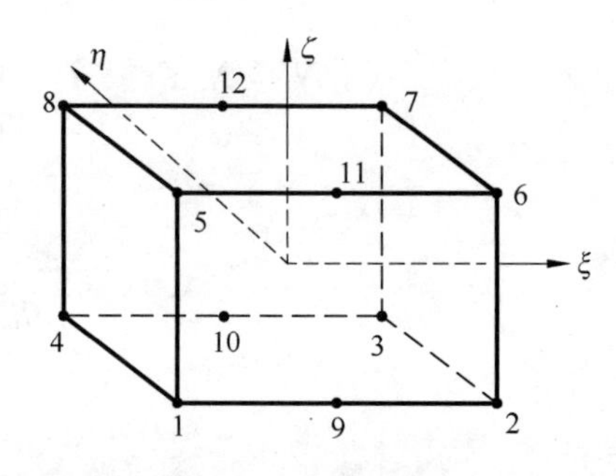

图 4.4　12 结点元

如前所述，由假定应力场 $\boldsymbol{\sigma}=\boldsymbol{P}\boldsymbol{\beta}$ 已经得到 $\boldsymbol{P}$ 阵，当利用 Π_{mc} 列式时，$\boldsymbol{G}$ 阵为

$$\boldsymbol{G}=\int_{\partial V_n}(\boldsymbol{\nu}\boldsymbol{P})^{\mathrm{T}}\boldsymbol{L}\,\mathrm{d}S \tag{4.1.15}$$

同样，再由式(4.1.11)求得 $\boldsymbol{H}$ 阵，及由式(4.1.12)得到单元刚度阵 $\boldsymbol{k}$，有限元问题也就解决了。

正如第 3 章所述，这里，由 Π_{HR} 列式时，$\boldsymbol{G}$ 阵只需计算一个体积分[式(4.1.10)]，而用 Π_{mc} 列式时，$\boldsymbol{G}$ 阵需计算六个面积分[式(4.1.15)]，所以由 Π_{HR} 列式更简便一些。

4.1.3　单元坐标系转换

对于这类特殊杂交应力元的建立，引入了三组坐标系：首先，以柱坐标 (r,θ,z) 表示应力[式(4.1.3)～式(4.1.6)]；为了方便起见，各结点的坐标及位移以直角坐标 (x,y,z) 表示[式(4.1.9)，式(d)，式(4.1.14)]；而位移的插值函数，又以自然坐标 (ξ,η,ζ) 表示[式(e)及式(f)]。利用数值积分计算单元刚度矩阵 $\boldsymbol{k}$ 中矩阵 $\boldsymbol{G}$ 及 $\boldsymbol{H}$ 时，也要用到自然坐标。

图 4.5 给出此类特殊元的柱坐标、直角坐标及自然坐标三种坐标系。

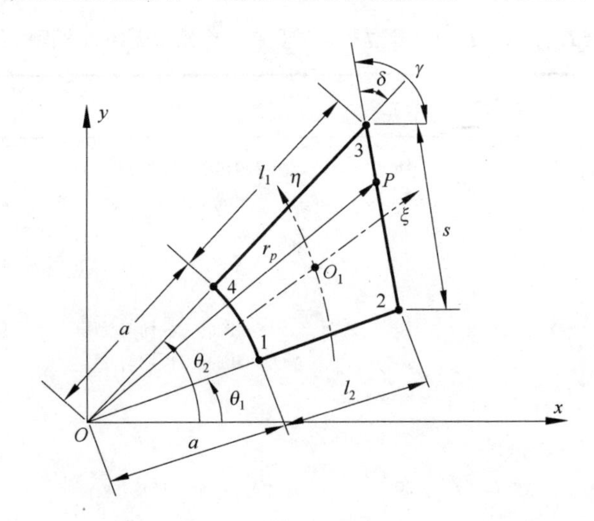

图 4.5　8 结点元顶视图

这三组坐标系的转换关系如下：

$$
\begin{aligned}
r(\xi,\eta) &= \frac{1+\xi}{2}\sqrt{\frac{s^2}{4}(1-\eta)^2+(a+l_1)^2-s(1-\eta)(a+l_1)\cos\delta}+\frac{1-\xi}{2}a \\
\theta(\xi,\eta) &= \frac{1+\xi}{2}\tan^{-1}\frac{y_2+y_3+\eta s\sin\gamma}{x_2+x_3+\eta s\cos\gamma}+\frac{(1-\xi)(1+\eta)}{4}\theta_2+\frac{(1-\xi)(1-\eta)}{4}\theta_1 \\
z &= \zeta h+z_0
\end{aligned}
\tag{4.1.16}
$$

这里

$$\gamma=\tan^{-1}\frac{y_3-y_2}{x_3-x_2} \tag{g}$$

$$\delta=\gamma-\tan^{-1}\frac{y_3}{x_3} \tag{h}$$

$$s=\sqrt{(x_3-x_2)^2+(y_3-y_2)^2} \tag{i}$$

$$l_1=\sqrt{(x_4-x_3)^2+(y_4-y_3)^2} \tag{j}$$

式中，(x_2,y_2)、(x_3,y_3) 及 (x_4,y_4) 分别为结点 2, 3, 4 的直角坐标；l_1 为结点 3、4 之间边长；a 为无外力圆弧边半径；h 为单元厚度的二分之一；z_0 为单元中点 O_1 的 z 坐标。

4.1.4 根据 Π_{HR}（或 Π_{mc}）建立的具有一个无外力圆柱表面杂交应力元

现将所建立的具有一个无外力圆柱表面杂交应力元，汇总列入表 4.1。表中同时给出，应用它们所分析的不同类型槽孔三维及二维应力集中问题。

这里只给出了单元 SC12 I 的应力场[式(4.1.8)]，其他各类型特殊元的应力场，可见附录 A。

同时，为了便于讨论，根据四种应力分量的应力函数表达式，以下两节所建立的特殊元，也一并列入表 4.1。其中各类单元应力场也可见附录 A。

表 4.1　根据 Π_{HR}（或 Π_{mc}）所建立的各种具有一个给定无外力表面的杂交应力元

序号	单元形状	σ 类型	σ 中 β 数	应用实例	参考文献
1	8 结点三维元 SC8 I 1 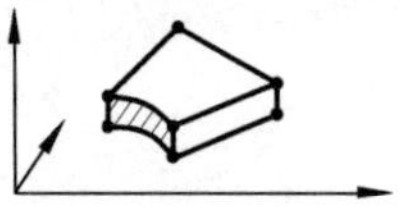	I	18	1 中心圆孔矩形板及方板拉伸 2~4 双圆孔薄、厚板拉伸与弯曲	1 Pian, Tian (1986) [7] 2 Tian, Gao, Tian (1997) [15] 3 Tian, Gao, Sun (1999) [16] 4 田, 高 (2000) [17]
2	8 结点三维元 SC8 I 2 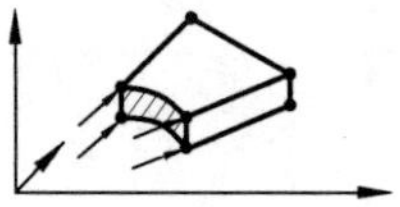	I	18	1 • 中心圆孔方板均匀受压 • 偏心圆孔方板均匀受压	1 田, 原 (1990) [10]
3	12 结点三维元 SC12 I 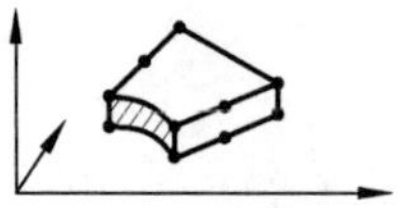	I	30	1 • 中心圆孔矩形板及方板拉伸 • 中心圆孔方块拉伸 2~4 对称 U-型槽薄、厚板拉伸 5 偏心圆孔薄、厚板拉伸与弯曲 6, 7 变宽度薄、厚板拉伸与弯曲 8 具有两个不等圆孔厚板的拉伸与弯曲	1 田, 田 (1989，1990) [8,9] 2 Tian, Ge, Tian (1997) [18] 3 Tian, Ge (1998) [19] 4 Tian, Zhao (2001) [20] 5 赵, 田 (2000, 2001) [21,22] 6 王, 田 (2004) [23] 7 杨, 田 (2004) [12,24] 8 赵, 田 (2000) [25]
4	8 结点三维元 SC8 II 及 12 结点三维元 SC12 II 	II	20	1 中心圆孔方板与方块拉伸 2 半圆孔板及块体拉伸与弯曲	1 Tian, Tian (1990) [11] 2 王, 田 (2005) [26]
5	8 结点三维元 SC8 III 及 12 结点三维元 SC12 III 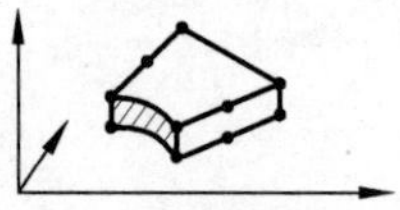	III	30	1 中心圆孔方块拉伸 2 变宽度板的拉伸与弯曲	1 Tian (1990) [13] 2 杨, 田 (2004) [12]
6	12 结点三维元 SC12 IV 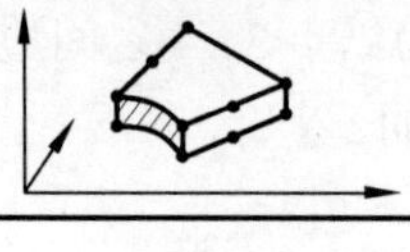	IV	31	1 • 中心圆孔矩形板弯曲 • 中心圆孔方块拉伸 • 矩形截面曲梁	1 田, 王 (2007) [14]

续表

序号	单元形状	σ 类型	σ 中 β 数	应用实例		参考文献
7	12 结点三维元 SCP12(与 SC12 Ⅰ元联合)		30	1	• 中心倒圆角方孔方板与方块拉伸 • 中心倒圆角矩形孔的矩形板拉伸	1　Tian, Liu, Fang (1995) [27]
				2~4	• 中心横向孔薄板拉伸 • 中心拟椭圆孔矩形板拉伸与弯曲 • 中心倒圆角方孔矩形块体拉伸与弯曲	2　Tian, Liu, Tian (1993) [28] 3　刘, 田 (1995) [29] 4　田, 田 (1995, 1997) [30,31]
				5~7	中心倒圆角方孔方板及矩形块体拉伸与弯曲	5　Tian, Tian, Liu (1994) [32] 6　Tian, Liu (1994) [33] 7　Tian, Liu, Ye, et al (1997) [34]
8	4 结点带转动的膜元 SL4	Ⅳ	9	1~2	• 变宽度板的拉伸与弯曲 • 半圆形与 U-型槽孔板拉伸与弯曲	1　Wang, Tian (2004) [35] 2　王, 田 (2007) [36]
9	8 结点带转动的三维元 SL8	Ⅳ	36	1	• 中心圆孔方厚板拉伸 • 变宽度厚板拉伸	1　Wang, Tian (2006) [37]

4.2　应用具有一个无外力圆柱表面杂交应力元对具有圆柱形槽孔构件进行受力分析

应用以上建立的具有一个无外力圆柱表面杂交应力元，可以高效地分析多种具有圆柱形槽孔构件的三维应力分布。同时，利用这类特殊元，也可以高效分析具有圆柱形表面结构在接近表面处的应力分布。我们知道，利用一般假定位移元及一般假定应力元，以上情况是难以得到满意的结果。

下面给出一些计算实例，以验证这类特殊元的有效性。对有些算例，还对表 4.1 列举的四类应力场建立的特殊元，进行了数值计算对比，以检验何者为佳。

4.2.1　计算实例

以下算例中，均采用以下四种有限元网格安排：

(1) 孔边用现在的 12 结点三维特殊元[图 4.6(a) 中影线部分]，其余部分全用三维 8 结点一般等参位移元(或一般杂交应力元)；

(2) 孔边用现在的三维 8 结点特殊元[图 4.6(b) 中影线部分]，其余部分全用三维 8 结点一般等参位移元(或一般杂交应力元)；

(3) 全部用一般 8 结点三维杂交应力元[38](其应力场以自然坐标表示，具有 18 个应力参数 β)；

(4) 全部用一般三维 8 结点假定位移等参元。

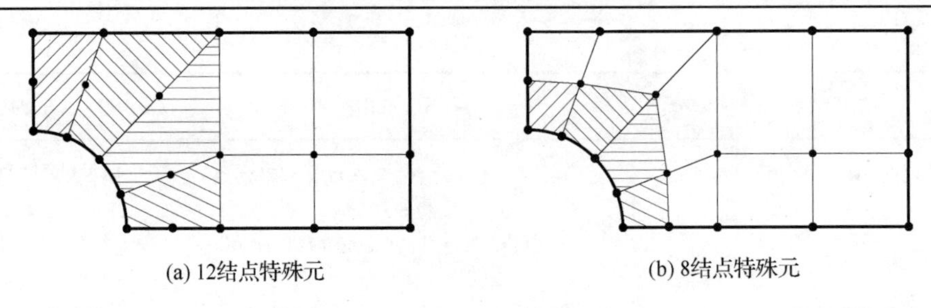

图 4.6　中心圆孔矩形薄板有限元网络

例 4.1　中心圆孔矩形薄板承受平面弯曲[14]

矩形薄板$(8R\times 4R\times 0.1R)$，中心圆孔半径为R，两侧承受平面弯矩$\boldsymbol{M}$作用(图 4.7)，这个问题仅用一层单元进行分析，四分之一板采用图 4.6 所示两种网格。

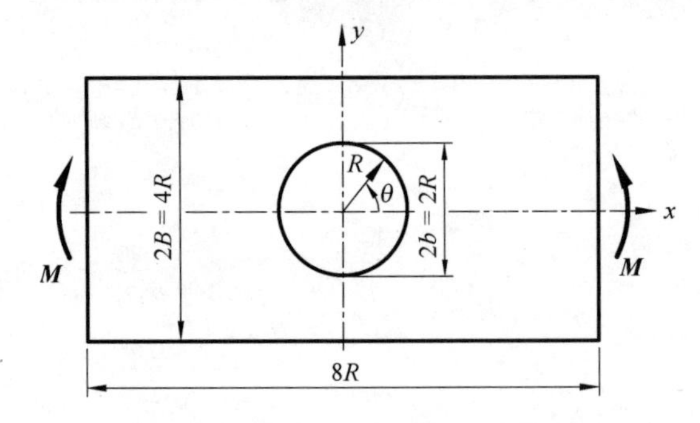

图 4.7　中心圆孔矩形薄板承受平面弯曲

应力集中系数(SCF)依下式计算

$$\mathrm{SCF}=\frac{\sigma_\theta^{\max}}{\sigma_0} \tag{4.2.1}$$

式中，$\sigma_\theta^{\max}$为最大环向应力，σ_0为

$$\sigma_0=\frac{3bM}{2t(B^3-b^3)} \tag{4.2.2}$$

其中，t为板的厚度。

板仅采用平面应力σ_r，σ_θ及$\tau_{r\theta}$(且不随z变化)。对于现在的弯曲问题，由于没有解析解，应用了 432 个 8 结点三维等参位移元(总的自由度 DOF=2886)的计算结果作为参考，其他各类元的计算结果一并列入表 4.2 内以资比较。

表 4.2　计算所得环向应力σ_θ及应力集中系数(SCF)(中心圆孔矩形薄板承受平面弯曲)

单元类型	90°		75°	
	$\mathrm{SCF}=\sigma_\theta^{\max}/\sigma_0$	误差/%	σ_θ/σ_0	误差/%
1　特殊 12 结点元 SC12 Ⅳ[14] + OAD	1.850	−3.4	1.482	−5.3
2　特殊 12 结点元 SC12 Ⅰ[8,9] + OAD	1.783	−6.9	1.405	−10.2

续表

单元类型	90°		75°	
	$SCF=\sigma_\theta^{max}/\sigma_0$	误差/%	σ_θ/σ_0	误差/%
3 特殊 8 结点元 SC8 Ⅰ 1[7] + OAD	1.618	−15.5	1.188	−24.1
4 8 结点一般杂交应力元[38] (OHSE)	1.427	−25.5	1.354	−13.5
5 8 结点一般等参位移元 (OAD)	1.362	−28.9	1.278	−18.3
参考解	**1.915**		**1.565**	

由表 4.2 可见，在相同的求解自由度下，现在的三种特殊杂交应力元(SC12 Ⅳ，SC12 Ⅰ及 SC8 Ⅰ 1)均提供远较一般杂交应力元及一般等参位移元准确的应力集中系数。至于这三种特殊元相比，结果显示，按第Ⅰ类型应力场构造的 12 结点元(SC12 Ⅰ)较用同一类型应力场所建立的 8 结点元(SC8 Ⅰ 1)更为准确，这是由于 12 结点特殊元相当于将 8 结点特殊元沿径向增加了一倍(图 4.6)所致。而按第Ⅳ类型应力场所建立的 12 结点元(SC12 Ⅳ)，提供最准确的环向应力 σ_θ 值。

例 4.2 中心圆孔矩形薄板承受均匀拉伸[8, 9]

薄板两侧承受均匀拉力 $\boldsymbol{T}$ (图 4.8)。板的几何尺寸及有限元网格划分同图 4.6。

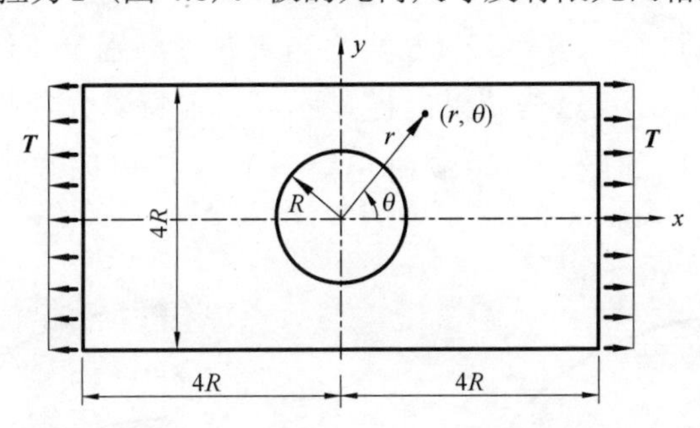

图 4.8 中心圆孔矩形薄板承受均匀拉伸

计算所得孔边应力集中系数及孔边环向应力 σ_θ 分布，分别由表 4.3 及表 4.4 给出，求解时所用自由度(DOF)数目也列入表 4.3。参考解由 Howland[39]给出。

表 4.3 计算所得应力集中系数(SCF)(中心圆孔矩形薄板承受拉伸)

单元类型	DOF	SCF	误差/%
1 特殊 12 结点元 SC12 Ⅰ[8, 9]退化为二维元 (9β) + OHSE	42	4.40	1.8
2 特殊 8 结点元 SC8 Ⅰ 1[7]退化为二维元 (7β) + OHSE	42	4.14	-4.1
3 二维特殊元[40](9β，未引入协调条件) + OHSE	42	3.79	-12.2
4 8 结点一般杂交应力元[38] (OHSE)	126	3.33	-22.9
5 8 结点一般等参位移元 (OAD)	126	3.66	-15.2
参考解[39]		**4.32**	

表 4.4 计算所得环向应力 σ_θ/T 沿孔边分布(中心圆孔矩形薄板承受拉伸)

单元类型	DOF		θ/(°) 90*	75	60	45	0
1 特殊 12 结点元 SC12 I [8, 9] + OHSE	42	σ_θ/T	4.398	3.546	2.209	0.832	−1.664
		误差/%	1.8	−4.7	−4.8	8.1	−5.3
2 特殊 8 结点元 SC8 I 1[7] + OHSE	42	σ_θ/T	4.141	3.312	2.581	0.908	−1.712
		误差/%	−4.1	−11.0	11.3	17.9	−8.4
3 8 结点一般杂交应力元[38] (OHSE)	126	σ_θ/T	3.329	3.244	2.099	0.959	−1.143
		误差/%	−22.9	−13.3	−9.5	24.5	27.7
4 8 结点一般等参位移元 (OAD)	126	σ_θ/T	3.663	3.424	2.166	1.059	−1.344
		误差	−15.2	−8.0	−6.6	37.5	14.9
参考解[39]			**4.32**	**3.72**	**2.32**	**0.77**	**−1.58**

* 最大应力点。

可见，目前两种特殊元(SC12 I 及 SC8 I 1)，均给出十分准确的应力集中系数。同时，也显示，现在的特殊元 SC12 I 不仅给出准确的应力集中系数，还给出准确的孔边环向应力 σ_θ 分布。

例 4.3 矩形截面曲梁[14]

图 4.9 所示曲梁，$h/b=6$，$R/b=8$，$E=10^7$ Pa，$\nu=0.25$。左悬臂端承受集中载荷 $P=1$N。用图 4.10 网格进行计算，表 4.5 给出当夹角 θ 分别等于 30° 及 50° 时，梁内侧 B、C 两点的环向应力 σ_θ。这些结果同样显示，目前特殊元能提供较一般等参位移元及一般杂交应力元更准确的应力值。同时也可看到，按第Ⅳ类型应力场建立的特殊元 SC12 Ⅳ结果更佳。

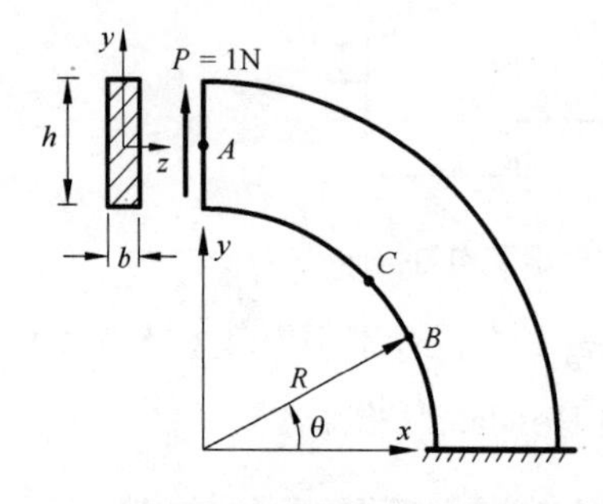

图 4.9 曲梁几何尺寸

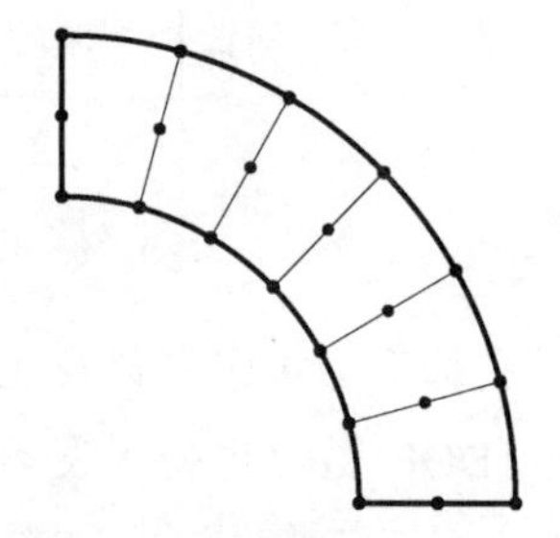
图 4.10 曲梁有限元计算网格

表 4.5 计算所得曲梁内侧环向应力 σ_θ

单元类型	σ_θ^B	误差/%	σ_θ^C	误差/%
1 特殊 12 结点元 SC12 Ⅳ[14] (Case H)	2.063	−2.6	1.550	−1.3
2 特殊 12 结点元 SC12 I [8,9] (Case A)	2.319	9.5	1.707	8.7
3 特殊 8 结点元 SC8 I 1[7]	1.935	−8.6	1.491	−5.1
4 8 结点一般杂交应力元[38] (OHSE)	1.925	−9.1	1.396	−11.1
5 8 结点一般等参位移元(ODE)	2.067	−2.4	1.414	−10.0
解析解	**2.117**		**1.571**	

例 4.4　偏心圆孔薄板承受平面弯曲[21]

具有一个偏心距为 e 的板($6B\times 2B\times B$)，承受弯矩 $\boldsymbol{M}$ 作用[图 4.11(a)]，其 e/B 分别为 0.00、0.10、0.20、0.25、0.30、0.40 及 0.50 共 7 种工况。当 $e/B=0.5$ 时，二分之一板的有限元网格如图 4.11(b)所示。

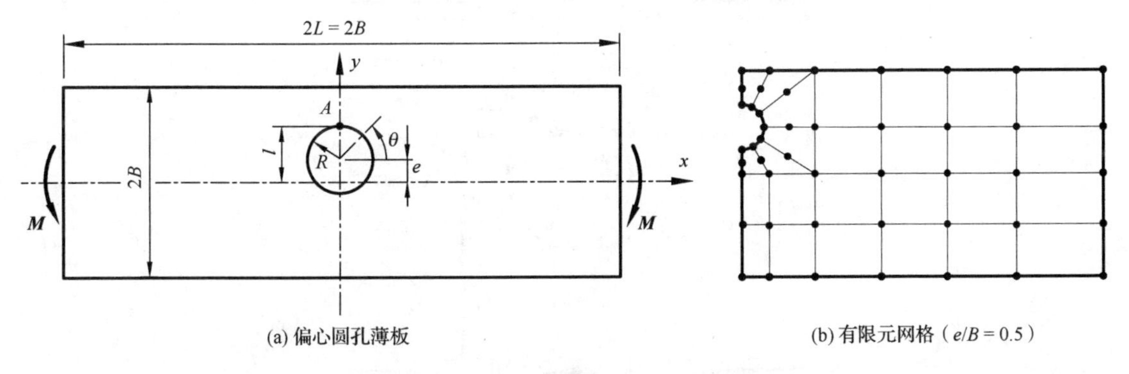

(a) 偏心圆孔薄板　　(b) 有限元网格（$e/B=0.5$）

图 4.11　偏心圆孔薄板承受平面弯曲

应力集中系数计算公式为

$$\mathrm{SCF}=\sigma_{\max}/\sigma_0 \qquad \sigma_0=3M/2B^3 \tag{4.2.3}$$

式中，$\sigma_{\max}$ 为横截面上最大法向应力。

表 4.6 给出算得的应力集中系数(SCF)，并以 8 结点一般等参位移元在极细网格时(自由度 DOF=17190)的解作为参考。

表 4.6　计算所得应力集中系数(SCF)(偏心圆孔薄板承受弯曲)

有限元类型	e/B	0.00	0.10	0.20	0.25	0.30	0.40	0.50
	应力点位置 θ/(°)	90.0	90.0	90.0	90.0	90.0	90.0	90.0
	总的自由度数	141	141	141	141	141	141	141
1　特殊 12 结点元 SC12 Ⅰ[8, 9]+ODE	SCF	2.02	2.38	2.81	2.52	2.85	3.04	3.10
	误差/%	2.53	−5.18	−5.39	−5.26	4.01	4.47	−1.27
2　8 结点一般杂交应力元[38](OHSE)	SCF	1.40	1.88	2.11	2.05	2.15	2.07	2.22
	误差/%	−28.93	−25.10	−28.96	−22.93	−21.53	−28.87	−29.30
3　8 结点一般等参位移元(ODE)	SCF	1.42	1.85	2.08	2.28	2.37	2.26	2.39
	误差/%	−27.92	−26.29	−29.97	−14.29	−13.50	−22.34	−23.89
4　光弹解[41]		2.01	2.40	2.59	2.65	2.75	2.93	3.16
参考解		**1.97**	**2.51**	**2.97**	**2.66**	**2.74**	**2.91**	**3.14**

图 4.12 给出当偏心距 $e/B=0.5$ 时，孔边沿环向应力 σ_θ、通过孔中线横截面的法向应力 σ_x，及板上、下边沿法向应力 σ_y 的分布，可见，其最大法向应力作用在 A 点($\theta=90°$)，对于其他几种偏心距 e/B 值，最大法向应力也作用在 A 点；图 4.13 给出计算所得环向应力 σ_θ 沿孔边分布。

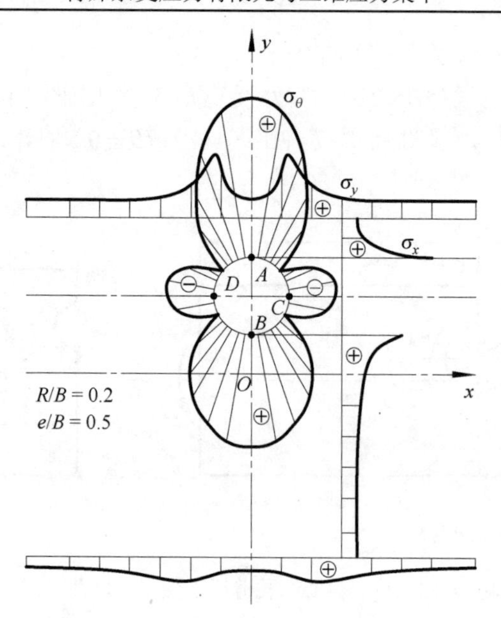

图 4.12　孔边环向应力 σ_θ、孔中线横截面上的法向应力 σ_x
及板上下沿法向应力 σ_y 的分布(偏心圆孔矩形板承受平面弯曲，$e/B=0.5$)

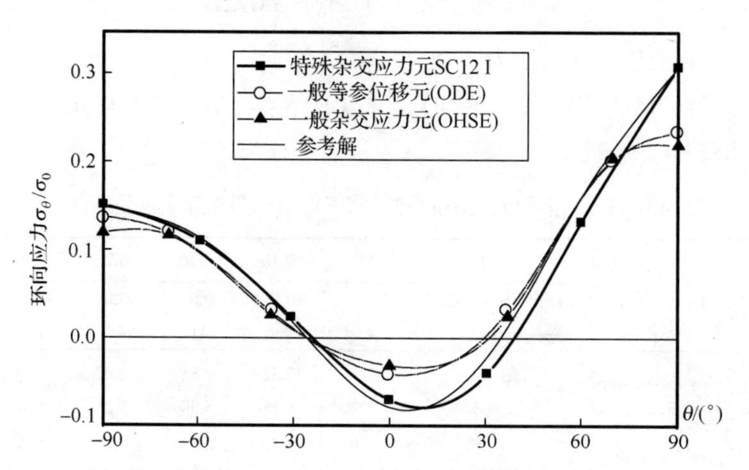

图 4.13　孔边沿环向应力 σ_θ 分布(偏心圆孔矩形板承受平面弯曲，$e/B=0.5$)

以上结果同样显示：现在的三维特殊元 SC12 I 在相当粗的网格下，可提供十分准确的应力集中系数及孔边环向应力分布；同时，随偏心矩的增加应力集中系数增大，这也与偏心距增大截面弯曲影响增大相一致。

例 4.5　偏心圆孔矩形厚板承受弯曲[21, 22]

具有偏心圆孔的厚板($6B\times2B\times2B$)对称面内承受弯矩作用，根据其对称性取 1/4 板(图 4.14)进行分析。圆孔的 e/B 也分别取 0.0, 0.10, 0.20, 0.25, 0.30, 0.40, 0.50 七种工况，计算时各工况网格平面划分与对应薄板相同，但沿厚度方向分层不同。计算结果列于表 4.7。图 4.15 给出对于不同的 e/B 板中面孔边环向应力分布。

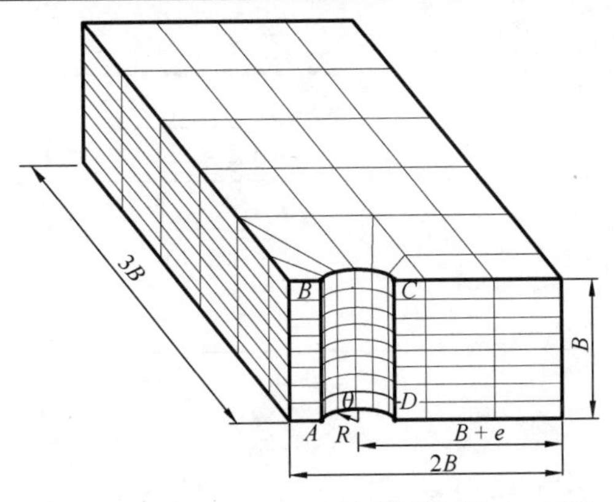

图 4.14　偏心圆孔矩形厚板计算网格(1/4 板)

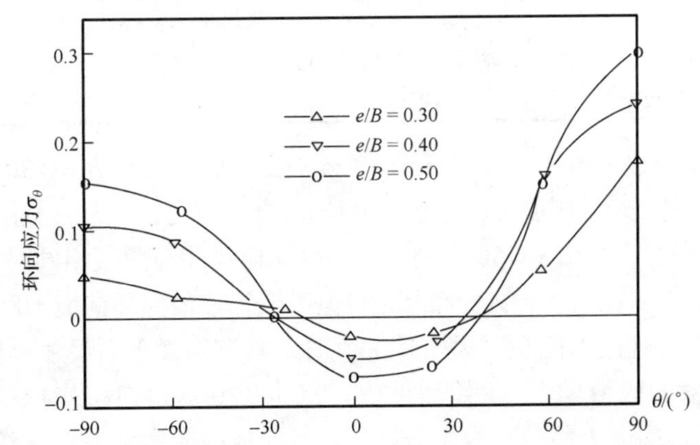

图 4.15　板中面孔边环向应力 σ_θ 分布与 e/B 的关系(偏心圆孔矩形厚板承受弯曲)

表 4.7　计算所得应力集中系数(SCF)及板中面垂直方向法向应力 σ_z
(偏心圆孔矩形厚板承受弯曲，$\nu = 0.25$)

e/B	计算层数	自由度数	应力集中系数 SCF		σ_z
			中面 A 点	表面 B 点	中面 A 点
0.00	2	423	2.02	1.79	0.58
	4	705	1.97	1.83	0.56
	8	1269	1.99	1.84	0.58
	应力集中系数 SCF		1.99		
0.10	2	423	2.95	2.56	0.55
	4	705	2.98	2.58	0.59
	8	1269	2.98	2.59	0.61
	应力集中系数 SCF		2.98		
0.20	2	423	3.01	2.72	0.64
	4	705	3.01	2.71	0.64
	8	1269	3.03	2.74	0.65
	应力集中系数 SCF		3.03		
0.25	2	423	2.68	2.48	0.62
	4	705	2.70	2.45	0.64
	8	1269	2.71	2.46	0.65
	应力集中系数 SCF		2.71		

续表

e/B	计算层数	自由度数	应力集中系数 SCF		σ_z
			中面 A 点	表面 B 点	中面 A 点
0.30	2	423	2.81	2.51	0.69
	4	705	2.79	2.55	0.63
	8	1269	2.80	2.54	0.66
	应力集中系数 SCF		2.80		
0.40	2	423	2.86	2.71	0.75
	4	705	2.89	2.69	0.74
	8	1269	2.89	2.71	0.75
	应力集中系数 SCF		2.89		
0.50	2	423	3.12	2.94	0.72
	4	705	3.10	2.93	0.69
	8	1269	3.13	2.94	0.71
	应力集中系数 SCF		3.13		

结果可见，厚板孔边环向应力σ_θ分布与例 4 薄板相似；当$e/B=0.30\sim0.50$时，在孔边两侧($-30^\circ<\theta<30^\circ$)的$\sigma_\theta$为压应力，而其余部位$\sigma_\theta$为拉应力；最大应力作用在板中面$A$点，且随$e/B$增加$\sigma_\theta^{\max}$增大。以$e/B=0.50$为例，当平面几何尺寸与薄板相同时，由偏心圆孔厚板与薄板的孔边环向应力对比可见，其分布相近，但厚板孔边最大环向应力略小于薄板相应值。对比表 4.6 及表 4.7 可见，当偏心率$e/B\leqslant0.30$时，具有同样平面尺寸厚板的三维应力集中系数略**大于**相应薄板的应力集中系数，当$e/B=0.0\sim0.30$，它们相差$1.02\%\sim2.19\%$；而当$e/B>0.3$时，薄、厚板的应力集中系数十分接近，且厚板的应力集中系数略**小于**薄板相应值，从$e/B=0.3\sim0.5$，它们相差$2.19\%\sim0.32\%$。

例 4.6　中心圆孔方形薄板承受拉伸[7, 11, 13]

具有半径为R中心圆孔的方形薄板($8R\times8R\times0.1R$)，承受两对边拉伸$\boldsymbol{T}$(图 4.16)。这个问题也仅用一层单元进行分析。对1/4板用图 4.17 所示两种网格计算。计算所得沿孔边环向应力σ_θ(取板厚方向平均值)的分布，分别由图 4.18 及表 4.8 给出，图中同时给出 Hengst[42]的解析解。

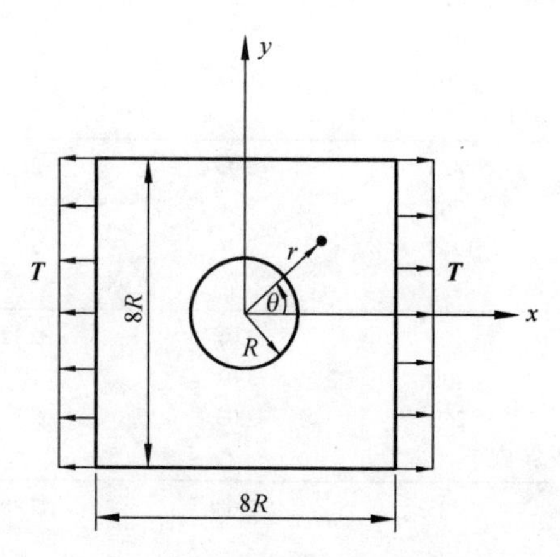

图 4.16　中心圆孔薄方板承受均匀拉伸σ_θ ($h=0.1R$)

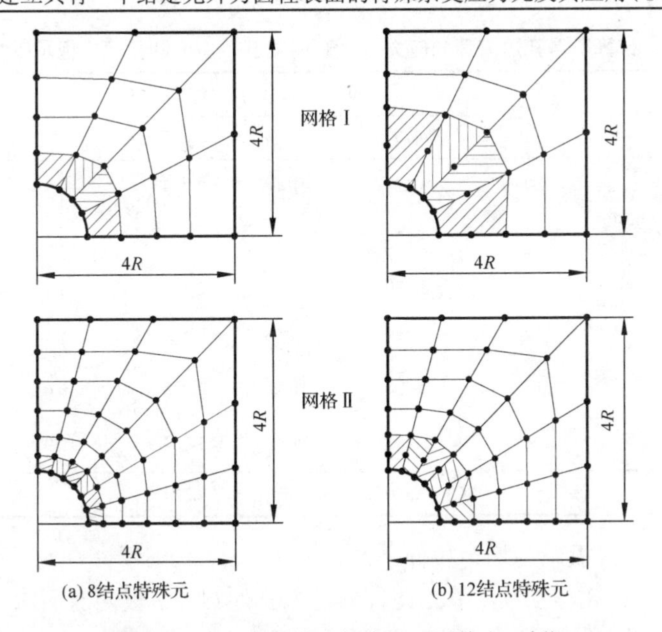

图 4.17　中心圆孔薄方板有限元网格(1/4 板)

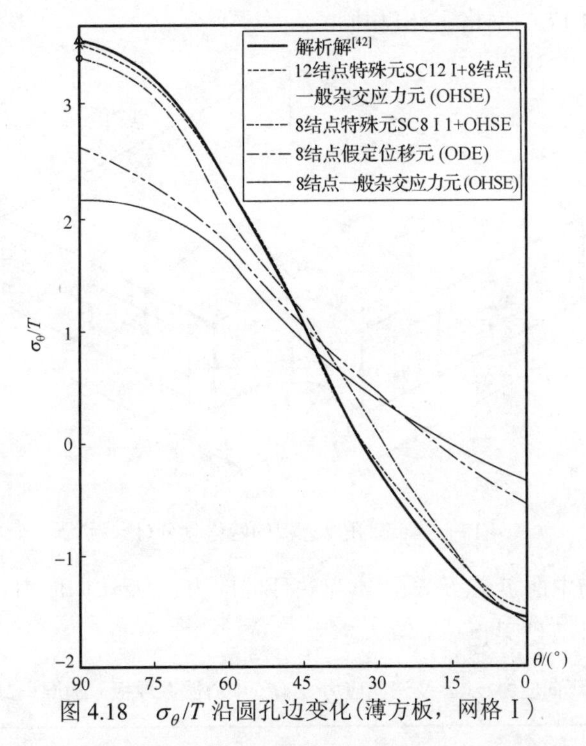

图 4.18　σ_θ/T 沿圆孔边变化(薄方板，网格Ⅰ)

结果同样可见，现在用三种类型应力场所建立的 8 结点特殊元，及用第一种类型应力场建立的 12 结点特殊元，均提供较一般位移元及一般杂交应力元准确得多的应力集中系数及孔边环向应力 σ_θ 分布；而这三种类型的 8 结点元相比可见，由类型Ⅲ建立的单元 SC8 Ⅲ给出最准确的应力集中系数，类型Ⅱ次之，而类型Ⅰ最低；同时，还可看到，在相同的计算自由度时，根据第一类型应力场Ⅰ所建立的 12 结点元，又较由同样第Ⅰ类型应力场所建的 8 结点元，给出更准确的 σ_θ 分布。

表 4.8　计算所得孔边沿环向应力 σ_θ 值(网格 II)(中心圆孔薄方板承受拉伸)

单元类型	β 数	90°		60°		0°	
		σ_θ/T	误差/%	σ_θ/T	误差/%	σ_θ/T	误差/%
1 特殊 12 结点元 SC12 I[8, 9] + OHSE	7	3.528	−1.4	2.303	−0.9	−1.468	0.3
2 特殊 8 结点元 SC8 III[12] + OHSE	7	3.552	−0.8	2.374	2.2	−1.493	1.4
3 特殊 8 结点元 SC8 II[11] + OHSE	9	3.530	−1.4	2.355	1.3	−1.467	0.3
4 特殊 8 结点元 SC8 I 1[7] + OHSE	7	3.489	−2.6	2.364	1.7	−1.425	3.2
5 8 结点一般假定应力杂交元[38] (OHSE)	18	2.998	−16.8	1.938	−16.6	−0.955	35.1
6 8 结点一般假定等参位移元 (OAD)	—	3.265	−8.8	2.024	−12.9	−1.081	26.6
解析解[42]		**SCF=3.580**		**2.324**		**−1.472**	

例 4.7　圆孔方形厚板承受均匀拉伸[11, 13]

设一方形厚板($8R\times8R\times2R$)，中心具有半径为 R 的圆孔，板两对面承受均匀拉伸 $\boldsymbol{T}$，材料泊松比 $\nu=0.25$。图 4.19 给出八分之一厚板的三维 8 结点元网格划分。对于 12 结点元，其网格划分顶视图与图 4.17 的网格 I (b) 相同。

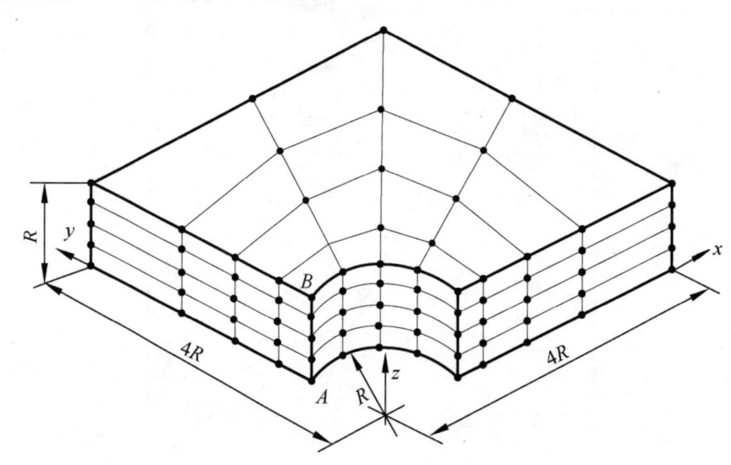

图 4.19　中心圆孔厚方板的网格划分(1/8 板)

表 4.9 给出算得的中面 B 点及表面 A 点的环向应力 σ_θ 及法向应力 σ_z，利用一般杂交应力元及假定位移元的计算结果也一并列入表中。

表 4.9　计算所得孔边环向应力 σ_θ/T 及法向应力 σ_z/T (中心圆孔厚板，板厚 $=2R$；泊松比 $\nu=0.25$)

单元类型	β 数	中面(B 点)		表面(A 点)		表面	中面
		σ_θ/T	误差/%	σ_θ/T	误差/%	σ_z/T	σ_z/T
1 12 结点特殊元 SC12 I [8,9] +OHSE	30	3.617	−2.21	3.286	−2.00	0.10	0.19
2 12 结点特殊元 SC12 IV[14] +OAD①	31	3.639	−0.02	—	—	—	0.27

续表

单元类型	β 数	中面(B 点)		表面(A 点)		表面	中面
		σ_θ/T	误差/%	σ_θ/T	误差/%	σ_z/T	σ_z/T
3　8 结点特殊元 SC8 Ⅰ1[7] +OHSE	18	3.573	−3.41	3.319	−1.01	0.12	0.23
4　8 结点特殊元 SC8 Ⅱ[11] +OHSE	20	3.626	−1.97	3.295	−1.73	0.01	0.28
5　8 结点特殊元 SC8 Ⅲ[13] +OHSE	18	3.640	−1.60	3.290	−1.88	0.01	0.26
6　8 结点一般杂交应力元[38] (OHSE)	18	3.094	−16.36	2.773	−17.30	0.03	0.30
7　8 结点一般位移等参元(OAD)	—	3.393	−8.27	3.042	−9.28	0.10	0.43
参考解[7]		**SCF=3.699**		**3.353**		**0.00**	**0.27**

① 此结果由 12 结点特殊元与 8 结点等参位移元联合解得。

由表 4.9 可见，对于 σ_θ 以及 σ_z，现在的 8 结点及 12 结点特殊元均给出十分接近参考解的结果。也和平面问题一样，一般杂交应力元及一般等参位移元的结果欠佳。同样可见，对于厚板问题，按第Ⅲ类型应力场建立的 8 结点元 SC8 Ⅲ及按第Ⅳ类应力场建立的 12 结点元 SC12 Ⅳ，均给出相当准确的应力集中系数。值得注意的是，对于中面上 z 方向的法向应力 σ_z 值，不仅 8 结点一般杂交应力元及 8 结点一般假定位移元给出的结果不好，而且按Ⅰ类型应力场建立的特殊元 SC8 Ⅰ1 及 SC12 Ⅰ所给出的 σ_z 值，也不如特殊元 SC8 Ⅲ及 SC12 Ⅳ准确，这正是第Ⅲ及第Ⅳ类型应力场优越之处。

例 4.8　一侧半圆孔薄板承受拉伸与弯曲[26]

一侧具有半圆孔的薄板$(6B\times B\times 0.1B)$如图 4.20 所示。R/B 取 0.1, 0.2, 0.3, 0.4 四种工况，根据对称性，对 1/2 板用与图 4.21($R/B=0.4$)接近的各组网格进行分析，所得应力集中系数列于表 4.10。采用 280 个 8 结点三维等参位移元(DOF=1720)得到的结果作为参考解。图 4.22 及图 4.23 给出了应力集中系数随 R/B 的变化曲线。

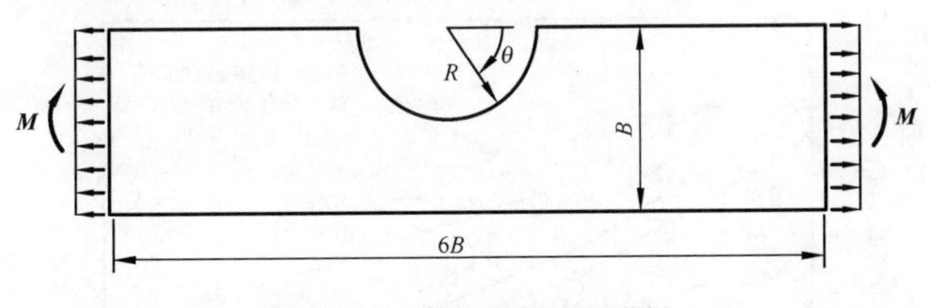

图 4.20　一侧有半圆孔矩形薄板

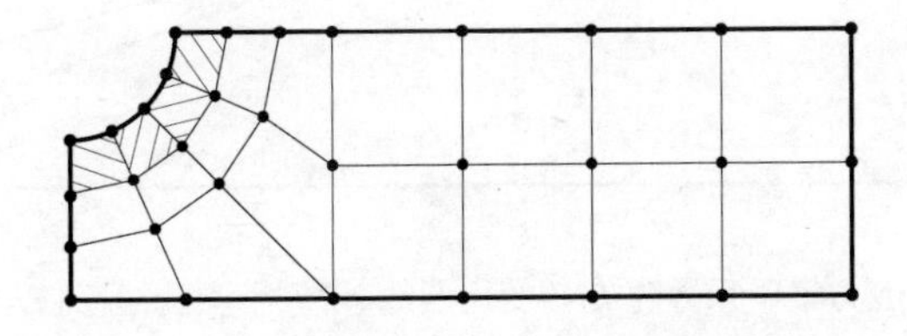

图 4.21　一侧半圆孔薄板有限元网格(R/B=0.4)

表 4.10　计算所得应力集中系数(SCF)(一侧半圆孔薄板承受拉伸与弯曲)

载荷	单元类型	$R/B=0.1$			$R/B=0.2$		
		DOF	SCF	误差/%	DOF	SCF	误差/%
拉伸	1　特殊 8 结点元 SC8 II[11] +ODE	87	2.121	−1.0	78	1.688	−1.5
	2　一般假定位移等参元(ODE)	268	2.038	−4.9	240	1.635	−4.6
	3　一般假定应力杂交元[38](OHSE)	268	1.817	−15.2	240	1.518	−11.4
	4　Neuber 解析解[43]		2.02	−5.7		1.68	−1.9
	5　Noda 体积力法解[44]		2.223	3.7		1.786	4.3
	参考解		**2.143**			**1.713**	
弯曲	1　特殊 8 结点元 SC8 II[11] +ODE	87	2.104	−3.9	78	1.708	−3.6
	2　一般假定位移等参元(ODE)	268	2.020	−7.8	240	1.678	−5.3
	3　一般假定应力杂交元[38](OHSE)	268	1.789	−18.3	240	1.554	−12.3
	4　Neuber 解析解[43]		2.34	6.8		1.91	7.8
	5　Noda 体积力法解[44]		2.281	4.1		1.825	3.0
	参考解		**2.190**			**1.772**	

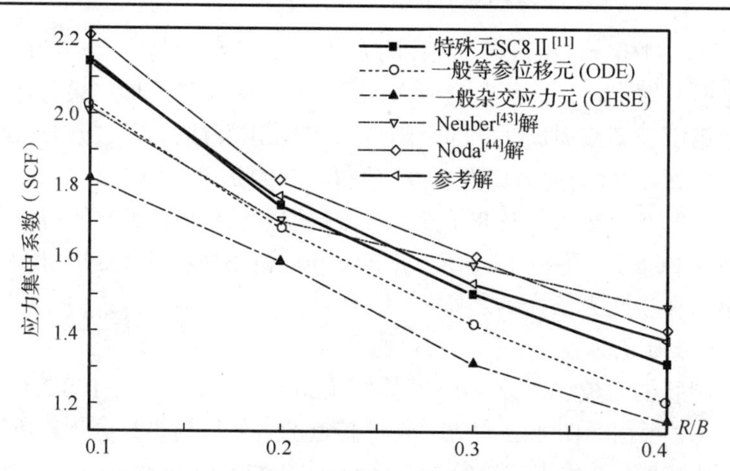

图 4.22　应力集中系数随 R/B 变化曲线(一侧半圆孔矩形板承受拉伸)

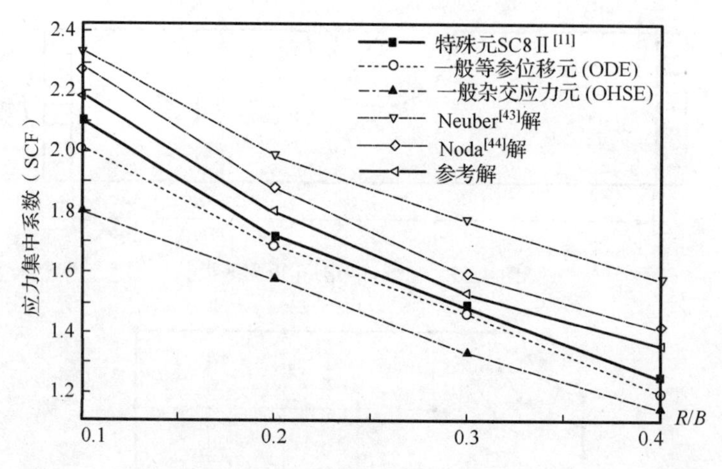

图 4.23　应力集中系数随 R/B 变化曲线(一侧半圆孔矩形板承受弯曲)

这些结果同样表明，无论拉伸或弯曲，现在的特殊元均给出较一般杂交元和位移元更为准确的结果。结果同时显示，弯曲时广为应用的 Neuber 应力集中系数[43]并不准确，当 R/B=0.3 时，误差高达 11.3%，工程应用时需予注意。

图 4.24 给出单侧半圆孔矩形板在拉伸及弯曲时的孔边环向应力分布，可见，现在的特殊元不仅给出十分准确的最大环向应力值及作用点(拉伸时 SCF=1.414，作用点 $\theta=90°$；参考解 SCF=1.454，$\theta=90°$。弯曲时 SCF=1.410，作用点 $\theta=90°$；参考解 SCF=1.482，$\theta=90°$)，而且给出十分准确的孔边环向应力 σ_θ 分布。

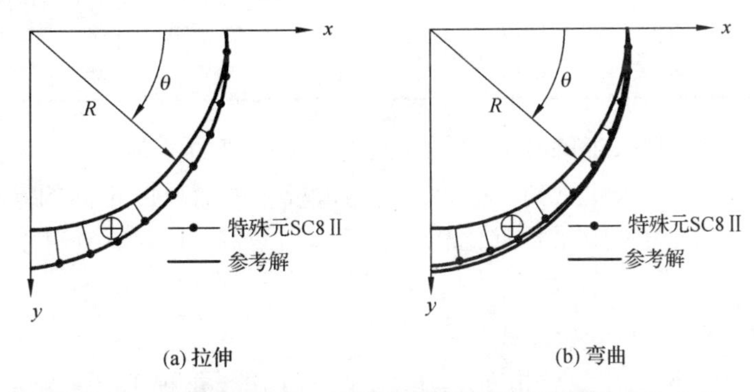

图 4.24　孔边环向应力 σ_θ 分布(一侧半圆孔矩形板，R/B=0.3)

例 4.9　一侧半圆孔厚板承受拉伸或弯曲[26]

考虑一侧具有半圆孔的厚板，其平面尺寸与图 4.20 相同，但厚度 $t=B$，材料泊松比 $\nu=0.25$，$E=110\,\mathrm{GPa}$。根据对称性取 1/4 板进行分析，沿厚度分别分为 2、4 和 8 层三种网格(图 4.25)。计算结果列于表 4.11。

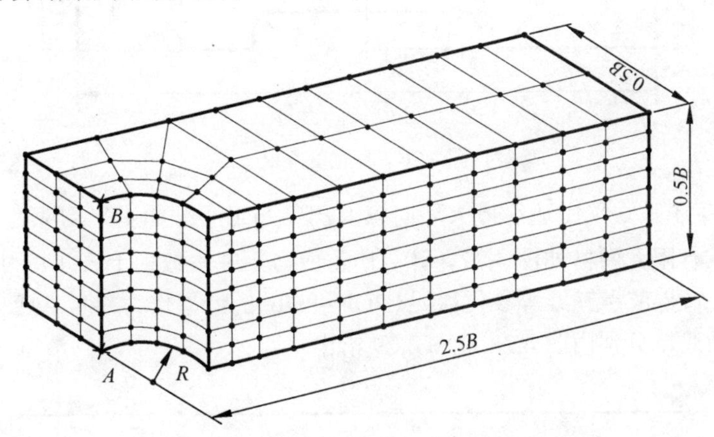

图 4.25　1/4 厚板有限元网格(一侧半圆孔的厚板，$2R/B=0.4$, $t=B$)

表 4.11　计算所得最大环向应力 $\sigma_\theta^{\max}/\sigma_0$ 及法向应力 σ_z/σ_0
(一侧半圆孔厚板承受拉伸和弯曲，$\nu=0.25$)

R/B	层数	DOF	拉伸		弯曲	
			$\sigma_\theta^{\max}/\sigma_0$	σ_z/σ_0	$\sigma_\theta^{\max}/\sigma_0$	σ_z/σ_0
			中面(A)	中面(A)	中面(A)	中面(A)
0.1	4	670	2.190	0.393	2.145	0.392
	8	1206	2.190	0.394	2.146	0.393

续表

R/B	层数	DOF	拉伸		弯曲	
			$\sigma_\theta^{\max}/\sigma_0$ 中面(A)	σ_z/σ_0 中面(A)	$\sigma_\theta^{\max}/\sigma_0$ 中面(A)	σ_z/σ_0 中面(A)
0.2	4	600	1.748	0.270	1.726	0.272
	8	1080	1.746	0.268	1.725	0.272
0.3	4	530	1.459	0.186	1.442	0.182
	8	954	1.458	0.186	1.441	0.184

结果表明，对于一侧有半圆孔的厚板，无论受拉或弯曲，圆角越小，应力集中系数越大，这与薄板一致。还可以注意到，平面尺寸与薄板相同而厚度不同的厚板，不管拉伸还是弯曲，厚板的三维应力集中系数都比相应的薄板值要高。同时，垂直于厚板中面上的法向应力 σ_z 不可忽略。

例 4.10　变宽度薄板承受拉伸或弯曲[23]

薄板尺寸如图 4.26 所示。分析 $h/R=1$ 及 2 两种工况，每种工况又分为四种不同宽度：$2h/D=0.2, 0.3, 0.4$ 和 0.6，承受拉伸或弯曲两种受力状态。

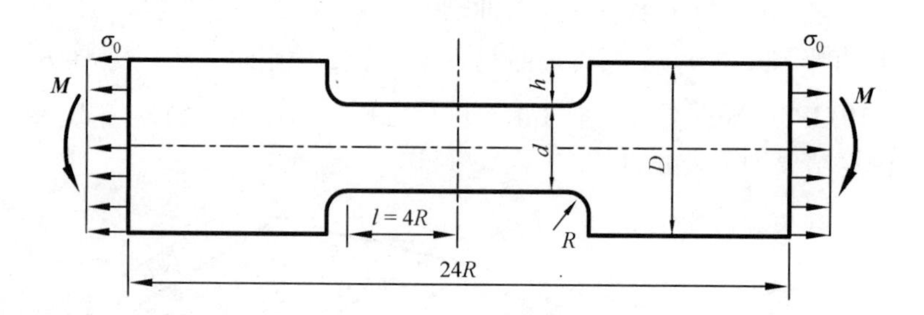

图 4.26　变宽度薄板

同样，应力集中系数采用边缘最大环向应力 $\sigma_\theta^{\max}$ 与最小截面上平均应力 σ_0 的比值。取 1/4 板进行分析，有限元网格如图 4.27。计算所得应力集中系数列于表 4.12 中。由于没有解析解，采用 704 个 8 节点三维等参位移元(DOF=4546)的结果作为参考。应力集中系数随板宽 $2h/D$ 的变化曲线，分别由图 4.28 及图 4.29 给出。

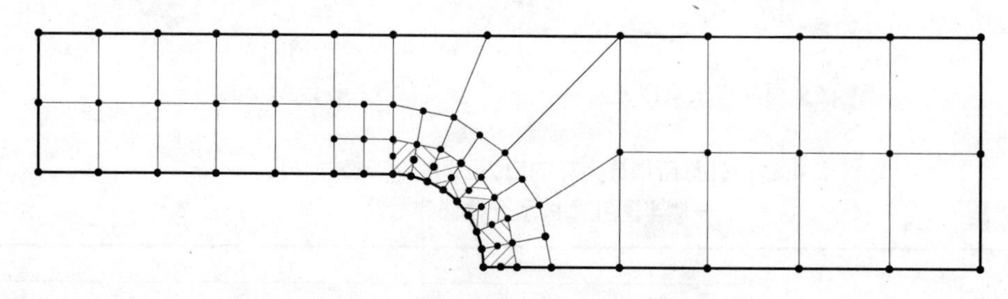

图 4.27　1/4 薄板有限元网格(变宽度薄板，$h/R=1, 2h/D=0.4$)

表 4.12　计算所得应力集中系数(SCF)(变宽度薄板承受拉伸与弯曲)

h/R	单元类型	拉伸				弯曲			
		$2h/D = 0.3$		$2h/D = 0.6$		$2h/D = 0.3$		$2h/D = 0.6$	
		SCF	误差/%	SCF	误差/%	SCF	误差/%	SCF	误差/%
1	12 结点特殊元 SC12 Ⅰ[8,9] +ODE	1.694	−4.6	1.374	0.8	1.460	−3.1	1.079	−1.3
	一般 8 结点等参位移元(ODE)	1.590	−10.5	1.261	−7.5	1.395	−7.3	1.002	−8.3
	一般8结点杂交应力元[38](OHSE)	1.570	−11.6	1.283	−5.9	1.312	−12.9	0.992	−9.2
	Noda 的体积力法[44]	1.796	1.1	1.371	0.6	—	—	—	—
	西田正孝经验公式[41]	1.408	−20.7	1.240	−9.0	—	—	—	—
	Frocht 的光弹解[45]	1.646	−7.3	1.299	−4.7	—	—	—	—
	参考解	**1.776**		**1.363**		**1.506**		**1.093**	
2	12 结点特殊元 SC12 Ⅰ[8,9] +ODE	2.088	−3.0	1.589	−2.6	1.755	−2.1	1.256	−2.9
	一般 8 结点等参位移元(ODE)	1.989	−7.6	1.542	−5.5	1.712	−4.5	1.200	−7.2
	一般8结点杂交应力元[38](OHSE)	1.932	−10.3	1.524	−6.6	1.621	−9.6	1.201	−7.1
	Noda 的体积力法[44]	2.188	1.6	1.661	1.8	—	—	—	—
	西田正孝经验公式[41]	1.754	−18.5	1.443	−11.6	—	—	—	—
	参考解	**2.153**		**1.632**		**1.793**		**1.293**	

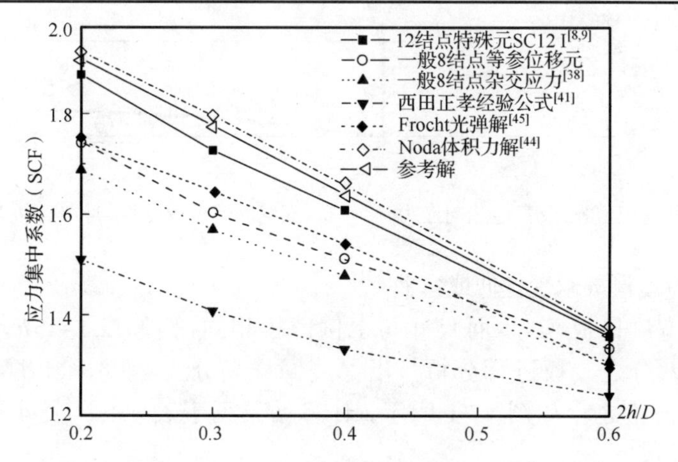

图 4.28　应力集中系数随 $2h/D$ 的变化曲线(变宽度薄板承受拉伸，$h/R = 1$)

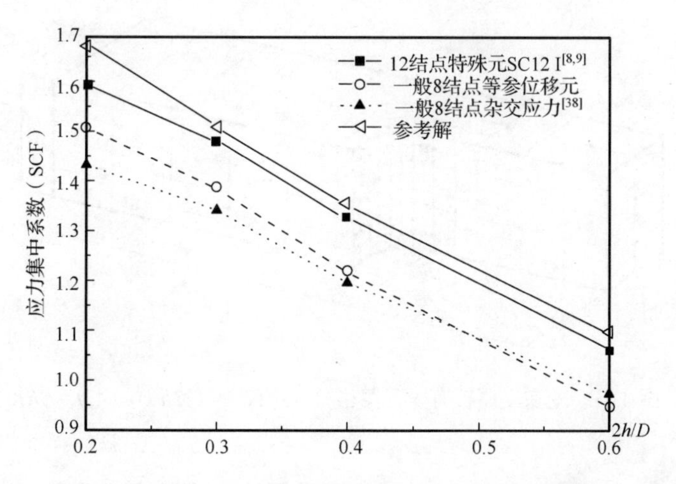

图 4.29　应力集中系数随 $2h/D$ 的变化曲线(变宽度薄板承受弯曲，$h/R = 1$)

从结果可见现在的特殊元在所有工况下所得结果均十分准确。而 Frocht 和西田正孝的经验公式解均小于参考解，当 $2h/D=0.3$ 时，其最大误差弯曲时 Frocht 的光弹解达-7.3%、拉伸时西田正孝实验公式误差为-20.7%，所以当工程上应用他们的结果时，请给予注意。在拉伸时，Noda 的体积力解的误差较小，与特殊元的结果接近。

图 4.30 给出薄板拉伸时自由边环向应力 σ_θ 及直边法向应力 σ_x 分布，可见，当 $h/R=2.0$ 及 $2h/D=0.6$ 时，现在的特殊元不仅给出十分准确的最大环向应力值 SCF=1.589 及其作用点位置 $\theta=78.75°$（参考解 SCF=1.632，$\theta=78.75°$），而且给出十分准确的环向应力 σ_θ 及直边法向应力 σ_x 分布。

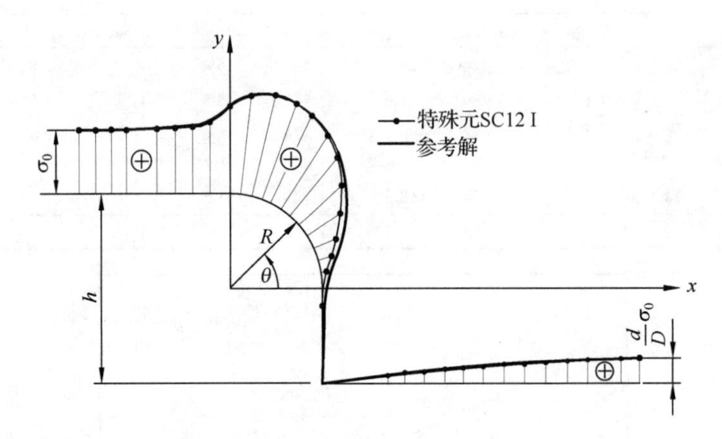

图 4.30　孔边沿环向应力 σ_θ 及直边法向应力 σ_x 分布(变宽度薄板承受均匀拉伸，$h/R=2$, $2h/D=0.6$)

例 4.11　变宽度厚板承受拉伸或弯曲[23]

考虑一个变宽度厚板，其平面尺寸与上例薄板相同，但厚度 $t=5R$，泊松比 $\nu=0.25$，$E=110\text{GPa}$。取八分之一板进行分析，沿厚度同样划分为 2、4 和 8 层三种网格，其中沿厚度取 8 层的网格之一如图 4.31 所示，计算结果列于表 4.13。表 4.14 给出厚板计算得到的 $\sigma_\theta^{\max}/\sigma_0$ 值。

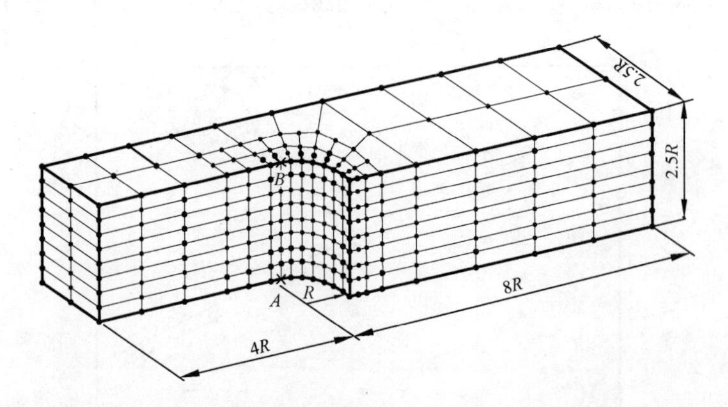

图 4.31　变宽度厚板有限元网格(1/8 板, $h/R=1$, $2h/D=0.4$, $t=5R$)

表 4.13　计算所得最大环向应力 $\sigma_\theta^{\max}/\sigma_0$ 及法向应力 σ_z/σ_0 值
(变宽度厚板承受拉伸与弯曲 $h/R=1.0$, $t=5R$, $\nu=0.25$)

2h/D	层数	DOF	拉伸			弯曲		
			$\sigma_\theta^{\max}/\sigma_0$		σ_z/σ_0	$\sigma_\theta^{\max}/\sigma_0$		σ_z/σ_0
			中面(A)	表面(B)	中面(A)	中面(A)	表面(B)	中面(A)
0.2	2	462	1.828	1.795	0.235	1.594	1.568	0.205
	4	770	1.832	1.752	0.216	1.600	1.529	0.191
	8	1386	1.833	1.707	0.214	1.600	1.485	0.188
0.3	2	384	1.771	1.722	0.203	1.441	1.380	0.184
	4	640	1.779	1.681	0.196	1.448	1.338	0.171
	8	1152	1.780	1.644	0.196	1.448	1.305	0.168
0.4	2	378	1.618	1.560	0.169	1.320	1.230	0.168
	4	630	1.626	1.524	0.161	1.327	1.193	0.157
	8	1134	1.626	1.499	0.161	1.327	1.169	0.154
0.6	2	543	1.389	1.329	0.106	1.120	1.014	0.149
	4	905	1.391	1.307	0.102	1.124	0.982	0.146
	8	1692	1.392	1.292	0.103	1.125	0.966	0.144

表 4.14　变宽度厚板承受拉伸和弯曲时应力集中系数(SCF)($h/R=1$, $t=5R$, $\nu=0.25$)

2h/D	SCF	
	拉伸	弯曲
0.2	1.833	1.600
0.3	1.780	1.448
0.4	1.626	1.327
0.6	1.392	1.125

具有同样平面尺寸的变宽度薄板与厚板，它们的二维与三维应力分析结果表明：无论承受弯曲或拉伸，倒圆角越小应力集中越明显；槽孔深度 h 增加，应力集中系数减小。同时，厚板的应力集中系数一般高于相应薄板值，这时用二维应力集中系数代替三维应力集中系数，将偏于不安全。

4.2.2　具有一个给定无外力圆柱表面杂交应力元计算小结

1. 这类特殊元与一般有限元比较

应用这类具有一个无外力圆柱表面的特殊杂交应力元，对具有无外力作用圆柱形槽孔构件或具有无外力圆柱形边界面的构件进行受力分析时，数值结果显示，所有这几种特殊元，在十分粗的网格下，均提供远较一般假定应力杂交元及一般假定等参位移元准确的应力值。

2. 这类特殊元彼此比较

(1)对于用同一类应力场所建立的不同单元，进行横向对比时，计算结果显示：

· 如都利用第Ⅰ类应力场建立的三维 12 结点元与三维 8 结点元相比，在相同计算自由度的情况下，12 结点特殊元可以提供较 8 结点元更为准确的结果，这是因为与 8 结点元相比，12 结点元相当沿径向多加了一层 8 结点元(见图 4.6)。

• 对同一类应力场建立的同样结点数的单元，例如，都是依据第Ⅳ类应力场选立的 12 结点三维元，各单元所选取的应力参数项不同，将得到不同的特殊元(见附录 A 的表 A.3，给出了选取不同的β_i项，所建立五种单元 H、I、J、K、L)。书中算例所选取的特殊元，均采用其中性能优秀者，例如，用第Ⅳ类应力场建立的以上五种 12 结点元，书中算例均采用了其中最佳者——Case H 进行计算，并将其命名为元 SC12 Ⅳ。

(2) 对于用不同类型应力场所建立的单元，进行纵向比较，在相同计算网格下，可见：

• 由第Ⅰ类应力场所建的单元 SC8 Ⅰ及 SC12 Ⅰ，均可提供准确的应力集中系数(SCF)，但**不能**提供准确的孔边环向应力σ_θ分布；

• 由第Ⅱ类应力场所建立的单元 SC8 Ⅱ，除了提供准确的应力集中系数(SCF)，还可以提供准确的孔边环向应力σ_θ分布；

• 由第Ⅲ及第Ⅳ类应力场所建立的单元 SC8 Ⅲ、SC12 Ⅲ 及 SC12 Ⅳ，不仅可以提供准确的应力集中系数、准确的孔边的环向应力σ_θ分布，还可以提供准确的垂直方向法向应力σ_z，后一点在三维应力分析及层合构件受力分析中是重要的。而将Ⅲ、Ⅳ这两类应力场所建单元相比，由第Ⅳ类应力场建立的单元性能更好一点。

建立一种特殊元，使它不仅能提供准确的应力集中系数、准确的孔边环向应力σ_θ分布，而且能提供准确的垂直方向法向应力σ_z，这正是我们多年不断地努力改进应力场类型、不断地建立这种新型元的原因所在。

3. *应用*

这一节主要讨论了具有无外力作用的圆柱形槽孔或无外力作用的圆柱形表面，这类构件的受力分析，但是，工程上也会遇到圆孔周边承受外力作用的情况，如铆钉孔、螺栓孔等，这时，可以很方便地将这一节所给的应力场，延伸至孔周边也承受各种载荷的情况。

文献[10]给出了由第Ⅰ类应力场，建立的具有一个均匀受压圆柱面三维元 SC8 Ⅰ2，它可以有效地进行具有均匀受压偏心圆孔的圆板、具有均匀受压圆孔的方板等诸多构件受力分析。

用与文献[10]类同的方法，也很容易建立圆柱面上有剪应力作用的三维元，及圆柱面上具有法向应力及剪应力共同作用的三维元。这些特殊元，将会有效地分析具有不同槽孔、而槽孔边沿承受不同法向及切向载荷时的构件。

4.3 各结点具有转动自由度的 4 结点特殊杂交应力膜元

本节我们进一步讨论两种具有结点转动自由度的特殊杂交应力元[35, 36]及其应用。

4.3.1 具有一个无外力圆弧边并含 4 个结点转动自由度的杂交应力元

考虑具有一个无外力圆弧边 14 的 4 结点膜元(图 4.32)，圆弧半径为a，边 12 及 43 沿径向交于原点O。每个结点有 3 个自由度(2 个移动u_i、v_i和 1 个转动ω_i)。

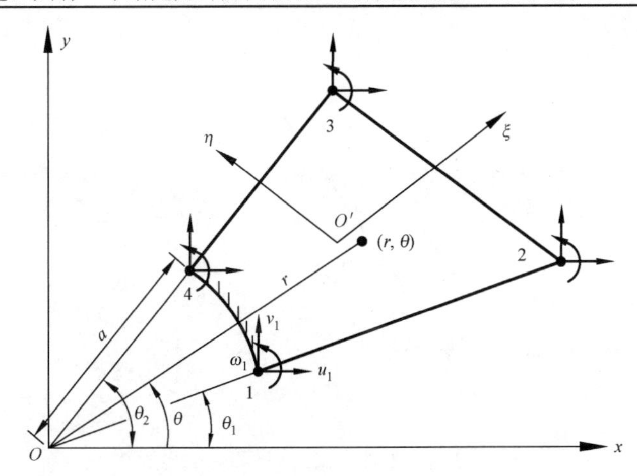

图 4.32　具有一个无外力圆弧边 14 的 4 结点平面元

1. 单元协调位移场的建立

单元的结点位移为

$$\boldsymbol{q}^{\mathrm{e}} = [\boldsymbol{q}_1^{\mathrm{T}} \quad \boldsymbol{q}_2^{\mathrm{T}} \quad \boldsymbol{q}_3^{\mathrm{T}} \quad \boldsymbol{q}_4^{\mathrm{T}}]^{\mathrm{T}} \tag{4.3.1}$$

每个结点有 3 个自由度

$$\boldsymbol{q}_i = [u_i \quad v_i \quad \omega_i]^{\mathrm{T}} \quad (i = 1, 2, 3, 4) \tag{4.3.2}$$

在单元边界上采用 Allman 型二次位移插值[46]，以图 4.33 中的边 12 为例，沿此边的法向位移 u_n 及切向位移 u_t 按如下规律变化：

$$\begin{aligned} u_n &= a_1 + a_2 s + a_3 s^2 \\ u_t &= a_4 + a_5 s \end{aligned} \tag{a}$$

式中，s 为沿单元长度的局部坐标。式(a)中的系数 $a_1 \sim a_5$ 由以下 5 个条件确定。

$$\begin{aligned} & u_n\big|_{s=0} = u_{n1} \qquad u_n\big|_{s=l_{12}} = u_{n2} \\ & u_t\big|_{s=0} = u_{t1} \qquad u_t\big|_{s=l_{12}} = u_{t2} \\ & \left.\frac{\partial u_n}{\partial s}\right|_{s=l_{12}} - \left.\frac{\partial u}{\partial s}\right|_{s=0} = -\omega_2 + \omega_1 \end{aligned} \tag{b}$$

式中，l_{12} 为边长。u_{n1}，u_{n2}，u_{t1} 及 u_{t2} 由结点 1 及 2 的位移确定：

$$\begin{aligned} u_n &= u\cos\theta + v\sin\theta \\ u_t &= -u\sin\theta + v\cos\theta \end{aligned} \tag{c}$$

其中，θ 为边 12 外向法线 $\boldsymbol{n}$ 与 x 轴夹角。

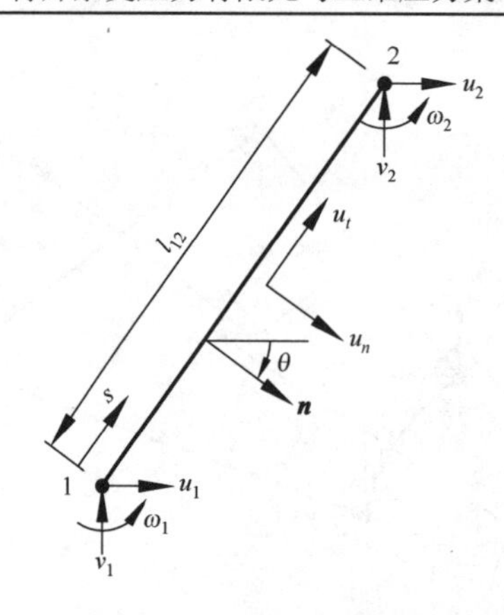

图 4.33　边 12 的位移分量和局部坐标

由式(b)解得 5 个系数

$$a_1 = u_{n1} \qquad a_2 = \frac{1}{l_{12}}(u_{n2} - u_{n1}) + \frac{1}{2}(\omega_2 - \omega_1)$$
$$a_3 = \frac{1}{2l_{12}}(\omega_1 - \omega_2) \qquad a_4 = u_{t1} \qquad a_5 = \frac{1}{l_{12}}(u_{t2} - u_{t1}) \tag{d}$$

将以上系数再代入式(a)，得到

$$u_t = u_{t1}\left(1 - \frac{s}{l_{12}}\right) + u_{t2}\frac{s}{l_{12}}$$
$$u_n = u_{n1}\left(1 - \frac{s}{l_{12}}\right) + u_{n2}\frac{s}{l_{12}} + \frac{s}{2}\left(1 - \frac{s}{l_{12}}\right)(\omega_2 - \omega_1) \tag{e}$$

利用坐标变换

$$u = u_n\cos\theta - u_t\sin\theta$$
$$v = u_n\sin\theta + u_t\cos\theta \tag{f}$$

式中

$$\cos\theta = \frac{y_2 - y_1}{l_{12}} \qquad \sin\theta = \frac{x_1 - x_2}{l_{12}} \tag{g}$$

将式(e)及式(g)代入式(f)，得到位移沿 x 及 y 轴的分量值

$$u = \left[u_{n1}\left(1 - \frac{s}{l_{12}}\right) + u_{n2}\frac{s}{l_{12}} + \frac{s}{2}\left(1 - \frac{s}{l_{12}}\right)(\omega_2 - \omega_1)\right]\cos\theta - \left[u_{t1}\left(1 - \frac{s}{l_{12}}\right) + u_{t2}\frac{s}{l_{12}}\right]\sin\theta$$
$$= u_1\left[\frac{1}{2}(1-\xi)\right] + u_2\left[\frac{1}{2}(1+\xi)\right] + \frac{1}{8}(1-\xi^2)(y_2 - y_1)(\omega_2 - \omega_1)$$
$$v = \left[u_{n1}\left(1 - \frac{s}{l_{12}}\right) + u_{n2}\frac{s}{l_{12}} + \frac{s}{2}\left(1 - \frac{s}{l_{12}}\right)(\omega_2 - \omega_1)\right]\sin\theta + \left[u_{t1}\left(1 - \frac{s}{l_{12}}\right) + u_{t2}\frac{s}{l_{12}}\right]\cos\theta \tag{h}$$
$$= v_1\left[\frac{1}{2}(1-\xi)\right] + v_2\left[\frac{1}{2}(1+\xi)\right] + \frac{1}{8}(1-\xi^2)(x_1 - x_2)(\omega_2 - \omega_1)$$

式中

$$\xi=\frac{2s}{l_{12}}-1 \qquad u_1=u_{n1}\cos\theta-u_{t1}\sin\theta \quad u_2=u_{n2}\cos\theta-u_{t2}\sin\theta$$
$$v_1=v_{n1}\sin\theta+v_{t1}\cos\theta \quad v_2=v_{n2}\sin\theta+v_{t2}\cos\theta \tag{i}$$

再利用平面 η 方向插值，即有边 12 的位移

$$\begin{aligned}u &= \frac{1}{4}(1-\xi)(1-\eta)u_1+\frac{1}{4}(1+\xi)(1-\eta)u_2-\frac{1}{16}(1-\xi^2)(1-\eta)(y_2-y_1)\omega_1\\&\quad+\frac{1}{16}(1-\xi^2)(1-\eta)(y_2-y_1)\omega_2\\v &= \frac{1}{4}(1-\xi)(1-\eta)v_1+\frac{1}{4}(1+\xi)(1-\eta)v_2-\frac{1}{16}(1-\xi^2)(1-\eta)(x_1-x_2)\omega_1\\&\quad+\frac{1}{16}(1-\xi^2)(1-\eta)(x_1-x_2)\omega_2\end{aligned} \tag{j}$$

同理，可得到其余单元三条边的位移，将它们汇总，可以得到单元协调位移场

$$\begin{aligned}u &= \sum_{i=1}^{4}\{N_i u_i+[\bar{N}_{i-1}(y_i-y_{i-1})-\bar{N}_i(y_{i+1}-y_i)]\omega_i\}\\v &= \sum_{i=1}^{4}\{N_i v_i+[\bar{N}_{i-1}(x_{i-1}-x_i)-\bar{N}_i(x_i-x_{i+1})]\omega_i\}\end{aligned} \tag{4.3.3}$$

式中

$$\begin{aligned}&N_i=\frac{1}{4}(1+\xi_i\xi)(1+\eta_i\eta) \quad (i=1,2,3,4)\\&\bar{N}_i=\begin{cases}\dfrac{1}{16}(1-\xi^2)(1+\eta_i\eta) & (i=1,3)\\[2mm]\dfrac{1}{16}(1-\eta^2)(1+\xi_i\xi) & (i=2,4)\end{cases}\end{aligned} \tag{4.3.4}$$

这里，$x_i, y_i\ (i=1,2,3,4)$ 是结点坐标，且当 $i=1$ 时，$i-1=4$；当 $i=4$ 时，$i+1=1$。

这是建立特殊杂交应力元的一方面工作，建立杂交应力元另一方面重要的工作，是建立合理的单元假定应力场。

2. 单元假定应力场的建立

按 4.1 节的应力分量应力函数类型Ⅳ[式(4.1.6)]，将应力函数 ϕ 分别展开成 r 的多项式及 θ 的三角级数，同时使导出的应力场满足圆柱面上无外力边界条件，得到如下单元假定应力场：

$$\begin{aligned}\sigma_r &= \left(1-\frac{a^2}{r^2}\right)\beta_1+r\left(1-\frac{a^4}{r^4}\right)(\beta_2\cos\theta+\beta_3\sin\theta)+\left(1-4\frac{a^2}{r^2}+3\frac{a^4}{r^4}\right)(\beta_4\cos2\theta+\beta_5\sin2\theta)\\&\quad+\left(1-4\frac{a^4}{r^4}\right)(\beta_6\cos2\theta+\beta_7\sin2\theta)+r\left(1-5\frac{a^4}{r^4}+4\frac{a^6}{r^6}\right)(\beta_8\cos3\theta+\beta_9\sin3\theta)\\&\quad+r\left(2-\frac{r^2}{a^2}-\frac{a^6}{r^6}\right)(\beta_{10}\cos3\theta+\beta_{11}\sin3\theta)+r^2\left(1-6\frac{a^6}{r^6}+5\frac{a^8}{r^8}\right)(\beta_{12}\cos4\theta+\beta_{13}\sin4\theta)\end{aligned}$$

$$
\begin{aligned}
\sigma_\theta &= \left(1+\frac{a^2}{r^2}\right)\beta_1 + r\left(3+\frac{a^4}{r^4}\right)(\beta_2\cos\theta+\beta_3\sin\theta) - \left(1+3\frac{a^4}{r^4}\right)(\beta_4\cos2\theta+\beta_5\sin2\theta) \\
&\quad -\left(1-4\frac{r^2}{a^2}-\frac{a^4}{r^4}\right)(\beta_6\cos2\theta+\beta_7\sin2\theta) - r\left(1-\frac{a^4}{r^4}+4\frac{a^6}{r^6}\right)(\beta_8\cos3\theta+\beta_9\sin3\theta) \\
&\quad -r\left(2-5\frac{r^2}{a^2}-\frac{a^6}{r^6}\right)(\beta_{10}\cos3\theta+\beta_{11}\sin3\theta) - r^2\left(1-2\frac{a^6}{r^6}+5\frac{a^8}{r^8}\right)(\beta_{12}\cos4\theta+\beta_{13}\sin4\theta) \\
\tau_{r\theta} &= r\left(1-\frac{a^4}{r^4}\right)(\beta_2\sin\theta-\beta_3\cos\theta) - \left(1+2\frac{a^2}{r^2}-3\frac{a^4}{r^4}\right)(\beta_4\sin2\theta-\beta_5\cos2\theta) \\
&\quad -\left(1-2\frac{r^2}{a^2}+\frac{a^4}{r^4}\right)(\beta_6\sin2\theta-\beta_7\cos2\theta) - r\left(1+3\frac{a^4}{r^4}-4\frac{a^6}{r^6}\right)(\beta_8\sin3\theta-\beta_9\cos3\theta) \\
&\quad -r\left(2-3\frac{r^2}{a^2}+\frac{a^6}{r^6}\right)(\beta_{10}\sin3\theta-\beta_{11}\cos3\theta) - r^2\left(1+4\frac{a^6}{r^6}-5\frac{a^8}{r^8}\right)(\beta_{12}\sin4\theta-\beta_{13}\cos4\theta)
\end{aligned}
\tag{4.3.5}
$$

这个应力场严格满足齐次平衡方程、沿圆弧边无外力边界条件及弹性理论协调方程。

应力场(4.3.5)及位移场(4.3.3)即构成一个含结点转动自由度的4结点特殊元。它每个结点有3个自由度，单元共有12个自由度，减去3个刚体运动模式，所以，为扫除多余零能模式，这个单元所需最小β数为9。

注意到当所有结点的移动位移$u_i = v_i = 0$且所有结点具有相同转动ω_i时，依照式(4.3.3)得到单元位移为零，所以，这时特殊元具有一个多余零能模式，不过这个零能模式可以通过对单元给定一个转动值而抑止，因此，单元所需最小β数为8，这样，我们选取了表4.15单元SF4-A及SF4-B。

正如文献[47]～[49]所指出的：由于孔边这类特殊元将与远离孔边的一般有限元联合求解，其应力参数可选取小于所需最小β数，而不影响最后求解时的稳定性，所以又选取了表4.15中单元SF4-C。这三种单元合称为第一类具有转动自由度的特殊元。

表4.15　第一类具有转动自由度特殊元的应力场

单元	删除了式(4.3.5)的应力项	最后β数	在表4.1中命名
SF4-A	6,7,10,11	9	—
SF4-B	10～13	9	SL4
SF4-C	8～13	7	—

4.3.2　用第一类具有转动自由度的特殊元对槽孔构件进行受力分析

应力集中系数依净截面进行计算，即

$$
\mathrm{SCF} = \frac{\sigma_\theta^{\max}}{\sigma_0} \tag{4.3.6}
$$

$$
\sigma_0 = \begin{cases} \dfrac{T}{dt} & (\text{拉伸}) \\[2mm] \dfrac{6M}{d^2 t} & (\text{弯曲}) \end{cases} \tag{4.3.7}
$$

式中，$\sigma_\theta^{\max}$ 为最大环向应力；t 为板厚；d 为净截面宽度。

算例中，有限元网格有以下三种方式：

(1) 孔边用现在的特殊杂交应力元（SF4-A、SF4-B 或 SF4-C，图 4.35 中阴影线部分），其余用 4 结点 Allman 型单元；

(2) 全部用 4 结点 Allman 型含转动自由度假定位移元；

(3) 全部用一般 4 结点等参位移元。

例 4.12　对称半圆孔薄板承受拉伸或弯曲[36]

具有对称半圆孔的薄板（$5W\times W\times 0.1R$，图 4.34），1/4 板的有限元网格如图 4.35 所示。对于 $R/W=0.1$、0.15 及 0.2 这 3 种工况，计算所得拉伸或弯曲时的应力集中系数分别由表 4.16 及表 4.17 列出，参考解取 Nisitani 和 Noda[50]的体积力解。图 4.36 给出由单元 SF4-A 算得的拉伸时孔边环向应力 σ_θ 及水平和垂直截面上的法向应力分布。从图 4.36 及表 4.16 和表 4.17 可见，无论拉伸还是弯曲，现在的特殊元在相当粗的网格下，均提供远比含结点转动或不含转动的位移元，准确多的应力集中系数及孔边应力分布；而在目前三种特殊元中，单元 SF4-B 给出更好的应力集中系数，该元在表 4.1 中命名为 SL4。

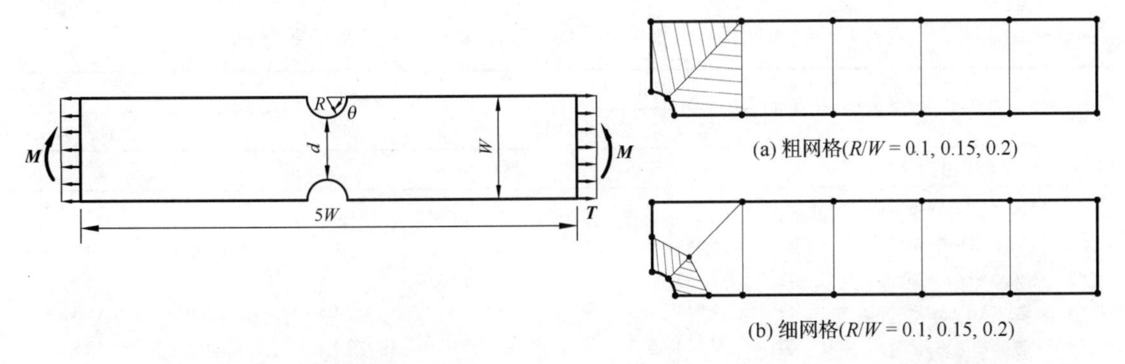

(a) 粗网格($R/W=0.1, 0.15, 0.2$)

(b) 细网格($R/W=0.1, 0.15, 0.2$)

图 4.34　对称半圆孔薄板　　图 4.35　1/4 对称半圆孔薄板有限元网格

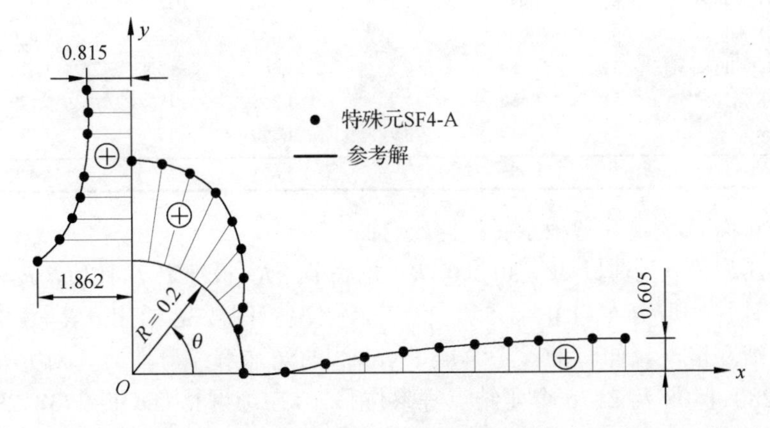

图 4.36　孔边环向应力 σ_θ/σ_0 和水平及垂直截面与法向应力 σ_x/σ_0 分布

（对称半圆孔薄板承受拉伸，$R/W=0.2$）

表 4.16 计算所得应力集中系数(SCF)(对称半圆孔薄板承受拉伸)

单元类型	DOF	$R/W=0.1$		$R/W=0.15$		$R/W=0.2$	
		SCF	误差/%	SCF	误差/%	SCF	误差/%
粗网格							
1 特殊元SF4-A+Allman元	42	2.341	−3.6	2.027	−5.0	1.750	−6.2
2 特殊元SF4-B+Allman元	42	2.372	−2.3	2.112	−1.0	1.868	0.1
3 特殊元SF4-C+Allman元	42	2.390	−1.6	2.116	−0.8	1.870	0.3
4 4结点Allman元	42	1.897	−21.9	1.656	−22.4	1.511	−19.0
5 一般等参位移元	28	1.596	−34.3	1.764	−17.3	1.412	−24.3
细网格							
1 特殊元SF4-A+Allman元	51	2.397	−1.3	2.105	−1.4	1.862	−0.2
2 特殊元SF4-B+Allman元	51	2.421	−0.3	2.114	−0.9	1.808	−3.1
3 特殊元SF4-C+Allman元	51	2.375	−2.2	2.107	−1.3	1.885	1.1
4 4结点Allman元	51	2.024	−16.7	1.693	−20.7	1.547	−17.1
5 一般等参位移元	34	1.879	−22.6	1.790	−16.1	1.610	−13.7
参考解[50]		**2.429**		**2.134**		**1.865**	

表 4.17 计算所得应力集中系数(SCF)(对称半圆孔薄板承受弯曲)

单元类型	DOF	$R/W=0.1$		$R/W=0.15$		$R/W=0.2$	
		SCF	误差/%	SCF	误差/%	SCF	误差/%
粗网格							
1 特殊元 SF4-A+Allman 元	42	2.055	3.5	1.689	−0.2	1.425	−4.3
2 特殊元 SF4-B+Allman 元	42	2.063	3.9	1.725	1.9	1.493	0.3
3 特殊元 SF4-C+Allman 元	42	1.856	6.5	1.565	−7.6	1.369	−8.0
4 4 结点 Allman 元	42	1.897	−4.4	1.447	−14.5	1.262	−15.3
5 一般等参位移元	28	2.130	7.3	1.621	−4.3	1.283	−13.8
细网格							
1 特殊元 SF4-A+Allman 元	51	1.935	−2.5	1.636	−3.4	1.465	−1.6
2 特殊元 SF4-B+Allman 元	51	1.971	−0.7	1.664	−1.7	1.420	−4.6
3 特殊元 SF4-C+Allman 元	51	1.859	−6.3	1.602	−5.4	1.410	−5.2
4 4 结点 Allman 元	51	1.686	−15.0	1.368	−19.2	1.179	−20.9
5 一般等参位移元	34	1.570	−20.9	1.390	−17.9	1.195	−19.8
参考解[50]		**1.985**		**1.693**		**1.488**	

例 4.13 对称 U-型槽孔薄板承受拉伸或弯曲[36]

具有对称 U-型槽孔的薄板($W\times 3W\times 0.1R$),槽底半径R,板净宽d,比值$d/R=3$(图 4.37)。槽深 B 可变，计算时取 $B/R=1.0$、1.5 及 2.0 三种工况，图 4.38 给出 $d/R=3$ 及 $B/R=1.5$ 时的有限元粗、细网格。拉伸时的参考解取 Flynn[51]的光弹解；弯曲时，对 B/R 三种工况，分别采用了 1280、1408 及 2176 个 4 结点等参位移元，在细网格(DOF=2738、2994 及 4562)下的计算结果，作为参考。表 4.18 及表 4.19 分别给出拉伸和弯曲时的应力集中系数，同时也给出 Neuber[43]的结果以资比较。图 4.39 及图 4.40 给出细网格时应力集中系数随 B/R 的变化曲线。

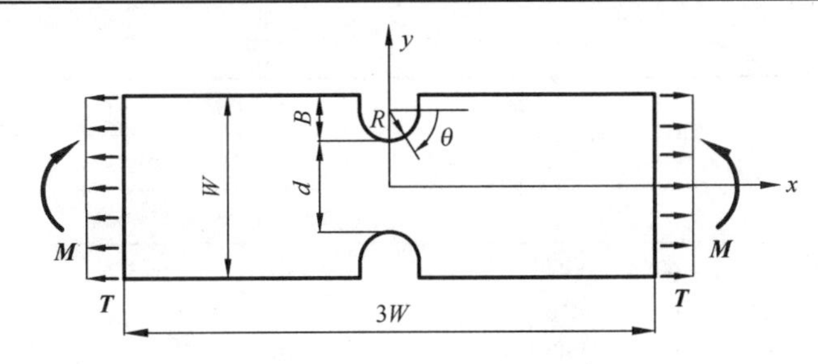

图 4.37　对称 U-型槽孔薄板

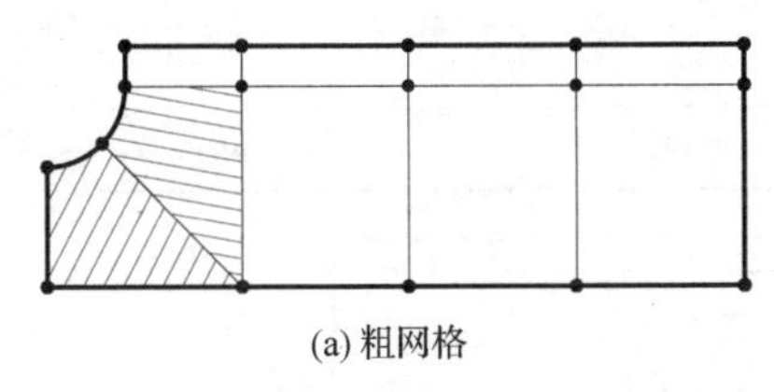

(a) 粗网格

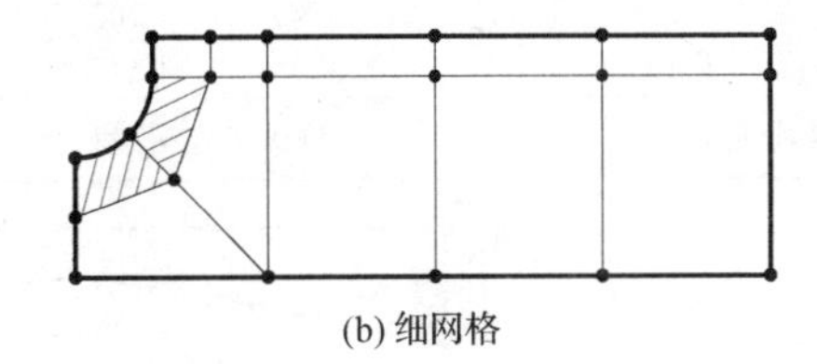

(b) 细网格

图 4.38　1/4 对称 U-型槽孔薄板的有限元网格 ($d/R=3, B/R=1.5$)

表 4.18　计算所得应力集中系数(SCF)(U-型槽孔薄板承受拉伸 $d/R=0.3$)

单元类型	DOF	$B/R=1.0$		$B/R=1.5$		$B/R=2.0$	
		SCF	误差/%	SCF	误差/%	SCF	误差/%
粗网格							
1　特殊元 SF4-A+Allman 元	51	1.752	−5.8	1.797	−4.4	1.812	−3.1
2　特殊元 SF4-B+Allman 元	51	1.864	0.2	1.901	1.1	1.907	2.0
3　特殊元 SF4-C+Allman 元	51	1.868	0.4	1.864	−0.9	1.856	−0.7
4　4 结点 Allman 元	51	1.489	−19.9	1.562	−16.9	1.595	−14.7
5　一般等参位移元	34	1.433	−23.0	1.535	−18.4	1.596	−14.7
细网格							
1　特殊元 SF4-A+Allman 元	63	1.862	0.1	1.888	0.4	1.892	1.2
2　特殊元 SF4-B+Allman 元	63	1.841	−1.0	1.871	−0.5	1.883	0.7
3　特殊元 SF4-C+Allman 元	63	1.864	0.2	1.892	0.6	1.894	1.3
4　4 结点 Allman 元	63	1.515	−18.5	1.565	−16.8	1.624	−13.2
5　一般等参位移元	42	1.625	−12.6	1.714	−8.8	1.752	−6.3
6　Neuber[43]		1.73	−7.0	1.74	−7.4	1.75	−6.4
参考解[51]		**1.86**		**1.88**		**1.87**	

表 4.19　计算所得应力集中系数(SCF)(U-型槽孔薄板承受平面弯曲 $d/R=0.3$)

单元类型	DOF	$B/R=1.0$		$B/R=1.5$		$B/R=2.0$	
		SCF	误差/%	SCF	误差/%	SCF	误差/%
粗网格							
1　特殊元 SF4-A+Allman 元	51	1.425	−4.4	1.432	−4.3	1.433	−4.1
2　特殊元 SF4-B+Allman 元	51	1.493	0.2	1.479	−1.2	1.471	−1.6
3　特殊元 SF4-C+Allman 元	51	1.366	−8.3	1.359	−9.2	1.356	−9.3
4　4 结点 Allman 元	51	1.226	−17.7	1.208	−19.3	1.199	−19.8
5　一般等参位移元	34	1.306	−12.3	1.293	−13.6	1.284	−14.1

续表

	单元类型	DOF	$B/R=1.0$		$B/R=1.5$		$B/R=2.0$	
			SCF	误差/%	SCF	误差/%	SCF	误差/%
					细网格			
1	特殊元 SF4-A+Allman 元	63	1.448	−2.8	1.442	−3.7	1.434	−4.1
2	特殊元 SF4-B+Allman 元	63	1.465	−1.7	1.472	−1.7	1.466	−1.9
3	特殊元 SF4-C+Allman 元	63	1.403	−5.8	1.411	−5.7	1.409	−5.8
4	4 结点 Allman 元	63	1.165	−21.8	1.177	−21.4	1.176	−21.3
5	一般等参位移元	42	1.207	−19.0	1.221	−18.4	1.219	−18.5
6	Neuber[43]		1.45	−2.7	1.46	−2.5	1.46	−2.3
	参考解	**2738**	**1.490**		**1.497**		**1.495**	

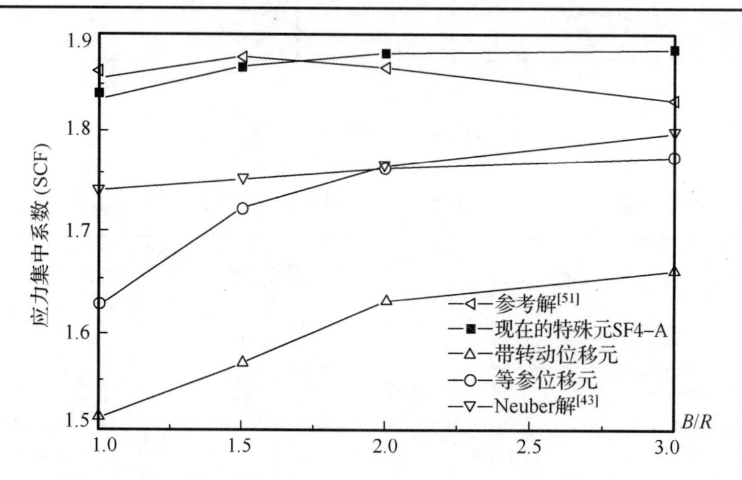

图 4.39　应力集中系数随 B/R 的变化曲线(U-型槽孔薄板承受拉伸)

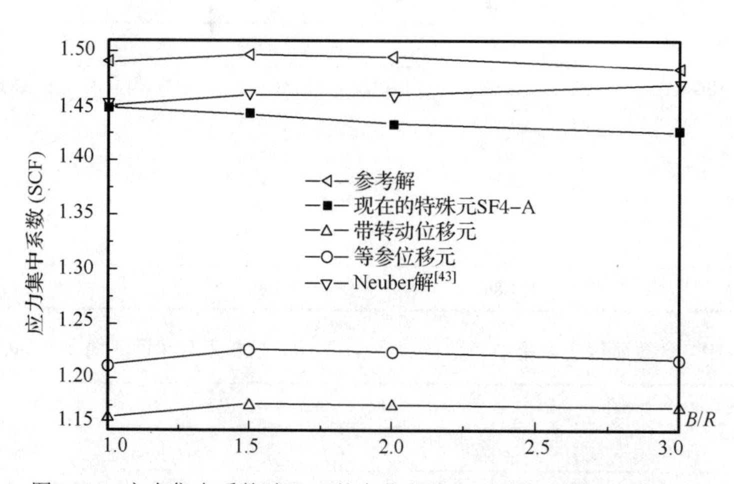

图 4.40　应力集中系数随 B/R 的变化曲线(U-型槽孔薄板承受弯曲)

结果同样显示，在稀疏网格上，现在的特殊元均能给出十分准确的应力集中系数。

例 4.14　变宽度薄板承受拉伸或弯曲[35]

具有倒圆角的对称变宽度薄板($26R\times W\times 0.1R$)如图 4.41 所示，有限元网格由图 4.42 给出。表 4.20 及表 4.21 分别给出拉伸和弯曲时的应力集中系数。拉伸时取 Nisitani 和

Noda[50]体积力法的结果作为参考解。弯曲时，对于 $R/W = 0.1, 0.15, 0.2$ 这三个工况分别采用了 768、896 及 2048 个一般 4 结点等参位移元（DOF=1698、1970 及 4386）求得的结果作为参考。

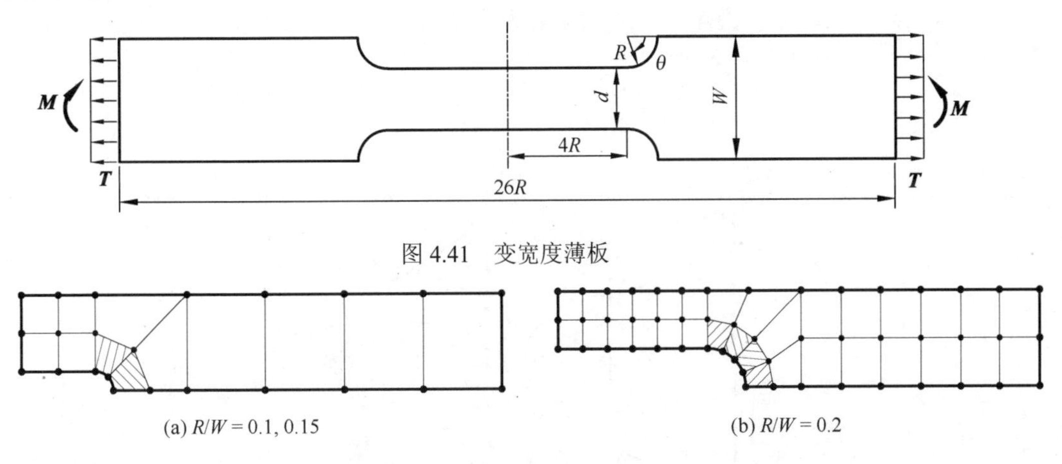

图 4.41　变宽度薄板

(a) $R/W = 0.1, 0.15$　　(b) $R/W = 0.2$

图 4.42　1/4 变宽度薄板有限元网格

表 4.20　计算所得应力集中系数(SCF)(变宽度薄板承受拉伸)

单元类型	DOF	$R/W = 0.1$		$R/W = 0.15$		$R/W = 0.2$	
		SCF	误差/%	SCF	误差/%	SCF	误差/%
1　特殊元 SF4-A+Allman 元	69	1.917	−0.3	1.721	−4.2	1.675	1.0
2　特殊元 SF4-B+Allman 元	69	1.913	−0.5	1.718	−4.3	1.658	0.0
3　特殊元 SF4-C+Allman 元	69	1.957	1.8	1.713	−4.6	1.686	1.7
4　4 结点 Allman 元	69	1.689	−12.2	1.388	−22.7	1.608	−3.0
5　一般等参位移元	46	1.298	−32.5	1.505	−16.2	1.428	−13.9
参考解[50]		**1.923**		**1.796**		**1.658**	

表 4.21　计算所得应力集中系数(SCF)(变宽度薄板承受平面弯曲)

单元类型	DOF	$R/W = 0.1$		$R/W = 0.15$		$R/W = 0.2$	
		SCF	误差/%	SCF	误差/%	SCF	误差/%
1　特殊元 SF4-A+Allman 元	69	1.675	−0.1	1.431	−4.9	1.396	1.2
2　特殊元 SF4-B+Allman 元	69	1.687	0.7	1.434	−4.7	1.415	2.6
3　特殊元 SF4-C+Allman 元	69	1.673	−0.2	1.415	−5.9	1.404	1.8
4　4 结点 Allman 元	69	1.466	−12.5	1.161	−22.8	1.331	−3.5
5　一般等参位移元	46	1.222	−27.1	1.343	−11.5	1.218	−11.7
参考解	**1698**	**1.676**		**1.504**		**1.379**	

以上结果同样表明，现在的特殊元均给出远较 Allman 元及一般假定位移元准确的结果，其中元 SF4-A 及 SF4-B 给出的结果十分接近参考解，单元 SF4-C 虽然应力参数少，结果也满意。

计入了转动自由度的 Allman 元，可以提高求解精度，以上结果显示，现在建立的带转动自由度的特殊膜元，可以更大地提高精度。

4.4　各结点具有转动自由度的三维 8 结点特殊杂交应力元

4.4.1　各结点具有转动自由度三维 8 结点特殊杂交应力元的建立[37]

具有一个无外力圆柱面的三维杂交应力元(图 4.43)，选取其每个结点具有 6 个自由度(3 个移动自由度 u_i, v_i, w_i 和 3 个转动自由度 $\omega_{xi}, \omega_{yi}, \omega_{zi}$)。

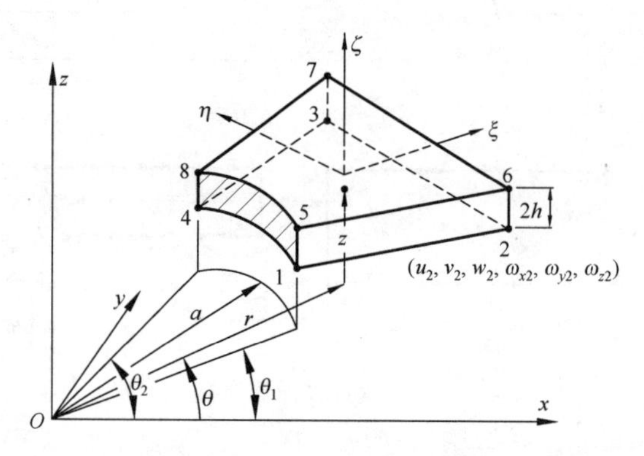

图 4.43　具有一个无外力圆柱表面且各结点具有转动自由度的三维 8 结点杂交应力元

1. 单元协调位移场的建立

这种采用 Yunus 等[52]依据 Cook[53]建议的方法，建立单元协调的位移场，其做法如下。

考虑图 4.44 所示三维 8 结点元，单元每个结点上有 3 个移动及 3 个转动自由度(共 6 个自由度)，其位移场由图 4.45 的 20 结点元(60 个自由度)的直边元导出。

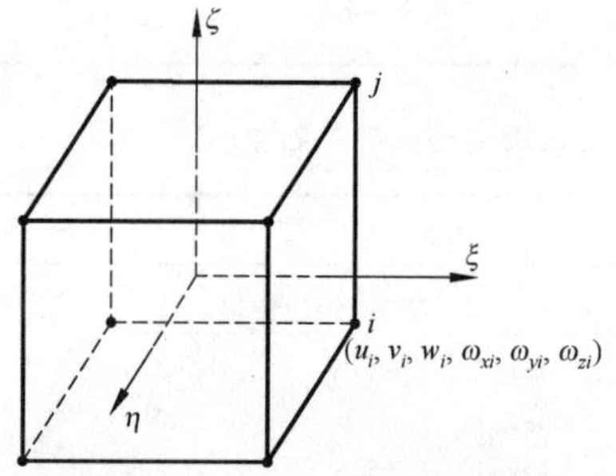

图 4.44　8 结点三维六面体元

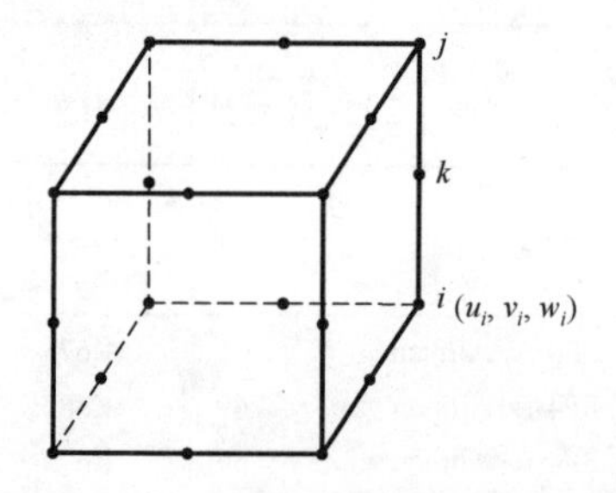

图 4.45　20 结点不带转动自由度的六面体位移元

沿单元的一边 ij (图 4.46)，其中点 k 的位移，依据与上节类似的方法，可以表示为

$$
\begin{aligned}
u_k &= \frac{1}{2}(u_i + u_j) + \frac{y_j - y_i}{8}(\omega_{zj} - \omega_{zi}) + \frac{z_j - z_i}{8}(\omega_{yi} - \omega_{yj}) \\
v_k &= \frac{1}{2}(v_i + v_j) + \frac{z_j - z_i}{8}(\omega_{xj} - \omega_{xi}) + \frac{x_j - x_i}{8}(\omega_{zi} - \omega_{zj}) \\
w_k &= \frac{1}{2}(w_i + w_j) + \frac{x_j - x_i}{8}(\omega_{yj} - \omega_{yi}) + \frac{y_j - y_i}{8}(\omega_{xi} - \omega_{xj})
\end{aligned} \tag{a}
$$

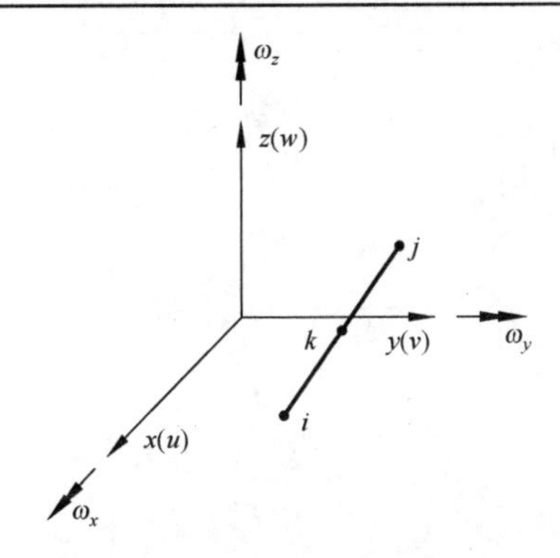

图 4.46　沿六面体元的任一边 ij

对一个 20 结点三维元，其位移场为

$$\begin{Bmatrix} u \\ v \\ w \end{Bmatrix} = \begin{bmatrix} N_1 & \cdots & N_{20} & 0 & \cdots & 0 & 0 & \cdots & 0 \\ 0 & \cdots & 0 & N_1 & \cdots & N_{20} & 0 & \cdots & 0 \\ 0 & \cdots & 0 & 0 & \cdots & 0 & N_1 & \cdots & N_{20} \end{bmatrix} \begin{Bmatrix} u_1 \\ \vdots \\ u_{20} \\ v_1 \\ \vdots \\ v_{20} \\ w_1 \\ \vdots \\ w_{20} \end{Bmatrix} \tag{b}$$

$$= \boldsymbol{N}_{H20} \boldsymbol{q}_{H20}$$

式中，$\boldsymbol{N}_{H20}$ 及 $\boldsymbol{q}_{H20}$ 分别代表 20 个结点元的形函数及结点位移。

令 20 结点元的各边中点位移为

$$\begin{aligned} \boldsymbol{u}_m &= [u_9 \quad u_{10} \quad \cdots \quad u_{20}]^{\mathrm{T}} \\ \boldsymbol{v}_m &= [v_9 \quad v_{10} \quad \cdots \quad v_{20}]^{\mathrm{T}} \\ \boldsymbol{w}_m &= [w_9 \quad w_{10} \quad \cdots \quad w_{20}]^{\mathrm{T}} \end{aligned} \tag{c}$$

根据式(a)，各边中点位移可用具有转动自由度的 8 结点三维元的结点位移 $\boldsymbol{q}_{H8}$ 表示

$$\begin{Bmatrix} \boldsymbol{u}_m \\ \boldsymbol{v}_m \\ \boldsymbol{w}_m \end{Bmatrix} = \begin{Bmatrix} \boldsymbol{T}_u \\ \boldsymbol{T}_v \\ \boldsymbol{T}_w \end{Bmatrix} \boldsymbol{q}_{H8} \tag{d}$$

式中，$\boldsymbol{T}_u$ 、$\boldsymbol{T}_v$ 及 $\boldsymbol{T}_w$ 均为 12×48 的矩阵，分别是式(c)所给各边中点位移 $\boldsymbol{u}_m$、$\boldsymbol{v}_m$ 及 $\boldsymbol{w}_m$ 的转换阵；$\boldsymbol{q}_{H8}$ 为 8 结点六面体元的结点位移，即

$$\begin{aligned} \boldsymbol{q}_{H8} = [&u_1 \quad \cdots \quad u_8 \quad v_1 \quad \cdots \quad v_8 \quad w_1 \quad \cdots \quad w_8 \\ &\omega_{x1} \quad \cdots \quad \omega_{x8} \quad \omega_{y1} \quad \cdots \quad \omega_{y8} \quad \omega_{z1} \quad \cdots \quad \omega_{z8}]^{\mathrm{T}} \end{aligned} \tag{4.4.1}$$

联合式(b)及式(d)，可以得到具有转动自由度 8 结点特殊元(48 个自由度)的协调位移场 $\boldsymbol{u}$，即

$$\boldsymbol{u}=\begin{Bmatrix}\boldsymbol{u}\\ \boldsymbol{v}\\ \boldsymbol{w}\end{Bmatrix}_{H8}=\underset{(3\times 60)}{\boldsymbol{N}_{H20}}\ \underset{(60\times 48)}{\boldsymbol{T}}\ \underset{(48\times 1)}{\boldsymbol{q}_{H8}}=\boldsymbol{N}_{H8}\,\boldsymbol{q}_{H8} \tag{4.4.2}$$

式中

$$\boldsymbol{T}=\begin{bmatrix}\boldsymbol{I} & \boldsymbol{0}_1 & \boldsymbol{0}_1 & \boldsymbol{0}_2\\ & & \boldsymbol{T}_u & \\ \boldsymbol{0}_1 & \boldsymbol{I} & \boldsymbol{0}_1 & \boldsymbol{0}_2\\ & & \boldsymbol{T}_v & \\ \boldsymbol{0}_1 & \boldsymbol{0}_1 & \boldsymbol{I} & \boldsymbol{0}_2\\ & & \boldsymbol{T}_w & \end{bmatrix} \tag{e}$$

$$\boldsymbol{N}_{H8}=\boldsymbol{N}_{H20}\boldsymbol{T} \tag{f}$$

其中，$\boldsymbol{I}$ 为 8×8 单位阵；$\boldsymbol{0}_1$ 及 $\boldsymbol{0}_2$ 分别为 8×8 及 8×24 的零阵。

现在利用式(4.4.2)作为三维 8 结点特殊杂交应力元的位移场。

2. 单元假定应力场的建立

按照 4.1 节的应力分量应力函数类型Ⅳ[式(4.1.6)]，将应力函数 φ_i 沿 r,θ 方向展开，同时使推导出的应力场满足圆柱面上无外力边界条件，可得到如下单元假定应力场

$$\begin{aligned}\sigma_r=&\left(1-\frac{a^2}{r^2}\right)\beta_1+r\left(1-\frac{a^4}{r^4}\right)(\beta_2\cos\theta+\beta_3\sin\theta)\\&+\left(1-4\frac{a^2}{r^2}+3\frac{a^4}{r^4}\right)(\beta_4\cos2\theta+\beta_5\sin2\theta)+\left(1-4\frac{a^4}{r^4}\right)(\beta_6\cos2\theta+\beta_7\sin2\theta)\\&+r\left(1-5\frac{a^4}{r^4}+4\frac{a^6}{r^6}\right)(\beta_8\cos3\theta+\beta_9\sin3\theta)+r\left(2-\frac{r^2}{a^2}-\frac{a^6}{r^6}\right)(\beta_{10}\cos3\theta+\beta_{11}\sin3\theta)\\&+z\left[\left(1-\frac{a^2}{r^2}\right)\beta_{12}+r\left(1-\frac{a^4}{r^4}\right)(\beta_{13}\cos3\theta+\beta_{14}\sin\theta)\right.\\&+\left(1-4\frac{a^2}{r^2}+3\frac{a^4}{r^4}\right)(\beta_{15}\cos2\theta+\beta_{16}\sin2\theta)+\left(1-4\frac{a^4}{r^4}\right)(\beta_{17}\cos2\theta+\beta_{18}\sin2\theta)\\&\left.+r\left(1-5\frac{a^4}{r^4}+4\frac{a^6}{r^6}\right)(\beta_{19}\cos3\theta+\beta_{20}\sin3\theta)+r\left(2-\frac{r^2}{a^2}-\frac{a^6}{r^6}\right)(\beta_{21}\cos3\theta+\beta_{22}\sin3\theta)\right]\end{aligned}$$

$$\begin{aligned}\sigma_\theta=&\left(1+\frac{a^2}{r^2}\right)\beta_1+r\left(3+\frac{a^4}{r^4}\right)(\beta_2\cos\theta+\beta_3\sin\theta)-\left(1+3\frac{a^4}{r^4}\right)(\beta_4\cos2\theta+\beta_5\sin2\theta)\\&-\left(1-4\frac{r^2}{a^2}-\frac{a^4}{r^4}\right)(\beta_6\cos2\theta+\beta_7\sin2\theta)\\&-r\left(1-\frac{a^4}{r^4}+4\frac{a^6}{r^6}\right)(\beta_8\cos3\theta+\beta_9\sin3\theta)-r\left(2-5\frac{r^2}{a^2}-\frac{a^6}{r^6}\right)(\beta_{10}\cos3\theta+\beta_{11}\sin3\theta)\end{aligned}$$

$$
\begin{aligned}
&+z\left[\left(1+\frac{a^2}{r^2}\right)\beta_{12}+r\left(3+\frac{a^4}{r^4}\right)(\beta_{13}\cos 3\theta+\beta_{14}\sin\theta)\right.\\
&-\left(1+3\frac{a^4}{r^4}\right)(\beta_{15}\cos 2\theta+\beta_{16}\sin 2\theta)-\left(1-4\frac{r^2}{a^2}-\frac{a^4}{r^4}\right)(\beta_{17}\cos 2\theta+\beta_{18}\sin 2\theta)\\
&\left.-r\left(1-\frac{a^4}{r^4}+4\frac{a^6}{r^6}\right)(\beta_{19}\cos 3\theta+\beta_{20}\sin 3\theta)-r\left(2-5\frac{r^2}{a^2}-\frac{a^6}{r^6}\right)(\beta_{21}\cos 3\theta+\beta_{22}\sin 3\theta)\right]
\end{aligned}
$$

$$
\begin{aligned}
\tau_{r\theta}=\;&r\left(1-\frac{a^4}{r^4}\right)(\beta_2\sin\theta-\beta_3\cos\theta)-\left(1+2\frac{a^2}{r^2}-3\frac{a^4}{r^4}\right)(\beta_4\sin 2\theta-\beta_5\cos 2\theta)\\
&-\left(1-2\frac{r^2}{a^2}+\frac{a^4}{r^4}\right)(\beta_6\sin 2\theta-\beta_7\cos 2\theta)\\
&-r\left(1+3\frac{a^4}{r^4}-4\frac{a^6}{r^6}\right)(\beta_8\sin 3\theta-\beta_9\cos 3\theta)-r\left(2-3\frac{r^2}{a^2}+\frac{a^6}{r^6}\right)(\beta_{10}\sin 3\theta-\beta_{11}\cos 3\theta)\\
&+z\left[\left(1-\frac{a^4}{r^4}\right)(\beta_{13}\sin 3\theta-\beta_{14}\cos\theta)-\left(1+2\frac{a^2}{r^2}-3\frac{a^4}{r^4}\right)(\beta_{15}\sin 2\theta-\beta_{16}\cos 2\theta)\right.\\
&-\left(1-2\frac{r^2}{a^2}+\frac{a^4}{r^4}\right)(\beta_{17}\sin 2\theta-\beta_{18}\cos 2\theta)\\
&\left.-r\left(1+3\frac{a^4}{r^4}-4\frac{a^6}{r^6}\right)(\beta_{19}\sin 3\theta-\beta_{20}\cos 3\theta)-r\left(2-3\frac{r^2}{a^2}+\frac{a^6}{r^6}\right)(\beta_{21}\sin 3\theta-\beta_{22}\cos 3\theta)\right]\\
&-r\left(1-\frac{a^2}{r^2}\right)\beta_{39}-r^2\left(1-\frac{a^4}{r^4}\right)(\beta_{40}\cos\theta+\beta_{41}\sin\theta) \qquad (4.4.3)\\
&-r\left(1-\frac{a^4}{r^4}\right)(\beta_{42}\cos 2\theta+\beta_{43}\sin 2\theta)-r^3\left(1-\frac{a^6}{r^6}\right)(\beta_{44}\cos 2\theta+\beta_{45}\sin 2\theta)
\end{aligned}
$$

$$
\begin{aligned}
\tau_{rz}=\;&\left(1-\frac{a^2}{r^2}\right)\beta_{26}+r\left(1-\frac{a^4}{r^4}\right)(\beta_{27}\cos\theta+\beta_{28}\sin\theta)+\left(1-\frac{a^4}{r^4}\right)(\beta_{29}\cos 2\theta+\beta_{30}\sin 3\theta)\\
&+r^2\left(1-\frac{a^6}{r^6}\right)(\beta_{31}\cos 2\theta+\beta_{32}\sin 2\theta)+r\left(1-\frac{a^6}{r^6}\right)(\beta_{33}\cos 3\theta+\beta_{34}\sin 2\theta)\\
&+r^3\left(1-\frac{a^8}{r^8}\right)(\beta_{35}\cos 3\theta+\beta_{36}\sin 3\theta)-\frac{1}{r^3}\left(1-\frac{a^2}{r^2}\right)(\beta_{37}\cos 3\theta+\beta_{38}\sin 3\theta)\\
&+z\left[r\left(1-\frac{a^4}{r^4}\right)(-\beta_{40}\sin\theta+\beta_{41}\cos\theta)+2\left(1-\frac{a^4}{r^4}\right)(-\beta_{42}\sin 2\theta+\beta_{43}\cos 2\theta)\right.\\
&\left.+2r^2\left(1-\frac{a^6}{r^6}\right)(-\beta_{44}\sin 2\theta+\beta_{45}\cos 2\theta)\right]
\end{aligned}
$$

$$
\tau_{z\theta}=-r\left(1-\frac{a^4}{r^4}\right)(\beta_{27}\sin\theta-\beta_{28}\cos\theta)-2\left(1-\frac{a^4}{r^4}\right)(\beta_{29}\sin 2\theta-\beta_{30}\cos 2\theta)
$$

$$
\begin{aligned}
&-2r^2\left(1-\frac{a^6}{r^6}\right)(\beta_{31}\sin2\theta-\beta_{32}\cos2\theta)-3r\left(1-\frac{a^6}{r^6}\right)(\beta_{33}\sin3\theta-\beta_{34}\cos3\theta)\\
&-3r^3\left(1-\frac{a^8}{r^8}\right)(\beta_{35}\sin3\theta-\beta_{36}\cos3\theta)+\frac{3}{r^3}\left(1-\frac{a^2}{r^2}\right)(\beta_{37}\sin3\theta-\beta_{38}\cos3\theta)\\
&+z\left[\left(3-\frac{a^2}{r^2}\right)\beta_{39}+4r(\beta_{40}\cos\theta+\beta_{41}\sin\theta)\right.\\
&\left.+\left(3+\frac{a^4}{r^4}\right)(\beta_{42}\cos2\theta+\beta_{43}\sin2\theta)+r^2\left(5+\frac{a^6}{r^6}\right)(\beta_{44}\cos2\theta+\beta_{45}\sin2\theta)\right]
\end{aligned}
$$

$$
\begin{aligned}
\sigma_z=\beta_{23}+\beta_{24}+\theta\beta_{25}-\frac{z}{r}&\left[\left(1+\frac{a^2}{r^2}\right)\beta_{26}+r\left(1+3\frac{a^4}{r^4}\right)(\beta_{27}\cos\theta+\beta_{28}\sin\theta)\right.\\
&-(3-7\frac{a^4}{r^4})(\beta_{29}\cos2\theta+\beta_{30}\sin2\theta)-r^2\left(1-7\frac{a^6}{r^6}\right)(\beta_{31}\cos2\theta+\beta_{32}\sin2\theta)\\
&-r\left(7-13\frac{a^6}{r^6}\right)(\beta_{33}\cos3\theta+\beta_{34}\sin3\theta)-r^3\left(5-13\frac{a^8}{r^8}\right)(\beta_{35}\cos3\theta+\beta_{36}\sin3\theta)\\
&\left.+\frac{1}{r^3}\left(11-13\frac{a^2}{r^2}\right)(\beta_{37}\cos3\theta+\beta_{38}\sin3\theta)\right]\\
&-z^2\left[\left(3+\frac{a^4}{r^4}\right)(-\beta_{40}\sin\theta+\beta_{41}\cos\theta)\right.\\
&\left.+\frac{4}{r}\left(1+\frac{a^4}{r^4}\right)(-\beta_{42}\sin2\theta+\beta_{43}\cos2\theta)+4r\left(2+\frac{a^6}{r^6}\right)(-\beta_{44}\sin2\theta+\beta_{45}\cos2\theta)\right]
\end{aligned}
$$

一个空间刚体，具有 6 个自由度 $(r=6)$，因而，现在的三维 8 结点元所需最小 β 数为

$$n_\beta \geqslant n_q-r=6\times8-6=42 \tag{g}$$

文献[54]指出：对于一个 8 结点带转动自由度的正六面体元，当采用 $2\times2\times2$ 缩减积分时，将产生 6 个沙漏型零能模式；同时，当采用相等转动时，还产生 6 个零能模式。对于现在不规则的特殊元，由于其应变能积分总大于零，所以不存在沙漏零能模式；而等转动零能模式，可以通过对单元的结点转动加一定值给予抑止。

又如文献[47]～[49]所指出的：对于这类特殊元，其应力参数的数目可以选取小于所需最小β数，并不影响最后求解的稳定性。所以我们选取了表 4.22 中 D、E、F 三种三维元。并称这样的单元为**第二类带转动自由度的特殊元**。表 4.22 中还给出了从式(4.4.3)中消去β_{10}～β_{45}，得到的仅含 9 个β的二维元，比较这个二维元的应力场与上节单元 SF4-B 的应力场，可以发现它们是相同的，而且如上节所述，在表 4.15 中这个元命名为元 SL4。

表 4.22　第二类具有转动自由度特殊元应力场选择

单元	删除了式(4.4.3)应力项	最后 β 数	单元命名
D	37～45	36	—
E	33～38，44，45	37	SL8
F	31，32，33～38	37	—
B	10～45	9	SL4

4.4.2 用第二类具有转动自由度的特殊元对槽孔构件进行受力分析

例 4.15　变宽度薄板承受弯曲[37]

具有倒圆角的变宽度薄板($26R\times W\times 0.4R$)(图 4.47)，其 $h/R=2.0$，而 $2h/W$ 分别为 0.3、0.4、0.5 及 0.6 四种工况，板两侧承受平面弯曲。与前例相同，应力集中系数依净截面进行计算，其中四分之一板的有限元网格如图 4.48 所示。

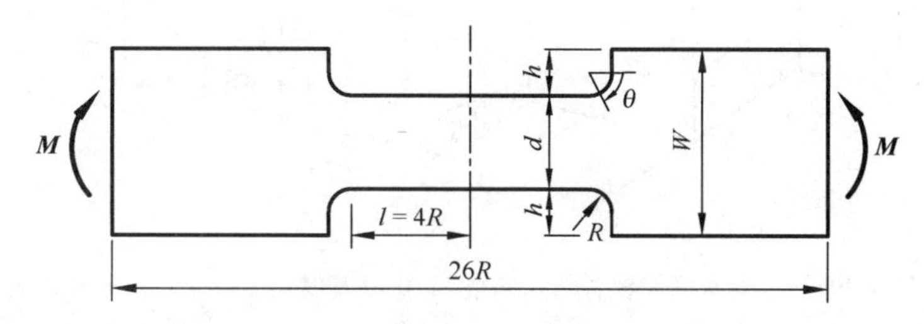

图 4.47　倒圆角变宽度薄板($h/R=2$)

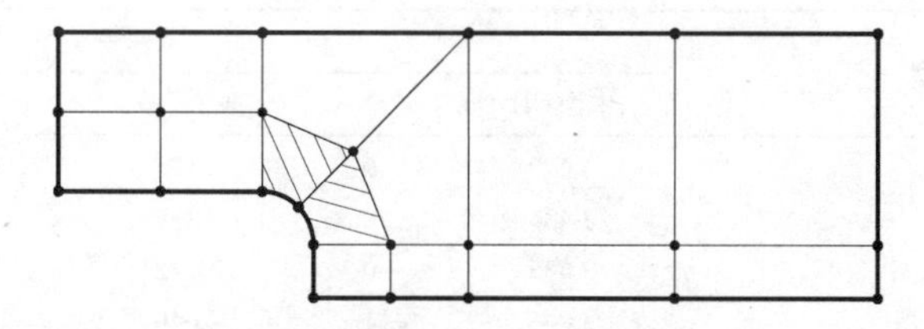

图 4.48　1/4 变宽度薄板有限元网格 ($h/R=2, 2h/W=0.4$)

计算结果列入表 4.23。并采用假定位移等参元在极细网格下的解作为参考，例如，当 $2h/W=0.4$ 时，对四分之一板用 368 个单元(2199 个自由度)时的应力集中值 1.628 作为参考解。这些结果表明：具有转动自由度的特殊元，提供的解十分接近参考值。

表 4.23　计算所得应力集中系数(SCF)(倒圆角变宽度薄板承受弯曲，$h/R=2.0$)

单元类型	DOF	2h/W	0.3	0.4	0.5	0.6
1 特殊元 B(SL4)	90	SCF	1.745	1.571	1.497	1.289
+Allman 型位移元(AE)		误差/%	−2.7	−3.5	2.0	−0.3
2 4 结点 Allman 型位移元	90	SCF	1.535	1.373	1.261	1.081
(AE)		误差/%	−14.4	−15.7	−14.0	−16.4
3 一般杂交应力元	180	SCF	1.082	1.061	1.004	1.006
(OHSE)		误差/%	−39.7	−34.8	−32.0	−22.2
4 一般等参位移元	180	SCF	1.381	1.205	1.179	1.060
(ODE)		误差/%	−23.0	−26.0	−20.1	−18.0
参考解			**1.793**	**1.628**	**1.476**	**1.293**

例 4.16　变宽度厚板承受拉伸[37]

一个平面与图 4.47 相似的变宽度厚板($24R\times 10R\times 6R$)，两对面承受均匀拉伸 σ_0，$h/R=2.0$，弹性系数 $E=10^7$ Pa，泊松比 $\nu=0.25$。八分之一板的有限元网格由图 4.49 给出。算得的最大环向应力 $\sigma_\theta^{\max}/\sigma_0$ 及法向应力 σ_z/σ_0 列于表 4.24 中。以八分之一板用 10256 个 8

结点假定位移元(DOF=33864)的解作为参考值。同样可见，现在的特殊元在粗网格下的解，也十分准确。

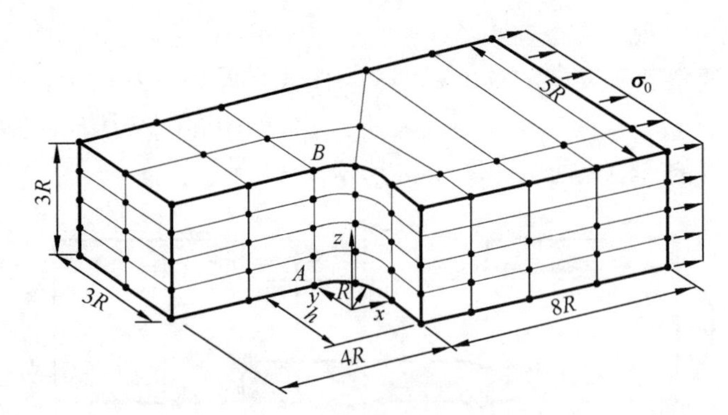

图 4.49　1/8 变宽度厚板有限元网格(变宽度厚板承受拉伸，$h/R = 2.0$)

表 4.24　计算所得环向应力 σ_θ/σ_0 及法向应力 σ_z/σ_0 (变宽度厚板承受拉伸 $h/R = 2.0$，$\nu = 0.25$)

单元类型	σ_θ/σ_0				σ_z/σ_0
	中面(A)	误差/%	表面(B)	误差/%	中面(A)
1　特殊元 D+AE	3.449	−0.1	3.171	3.7	0.40
2　特殊元 E(SL8)+ AE	3.434	−0.5	3.137	2.6	0.52
3　特殊元 F+AE	3.435	−0.5	3.142	2.8	0.46
4　8 结点 Allman 元(AE)	3.046	−11.7	2.640	−13.6	0.62
5　一般 8 结点杂交应力元(OHSE)	2.417	−30.0	2.226	−27.2	0.27
6　一般 8 结点等参位移元(ODE)	2.557	−25.9	2.325	−23.9	0.40
参考解	**3.451**		**3.057**		**0.46**

例 4.17　中心圆孔方形厚板承受两对面拉伸[37]

具有中心圆孔的方形厚板($8R\times 8R\times 2R$)，两对面承受均匀拉伸 $\boldsymbol{\sigma}_0$，根据对称取八分之一板进行分析，计算网格如图 4.50，弹性模量 $E = 10^7$Pa，泊松比 $\nu = 0.25$。表 4.25 给出 $\theta = 90°$ 的孔边中面 A 点与表面 B 点处的最大的 σ_θ 和 σ_z 值。

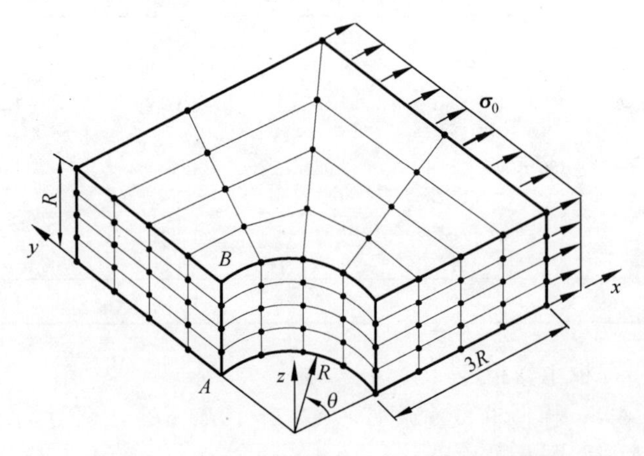

图 4.50　1/8 板有限元网格(中心圆孔方形厚板)

表 4.25　计算所得环向应力 σ_θ/σ_0 及法向应力 σ_z/σ_0（中心圆孔厚方板承受拉伸 $\nu=0.25$）

	单元类型	β 数	σ_θ/σ_0				σ_z/σ_0
			中面（A）	误差/%	表面（B）	误差/%	中面（A）
1	特殊元 D+AE	36	3.545	−4.2	3.284	−2.1	0.27
2	特殊元 SL8+AE	37	3.564	−3.6	3.190	−4.9	0.34
3	特殊元 F+AE	37	3.566	−3.6	3.182	−5.1	0.35
4	8 结点三维 Allman 位移元（AE）	—	3.314	−10.4	3.091	−7.8	0.40
5	一般 8 结点杂交应力元（OHSE）	18	3.094	−16.4	2.773	−17.3	0.30
6	一般 8 结点等参位移元（ODE）	—	3.393	−8.3	3.042	−9.3	0.43
	参考解[7]		**3.699**		**3.353**		**0.27**

可见，第二类所有结点带转动自由度的特殊元，均给出相当准确的最大环向应力 σ_θ 及法向应力 σ_z 值。

例 4.18　矩形凸肩厚板承受拉伸[55]

图 4.51 所示矩形凸肩厚板，厚度 $t=4R$，弹性模量 $E=10^7\text{Pa}$，泊松比 $\nu=0.25$。图 4.52 给出八分之一板的网格。用 16688 个 8 结点三维位移元（DOF=54027）的结果作为参考解，表 4.26 给出孔边中面及表面的最大 σ_θ 和 σ_z。为比较，表中还给出其他特殊元的结果。

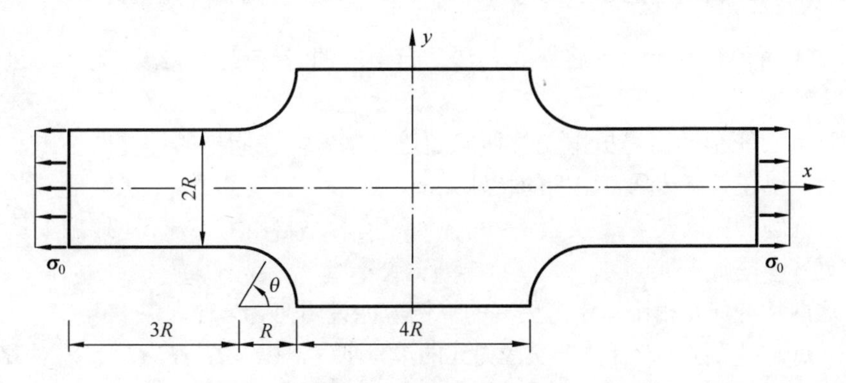

图 4.51　矩形凸肩厚板

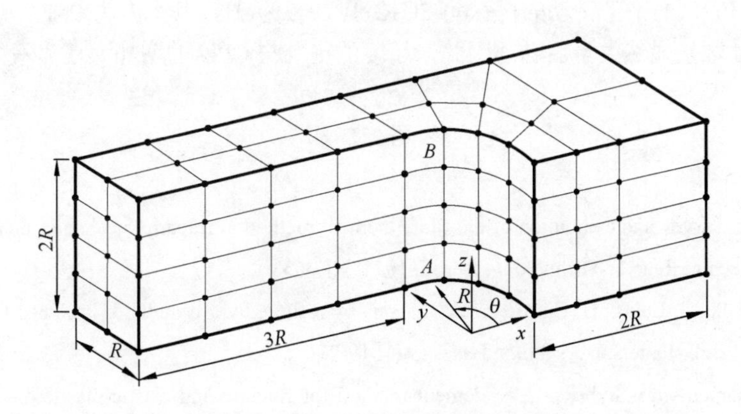

图 4.52　1/8 矩形凸肩厚板有限元网格

表 4.26　计算所得环向应力 σ_θ/σ_0 及法向应力 σ_z/σ_0（矩形凸肩厚板承受拉伸 $\nu=0.25$）

单元类型	β 数	σ_θ/σ_0				σ_z/σ_0
		中面(*A*)	误差/%	表面(*B*)	误差/%	中面(*A*)
1　特殊元 D+AE	36	1.539	0.0	1.424	1.6	0.14
2　特殊元 E(SL8)+AE	37	1.543	0.3	1.433	2.2	0.21
3　特殊元 F+AE	37	1.542	0.3	1.431	2.1	0.23
4　无转动特殊元 SC12 Ⅳ+ ODE	31	1.488	−3.3	1.401	0.0	0.16
5　无转动特殊元 SC12 Ⅰ+ ODE	30	1.487	−3.3	1.397	−0.4	0.16
6　8 结点三维含转动自由度 Allman 元(AE)	—	1.502	−2.3	1.355	−3.4	0.24
7　8 结点一般杂交应力元(OHSE)	18	1.317	−14.4	1.256	−10.4	0.09
8　8 结点等参位移元(ODE)	—	1.362	−11.4	1.293	−7.8	0.11
参考解		**1.538**		**1.402**		**0.17**

计算结果表明，根据这种修正的余能原理，建立的第二类三个具有一个无外力圆柱面，且各结点均有转动自由度的三维 8 结点杂交应力元 D、E、F(以及它们退化为二维时的 4 结点元 B)，在很稀疏的网格下，均可提供较带转动或不带转动自由度的位移元，以及一般杂交应力元更准确的应力集中系数。

与这三种元 D、E、F 相比，元 E 更好一些，这种特殊元 E 在表 4.22 中命名为元 SL8。

4.4.3　各结点带转动自由度的特殊元与各结点无转动自由度的特殊元对比

本章建立了两种特殊元：各结点具有转动自由度的特殊元及各结点无转动自由度的特殊元。

用这两种元对矩形凸肩厚板承受拉伸问题进行求解，在同样的计算网格下，所得结果(表 4.26)表明，现在具有转动自由度的特殊元 D、E、F，精度都更好一点。但是，对于中心圆孔厚板承拉问题，对比表 4.25 及表 4.9 可见，没有转动自由度特殊元(SC12 Ⅰ 及 SC12 Ⅳ)的结果反而更好一些。

所以，这两种特殊元相比，还需更多的算例方能说明何者为佳。

但是有一点值得关注，即计算杂交应力元的单元刚度 $\boldsymbol{k}$（$\boldsymbol{k}=\boldsymbol{G}^{\mathrm{T}}\boldsymbol{H}^{-1}\boldsymbol{G}$），需对 $\boldsymbol{H}$ 阵取逆，这个取逆的工作量与应力参数 β 的数目平方成正比，带转动的特殊元 E (即表 4.22 中元 SL8)，β 为 37，其平方为 1369，而不带转动的特殊元 SC12 Ⅳ，β 为 31，其平方为 961，所以计算前者单元刚度 $\boldsymbol{k}$ 的 CPU 数量显然大于后者。因此，精度的提高与 CPU 的增加，还需双方加以权衡。

参 考 文 献

[1] Gallagher R H. Survey and evaluation of the finite element method in fracture mechanics analysis. Proc 1st Int Conf Struct Mech in Reactor Technology, Berlin, 1971: 637-653

[2] Pian T H H, Tong P, Luk C H. Elastic crack analysis by a finite hybrid method. Proc 3rd Conf Matrix Meth Struct Mech, Wright-Patterson Air Force Base, 1971: 19-21

[3] Luk C H. Assumed stress hybrid stress element method for fracture and elastic-plastic analysis. Cambridge: Dept of Aero and Astro, MIT, 1973

[4] Tracey D M. Finite elements for determination of crack-tip elastic stress intensity factors. Eng Fract, 1971. 3: 255-265

[5] Yamamoto Y, Tokuda N. Stress intensity factors in plate structures calculated by the finite element method. J Soc Nav Archit, 1971. 130: 219-233

[6] Tong P, Pian T H H. On the convergence of the finite element method for the problems with singularity. Int J Solids Struct, 1973. 9: 313-321

[7] Pian T H H, Tian Z S. Hybrid solid element with a traction-free cylindrical surface. Proc ASME Symp on Hybrid and Mixed Finite Element Models, 1986: 89-95

[8] Tian Z S. A study of stress concentration in solids with circular holes by 3-dimensional special hybrid stress finite elements. J Strain Analysis, 1990. 25: 29-35

[9] 田宗漱, 田铮. 对三维特殊杂交应力元的进一步研究. 中国科学院研究生院学报, 1989. 6(1): 33-47

[10] 田宗漱, 原克明. 具有一个均布载荷圆柱表面的杂交应力元. 计算结构力学及应用, 1990. 7: 105-108

[11] Tian Z S, Tian Z. Improved hybrid solid elements with a traction-free cylindrical surface. Int J Num Meth Engng, 1990. 29: 801-809

[12] 杨庆平, 田宗漱. 变宽度板在拉伸与弯曲时的三维应力集中. 应用力学学报, 2004. 21(3): 79-84

[13] Tian Z S. Further improved 3-dimensional hybrid finite element with a traction-free cylindrical surface. Proc WCCM'Ⅱ, Stuttgart, 1990: 459-462

[14] 田宗漱, 王安平. 一类新的具有一个无外力圆柱表面的杂交应力元. 应用力学学报, 2007. 24(4): 499-503

[15] Tian Z S, Gao L, Tian Z. Investigation of stress concentration in plate with two circular holes under tension and bending. Proc EPMESC'Ⅵ, 1997: 414-419

[16] Tian Z S, Gao L, Sun Z. 3-D stress concentration of solid with two circular holes. Proc EPMESC'Ⅶ, 1999. 1: 211-223

[17] 田宗漱, 高陆. 两个相等圆孔板弯曲时的三维应力集中. 计算力学学报, 2000. 17(4): 483-486

[18] Tian Z S, Ge X G, Tian Z. 3-Dimensional stress analysis in a solid with U-shaped groove. Proc EPMESC'Ⅵ, 1997: 408-413

[19] Tian Z S, Ge X G. 3-Dimensional stress concentration in a solid with U-shaped grooves. CD-ROM WCCM'Ⅳ, Buenos Aires, 1998: 200

[20] Tian Z S, Zhao F D. Stress concentration in a solid with symmetric U-shaped groove. J Strain Analysis, 2001: 36(2): 211-217

[21] 赵奉东, 田宗漱. 偏心圆孔的三维应力集中. 机械工程学报, 2000. 36(10): 108-112

[22] 赵奉东, 田宗漱. 偏心圆孔板弯曲时的三维应力集中. 机械强度, 2001. 23(1): 11-14

[23] 王安平, 田宗漱. 变宽度板承受拉伸与弯曲时的三维应力集中. 机械科学与技术, 2004. 23(11): 1374-1379

[24] 杨庆平, 田宗漱. 矩形凸肩板拉伸与弯曲时的三维应力集中. 船舶力学, 2004. 8(5): 42-70

[25] 赵奉东, 田宗漱. 具有两个不等圆孔厚板的三维应力集中. 力 2000 论文集, 2000: 501-505

[26] 王安平, 田宗漱. 半圆孔板承受拉伸和弯曲时的三维应力集中. 工程力学, 2005. 22(4): 52-57

[27] Tian Z S, Liu J S, Fang B. Stress analyses of solids with rectangular hole by 3-D special hybrid stress elements. Int J Struct Eng Mech, 1995. 3(2): 193-199

[28] Tian Z S, Liu J S, Tian J. Stress analysis in solid with rectangular holes//Valliappan S, Pulmano V A, Etin-Loi F. Computational Mechanics. Rotterdam: A A Balkema, 1993: 237-242

[29] 刘劲松, 田宗漱. 纵向槽孔板的应力集中系数. 中国科学院研究生院学报, 1995. 12(2): 113-118

[30] 田宗漱, 田炯. 横向倒圆槽孔板的应力集中分析. 中国北方七省计算力学会议, 石家庄, 1995: 106-110

[31] Tian Z S, Tian Z. Analyses 3-D stress concentration by the use of special finite elements. Proc Conf on Modern Mechanics and Science Progress, Beijing, 1997: 1000-1004

[32] Tian Z S, Tian J, Liu J S. The effect of rectangular holes on the bending of plates//Kwak B M, Tanada M. Computational Engineering. Macao: Elsevier Science Publishers B V, 1994: 215-220

[33] Tian Z S, Liu J S. Stress analyses in solids with rectangular holes and notches. Proc WCCM'Ⅲ, Chiba, 1994: 1643-1645

[34] Tian Z S, Liu J S, Ye L, et al. Studies of stress concentration by using special hybrid stress elements. Int J Num Meth Engng, 1997. 40: 1399-1411

[35] Wang A P, Tian Z S. Special hybrid element with drilling degrees of freedom. CD-ROM WCCM'Ⅵ & APPCOM'04, Beijing, 2004

[36] 王安平, 田宗漱. 具有一个无外力圆弧边含转动自由度的杂交应力元. 中国科学院研究生院学报, 2007. 24(1): 25-33

[37] Wang A P, Tian Z S. A 3-dimensional assumed stress hybrid element with drilling degrees of freedom. Proc EPMESC'Ⅹ, Sanya, 2006: 728-737

[38] Pian T H H, Tong P. Relations between incompatible displacement model and hybrid stress model. Int J Num Meth Engng, 1986. 22: 173-181

[39] Howland R C J. On the stresses in the neighborhood of a circular hole in a strip under tension. Phil Trans Roy Soc, Lond, Ser A. 1929. 229: 49-86

[40] Kafie K. Traction free finite element with assumed stress hybrid model. Cambridge: Massachusetts Institute of Technology, 1981

[41] 西田正孝 M. 应力集中(增补版). 李安定, 郭廷玮, 张成文, 等译. 北京: 机械工业出版社, 1986

[42] Hengst H. Beitrag zur beurteilung des spannungszustandes einer gelochten schreibe. Zischrf angew Math und Mech, 1938. 18: 44-48

[43] Neuber H Z. 应力集中. 赵旭生, 译. 北京: 科学出版社, 1958

[44] Noda N A, Takase Y, Monda K. Stress concentration factors for shoulder fillers in round and flat bar under various loads. Int J Fatigue, 1997. 19(1): 75-84

[45] Frocht M M. Photoelastic studies in stress concentration. ASME, 1936. 58: 485-489

[46] Allman D J. A compatible triangular element including vertex rotations for plane elasticity analysis. Comput & Struct, 1984. 19: 1-8

[47] Pian T H H. State-of-the-art development of hybrid / mixed finite element method. J Finite Element Anal Desi, 1995. 21: 5-20

[48] 杜太生. 用理性方法建立具有一个无外力圆柱表面三维特殊杂交应力元[硕士学位论文]. 北京: 中国科学院研究生院, 1990

[49] Kuna M, Zwicke M. A mixed hybrid finite element for three-dimensional elastic crack analysis. Int J Fract, 1990. 45: 65-79

[50] Nisitani H, Noda N A. Stress concentration of a trip with double edge notches under tension or inplane bending. Eng Fract Mech, 1986. 23: 1051-1061

[51] Flynn P D, Roll A A. Comparison of stress-concentration factors in hyperbolic and U-shaped grooves. Expl Mech, 1967. 7: 272-275

[52] Yunus S M, Saigal S, Cook R D. On improved hybrid finite elements with rotational degrees of freedom. Int J Num Meth Engng, 1989. 28: 785-800

[53] Cook R D. On the Allman triangular and a related quadrilateral element. Comput & Struct, 1986. 22: 1065-1067

[54] Yunus S M, Pawlak T P, Cook R D. Solid elements with rotational degrees of freedom part I - hexahedron elements. Int J Num Meth Engng, 1991. 31: 573-592

[55] 王安平. 带转动自由度的特殊杂交应力元[博士学位论文]. 北京: 中国科学院研究生院, 2006

第 5 章　根据修正的余能原理Π_{mc}及 Hellinger-Reissner 原理Π_{HR}，建立具有一个给定无外力直表面的特殊杂交应力元及其应用(Ⅱ)

本章给出根据 Hellinger-Reissner 原理(或修正的余能原理)建立的具有一个给定无外力直表面的特殊杂交应力元，并进一步探讨它们的应用。

5.1　具有一个无外力直表面的三维杂交应力元

根据 Hellinger-Reissner 原理，我们建立了具有一个无外力直表面的三维 12 结点杂交应力元[1]，其单元形状如图 5.1(a)及(b)所示，其中给定的影线平面 1584 为不受外力作用的垂直面。

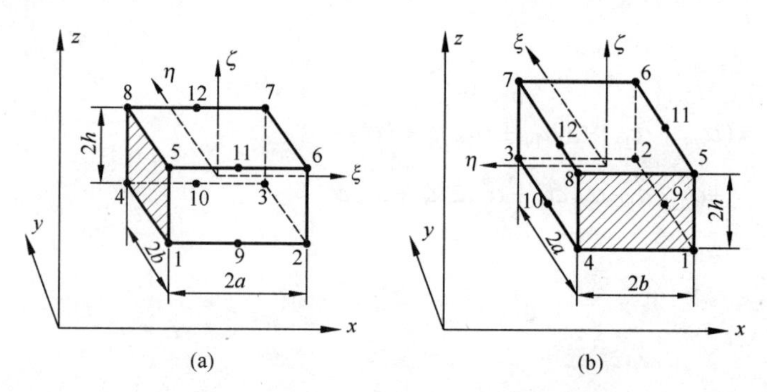

图 5.1　一个无外力直表面的三维 12 结点元

下面阐述它的建立。

5.1.1　单元位移场 $\boldsymbol{u}$

选取与第 4 章 12 结点三维元相同的位移场

$$\boldsymbol{u}=\boldsymbol{N}\,\boldsymbol{q} \tag{5.1.1}$$

其形函数 $\boldsymbol{N}$ 为

$$N_i=\begin{cases}\dfrac{1}{8}\xi_i\xi(1+\xi_i\xi)(1+\eta_i\eta)(1+\zeta_i\zeta) & (i=1,2,\cdots,8)\\ \dfrac{1}{4}(1-\xi^2)(1+\eta_i\eta)(1+\zeta_i\zeta) & (i=9,\cdots,12)\end{cases} \tag{a}$$

5.1.2　单元假定应力场$\boldsymbol{\sigma}$

单元假定应力场$\boldsymbol{\sigma}$由以下步骤确定。

1. 将位移场式(5.1.1)展开，得到

$$\boldsymbol{u}=\begin{Bmatrix}u\\v\\w\end{Bmatrix}=\begin{bmatrix}\boldsymbol{L}&0&0\\0&\boldsymbol{L}&0\\0&0&\boldsymbol{L}\end{bmatrix}\begin{Bmatrix}\alpha_1\\\vdots\\\alpha_{12}\\\alpha_{13}\\\vdots\\\alpha_{36}\end{Bmatrix}\tag{b}$$

式中，$\boldsymbol{L}$ 阵为

$$\boldsymbol{L}=[1\quad\xi\quad\eta\quad\zeta\quad\xi\eta\quad\eta\zeta\quad\xi\zeta\quad\xi^2\quad\xi^2\eta\quad\xi^2\zeta\quad\xi\eta\zeta\quad\xi^2\eta\zeta]_{1\times12}\tag{c}$$

2. 由位移 $\boldsymbol{u}$ [式(b)]求得应变

$$\begin{aligned}
\varepsilon_x&=\alpha_2+\alpha_5\eta+\alpha_7\zeta+2\alpha_8\xi+2\alpha_9\xi\eta+2\alpha_{10}\xi\zeta+\alpha_{11}\eta\zeta+2\alpha_{12}\xi\eta\zeta\\
\varepsilon_y&=\alpha_{15}+\alpha_{17}\xi+\alpha_{18}\zeta+\alpha_{21}\xi^2+\alpha_{23}\xi\zeta+\alpha_{24}\xi^2\zeta\\
\varepsilon_z&=\alpha_{28}+\alpha_{30}\eta+\alpha_{31}\xi+\alpha_{34}\xi^2+\alpha_{35}\xi\eta+\alpha_{36}\xi^2\eta\\
\gamma_{xy}&=(\alpha_3+\alpha_{14})+(\alpha_5+2\alpha_{20})\xi+(\alpha_6+\alpha_{19})\zeta+\alpha_{17}\eta+\alpha_9\xi^2\\
&\quad+(\alpha_{11}+2\alpha_{22})\xi\zeta+2\alpha_{21}\xi\eta+\alpha_{23}\eta\zeta+\alpha_{12}\xi^2\eta+2\alpha_{24}\xi\eta\zeta\\
\gamma_{yz}&=(\alpha_{26}+\alpha_{27})+(\alpha_{19}+\alpha_{29})\xi+(\alpha_{18}+\alpha_{30})\eta+(\alpha_{22}+\alpha_{23})\xi^2\\
&\quad+\alpha_{23}\xi\eta+\alpha_{35}\xi\zeta+\alpha_{24}\xi^2\zeta+\alpha_{36}\xi^2\eta\\
\gamma_{zx}&=(\alpha_4+\alpha_{26})+(\alpha_7+2\alpha_{32})\xi+(\alpha_6+\alpha_{29})\eta+\alpha_{31}\zeta+\alpha_{10}\xi^2\\
&\quad+(\alpha_{11}+2\alpha_{33})\xi\eta+2\alpha_{34}\xi\zeta+\alpha_{35}\eta\zeta+\alpha_{12}\xi^2\eta+2\alpha_{36}\xi\eta\zeta
\end{aligned}\tag{d}$$

这时，应变$\boldsymbol{\varepsilon}$包含 33 个参数α_i，其分量涉及如下坐标项：

$$常数,\ \xi,\ \eta,\ \zeta,\ \xi^2,\ \xi\eta,\ \xi\zeta,\ \eta\zeta,\ \xi\eta\zeta,\ \xi^2\zeta,\ \xi^2\eta\tag{e}$$

3. 根据以上应变项，选取初始的应力场$\boldsymbol{\sigma}^\circ$为

$$\boldsymbol{\sigma}^\circ=\begin{Bmatrix}\sigma_x\\\sigma_y\\\sigma_z\\\tau_{xy}\\\tau_{yz}\\\tau_{zx}\end{Bmatrix}=\begin{bmatrix}\boldsymbol{P}_0&&&&&\\&\boldsymbol{P}_0&&&\boldsymbol{0}&\\&&\boldsymbol{P}_0&&&\\&&&\boldsymbol{P}_0&&\\&\boldsymbol{0}&&&\boldsymbol{P}_0&\\&&&&&\boldsymbol{P}_0\end{bmatrix}\boldsymbol{\beta}^\circ\tag{f}$$

其中

$$\boldsymbol{P}_0=[1\quad\xi\quad\eta\quad\zeta\quad\xi^2\quad\xi\eta\quad\xi\zeta\quad\eta\zeta\quad\xi\eta\zeta\quad\xi^2\eta\quad\xi^2\zeta]_{1\times11}\tag{g}$$

$\boldsymbol{\sigma}^\circ$共有 66 个应力参数$\beta_i^\circ$(即$\boldsymbol{\beta}_{66\times1}^\circ$)。

4. 首先，使初始的应力场 $\boldsymbol{\sigma}^{\circ}$ 满足垂直表面 1485 上无外力条件

$$\begin{Bmatrix} \sigma_x \\ \tau_{xy} \\ \tau_{xz} \end{Bmatrix}_{\xi=-1} = \mathbf{0} \tag{5.1.2}$$

这样，得到 12 个有关 β_i° 的约束条件，由这些条件消去 12 个应力参数，还余 54 个应力参数。

其次，利用齐次平衡方程

$$\begin{aligned} &\frac{\partial \sigma_x}{\partial x}+\frac{\partial \tau_{xy}}{\partial y}+\frac{\partial \tau_{xz}}{\partial z}=0 \\ &\frac{\partial \tau_{yx}}{\partial x}+\frac{\partial \sigma_y}{\partial y}+\frac{\partial \tau_{yz}}{\partial z}=0 \\ &\frac{\partial \tau_{zx}}{\partial x}+\frac{\partial \tau_{zy}}{\partial y}+\frac{\partial \sigma_z}{\partial z}=0 \end{aligned} \tag{5.1.3}$$

现在选取的局部坐标与整体坐标平行[图 5.1(a)]，所以有

$$\begin{Bmatrix} \dfrac{\partial}{\partial x} \\ \dfrac{\partial}{\partial y} \\ \dfrac{\partial}{\partial z} \end{Bmatrix} = \begin{Bmatrix} \dfrac{1}{a}\dfrac{\partial}{\partial \xi} \\ \dfrac{1}{b}\dfrac{\partial}{\partial \eta} \\ \dfrac{1}{h}\dfrac{\partial}{\partial \zeta} \end{Bmatrix} \tag{h}$$

式中，a,b,h 分别为单元沿 x,y,z 三个方向长度的二分之一。

利用平衡方程(5.1.3)，得到 24 个有关 β_i° 的约束方程，再从 54 个应力参数中消去 24 个，最后得到仅有 30 个独立应力参数的如下单元假定应力场。按以上相同步骤，我们同样也可以得到图 5.1(b)所示单元的假定应力场，二者一并表示为

$$\begin{aligned}
\sigma_x^a &= \sigma_y^b = (1+\xi)^2\beta_1 \\
\sigma_y^a &= \sigma_x^b = \beta_2+\xi\beta_3+\eta\beta_4+\zeta\beta_5+\xi^2\beta_6+\xi\eta\beta_7+\xi\zeta\beta_8 \\
&\quad +\frac{2d}{c}\xi\eta\zeta\beta_{16}+(\eta\zeta+2\xi\eta\zeta)\beta_{25}+\xi^2\eta\beta_{27}+\xi^2\zeta\beta_{28} \\
\sigma_z^a &= \sigma_z^b = \beta_9+\xi\beta_{10}+\eta\beta_{11}+\xi^2\beta_{12}+\xi\eta\beta_{13}-c\zeta\beta_{19}-c\xi\zeta\beta_{21} \\
&\quad -d\zeta\beta_{22}+2d\xi\eta\zeta\beta_{23}-(d\zeta+2d\xi\zeta)\beta_{24} \\
&\quad +(\eta\zeta+2\xi\eta\zeta)\beta_{26}+\xi^2\eta\beta_{29}+\xi^2\zeta\beta_{30} \\
\tau_{xy}^a &= \tau_{xy}^b = -\frac{d}{c}(\eta+\xi\eta)\beta_1+(1+\xi)\beta_{14}+(\xi+\xi^2)\beta_{15} \\
&\quad +(\zeta-\xi^2\zeta)\beta_{16}-\frac{c}{d}(\xi\zeta+\xi^2\zeta)\beta_{25} \\
\tau_{yz}^a &= \tau_{zx}^b = \frac{d^2}{c}\eta\zeta\beta_1-c\zeta\beta_4-c\xi\zeta\beta_7-d\zeta\beta_{14}-(d\zeta+2d\xi\zeta)\beta_{15}+\beta_{17}
\end{aligned} \tag{5.1.4}$$

$$+\xi\beta_{18}+\eta\beta_{19}+\xi^2\beta_{20}+\xi\eta\beta_{21}-c\xi^2\zeta\beta_{27}-\frac{1}{c}\xi^2\eta\beta_{30}$$

$$\tau_{zx}^a=\tau_{yz}^b=-(d\zeta+d\xi\zeta)\beta_1+(1+\xi)\beta_{22}+(\eta-\xi^2\eta)\beta_{23}$$

$$+(\xi+\xi^2)\beta_{24}-\frac{1}{d}(\xi\eta+\xi^2\eta)\beta_{26}$$

式中，σ^a 为特殊元“a”的应力；σ^b 为特殊元“b”的应力；$c=h/b$(对元“a”)，$c=-h/b$(对元“b”)；$d=h/a$(对元“a”及元“b”)。

这个具有 30 个应力参数的元，称为元 SCP12。

如前所述，对一个 12 结点三维元，30 个应力参数 β_i，是扫除多余零能模式所需最小 β 数。

5.2　具有一个无外力圆柱表面及一个无外力直表面两种元联合进行槽孔构件受力分析

现在我们将以上两类特殊元——具有一个无外力直表面的三维杂交应力元及具有一个无外力圆柱表面的三维杂交应力元——联合，进行具有倒圆角方孔、拟椭圆孔及 U-型槽等多类槽孔构件的三维(及二维)受力分析，当然，它们也可以用于具有类似外表面构件的受力分析。

例 5.1　中心横向拟椭圆孔薄板承受拉伸[2]

具有拟椭圆孔矩形薄板($12R\times4R\times0.1R$)，两对边承受均匀拉伸 $\boldsymbol{T}$ (图 5.2)。四分之一板用图 5.2 所示两种网格进行计算，所得应力集中系数列于表 5.1。参考解由西田正孝[3]根据光弹方法得到。可见，两种特殊元联合求解，在相当粗网格下的结果已十分准确。

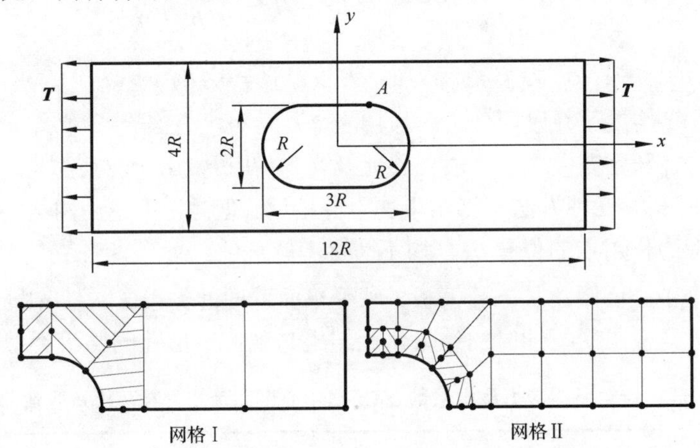

图 5.2　横向拟椭圆孔的薄板承受拉伸及有限元网格

表 5.1　计算所得应力集中系数(SCF)(横向拟椭圆孔薄板承受均匀拉伸)

有限元类型	网格 I		网格 II	
	SCF	误差/%	SCF	误差/%
1　特殊元 SC12 I[4,5] + 特殊元 SCP12[1]+ODE	1.75	4.17	1.67	−0.59
2　一般等参位移元(ODE)	1.11	−33.93	1.46	−13.10
参考解[3]	**1.68**		**1.68**	

例 5.2　中心倒圆角长方孔薄板承受弯曲[6]

具有中心倒圆角长方孔薄板($19R \times 8R \times t$)，两端承受平面弯矩 $\boldsymbol{M}$(图 5.3)。对四分之一板，分别利用图 5.3 所示具有 10 及 21 个单元的两种网格进行分析。

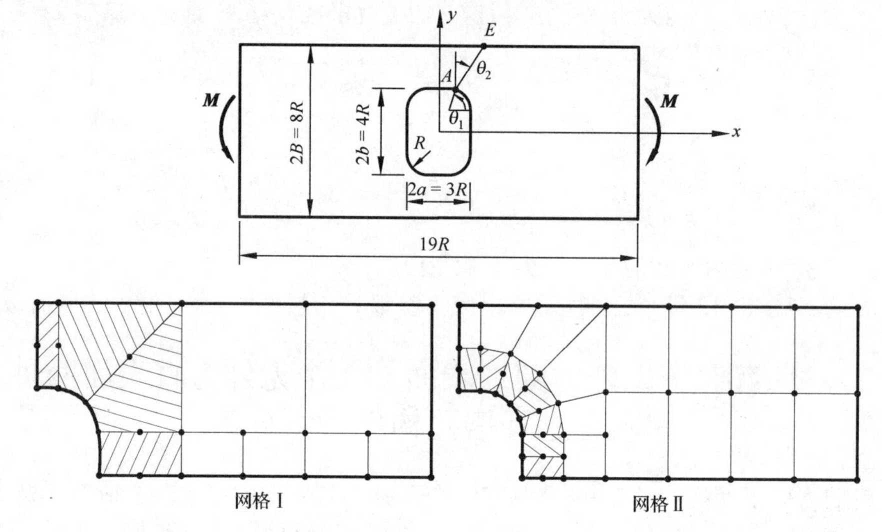

图 5.3　中心倒圆角长方孔薄板承受平面弯曲及有限元网格

矩形孔薄板承受纯弯曲时，其最大环向应力 σ_θ 可能作用在接近圆弧与直边的交点 A，也可能在板的外边沿 E 点，到底 σ_A 与 σ_E 谁大，取决于板与孔的相对尺寸，对目前问题，最大应力为 σ_E。这时的应力集中系数按式(5.2.1)计算。

$$\mathrm{SCF}_A = \frac{\sigma_A}{\sigma_0} \quad \mathrm{SCF}_E = \frac{\sigma_E}{\sigma_0} \quad \sigma_0 = \frac{3bM}{2t(B^3 - b^3)} \tag{5.2.1}$$

式中，σ_A 为 A 点的应力；σ_E 为 E 点应力；t 为板厚($t = 0.4R$)。

表 5.2 给出计算结果，并以四分之一板用 336 个 8 结点三维等参位移元的结果作为参考解。可见，现在的特殊元提供了比一般位移元及光弹解[3]更为准确的应力集中系数 SCF_A；至于应力集中系数 SCF_E，三种方法所得结果均十分接近。但是，不论用网格 I 还是网格 II，现在单元所给最大应力作用点的位置 θ_2，均不与参考解一致。

这是具有一个中心倒圆角长方孔薄板，承受平面弯曲的结果。文献[6]同时给出具有一个中心倒圆角长方孔薄板承受拉伸时的结果，此结果与现在矩形孔的结果类似。

表 5.2　计算所得应力集中系数(SCF)(中心倒圆角长方孔薄板承受弯曲)

类型	A 点的 SCF							
	网格 I				网格 II			
	σ_A	θ_1/(°)	SCF_A	误差/%	σ_A	θ_1/(°)	SCF_A	误差/%
1　特殊元 SC12[4,5] +特殊元 SCP12[1] +ODE	17.5	89.1	2.00	13.64	14.98	90.0	1.75	−0.57
2　一般位移元 (ODE)	9.30	90.0	1.08	−38.64	13.25	84.4	1.55	−11.93
3　光弹解[3]						~85.0	1.90	7.95
参考解		**80.7**	**1.76**			**80.7**	**1.76**	

续表

类型	E 点的 SCF							
	网格 I				网格 II			
	σ_E	θ_2 /(°)	SCF_E	误差/%	σ_E	θ_2 /(°)	SCF_E	误差/%
1 特殊元 SC12[4,5] +特殊元 SCP12[1] +ODE	17.06	28.8	1.99	0.51	16.51	14.0	1.93	−2.53
2 一般位移元 (ODE)	16.29	14.0	1.90	−4.04	16.53	14.0	1.93	−2.53
3 光弹解[3]						~50.0	2.00	1.01
参考解		**39.7**	**1.98**			**39.7**	**1.98**	

例 5.3 中心倒圆角长方孔薄板承受拉伸[7]

具有一个中心倒圆角矩形孔的薄板($33R\times16R\times t$)，两对边承受均匀拉伸 $\boldsymbol{T}$(图 5.4)。这个问题也只用一层元进行分析，四分之一板网格共有 16 个单元。

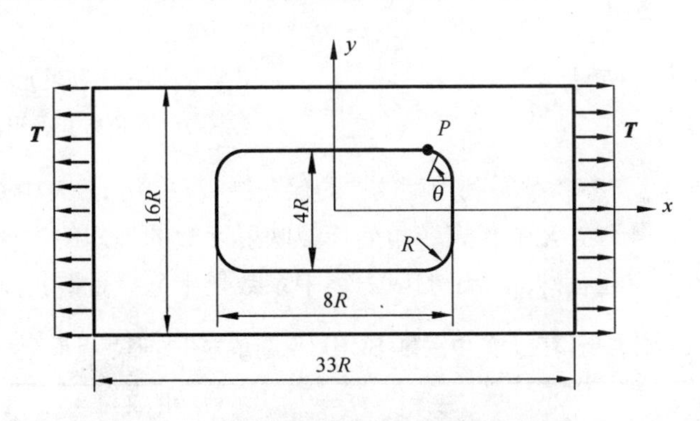

图 5.4 中心倒圆角矩形孔薄板承受拉伸

计算所得孔边环向应力σ_θ分布由图 5.5 给出。可见，现在特殊元联合解十分接近田正孝的光弹解[3]。但当网格加密时，此应力集中系数减至 2.25。

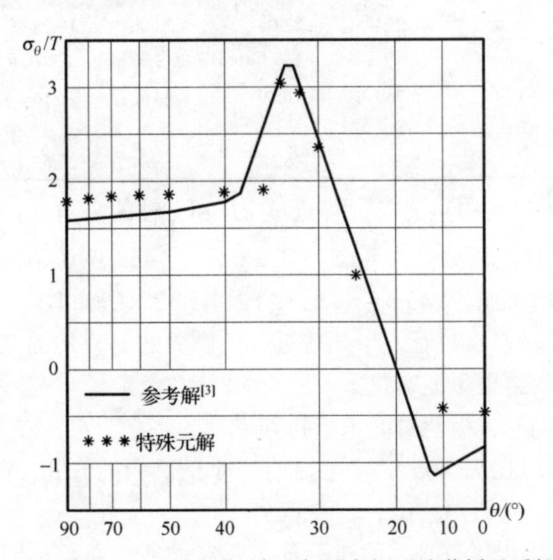

图 5.5 孔边沿σ_θ/T的变化(中心倒圆角矩形孔薄板承受拉伸)

例 5.4　中心倒圆角方孔方形薄板承受两对边拉伸[7]

具有一个中心方孔的方板，角点处有十分小的半径为 R 的倒圆角，两对边承受均匀拉伸 $\boldsymbol{T}$（图 5.6）。对四分之一板用三种网格进行计算，图 5.7 给出网格 II 及III，而网格 I 仅由 7 个单元组成。

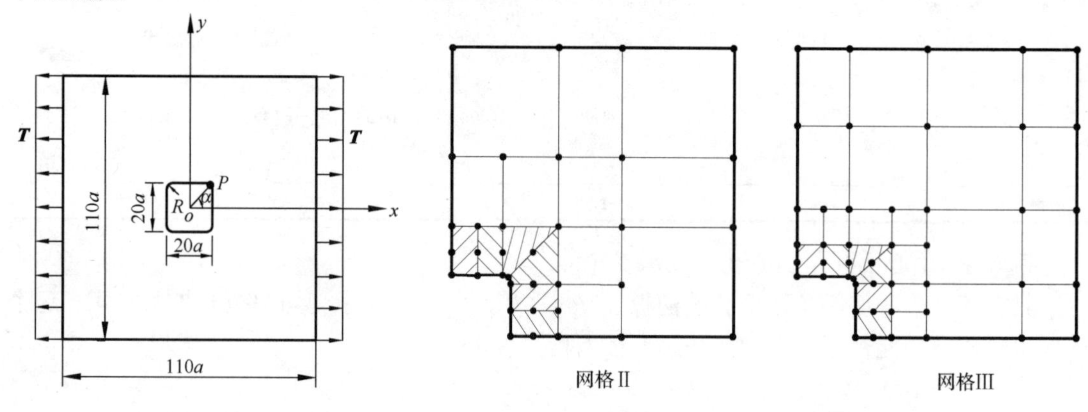

图 5.6　中心倒圆角方孔的方形薄板承受拉伸

图 5.7　薄板的有限元网格（1/4 中心倒圆角方孔方形薄板）

计算结果列于表 5.3。参考解系利用萨文[8]的保角映射法得到。表中 Case A 及 Case B 分别取映射函数的 3 项及 4 项，R 值代表转角处模拟映射函数的理想的半径。计算结果表明，就是十分小的倒圆角，现在特殊元给出的应力集中系数仍十分接近解析解。

表 5.3　计算所得应力集中系数(SCF)(倒圆角方孔方形薄板承受拉伸)

有限元类型	网格 I		网格 II		网格III	
	SCF	误差/%	SCF	误差/%	SCF	误差/%
Case A：参考解 SCF = 5.156, $R = 0.616a$[8]						
• 特殊元 SC12 I [5,6] + 特殊元 SCP12[1] +ODE	5.509	6.85	5.465	5.99	5.151	–0.10
• 一般位移元(ODE)	6.294	22.07	5.686	10.28	5.464	5.97
Case B：参考解 SCF = 6.464, $R = 0.347a$[8]						
• 特殊元 SC12 I [5,6] + 特殊元 SCP12[1] +ODE	5.760	–10.89	6.066	–6.16	6.088	–5.82
• 一般位移元(ODE)	9.387	46.58	7.981	24.63	7.608	18.80

至于最大环向应力 σ_θ 作用点 P 与原点连线 oP 和 x 轴的夹角 α，现在无论用特殊元还是全部用位移元，结果一样，均分别为 46.82°(Case A)及 46.01°(Case B)，与萨文公式给出的结果略有不同，萨文给出的值为 45.67°(Case A)及 45.32°(Case B)。

目前有限元方法所得 P 点位置，十分接近孔的圆弧边与直边的交点(靠近 y 轴一方)，这个结果被 Nisida[3]的光弹结果所证实。

例 5.5　中心方孔的厚方板两对面承受拉伸[7]

一个方形厚板($110\times110a\times40a$)，中心具有一个倒圆角的方孔，两侧面承受均匀拉伸 $\boldsymbol{T}$。倒圆角半径 $R=0.616a$，材料泊松比 $\nu=0.25$。

对八分之一厚板，采用了五种网格进行计算，它们的单元数分别为 16、32、64、128 及 256。图 5.8 给出其中的第三种网格，有限元类型同例 4。计算所得中面 B 点及表面 A 点的应力集中系数列于表 5.4。值得注意的是，厚板最大的σ_θ / T，中面上为 6.1，表面为 6.4，均大于具有相同平面尺寸薄板的二维应力集中系数。

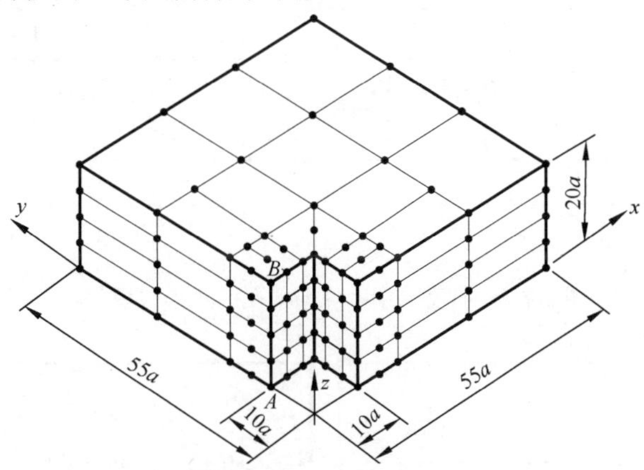

图 5.8　1/8 方孔厚方板的第三种有限元网格

表 5.4　计算所得厚方板最大环向应力值(方孔的厚方板 $t = 40a, \nu = 0.25, R = 0.616a$)

网格	I	II	III	IV	V
自由度数	155	250	440	820	1580
中面上最大 σ_θ / T	5.980	6.052	6.070	6.068	6.064
表面上最大 σ_θ / T	6.020	6.192	6.291	6.357	6.386

例 5.6　中心纵向倒圆角槽孔薄板承受拉伸[2,9]

矩形薄板具有不同长宽比的纵向孔[图 5.9(a)、(b)及(c)]。对四分之一的三类板，各采用了三种不同的网格计算。图 5.10 给出图 5.9(a)所示槽孔的三种网格，它们分别为 19、76 及 304 个单元。图 5.11 给出图 5.9(c)所示纵向方孔的网格 II，其网格 I 及网格III分别为 13 及 332 个单元。图 5.9(b)所示矩形孔的网格 I 同图 5.9(c)所示方孔，而网格 II 及网格III各具有 21 及 328 个单元。由于没有解析解，以网格III的结果作为参考。

应力集中系数计算公式为

$$\alpha = \frac{\sigma_A}{\sigma_0} \qquad \sigma_0 = \frac{T}{t(2B - 2b)} \tag{5.2.2}$$

式中，σ_A为最大环向应力作用于 A 点；t 为板厚；其余尺寸见图 5.9。

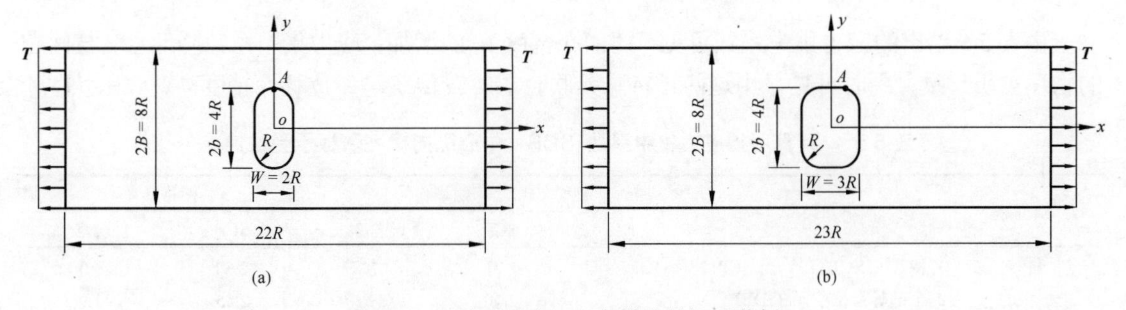

图 5.9　三种不同中心纵向槽孔的矩形薄板

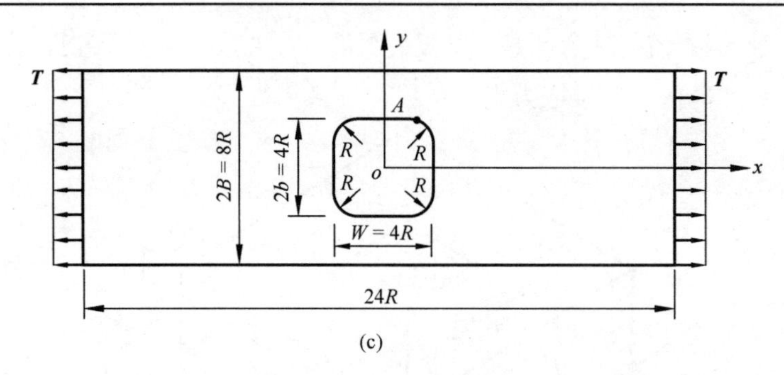

图 5.9 三种不同中心纵向槽孔的矩形薄板(续)

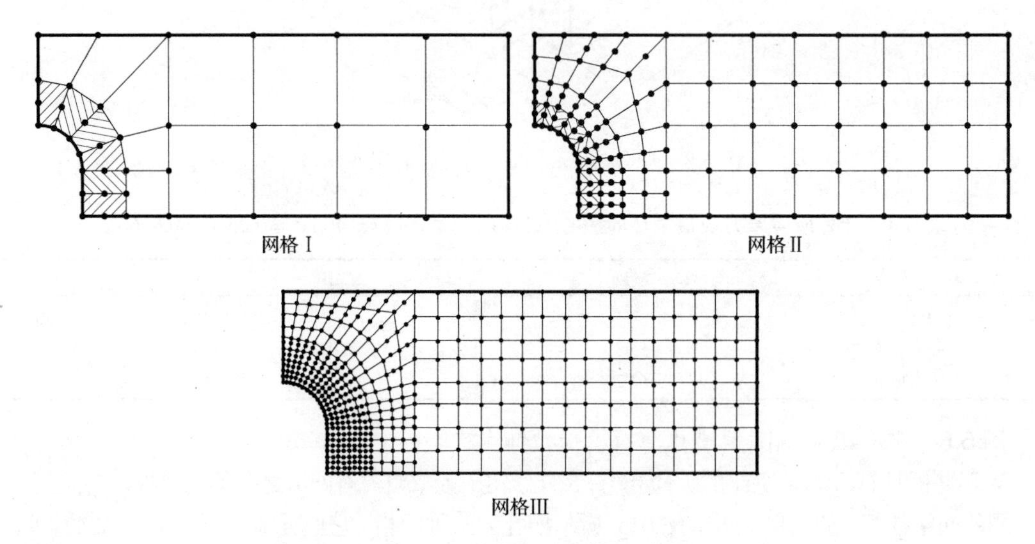

图 5.10 图 5.9(a)纵向槽孔薄板的三种有限元网格

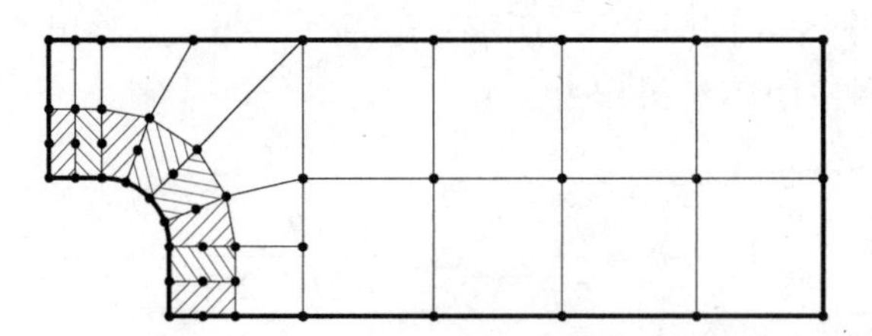

图 5.11 图 5.9(c)纵向方孔薄板有限元网格 II

由表 5.5 给出的应力集中系数可见，随槽孔宽度 W 的增加，应力集中系数降低，这与问题的物理实质一致。同时可见，用这两种特殊元联合求解较传统等参位移元精度高、收敛快。

表 5.5 计算所得应力集中系数(SCF)(中心纵向槽孔薄板承受拉伸)

孔型	单元类型	网格 I		网格 II	
		SCF	误差/%	SCF	误差/%
(a)	1 特殊元 SC12 I [5,6]及 SCP12[1] +ODE	2.71	4.2	2.60	0.0
上、下	2 全部等参位移元(ODE)	2.40	−7.7	2.55	−1.9
圆弧孔	3 西田正孝光弹公式[3]	2.52	−3.1		
	参考解			**2.60**	

续表

孔型	单元类型	网格Ⅰ		网格Ⅱ	
		SCF	误差/%	SCF	误差/%
(b)倒圆角矩形孔	1 特殊元 SC12Ⅰ[5,6]及 SCP12[1] +ODE	1.86	−12.26	2.23	5.19
	2 全部等参位移元(ODE)	1.70	−19.81	1.88	−11.32
	3 西田正孝光弹公式[3]	2.10	−0.9		
	参考解			**2.12**	
(c)倒圆角方孔	1 特殊元 SC12Ⅰ[5,6]及 SCP12[1] +ODE	1.69	−14.65	2.02	2.02
	2 全部等参位移元(ODE)	1.55	−21.72	1.76	−11.11
	3 西田正孝光弹公式[3]	1.86	−6.1		
	参考解			**1.98**	

结果也显示，西田正孝提供的光弹经验公式解，均略小于参考解，但二者一般相近，最大误差<7%(对中心圆孔的矩形薄板，由西田正孝经验公式得到的应力集中系数，也小于由 Wahl 公式[10]所得结果，相差约 1.5%)。值得注意的是，光弹经验公式与现在特殊元所给出的最大环向应力σ_θ作用点的位置不同，令θ代表直线 OA 与 OE 的夹角(A 点是$\sigma_\theta^{\max}$作用点，E 是孔的圆弧与直边的交点)，西田正孝经验公式给出矩形孔[图 5.9(b)]及方孔[图 5.9(c)]的θ均为 5°，而特殊元给出两种槽孔的θ均为 11.3°。

用现在的方法，可以十分方便地分析具有多个及多类槽孔、并且在复杂受力状态下构件的应力集中问题——这是它较光弹方法显著的优点之一。

例 5.7　纵向倒圆角槽孔厚板承受两对面拉伸[11-13]

考虑一个厚板($22R\times8R\times8R$)中心具有倒圆角槽孔，两对面承受均匀拉伸。板的平面尺寸如图 5.9，只是现在板长均为$22R$，板厚$8R$。材料泊松比$\nu=0.25$。每一种槽孔板均用 3 种有限元网格进行计算，对于具有方孔的八分之一厚板的网格Ⅲ，如图 5.12 所示。

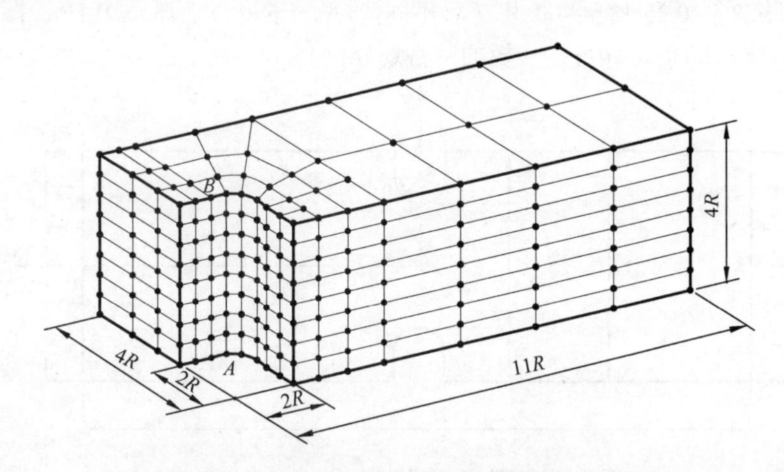

图 5.12　倒圆角方孔 1/8 厚板的有限元网格Ⅲ(240 个单元)

计算所得沿孔边 A 点(表面)及 B 点(中面)的环向应力σ_θ及法向应力σ_z由表 5.6 给出。表中参考解是由对应三种槽孔板在很细网格下计算得到。

表 5.6　计算所得环向应力 σ_θ / T 及法向应力 σ_z / T（纵向倒圆角槽孔厚板承受拉伸 $t = 8R, \nu = 0.25$）

网格	层数	DOF	σ_θ/σ_0		σ_z/σ_0	
			中面 B	表面 A	中面 B	表面 A
(a)上下圆弧孔						
I	2	268	2.506	2.405	0.39	0.18
II	4	472	2.527	2.326	0.41	0.08
III	8	880	2.545	2.263	0.41	0.01
参考解			**2.55**	**2.26**	**0.41**	**0.00**
(b)倒圆角矩形孔						
I	2	300	2.073	2.000	0.28	0.14
II	4	528	2.082	1.962	0.30	0.08
III	8	984	2.092	1.933	0.30	0.04
参考解			**2.10**	**1.93**	**0.30**	**0.00**
(c)倒圆角方孔						
I	2	332	1.946	1.894	0.23	0.13
II	4	584	1.952	1.870	0.25	0.08
III	8	1088	1.962	1.847	0.25	0.05
参考解			**1.97**	**1.84**	**0.25**	**0.00**

以上结果可见，对于三维问题，用现在的方法，在相当粗的网格时即可得到准确的应力集中系数。同时，当孔的宽度不大于它的高度时，具有纵向倒圆角槽孔厚板的三维应力集中系数，小于相应二维值。但是，中面上的法向应力 σ_z 相当大，不可忽视。

例 5.8　对称 U-型槽孔薄板承受拉伸或弯曲[14-16]

我们进一步分析工程上经常遇到的具有对称 U-型槽口薄板，承受拉伸或弯曲的问题(图 5.13)。设板净宽度 W 与槽口底部半径 R 之比保持不变($W/R = 3.0$)，然而槽口的深度 d 变化，现在取 d/R 从 0.25 增至 4.0 共 7 种不同值(见表 5.7)，板厚 $t = 0.1R$。图 5.14 给出当 $W/R = 3.0$ 及 $d/R = 2.0$ 时，四分之一板的网格划分。

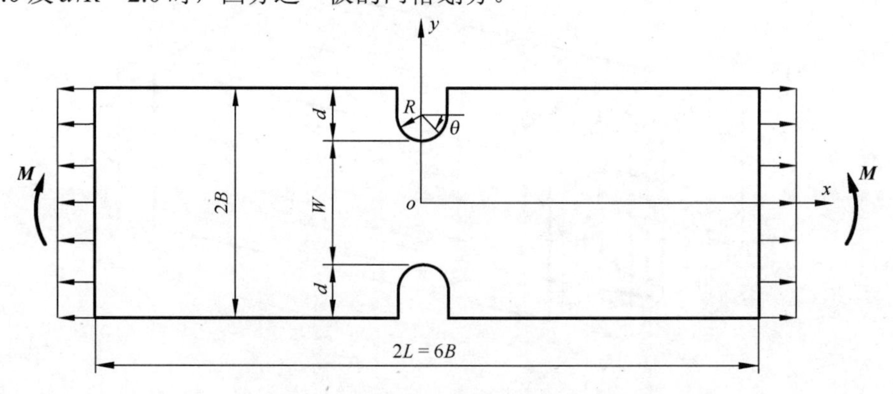

图 5.13　对称 U-型槽孔薄板承受拉伸或弯曲

应力集中系数 SCF 定义为最大环向应力 σ_θ 与槽孔净截面上应力 σ_0 之比：

$$\mathrm{SCF} = \frac{\sigma_\theta}{\sigma_0}$$

$$\sigma_0 = \begin{cases} \dfrac{P}{tW}, & 拉伸 \\ \dfrac{6M}{tW^2}, & 弯曲 \end{cases} \tag{5.2.3}$$

表 5.7　计算所得应力集中系数(SCF)(对称 U-型槽口薄板承受拉伸或弯曲 W/R=3.0)

单元类型	d/R						
	0.25	0.50	1.00	1.50	2.00	3.00	4.00
				拉伸			
1 特殊元 SC12 I [5,6]+ SCP12[1] + 一般位移元(ODE)	1.644	1.810	1.886	1.899	1.898	1.888	1.876
误差/%	−0.96	0.55	1.40	−1.01	0.96	2.61	3.08
2 **Flynn-Roll[17,18]光弹方法①**	**1.66**	**1.82**	**1.86**	**1.88**	**1.87**	**1.84**	**1.82**
3 Kikukawa[19]应变仪法	1.70	1.81	1.86	1.90	1.88	—	1.84
4 Heywood[20]的经验公式	1.641	1.754	1.840	1.876	1.897	1.919	1.931
5 Appl-Koerner[21]的计算结果	—	1.793	1.857	—	1.874	—	1.832
6 Neuber[22]的解析解	1.62	1.68	1.73	1.74	1.75	1.76	1.77
				弯曲			
1 特殊元 SC12 I [5,6]+SCP12[1] + 一般位移元(ODE)	1.301	1.425	1.525	1.538	1.536	1.540	1.541
误差/%	—	—	1.53	2.74	2.28	3.01	4.62
2 **参考解**	—	—	**1.502**	**1.497**	**1.495**	**1.494**	**1.473**
3 Heywood[20]的经验公式	1.321	1.363	1.389	1.399	1.404	1.409	1.412
4 Neuber[22]的解析解	1.42	1.44	1.45	1.46	1.46	1.47	1.47

① 拉伸时作为参考解。

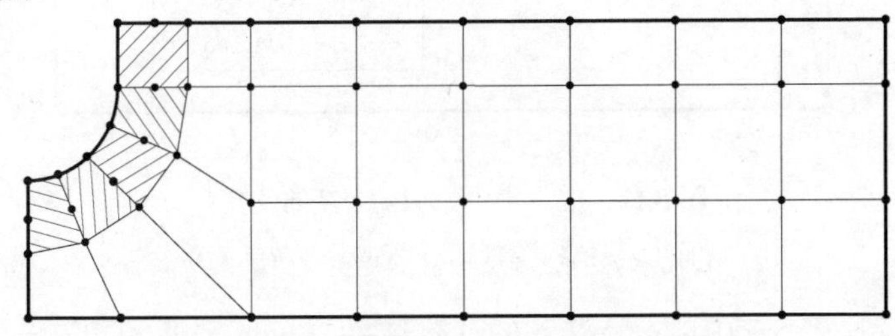

图 5.14　1/4 薄板有限元网格(对称 U-型槽口薄板，$W/R = 3.0, d/R = 2.0$)

特殊元及其他方法所得结果一并列入表 5.7。拉伸时以 Flynn-Roll 的光弹解[17,18]作为参考；弯曲时以等参位移元在极细网格下的计算结果作为参考解(例如，当 $W/R = 3.0$ 及 $d/R = 2.0$ 时，四分之一板用 260 个三维 20 结点等参元，共 5871 个自由度的结果作为参考解)。

图 5.15 及图 5.16 给出弯曲时环向应力σ_θ沿槽口边沿分布，以及应力σ_x和σ_y在净截面上的分布。图 5.17 给出弯曲时应力集中系数随d/R的变化曲线。

结果显示：对拉伸板，现在的结果十分接近 Kikukawa[19]用应变仪测量及 Flynn-Roll[17,18]用光弹方法所得到的解答。对弯曲板，现在的结果十分接近参考解，其最大误差＜5%。当网格更细时，例如当$W/R = 3.0$及$d/R = 2.0$，用 31 个单元(自由度=130)时，表中结果改善很小(大约 0.6%)，这意味着用图 5.14 的网格所产生的离散误差不大。同时，应力σ_θ、σ_x及σ_y的分布也表明，现在的解与光弹解[17,18]十分接近。

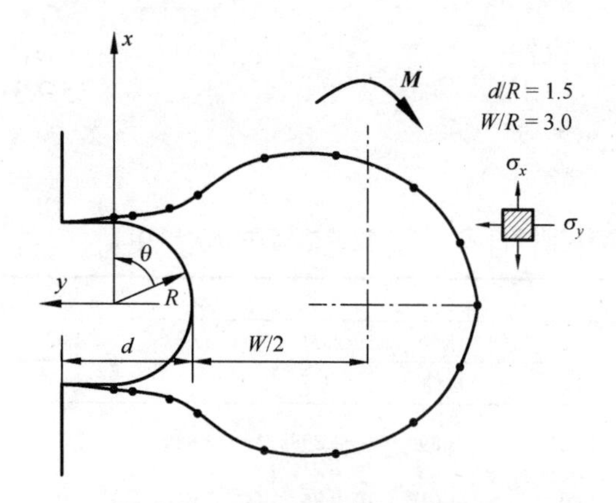

图 5.15　σ_θ 沿 U-型槽口边沿分布

（对称 U-型槽口薄板承受弯曲）

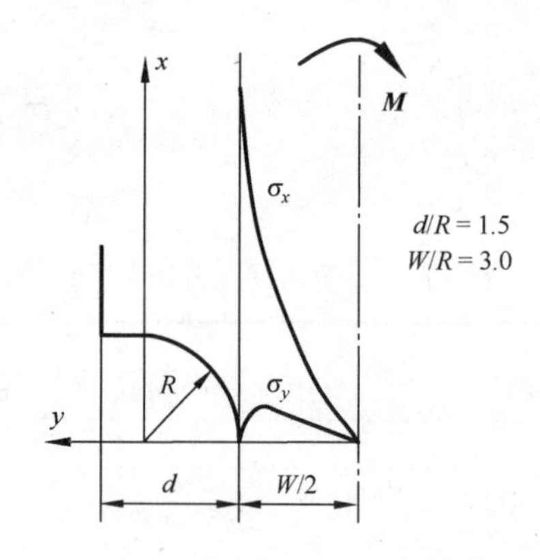

图 5.16　槽口净截面上 σ_x 和 σ_y 分布

（对称 U-型槽孔薄板承受弯曲）

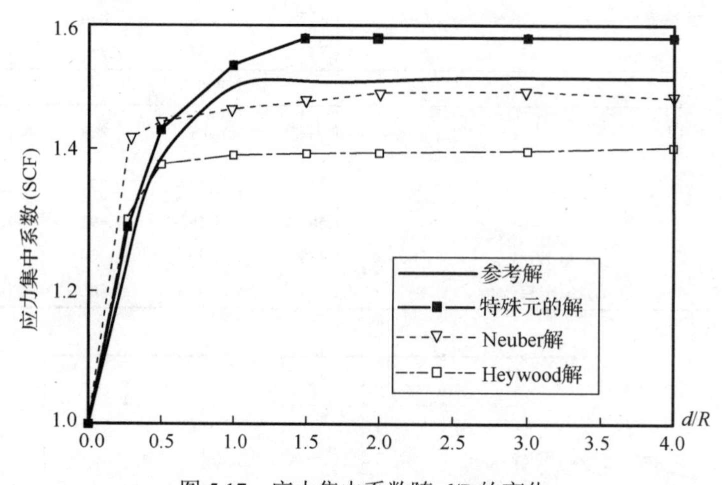

图 5.17　应力集中系数随 d/R 的变化

（对称 U-型槽口薄板承受弯曲，$W/R = 3.0$）

十分有趣地看到，表 5.7 中现在特殊元的计算结果、Flynn-Roll 光弹方法[17,18]及 Kikukawa 应变仪[19]的结果，都证实了 Kikukawa 的观察[23]，即对于具有 U-型槽孔的板，当 W/R 一定时，其最大的应力集中系数出现在**一定深度的槽孔**，例如，在拉伸时，其最大值出现在大约 $d/R = 1.5$ 左右，而不是如一般想象的：槽孔愈深（d/R 愈大），应力集中系数愈大。同时，表中结果也显示，对于弯曲问题，当 d/R 增加，应力集中系数增大不多。

值得注意的是，表 5.7 及图 5.17 显示，通用的 Neuber 公式[22]，无论对这类拉伸问题还是弯曲问题，都低估了应力集中系数，**其结果偏于不安全**。同时，Neuber 的解也不显示，拉伸时的最大的应力集中系数，出现在有限深度的 U-型槽孔上。

例 5.9　对称 U-型槽孔的厚板承受拉伸或弯曲[14-16]

具有对称 U-型槽孔的厚板（$10R \times 7R \times 7R$）承受拉伸或弯曲（其平面尺寸和以上二维问题相同），材料泊松比 $\nu = 0.25$，每一种比例 d/R 与 W/R 的板，用三种不同的网格进行分析，当 $d/R = 2.0$ 及 $W/R = 3.0$ 时，八分之一板具有 224 个元的网格III如图 5.18 所示。

对具有相同$W/R=3.0$而比例d/R不同的板，依据三种网格计算所得孔边A点及B点的环向应力σ_θ及法向应力σ_z值，由表 5.8 给出。其三维应力集中系数及法向应力σ_z值，汇总列于表 5.9 中。

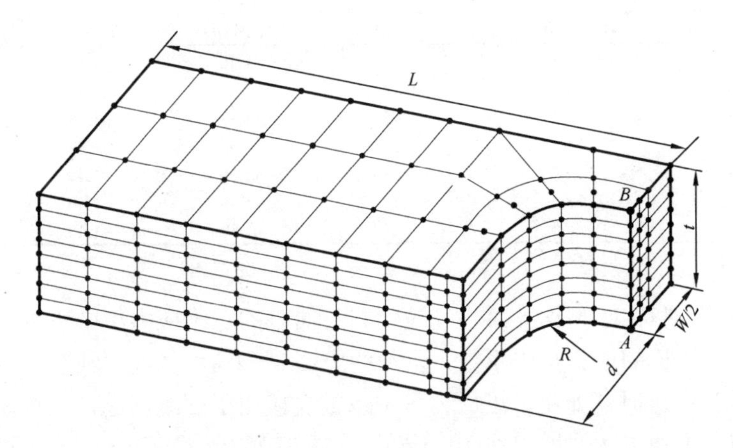

图 5.18　1/8 厚板有限元网格（U-型槽口厚板承受拉伸或弯曲，$d/R=2.0$, $W/R=3.0$，网格III）

表 5.8　计算所得孔边环向应力σ_θ/σ_0及法向应力σ_z/σ_0
（对称 U-型槽孔厚板承受拉伸与弯曲$W/R=3.0, \nu=0.25$）

d/R	网格序号	层数	总的DOF	拉伸			总的DOF	弯曲		
				σ_θ/σ_0		σ_z/σ_0		σ_θ/σ_0		σ_z/σ_0
				中面(A)	表面(B)	中面(A)		中面(A)	表面(B)	中面(A)
0.25	I	2	297	1.716	1.612	0.23	300	1.432	1.203	0.37
	II	4	523	1.680	1.551	0.21	528	1.457	1.182	0.35
	III	8	975	1.671	1.531	0.20	984	1.458	1.173	0.34
0.5	I	2	297	1.866	1.754	0.19	300	1.463	1.371	0.31
	II	4	523	1.841	1.716	0.19	528	1.475	1.320	0.32
	III	8	975	1.841	1.689	0.18	984	1.475	1.315	0.32
1.0	I	2	223	1.926	1.783	0.18	226	1.563	1.452	0.25
	II	4	393	1.924	1.758	0.16	398	1.570	1.391	0.23
	III	8	733	1.923	1.725	0.15	742	1.570	1.381	0.23
1.5	I	2	287	1.943	1.799	0.23	290	1.576	1.460	0.24
	II	4	505	1.944	1.741	0.22	510	1.580	1.405	0.24
	III	8	941	1.944	1.708	0.21	950	1.580	1.370	0.24
2.0	I	2	345	1.947	1.789	0.24	290	1.579	1.465	0.23
	II	4	607	1.947	1.728	0.24	510	1.581	1.411	0.22
	III	8	1131	1.946	1.684	0.23	950	1.581	1.401	0.22
3.0	I	2	573	1.936	1.763	0.37	576	1.581	1.467	0.24
	II	4	1167	1,931	1.688	0.36	1012	1.585	1.413	0.23
	III	8	1875	1.924	1.624	0.35	1884	1.585	1.403	0.22
4.0	I	2	640	1.942	1.697	0.26	688	1.581	1.467	0.24
	II	4	1124	1.920	1.631	0.25	1208	1.585	1.413	0.23
	III	8	2092	1.918	1.602	0.24	2248	1.585	1.402	0.22

表 5.9 计算所得应力集中系数(SCF)及法向应力 σ_z/σ_0(对称 U-型槽孔厚板承受拉伸或弯曲 $W/R=3.0, \nu=0.25$)

d/R	拉伸			弯曲		
	σ_θ/σ_0		σ_z/σ_0	σ_θ/σ_0		σ_z/σ_0
	中面(*A*)	表面(*B*)	中面(*A*)	中面(*A*)	表面(*B*)	中面(*A*)
0.25	1.67	1.53	0.20	1.46	1.17	0.34
0.50	1.84	1.69	0.18	1.48	1.32	0.32
1.00	1.92	1.73	0.15	1.57	1.38	0.23
1.50	1.94	1.71	0.21	1.58	1.37	0.24
2.00	1.95	1.68	0.23	1.58	1.40	0.22
3.00	1.92	1.62	0.35	1.59	1.40	0.22
4.00	1.92	1.60	0.24	1.59	1.40	0.22

以上结果表明:

(1)当厚板具有对称 U-型槽孔时,其拉伸与弯曲时的三维应力集中系数,往往也大于具有同样平面尺寸二维板的应力集中系数,一般约大 2%~4%,这点与例 7 具有竖直孔或倒圆角方孔厚板不同[13]。这时,如将二维应力集中系数直接用于三维问题,也将偏于不安全;同样,结果也表明,中面上法向应力 σ_z 相当大,不能忽略。

(2)结果同样也证实了 Kikukawa 的观察[23]和 Flynn 及 Roll 的实验结果[18],即当 W/R 为一定值时,三维应力集中系数,可能出现在**有限深度——而不是无限深度**——槽孔的拉伸板中,例如由表 5.9 可见,大约在 $d/R=1.5\sim2.0$ 时,拉伸板的应力集中系数达到最大。

例 5.10 变宽度薄板承受拉伸或弯曲[24]

具有倒圆角的变宽度板(或称台肩圆角)是工程结构中大量遇到的构件,这类连接构件通常产生三维(或二维)应力集中。

早期 Timoshenko 和 Dietz 对此问题进行了研究[25]。Weibel[26]、Wahl 和 Beeuwkes[10]进行过光弹研究。用光弹法系统地给出变宽度薄板在拉伸和弯曲作用下的应力集中系数,由 Frocht 完成[27]。Heywood 总结以前诸学者的光弹结果,给出相应的经验公式[20]。Peterson[28]则给出变宽度薄板的应力集中系数的变化曲线。之后,Fessler 等[29]、Wilson 等[30]及西田正孝[3]将光弹法扩展至更小倒圆角的情形,并校验了以前的光弹结果。Peterson 根据一些学者的结果,再次给出了新的应力集中系数[31]。

我们将所建的两种特殊元联合,进行图 5.19 所示变宽度薄板的受力分析。此例中采用 $h/R=0.5$、1.0、2.0 三种工况;每种工况又分为四种大小不同的倒圆角:$R/d=0.2$、0.3、0.4、0.5。当 $h/R<1.0$,称为浅槽口;$h/R>1.0$ 为深槽口。根据对称性,对二分之一板进行计算,图 5.20 给出了当 $h/R>2.0$ 及 $R/d=0.5$ 时的有限元网格划分。

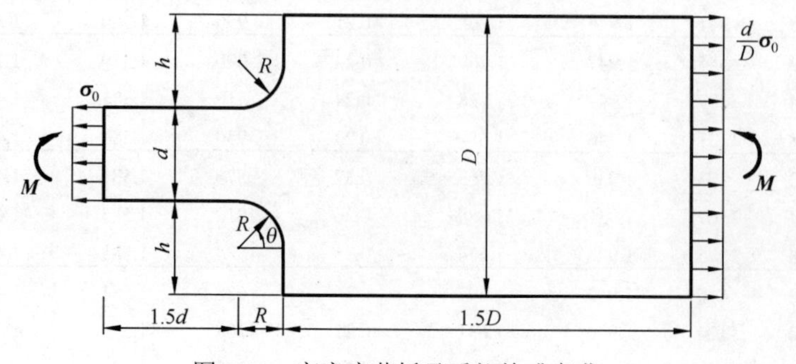

图 5.19 变宽度薄板承受拉伸或弯曲

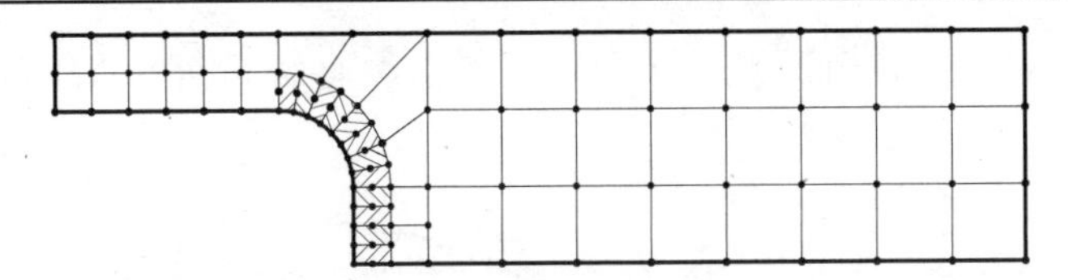

图 5.20　1/2 变宽度薄板有限元网格（$h/R=2.0$，$R/d=0.5$）

应力集中系数，拉伸时采用最大环向应力$\sigma_\theta^{\max}$与板窄边应力σ_0的比值；弯曲时为

$$\mathrm{SCF}=\frac{\sigma_\theta^{\max}}{\sigma_0}\qquad \sigma_0=\frac{6M}{td^2} \tag{5.2.4}$$

式中，M为弯矩；t为板的厚度；d为板窄边宽度。

计算所得应力集中系数(SCF)列于表 5.10 中。

表 5.10　计算所得应力集中系数(SCF)（变宽度薄板承受拉伸或弯曲）

h/R	单元类型	R/d	拉伸			弯曲		
			0.2	0.3	0.5	0.2	0.3	0.5
		自由度数(DOF)	135	196	174	135	196	174
2.00	1 12 节点特殊元 SC12 III[32,24]+SCP12[1]+ODE		2.023	1.777	1.534	1.637	1.417	1.281
	2 8 结点一般杂交应力元[33](OHSE)		1.480	1.446	1.342	1.184	1.143	1.068
	3 8 结点等参位移元(ODE)		1.654	1.553	1.392	1.416	1.272	1.097
	4 Timoshenko 光弹法[25]		—	—	1.60	—	—	—
	5 Weibel 及 Peterson 光弹法[26,28]		—	—	2.63	—	—	—
	6 Frocht 光弹法[27]		1.81	1.66	1.45	1.48	1.37	1.25
	7 Heywood 经验公式[20]		1.762	1.621	1.470	1.470	1.344	1.229
	8 Fessler 经验公式[29]		2.029	1.970	1.918	—	—	—
	参考解		**1.939**	**1.755**	**1.521**	**1.563**	**1.410**	**1.248**
		自由度数(DOF)	97	135	117	97	135	117
1.0	1 12 节点特殊元 SC12 III[32,24]+SCP12[1]+ODE		1.896	1.713	1.527	1.615	1.414	1.284
	2 8 结点一般杂交应力元[33](OHSE)		1.367	1.371	1.313	1.154	1.131	1.067
	3 8 结点等参位移元(ODE)		1.500	1.455	1.352	1.379	1.259	1.097
	4 Timoshenko 光弹法[25]		—	—	1.41	—	—	—
	5 Frocht 光弹法[27]		1.66	1.56	1.42	1.47	1.35	1.22
	6 Heywood 经验公式[20]		1.654	1.554	1.435	1.427	1.322	1.220
	参考解		**1.804**	**1.683**	**1.507**	**1.539**	1.405	**1.249**

图 5.21 给出当$h/R=1.25$，$R/d=0.2$时，用特殊元算得的拉伸板在倒圆角处环向应力σ_θ及直边法向应力σ_x分布，同时给出西田正孝的光弹解[3]及参考解。可见，现在特殊元给出的环向应力σ_θ值及其最大应力作用点的坐标，均十分接近参考解。例如，参考解给出倒圆角处 SCF=1.848 及作用点坐标$\theta=78.75°$，现在用 32 个特殊元(109 个自由度)得到 SCF=1.945，$\theta=78.75°$，误差仅为 5.3%。而光弹法得到 SCF=2.202 及$\theta=76.00°$，误差达 19.2%。

图 5.22 及图 5.23 给出$h/R=2.0$时拉伸与弯曲的应力集中系数曲线(其中，Fessler[29]的经

验公式仅适用于 $h/R>1.0$ 的情况)。由于此问题也没有解析解，用 849 个三维等参元(DOF=5386)求解的结果作为参考。

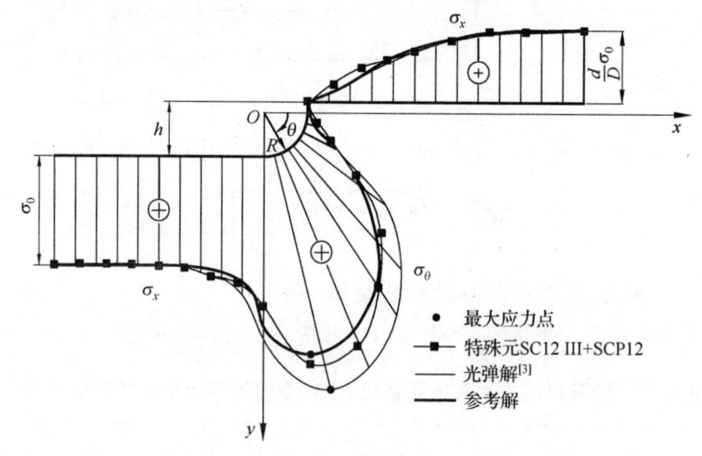

图 5.21　倒圆角处环向应力 σ_θ 及直边法向应力 σ_x 分布(变宽度薄板承受拉伸 $h/R=1.25$，$R/d=0.2$)

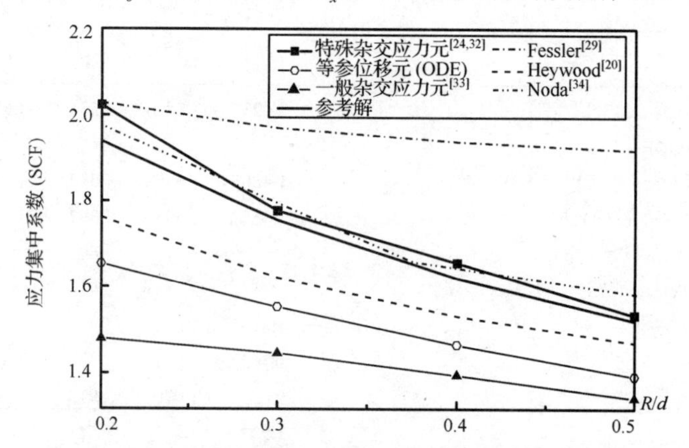

图 5.22　应力集中系数随 R/d 变化曲线(变宽度薄板承受拉伸 $h/R=2.0$)

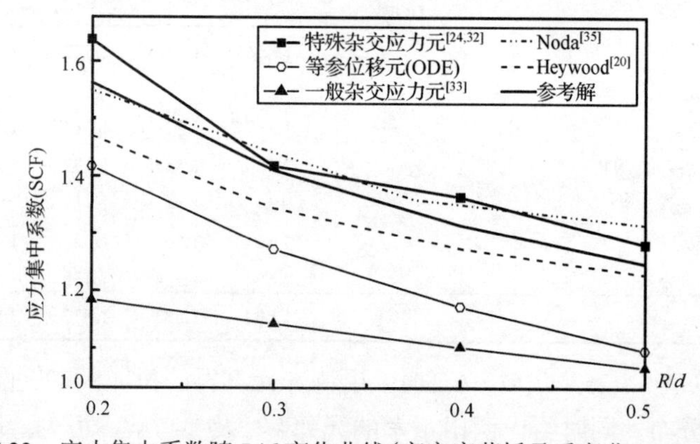

图 5.23　应力集中系数随 R/d 变化曲线(变宽度薄板承受弯曲 $h/R=2.0$)

以上结果显示，在较粗的网格下，现在的特殊元即提供十分准确的结果。与其余几种结果相比可见，拉伸时 Weibel 及 Peterson 的误差较大，Timoshenko 的结果尚可。Frocht 的光弹法及 Heywood 经验公式给出的结果较好，但他们给出的应力集中系数值也均小于参考解。而 Noda 等[34,35]的体积力法结果更好。

例 5.11　变宽度厚板承受拉伸或弯曲[24]

如图 5.24 所示为变宽度带状厚板($26R\times6R\times4R$)。根据对称性，取四分之一板进行分析。沿着厚度方向，也分为 2、4 和 8 层单元，分别算得拉伸及弯曲时板中面及表面上的最大环向应力及板中面上最大法向应力，列于表 5.11 中。

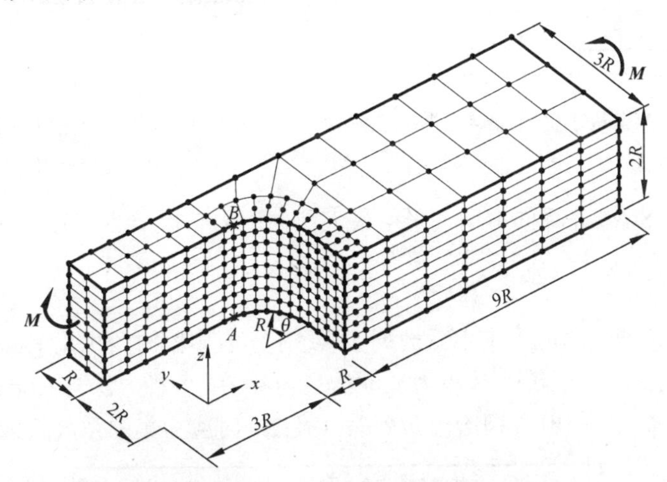

图 5.24　1/4 变宽度厚板的有限元网格($h/R=2.0$，$R/d=0.5$，$\nu=0.25$)

表 5.11　计算所得边沿最大环向应力 σ_θ/σ_0 及法向应力 σ_z/σ_0
(变宽度厚板承受拉伸或弯曲 $h/R=2.0$，$t=4R$，$\nu=0.25$)

R/d	层数	自由度数	拉伸			弯曲		
			σ_θ/σ_0		σ_z/σ_0	σ_θ/σ_0		σ_z/σ_0
			中面(A)	表面(B)	中面(A)	中面(A)	表面(B)	中面(A)
0.2	2	557	2.052	1.933	0.297	1.674	1.549	0.274
	4	979	2.059	1.895	0.319	1.679	1.507	0.268
	8	1823	2.058	1.871	0.331	1.679	1.482	0.266
0.3	2	802	1.797	1.707	0.206	1.444	1.345	0.203
	4	1408	1.808	1.672	0.203	1.454	1.316	0.196
	8	2620	1.808	1.652	0.203	1.454	1.300	0.195
0.4	2	722	1.674	1.576	0.186	1.390	1.296	0.214
	4	1268	1.682	1.549	0.188	1.401	1.264	0.206
	8	2360	1.683	1.531	0.189	1.402	1.242	0.202
0.5	2	714	1.548	1.461	0.163	1.311	1.213	0.210
	4	1254	1.555	1.436	0.165	1.323	1.180	0.202
	8	2334	1.556	1.421	0.166	1.324	1.159	0.199

以上结果表明，最大环向应力σ_θ和法向应力σ_z均作用于位于中面的 A 点。对于厚板，无论拉伸或弯曲，随着 R/d 变小，应力集中系数变大，说明倒圆角越小，应力集中越显著，这与平面薄板拉伸或弯曲的结论相一致；但是，对这类平面尺寸相同而厚度不同的构件，不管拉伸还是弯曲，厚板的应力集中系数都比薄板相应值要高。因此使用薄板的应力集中系数来估计厚板的情况是不安全的。同样，厚板中面上的法向应力σ_z也不可忽略。

例 5.12　矩形凸肩薄板承受拉伸与弯曲[36]

矩形凸肩薄板如图 5.25 所示。板厚 $t=0.1R$。以下分析中采用 $h/R=2.0$；这种工况又分为四种倒圆角：$2h/D=0.2$、0.3、0.4 及 0.5。对四分之一板，图 5.26 给出了 $h/R=2.0$ 及 $2h/D=0.5$ 时网格划分。

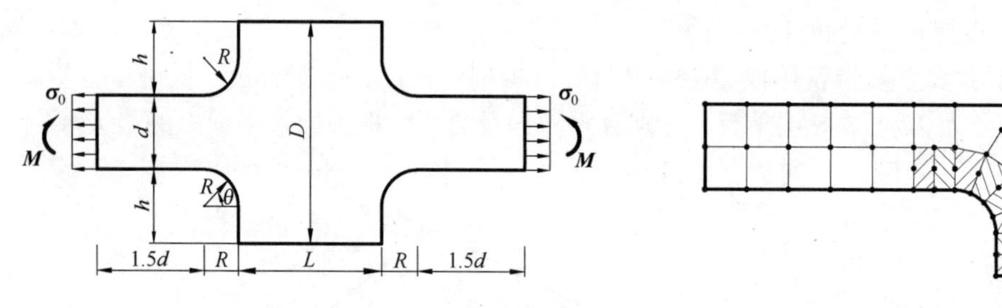

图 5.25　矩形凸肩薄板承受拉伸或弯曲

图 5.26　1/4 矩形凸肩薄板有限元网格（$h/R=2.0$，$2h/D=0.5$）

应力集中系数(SCF)计算同上例，采用最大法向应力与板窄边应力 σ_0 之比[式(5.2.4)]。

1. 矩形凸肩薄板承受拉伸

计算所得薄板拉伸时的应力集中系数列于表 5.12，表中同时给出用 Kumagai 等[37]光弹经验公式得到的结果。以 Noda 等[35]体积力法的结果为参考，各种方法与 Noda 结果相比的误差也列入表中。图 5.27(a)和(b)分别给出 $h/R=1.0$ 及 2.0 时应力集中系数随 $2h/D$ 变化的曲线。

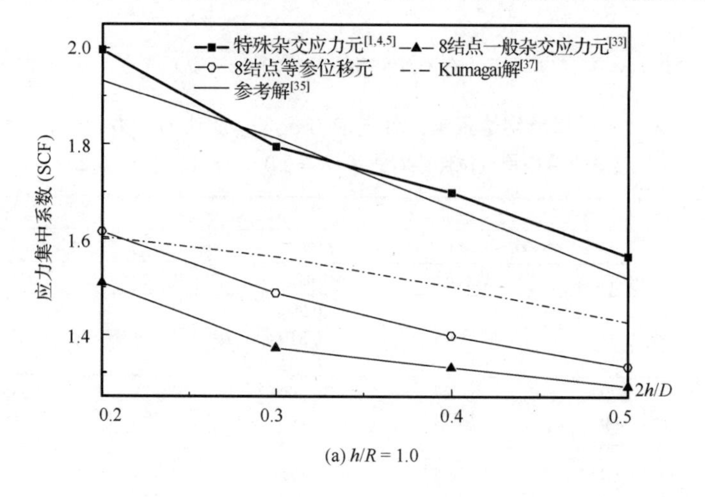

(a) $h/R=1.0$

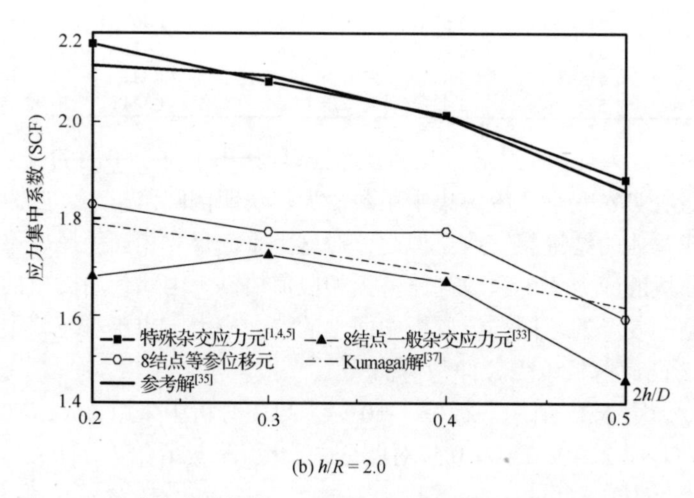

(b) $h/R=2.0$

图 5.27　应力集中系数随 $2h/D$ 变化曲线(矩形凸肩薄板承受拉伸)

表 5.12　计算所得拉伸时的应力集中系数(SCF)(矩形凸肩薄板 $h/R=2.0$，$t=0.1R$)

h/R	2h/D	0.2			0.5		
	类型	自由度	SCF	误差/%	自由度	SCF	误差/%
1.0	1　12 节点特殊元 SC12 I [5,4] +SCP12[1]+ODE	90	1.996	3.3	108	1.565	3.0
	2　8 节点一般杂交应力元(OHSE) [33]	250	1.509	−21.9	236	1.293	−14.9
	3　8 节点等参位移元(ODE)	250	1.616	−16.4	236	1.334	−12.2
	4　Kumagai 等经验公式[37]		1.605	−16.9		1.428	−6.0
	参考解[34]		**1.932**			**1.519**	
2.0	1　12 节点特殊元 SC12 I [5,4] +SCP12[1]+ODE	136	2.160	2.1	102	1.881	1.2
	2　8 节点一般杂交应力元(OHSE) [33]	346	1.681	−20.6	232	1.467	−21.1
	3　8 节点等参位移元(ODE)	346	1.829	−13.6	232	1.594	−14.3
	4　Kumagai 等经验公式[37]		1.789	−15.5		1.618	−13.0
	参考解[35]		**2.116**			**1.859**	

同样可见，在粗网格下，现在特殊元的结果也十分准确；而 Kumagai 的经验公式[37]给出的应力集中系数值均偏小，对于 $h/R=1.0$，其误差达到−16.9%。以上结果同样表明，随着倒圆角($2h/D$)的变小，应力集中加剧；对于同样大小的倒圆角($2h/D$)，随着槽孔的加深(h/D 变大)，应力集中系数也有增大的趋势。

图 5.28 给出 $h/R=2.0$，$2h/D=0.5$ 时，根据图 5.26 网格用特殊元(27 个单元 102 个自由度)计算，得到的矩形凸肩薄板拉伸时转角边沿应力分布及应力集中系数(SCF=1.881)；利用三维等参位移元，在十分密的网格下(861 个单元，5250 个自由度)，求得的应力集中系数(SCF=1.836)，以及孔边沿环向应力分布，一并绘于图中，可见两者十分接近(应力集中系数相差仅 2.5%)。

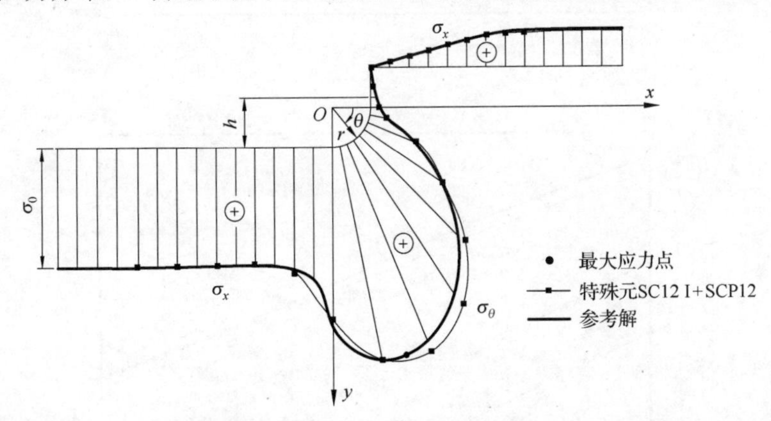

图 5.28　孔边环向应力 σ_θ 及直边法向应力 σ_x 分布(矩形凸肩薄板承受拉伸 $h/R=2.0, 2h/D=0.5$)

2.　矩形凸肩薄板承受弯曲[38]

算得的矩形凸肩薄板弯曲时的应力集中系数列于表 5.13。各种方法所得结果与 Noda 等[39]的参考解相比，误差百分比也列入表中。图 5.29 给出当 h/R=1.0 和 2.0 时，应力集中系数随 $2h/D$ 变化的曲线。

表 5.13　计算所得弯曲时的应力集中系数(SCF)(矩形凸肩薄板 $h/R=2.0, t=0.1R$)

h/R	类型	$2h/D=0.2$			$2h/D=0.5$		
		自由度	SCF	误差/%	自由度	SCF	误差/%
1.0	1　12 结点特殊元 SC12 I [4,5] +SCP12[1]+ODE	90	1.696	−0.2	108	1.254	−1.8
	2　8 节点一般杂交应力元(OHSE) [33]	250	1.342	−21.0	236	1.027	−19.6
	3　8 节点一般假定位移元(ODE)	250	1.493	−12.1	236	1.075	−15.8
	4　Hartman 等[40]光弹经验公式		1.667	−1.9		1.207	−5.5
	参考解[39]		**1.699**			**1.277**	
2.0	1　特殊元 SC12 I [4,5] + SCP12[1]+ODE	136	2.040	1.8	102	1.482	−0.3
	2　8 节点一般杂交应力元(OHSE) [33]	346	1.595	−20.4	232	1.163	−21.7
	3　8 节点一般假定位移元(ODE)	346	1.776	−11.3	232	1.325	−10.8
	4　Hartman 等[40]光弹经验公式		1.867	−6.8		1.460	−1.7
	参考解[39]		**2.003**			**1.486**	

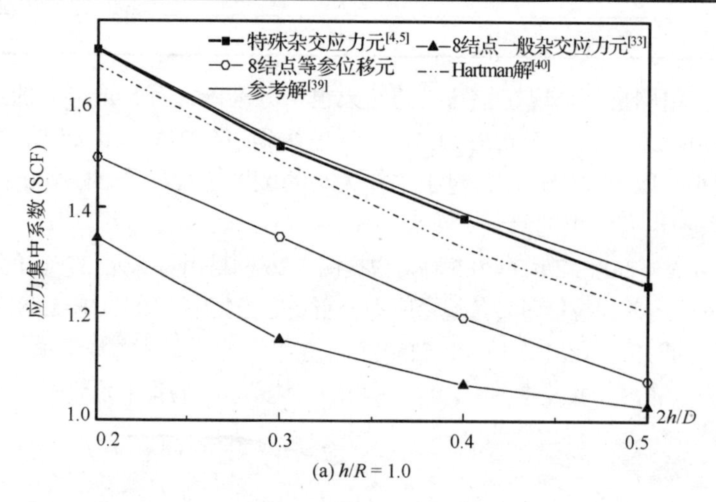

(a) $h/R=1.0$

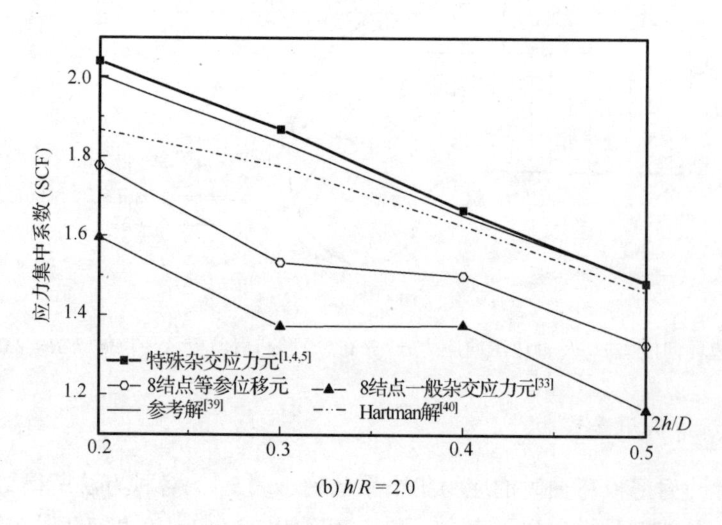

(b) $h/R=2.0$

图 5.29　应力集中系数随 $2h/D$ 变化曲线(矩形凸肩薄板弯曲)

以上结果同样表明，在粗网格下特殊元也能提供十分准确的应力集中系数；而 Hartman 光弹经验公式给出的应力集中系数值偏低，当 $h/R = 2.0$ 时，其误差达到 –6.8%。

例 5.13　矩形凸肩厚板承受拉伸或弯曲[38]

现在分析与以上薄板平面尺寸相同，而厚度 $t = 8R$ 的厚板三维应力集中，材料泊松比 $\nu = 0.25$，弹性模量 $E = 10^7$ Pa。取八分之一板进行分析，有限元网格沿厚度方向仍分为 2、4 和 8 层(图 5.30)三种工况，计算得到的拉伸及弯曲时板中面及表面上最大环向应力 $\sigma_\theta^{\max}$ 和板中面上最大法向应力 σ_z，列于表 5.14。

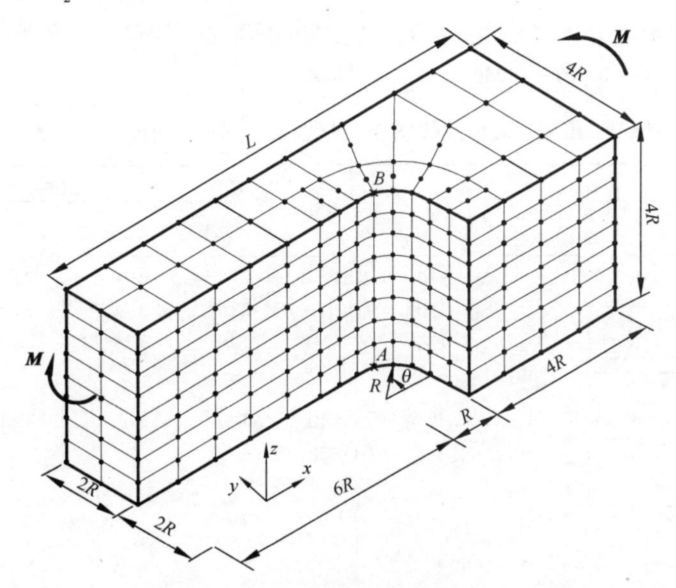

图 5.30　1/8 矩形凸肩厚板的有限元网格($h/R = 2.0, 2h/D = 0.5$)

表 5.14　计算所得拉伸或弯曲时孔边最大环向应力 σ_θ / σ_0 及法向应力 σ_z / σ_0
(矩形凸肩厚板承受拉伸与弯曲 $h / R = 2.0, \nu = 0.25$)

$2h/D$	层数	自由度数	拉伸			弯曲		
			σ_θ / σ_0		σ_z / σ_0	σ_θ / σ_0		σ_z / σ_0
			中面(A)	表面(B)	中面(A)	中面(A)	表面(B)	中面(A)
0.2	2	562	2.182	2.083	0.321	2.060	1.965	0.314
	4	988	2.196	2.017	0.316	2.073	1.900	0.308
	8	1840	2.198	1.954	0.316	2.074	1.840	0.308
0.3	2	541	2.076	1.968	0.345	1.890	1.796	0.301
	4	951	2.104	1.936	0.360	1.901	1.734	0.293
	8	1771	2.109	1.899	0.372	1.902	1.679	0.293
0.4	2	576	2.005	1.916	0.308	1.672	1.592	0.284
	4	1012	2.034	1.875	0.308	1.691	1.549	0.276
	8	1884	2.039	1.823	0.308	1.695	1.503	0.278
0.5	2	422	1.859	1.794	0.304	1.523	1.395	0.275
	4	742	1.884	1.770	0.315	1.533	1.336	0.266
	8	1382	1.888	1.738	0.326	1.534	1.292	0.265

此结果表明，最大环向应力σ_θ和法向应力σ_z均作用于板中面 A 点。对于厚板，无论拉伸或弯曲，随着 $2h/D$ 变小应力集中系数变大，这与薄板拉伸或弯曲时相一致。

与上例相同，对同样平面尺寸而厚度不同的薄板与厚板，不管拉伸还是弯曲，厚板的应力集中系数均比相应的薄板要高；同时，中面法向应力σ_z也不可忽略。

5.3 小　结

1. 利用结点无转动自由度的特殊元分析具有不同槽孔(或不同宽度)的薄板及厚板

当两类薄、厚板具有相同平面几何尺寸但厚度不同时，计算所得各类受力构件的二维及三维应力集中系数($\nu = 0.25$)，汇总列于表 5.15 内。

表 5.15　三维及二维应力集中系数(SCF)比较(具有同样平面尺寸薄、厚不同的构件)

序号	构件类型		单元类型	薄板二维 SCF		厚板三维 SCF	高出二维参考解/%
				有限元解	参考解	有限元解	SCF(厚)−SCF(参考) / SCF(参考)
1	偏心圆孔板承受弯曲[41]	$e/B = 0.10$	SC12 Ⅰ +ODE	2.38	2.51	2.98	18.7
		0.30		2.85	2.74	2.80	2.2
		0.50		3.10	3.14	3.13	−0.3
2	中心圆孔板承受拉伸[32,42] 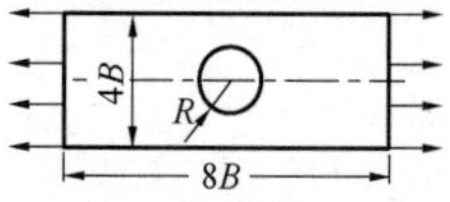		SC8 Ⅲ +OHSE SC12 Ⅳ +ODE	3.52	3.58	3.64	1.7
3	双侧半圆孔板承受弯曲[43]	$2R/W = 0.1$	SC8 Ⅱ +ODE	2.38	2.40	2.42	0.8
		0.2		1.97	1.98	1.99	0.5
		0.3		1.65	1.69	1.69	0.0
4	双侧半圆孔板承受拉伸[43]	$2R/W = 0.1$	SC8 Ⅱ +ODE	2.74	2.72	2.77	1.8
		0.2		2.38	2.37	2.42	2.1
		0.3		2.07	2.07	2.12	2.4
5	单侧半圆孔板承受弯曲[43]	$2R/W = 0.1$	SC8 Ⅱ +ODE	2.10	2.19	2.15	−1.8
		0.2		1.71	1.77	1.73	−2.3
		0.3		1.41	1.48	1.44	−2.7
6	单侧半圆孔板承受拉伸[43]	$2R/B = 0.1$	SC8 Ⅱ +ODE	2.12	2.14	2.19	2.3
		0.2		1.69	1.71	1.75	2.3
		0.3		1.41	1.45	1.46	0.7
7	两个相等圆孔板承受弯曲[44] ($h/B = 1.0$(薄)；$h/B = 0.4$(厚))	$R/B = 0.3$	SC8 Ⅰ +ODE	1.49	1.80	1.24	−31.1
		0.4		1.54	1.88	1.47	−21.8
		0.5		1.69	2.00	1.75	−12.5

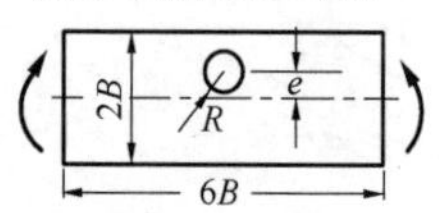

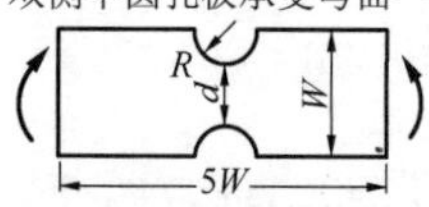

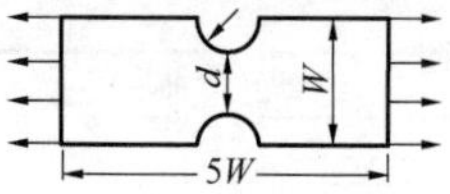

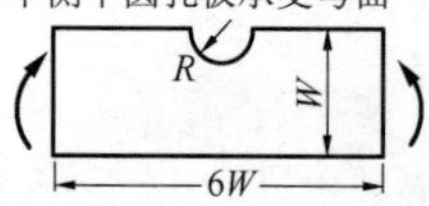

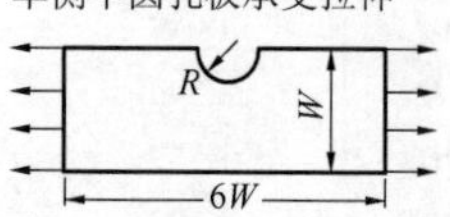

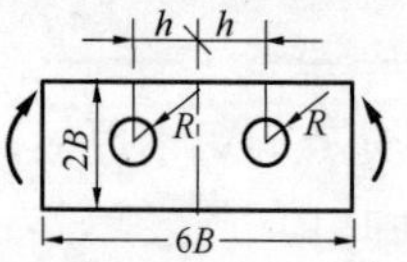

续表

序号	构件类型		单元类型	薄板二维 SCF		厚板三维 SCF	高出二维参考解/%
				有限元解	参考解	有限元解	SCF(厚)-SCF(参考) / SCF(参考)
8	两个相等圆孔板承受拉伸[45,46] ($h/B=1.0$(薄)，$h/B=0.4$(厚)) 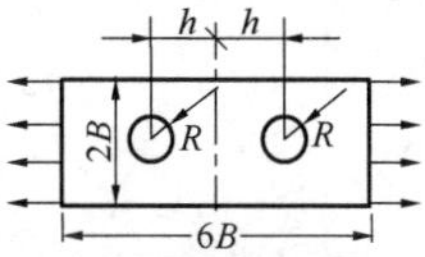	$R/B=0.3$	SC8 Ⅰ +ODE	3.39	3.30	3.29	−0.3
		0.4		3.60	3.63	3.52	−3.0
		0.5		4.05	4.17	4.03	−3.4
9	两个不等圆孔板承受拉伸[47] ($R_1/R_2=0.2$，$R_1=1$) 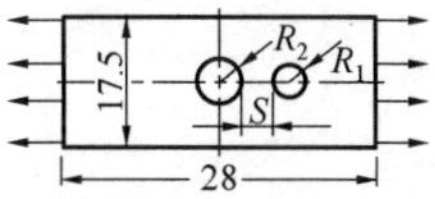	$S=1$	SC12 Ⅰ +ODE	2.88	3.00	2.80	−6.7
		2		2.95	3.00	2.81	−6.3
		4		3.10	2.99	2.90	−3.0
		5		3.01	2.99	2.91	−2.7
10	变宽度板承受弯曲(Ⅰ)[38] ($h/R=1.0$) 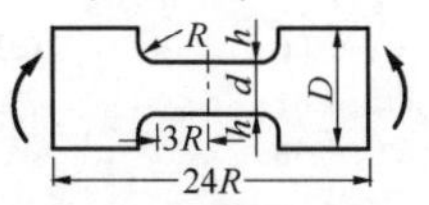	$2h/D=0.3$	SC12 Ⅰ +ODE	1.47	1.50	1.48	−1.3
		0.6		1.06	1.09	1.06	−2.8
11	变宽度板承受拉伸[38] ($h/R=1.0$) 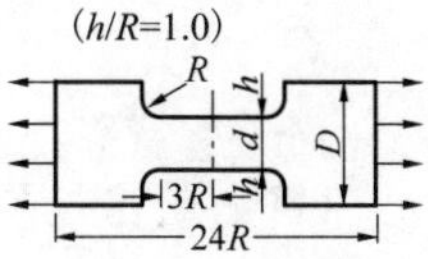	$2h/D=0.3$	SC12 Ⅰ +ODE	1.80	1.78	1.81	1.7
		0.6		1.36	1.36	1.37	0.7
12	中心倒圆角方孔板承受拉伸[7] 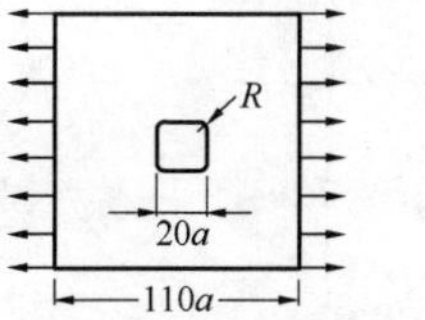	$R=0.616a$	SC12 Ⅰ +SCP12 +ODE	5.15	5.16	6.39	23.8
13	纵向拟椭圆孔板承受拉伸[9,2] 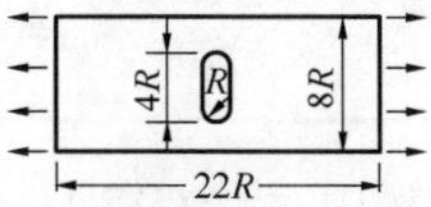		SC12 Ⅰ +SCP12 +ODE	2.60	2.60	2.55	−1.9
14	纵向矩形孔板承受拉伸[9,2] 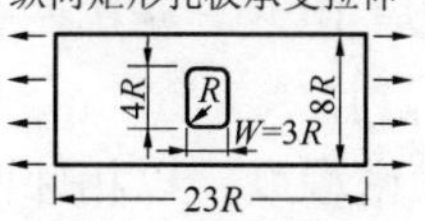		SC12 Ⅰ +SCP12 +ODE	2.23	2.12	2.10	−0.9
15	方孔矩形板承受拉伸[9,2] 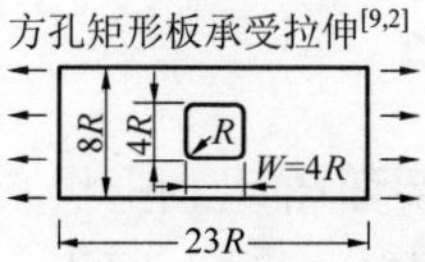		SC12 Ⅰ +SCP12 +ODE	2.02	1.98	1.97	−0.5
16	对称 U-型槽口板承受弯曲[14-16] ($W/R=3.0$) 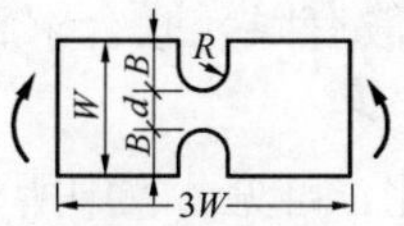	$d/R=0.25$	SC12 Ⅰ +SCP12 +ODE	1.30	—	1.46	—
		0.50		1.43	—	1.48	—
		1.00		1.53	1.50	1.57	0.5
		1.50		1.54	1.50	1.58	5.3
		2.00		1.54	1.50	1.58	5.3
		3.00		1.54	1.49	1.59	6.7
		4.00		1.54	1.47	1.59	8.2

续表

序号	构件类型		单元类型	薄板二维 SCF		厚板三维 SCF	高出二维参考解/%
				有限元解	参考解	有限元解	$\frac{SCF(厚)-SCF(参考)}{SCF(参考)}$
17	对称 U-型槽口板承受拉伸[14-16] (W/R=3.0)	d/R = 0.25	SC12 Ⅰ	1.64	1.66	1.67	0.6
		0.50	+SCP12	1.81	1.82	1.84	1.1
		1.00	+ODE	1.89	1.86	1.92	3.2
		1.50		1.90	1.88	1.94	3.2
		2.00		1.90	1.87	1.95	4.3
		3.00		1.89	1.84	1.92	4.3
		4.00		1.88	1.82	1.92	5.5
18	变宽度板承受弯曲(Ⅱ)[24] (h/R=2.0)	R/d = 0.2	SC12 Ⅲ	1.64	1.56	1.68	7.7
		0.3	+SCP12	1.42	1.41	1.45	2.8
		0.5	+ODE	1.28	1.25	1.32	5.6
19	变宽度板承受拉伸(Ⅱ)[24] (h/R=2.0)	R/d = 0.2	SC12 Ⅲ	2.02	1.94	2.06	6.2
		0.3	+SCP12	1.78	1.76	1.81	2.8
		0.5	+ODE	1.53	1.52	1.56	2.6
20	矩形凸肩板承受弯曲[24] (h/R=2.0)	$2h/D$ = 0.2	SC12 Ⅰ	2.04	2.00	2.07	3.5
		0.5	+SCP12	1.48	1.49	1.53	2.7
			+ODE				
21	矩形凸肩板承受拉伸[24] (h/R=2.0)	$2h/D$ = 0.2	SC12 Ⅰ	2.16	2.12	2.20	3.8
		0.5	+SCP12	1.88	1.86	1.89	1.6
			+ODE				

表中前 11 项的数值，系由一种特殊杂交元(SC8 Ⅰ，SC8 Ⅱ，SC8 Ⅲ 或 SC12 Ⅰ)与一般等参位移元(ODE)(或一般杂交应力元(OHSE))联合求解得到；表中后 10 项，是由两种特殊元(SC12 Ⅰ+SCP12 或 SC12 Ⅲ+SCP12)与一般等参位移元联合求解得到。

表中应力集中系数的参考值，由位移元根据加密网格算得(其加密程度，以相邻两组有限元网格计算所得应力，其相对误差<5%时的网格密度为准)。

由表 5.15 可得以下结论。

(1)现在的各种特殊元，由于它们不仅真实地模拟了槽孔(或构件边界面)的几何形状、正确反映了槽孔边沿(或构件边界面)上外力边界条件，而且给出了合理的单元假定应力场，因此，在相当粗的网格下，即可提供远较一般假定等参位移元及一般假定应力杂交元准确的三维(或二维)应力值。

(2)用两种特殊元与一般有限元联合，较之仅用一种特殊元与一般有限元联合求解，可以得到更准确的应力值。

(3)将具有相同平面尺寸薄板与厚板的二维及三维应力集中系数相比，可见，表中所列举的

21 种工况中的 12 种，**其厚板的三维应力集中系数大于对应薄板的二维值**，尤其当槽孔(或变宽度板)的倒圆角半径较小时(如工况 12——中心倒圆角方孔板承受拉伸，工况 18——变宽度板承受弯曲等)，这时薄板与相应的厚板应力集中系数相差更大，所以，用薄板二维的应力集中系数去代替相应厚板的三维应力集中系数，有时是不安全的。

由西田正孝[3]、Kumagai[37]、Hartman[40]等光弹经验公式，算得的一些二维应力集中系数一般偏小，应用这些公式去估计三维应力集中，偏于不安全。

同时，厚板中面上的法向应力σ_z往往相当大，不可忽视。

(4) 现在所建立的三维特殊元，特别适用于分析具有圆柱孔、半圆孔、拟椭圆孔以及倒圆角矩形孔等多类槽孔的三维块体或多类变宽度凸肩板等构件，它们的三维应力集中系数、环向应力σ_θ及法向应力σ_z。这些特殊元不仅远较一般有限元方法求解效率快、精度高，而且也较光弹等试验方法快捷、简便及准确。

2. 本章所建立的 9 种特殊杂交应力元汇总列于表 5.16

表 5.16　根据修正的余能原理 Π_{mc} 及 Hellinger-Reissner 原理 Π_{HR} 建立的早期杂交应力元及具有一个给定外力表面的特殊杂交应力元

变分原理	有限元模型	变量	矩阵方程中的未知数	矩阵方程	参考文献
$\Pi_{mc}(\boldsymbol{\sigma}^*,\boldsymbol{u})$	早期杂交应力模式Ⅰ	应力：$\boldsymbol{\sigma}^*=\boldsymbol{P\beta}$ (满足平衡方程) 边界位移：$\tilde{\boldsymbol{u}}=\boldsymbol{Lq}$ ($\boldsymbol{q}$：广义结点位移)	$\boldsymbol{q}$ $\Pi_{mc}(\boldsymbol{\beta},\boldsymbol{q})\to\Pi_{mc}(\boldsymbol{q})$	位移 $\boldsymbol{kq}=\boldsymbol{Q}$	Pian (1964) [48]
$\Pi_{HR}(\boldsymbol{\sigma}^*,\boldsymbol{u})$	早期杂交应力模式Ⅱ	应力：$\boldsymbol{\sigma}^*=\boldsymbol{P\beta}$ (满足平衡方程) 位移：$\tilde{\boldsymbol{u}}=\boldsymbol{Nq}$ ($\boldsymbol{q}$：广义结点位移)	$\boldsymbol{q}$ $\Pi_{HR}(\boldsymbol{\beta},\boldsymbol{q})\to\Pi_{HR}(\boldsymbol{q})$	位移 $\boldsymbol{kq}=\boldsymbol{Q}$	同上
1	具有一个无外力圆柱表面特殊杂交应力元 · SC8 Ⅰ 1元 · SC12 Ⅰ 元 · SC8 Ⅱ元 · SC8 Ⅲ元 · SC8 Ⅳ元			位移 $\boldsymbol{kq}=\boldsymbol{Q}$	Pian, Tian (1986) [49] 田,田 (1989,1990) [4,5] Tian, Tian (1990) [50] Tian (1990) [32] 田,王 (2007) [42]
2	具有一个均匀压力作用的圆柱表面特殊杂交应力元 · SC8 Ⅰ 2 元	同上	同上	位移 $\boldsymbol{kq}=\boldsymbol{Q}$	田, 原 (1990) [51]
3	具有一个无外力直表面特殊杂交应力元 · SCP12 元	同上	同上	位移 $\boldsymbol{kq}=\boldsymbol{Q}$	田 (1993) [1]
4	各结点具有转动自由度的特殊杂交应力元 · SL4 元 · SL8 元	同上	同上	位移 $\boldsymbol{kq}=\boldsymbol{Q}$	Wang, Tian (2004,2007) [52,53] Wang, Tian (2006) [54]

参 考 文 献

[1]　田宗漱. 具有一个无外力直表面三维杂交应力元的建立. 中国科学院研究生院科研资料. 1993

[2] 田宗漱, 田炯. 横向倒圆槽孔板的应力集中分析. 中国北方七省计算力学会议论文集, 石家庄, 1995: 106-110

[3] 西田正孝 M. 应力集中(增补版). 李安定, 郭廷玮, 张成文, 等译. 北京: 机械工业出版社, 1986

[4] Tian Z S. A study of stress concentration in solids with circular holes by 3-dimensional special hybrid stress finite elements. J Strain Analysis, 1990. 25: 29-35

[5] 田宗漱, 田铮. 对三维特殊杂交应力元的进一步研究. 中国科学院研究生院学报, 1989. 6(1): 33-47

[6] Tian Z S, Tian J, Liu J S. The effect of rectangular holes on the bending of plates // Kwak B M, Tanada M. Computational Engineering. Macao: Elsevier Science Publishers B V, 1994: 215-220

[7] Tian Z S, Liu J S, Fang B. Stress analyses of solids with rectangular hole by 3-D special hybrid stress elements. Int J Struct Eng Mech, 1995. 3(2): 193-199

[8] 萨文 Γ H. 孔附近的应力集中. 卢鼎霍, 译. 北京: 科学出版社, 1965

[9] Tian Z S, Liu J S, Tian J. Stress analysis in solid with rectangular holes // Valliappan S, Pulmano V A, Etin-Loi F.Computational Mechanics. Rotterdam : A A Balkema, 1993: 237-242

[10] Wahl A M, Beeuwkes Jr R. Stress concentration produced by holes and notches. ASME, 1934. 56: 617-625

[11] 刘劲松, 田宗漱. 纵向槽孔板的应力集中系数. 中国科学院研究生院学报, 1995. 12(2): 113-118

[12] Tian Z S, Liu J S. Stress analyses in solids with rectangular holes and notches. Proc WCCM'Ⅲ, Chiba, 1992, 2: 1643-1645

[13] Tian Z S, Liu J S, Ye L, et al. Studies of stress concentration by using special hybrid stress elements. Int J Num Meth Engng, 1997. 40(8): 1399-1411

[14] Tian Z S, Ge X G, Tian Z. 3-Dimensional stress analysis in a solid with U-shaped groove. Proc EPMESC'Ⅵ, 1997: 408-413

[15] Tian Z S, Ge X G. 3-Dimensional stress concentration in a solid with U-shaped grooves. CD-ROM WCCM'Ⅳ, Buenos Aires, 1998: 200

[16] Tian Z S, Zhao F D. Stress Concentration in a solid with symmetric U-shaped groove. J Strain Analysis, 2001. 36(2): 211-217

[17] Flynn P D, Roll A A. A re-examination of stresses in tension bar with symmetric U-shaped grooves. Expl Mech, 1966. 6: 93-98

[18] Flynn P D, Roll A A. Comparison of stress-concentration factors in hyperbolic and U-shaped grooves. Expl Mech, 1967. 7: 272-275

[19] Kikukawa M. Factors of stress concentration for notched bars under tension and bending. Proc 10th Int Cong Appl Mech, 1962: 337-341

[20] Heywood R B. Designing by Photoelasticity. London: Chapman and Hall Ltd, 1952

[21] Appl E J, Koerner D R. Stress concentration factors for U-shaped, hyperbolic, and rounded V-shaped notches. Trans ASME, 1969. 36: 2-7

[22] Neuber H Z. 应力集中. 赵旭生, 译. 北京: 科学出版社, 1958

[23] Kikukawa M. A note on the stress-concentration factor of a notched strip. Proc 3rd Cong Theoretical Appl Mech, 1957: 59-64

[24] 杨庆平, 田宗漱. 变宽度板在拉伸与弯曲时的三维应力集中. 应用力学学报, 2004. 21(3): 79-84

[25] Timoshenko S, Dietz W. Stress concentration produced by holes and fillets. ASME, 1925. 27: 199-237

[26] Weibel E E. Studies in photoelastic stress determination. ASME, 1934. 57: 637-658

[27] Frocht M M. Photoelastic studies in stress concentration. ASME, 1936. 58: 485-489

[28] Peterson R E. Stress Concentration Design Factors. New York: Wiley, 1959

[29] Fessler H, Rogers C C, Stanley P. Shouldered plates and shafts in tension and torsion. Strain Analysis, 1969. 4(3): 169-169

[30] Wilson I H, White D J. Stress-concentration factors for shoulder fillets and grooves in plates. Strain Analysis, 1973. 5(1): 43-51

[31] Peterson R E. 应力集中. 杨东民, 叶道盖, 译. 北京: 国防工业出版社, 1988

[32] Tian Z S. Further Improved 3-dimensional hybrid finite element with a traction-free cylindrical surface. Proc WCCM'Ⅱ, Stuttgart, 1990: 459-462

[33] Pian T H H, Tong P. Relations between incompatible displacement model and hybrid stress model. Int J Num Meth Engng, 1986. 22: 173-181

[34] Noda N N, Kanemoto T, Nisitani H, et al. Stress concentration of shoulder fillets in flat bar under tension and in-plane bending. Trans Japan Mech Eng, 1990. 56(523): 281-285

[35] Noda N A, Takase Y, Monda K. Stress concentration factors for shoulder fillets in round and flat bars under various loads. J Fatigue, 1997. 19(1): 75-84

[36] 杨庆平, 田宗漱. 矩形凸肩板拉伸与弯曲时的三维应力集中. 船舶力学, 2004. 8(5): 42-70

[37] Kumagai K, Shimada H. The stress concentration factor produced by a projection under tensile load. Bull Japan Soc Mech Eng, 1968. 11(47): 739-745

[38] 王安平, 田宗漱. 变宽度板承受拉伸与弯曲时的三维应力集中. 机械科学与技术, 2004. 23(11): 1374-1379

[39] Noda N A, Yamasaki T, Matsuo K, et al. Interaction between fillet and crack in round and flat test specimens. Eng Fract Mech, 1995. 50(3): 385-405

[40] Hartman J B, Leven M M. Factors of stress concentration for the bending case of fillets in flat bars and shafts with central enlarged section. Proc SESA, 1951. 19(1): 53-62

[41] 赵奉东, 田宗漱. 偏心圆孔的三维应力集中. 机械工程学报, 2000. 36(10): 108-112

[42] 田宗漱, 王安平. 一类新的具有一个无外力圆柱表面的杂交应力元. 应用力学学报, 2007. 24(4): 499-503

[43] 王安平, 田宗漱. 半圆孔板承受拉伸和弯曲时的三维应力集中. 工程力学, 2005. 22(4): 52-57

[44] 田宗漱, 高陆. 两个相等圆孔板弯曲时的三维应力集中. 计算力学学报, 2000. 17(4): 483-486

[45] Tian Z S, Gao L, Sun Z. 3-D stress concentration of solid with two circular holes. Proc EPMESC'Ⅶ, 1999. 1: 211-223

[46] Tian Z S, Gao L, Tian Z. Investigation of stress concentration in plate with two circular holes under tension and bending. Proc EPMESC'Ⅵ, 1997: 414-419

[47] 赵奉东, 田宗漱. 具有两个不等圆孔厚板的三维应力集中. 力 2000 论文集, 2000: 501-505

[48] Pian T H H. Derivation of element stiffness matrices by assumed stress distributions. AIAA J, 1964. 2(7): 1333-1336

[49] Pian T H H, Tian Z S. Hybrid solid element with a traction-free cylindrical surface. Proc ASME Symp on Hybrid and Mixed Finite Element Models, 1986: 89-95

[50] Tian Z S, Tian Z. Improved hybrid solid elements with a traction-free cylindrical surface. Int J Num Meth Engng, 1990. 29: 801-809

[51] 田宗漱, 原克明. 具有一个均布载荷圆柱表面的杂交应力元. 计算结构力学及应用, 1990. 7: 105-108

[52] Wang A P, Tian Z S. Special hybrid element with drilling degrees of freedom. CD-ROM WCCM'Ⅵ & APPCOM'04, Beijing, 2004, 2: 30

[53] 王安平, 田宗漱. 具有一个无外力圆弧边含转动自由度的杂交应力元. 中国科学院研究生院学报, 2007. 24(1): 25-33

[54] Wang A P, Tian Z S. A 3-dimensional assumed stress hybrid element with drilling degrees of freedom. Proc EPMESC'Ⅹ, Sanya, 2006: 728-737

第6章　修正的Hellinger-Reissner原理Π_{mR}，根据修正的Hellinger-Reissner原理建立的特殊杂交应力元及其应用

20世纪90年代美国麻省理工学院卞学鐄(Pian T H H)教授创立了杂交应力元新的理性列式方法，并建立了一系列理性杂交应力有限元。

本章将论述应用这些理性方法，建立具有一个给定无外力表面的特殊杂交应力元。

由于这些理性方法是利用非协调位移进行列式，并且是建立在一系列修正的Hellinger-Reissner原理[1]①基础之上，所以，在探讨这些理性方法之前，我们先来讨论这些理性方法所依据的修正的Hellinger-Reissner原理。

6.1　修正的Hellinger-Reissner原理

6.1.1　Hellinger-Reissner原理的离散形式

为了方便以后的有限元列式，采用离散后的Hellinger-Reissner原理，它表示为

$$\Pi_{HR}(\boldsymbol{\sigma},\boldsymbol{u})=\sum_{n}\left\{\int_{V_n}[-B(\boldsymbol{\sigma})+\boldsymbol{\sigma}^{\mathrm{T}}(\boldsymbol{D}\boldsymbol{u})-\boldsymbol{F}^{\mathrm{T}}\boldsymbol{u}]\,\mathrm{d}V-\int_{S_{u_n}}\boldsymbol{T}^{\mathrm{T}}(\boldsymbol{u}-\overline{\boldsymbol{u}})\mathrm{d}S\right.$$
$$\left.-\int_{S_{\sigma_n}}\overline{\boldsymbol{T}}^{\mathrm{T}}\boldsymbol{u}\,\mathrm{d}S\right\}=\text{驻值}\quad(\boldsymbol{T}=\boldsymbol{\nu}\boldsymbol{\sigma})\tag{6.1.1}$$

约束条件　$\boldsymbol{u}^{(a)}=\boldsymbol{u}^{(b)}$　(S_{ab}上)

式中，n为离散后的有限元个数。

式(6.1.1)中约束条件的产生，是由于利用Π_{HR}进行有限元列式时，沿相邻单元边界面上应力及位移的连续条件放松了，其放松的程度是泛函Π_{HR}要有定义。为简单起见，以平面应力问题为例，如选取局部坐标(n,s)沿单元边界的法向及切向方向，则泛函(6.1.1)右侧积分的第二项写为

$$I=\int_{V_n}\frac{1}{2}(u_{ij}+u_{j,i})\sigma_{ij}\mathrm{d}V=\int_{A}[\sigma_n u_{n,n}+\tau_{ns}(u_{n,s}+u_{s,n})+\sigma_s u_{s,s}]\,t\,\mathrm{d}A\tag{a}$$

式中，t为单元厚度；σ_n、σ_s及τ_{ns}为沿n及s方向的法向应力及切应力；u_n及u_s分别为沿n及s方向的位移。

① 这些修正的Hellinger-Reissner变分原理，是利用拉氏乘子解除单元列式时Hellinger-Reissner原理的约束条件，使元间边界上允许有不连续的场函数。卞及鹫津久一郎称它们为“连续性要求松弛了的变分原理”，以前Prager[2]也用这个名称，这个名称较称它们为“修正的原理”更为适宜。

这样，在以下几种元间约束条件下，可以使积分式(a)有定义：

(1)横过单元边界法向及切向位移都连续，这是式(6.1.1)约束条件；

(2)横过单元边界法向位移和切向应力连续，或切向位移及法向应力连续；

(3)横过单元边界法向及切向应力连续。

这几类约束条件均可使式(a)有定义，以下主要讨论约束条件(1)的情况。

6.1.2　修正的 Hellinger-Reissner 原理(一) Π_{mR_1}

该变分原理放松了元间位移连续条件[$\boldsymbol{u}^{(a)}=\boldsymbol{u}^{(b)}$ (S_{ab}上)]，为此，利用了董等[3,4]建议的方法，引入元间新位移 $\tilde{\boldsymbol{u}}$ (图 6.1)，并将它作为一类新的独立变量，应当满足条件：

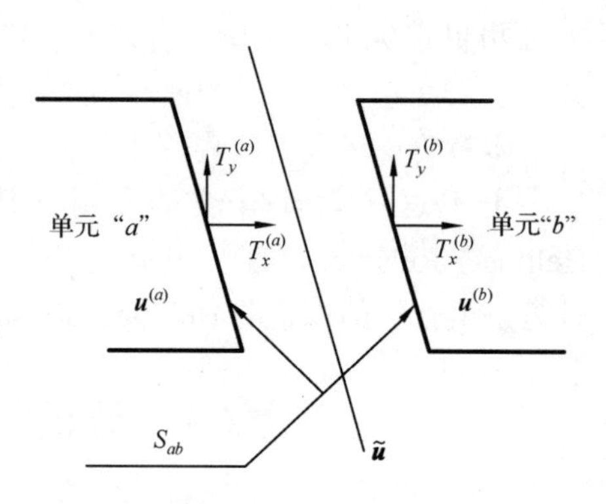

图 6.1　在元交界处的位移 $\tilde{\boldsymbol{u}}$

$$
\begin{aligned}
&\text{单元“}a\text{”} \quad \boldsymbol{u}^{(a)}-\tilde{\boldsymbol{u}}=\boldsymbol{0} \quad (S_{ab}\text{上})\\
&\text{单元“}b\text{”} \quad \boldsymbol{u}^{(b)}-\tilde{\boldsymbol{u}}=\boldsymbol{0} \quad (S_{ab}\text{上})
\end{aligned}
\tag{b}
$$

则两个相邻单元位移协调。

通过引入拉氏乘子 $\boldsymbol{\lambda}^{(a)}$ 及 $\boldsymbol{\lambda}^{(b)}$ 解除约束条件式(b)，建立新泛函

$$
\Pi^*(\boldsymbol{u},\boldsymbol{\sigma},\tilde{\boldsymbol{u}},\boldsymbol{\lambda})=\Pi_{HR}+\sum_{ab}\int_{S_{ab}}\{\lambda_i^{(a)}[u_i^{(a)}-\tilde{u}_i]+\lambda_i^{(b)}[u_i^{(b)}-\tilde{u}_i]\}\mathrm{d}S \tag{6.1.2}
$$

对 Π^* 取变分，并令 $\delta\Pi^*=0$ 来确定拉氏乘子。

$$
\begin{aligned}
\delta\Pi^*=&\sum_n\left\{\int_{V_n}\left[-\frac{\partial B}{\partial\sigma_{ij}}\delta\sigma_{ij}+\frac{1}{2}(u_{i,j}+u_{j,i})\delta\sigma_{ij}+\sigma_{ij}\delta u_{i,j}-\bar{F}_i\delta u_i\right]\mathrm{d}V\right.\\
&\left.-\int_{S_{u_n}}[(u_i-\bar{u}_i)\delta\sigma_{ij}\nu_j+\sigma_{ij}\nu_j\delta u_i]\mathrm{d}S-\int_{S_{\sigma_n}}\bar{T}_i\delta u_i\mathrm{d}S\right\}\\
&+\sum_{ab}\int_{S_{ab}}[(u_i^{(a)}-\tilde{u}_i)\delta\lambda_i^{(a)}+\lambda_i^{(a)}\delta u_i^{(a)}-\lambda_i^{(a)}\delta\tilde{u}_i+(u_i^{(b)}-\tilde{u}_i)\delta\lambda_i^{(b)}+\lambda_i^{(b)}\delta u_i^{(b)}-\lambda_i^{(b)}\delta\tilde{u}_i]\mathrm{d}S=0
\end{aligned}
\tag{c}
$$

利用变分恒等式

$$
\int_{V_n}\sigma_{ij}\delta u_{i,j}\mathrm{d}V=-\int_{V_n}\sigma_{ij,j}\delta u_i\mathrm{d}V+\int_{\partial V_n}\sigma_{ij}\nu_j\delta u_i\mathrm{d}S \tag{d}
$$

利用 $\partial V_n=S_{u_n}\cup S_{\sigma_n}\cup S_{ab}$，可得

$$
\begin{aligned}
\delta\Pi^*=&\sum_n\left\{\int_{V_n}\left[-\left(\frac{\partial B}{\partial\sigma_{ij}}-\frac{1}{2}u_{i,j}-\frac{1}{2}u_{j,i}\right)\delta\sigma_{ij}-(\sigma_{ij,j}+\bar{F}_i)\delta u_i\right]\mathrm{d}V\right.\\
&\left.-\int_{S_{u_n}}(u_i-\bar{u}_i)\delta\sigma_{ij}\nu_j\mathrm{d}S-\int_{S_{\sigma_n}}(\bar{T}_i-\sigma_{ij}\nu_j)\delta u_i\mathrm{d}S\right\}
\end{aligned}
$$

$$+\sum_{ab}\int_{S_{ab}}[(u_i^{(a)}-\tilde{u}_i)\delta\lambda_i^{(a)}+(u_i^{(b)}-\tilde{u}_i)\delta\lambda_i^{(b)}$$

$$-(\lambda_i^{(a)}+\lambda_i^{(b)})\delta\tilde{u}_i+(\sigma_{ij}^{(a)}\nu_j^{(a)}+\lambda_i^{(a)})\delta u_i^{(a)}$$

$$+(\sigma_{ij}^{(b)}\nu_j^{(b)}+\lambda_i^{(b)})\delta u_i^{(b)}]\mathrm{d}S=0 \tag{e}$$

由于在V_n中的$\delta\sigma_{ij}$与δu_i，S_{u_n}上的$\delta\sigma_{ij}\nu_j$，S_{σ_n}上的δu_i，以及在S_{ab}上的$\delta\lambda_i^{(a)}$、$\delta\lambda_i^{(b)}$、$\delta\tilde{u}$、$\delta u_i^{(a)}$及$\delta u_i^{(b)}$均为独立变分，因而由式(e)可得

V_n内
$$\frac{\partial B}{\partial\sigma_{ij}}=\frac{1}{2}(u_{i,j}+u_{j,i}) \tag{f}$$

$$\sigma_{ij,j}+\bar{F}_i=0$$

S_{u_n}上
$$u_i=\bar{u}_i \tag{g}$$

S_{σ_n}上
$$T_i=\bar{T}_i\quad(T_i=\sigma_{ij}\nu_j) \tag{h}$$

S_{ab}上
$$u_i^{(a)}=\tilde{u}_i$$

$$u_i^{(b)}=\tilde{u}_i$$

$$\lambda_i^{(a)}+\lambda_i^{(b)}=0 \tag{i}$$

$$T_i^{(a)}+\lambda_i^{(a)}=0$$

$$T_i^{(b)}+\lambda_i^{(b)}=0 \tag{j}$$

S_{ab}上的自然边界条件可整理为

S_{ab}上
$$u_i^{(a)}=u_i^{(b)} \tag{k}$$

$$T_i^{(a)}+T_i^{(b)}=0 \tag{l}$$

$$\lambda_i^{(a)}=-T_i^{(a)},\ \lambda_i^{(b)}=-T_i^{(b)} \tag{m}$$

可见，新泛函变分后给出的结果，不仅满足小位移弹性理论全部基本方程，而且在单元交界面上也满足位移连续及面力连续条件。

将已识别的拉氏乘子代回泛函Π^*中，即得到修正的 Hellinger-Reissner 原理，考虑到Π^*的最后一项现在为

$$\begin{aligned}&\sum_{ab}\int_{S_{ab}}\{\lambda_i^{(a)}[u_i^{(a)}-\tilde{u}_i]+\lambda_i^{(b)}[u_i^{(b)}-\tilde{u}_i]\}\mathrm{d}S\\&=-\sum_{ab}\int_{S_{ab}}\{T_i^{(a)}[u_i^{(a)}-\tilde{u}_i]+T_i^{(b)}[u_i^{(b)}-\tilde{u}_i]\}\mathrm{d}S\end{aligned} \tag{n}$$

注意将式(n)积分中的两项，分别归并至单元“a”与单元“b”各自的求和式中，于是得到泛函Π_{mR_1}

$$\Pi_{mR_1}(\boldsymbol{\sigma},\boldsymbol{u},\tilde{\boldsymbol{u}},\boldsymbol{T})=\sum_n\left\{\int_{V_n}\left[-B(\sigma)+\frac{1}{2}\sigma_{ij}(u_{i,j}+u_{j,i})-\bar{F}_iu_i\right]\mathrm{d}V\right.$$
$$\left.-\int_{S_{u_n}}T_i(u_i-\bar{u}_i)\mathrm{d}S-\int_{S_{\sigma_n}}\bar{T}_iu_i\mathrm{d}S-\int_{S_{ab}}T_i(u_i-\tilde{u}_i)\mathrm{d}S\right\} \tag{o}$$

式(o)的最后一项代表识别的拉氏乘子项。

由于

$$\partial V_n=S_{\sigma_n}\cup S_{u_n}\cup S_{ab} \tag{p}$$

将式(o)化简，得到第一类修正的 Hellinger-Reissner 原理：

$$\Pi_{mR_1}(\boldsymbol{\sigma},\boldsymbol{u},\tilde{\boldsymbol{u}},\boldsymbol{T})=\sum_n\left\{\int_{V_n}\left[-B(\boldsymbol{\sigma})+\frac{1}{2}\boldsymbol{\sigma}^{\mathrm{T}}(\boldsymbol{D}\boldsymbol{u})-\bar{\boldsymbol{F}}^{\mathrm{T}}\boldsymbol{u}\right]\mathrm{d}V\right.$$
$$\left.-\int_{\partial V_n}\boldsymbol{T}^{\mathrm{T}}(\boldsymbol{u}-\tilde{\boldsymbol{u}})\mathrm{d}S-\int_{S_{\sigma_n}}\bar{\boldsymbol{T}}^{\mathrm{T}}\tilde{\boldsymbol{u}}\,\mathrm{d}S\right\}$$
$$=\text{驻值} \tag{6.1.3}$$

约束条件

$$\tilde{\boldsymbol{u}}=\bar{\boldsymbol{u}}\quad（S_{u_n}\text{上}）$$
$$\boldsymbol{T}=\bar{\boldsymbol{T}}\quad（S_{\sigma_n}\text{上}）$$

式(6.1.3)中的约束条件，系将泛函(o)简化为式(6.1.3)时所得到。

请注意，泛函(6.1.3)中引入了以下三组位移：

- $\tilde{\boldsymbol{u}}$：两个单元交界处的独立变化边界位移；
- $\boldsymbol{u}$：单元内部位移；
- $\bar{\boldsymbol{u}}$：单元位移已知表面上的给定位移。

由以上推导得出以下结论：

(1) 式(6.1.3)是解除了元间位移协调条件所得到的广义变分原理，称其为修正的 Hellinger-Reissner 原理(一)。

(2) 这个变分原理包含四类独立的自变函数：泛函(6.1.1)原有的自变函数——单元应力 $\boldsymbol{\sigma}$ 及单元内部位移 $\boldsymbol{u}$；解除元间位移协调条件，引入的单元交界处的边界位移 $\tilde{\boldsymbol{u}}$；作为已识别的拉氏乘子[式(m)]，而进入泛函的独立变量 $\boldsymbol{T}$。

(3) 建立这个修正的变分原理时，引入了式(b)，而不是用拉氏乘子直接解除协调条件 $\boldsymbol{u}^{(a)}-\boldsymbol{u}^{(b)}=\boldsymbol{0}$，是因为现在方法最后可将涉及拉氏乘子项[式(n)]，分别归并至单元“a”与单元“b”的各自求和式中，最终变分泛函[式(6.1.3)]只有单元总边界 ∂V_n 积分，而不涉及单元间交界面 S_{ab}，这将使有限元的编程得以简化。

6.2 修正的 Hellinger-Reissner 原理(二)及修正的 Hellinger-Reissner 原理(三)

事实上，应用包含四类独立场变量的泛函 Π_{mR_1} 进行有限元列式，并不方便，为此，对它进行如下简化。

6.2.1　修正的 Hellinger-Reissner 原理（二）Π_{mR_2}

在泛函 Π_{mR_1} 中引入约束条件

$$\boldsymbol{T}=\boldsymbol{\nu\sigma} \tag{a}$$

这样，只剩下三类独立自变函数：单元内部的 $\boldsymbol{\sigma}$ 与 $\boldsymbol{u}$，及单元边界上的 $\tilde{\boldsymbol{u}}$。这时，泛函 Π_{mR_1} 变为 Π_{mR_2} [5-8]。

$$\begin{aligned}\Pi_{mR_2}(\boldsymbol{\sigma},\boldsymbol{u},\tilde{\boldsymbol{u}})=&\sum_n\left\{\int_{V_n}[-B(\boldsymbol{\sigma})+\boldsymbol{\sigma}^{\mathrm{T}}(\boldsymbol{D}\boldsymbol{u})-\bar{\boldsymbol{F}}^{\mathrm{T}}\boldsymbol{u}]\mathrm{d}V\right.\\&\left.-\int_{\partial V_n}\boldsymbol{T}^{\mathrm{T}}(\boldsymbol{u}-\tilde{\boldsymbol{u}})\,\mathrm{d}S-\int_{S_{\sigma_n}}\bar{\boldsymbol{T}}^{\mathrm{T}}\tilde{\boldsymbol{u}}\,\mathrm{d}S\right\}\quad(\boldsymbol{T}=\boldsymbol{\nu\sigma})\\=&\text{驻值}\end{aligned}\tag{6.2.1}$$

约束条件

$$\boldsymbol{T}=\boldsymbol{\nu\sigma}=\bar{\boldsymbol{T}}\quad(S_{\sigma_n}\text{上})$$

$$\tilde{\boldsymbol{u}}=\bar{\boldsymbol{u}}\quad(S_{u_n}\text{上})$$

或利用变分恒等式

$$\int_{V_n}\boldsymbol{\sigma}^{\mathrm{T}}(\boldsymbol{D}\boldsymbol{u})\mathrm{d}V=-\int_{V_n}(\boldsymbol{D}^{\mathrm{T}}\boldsymbol{\sigma})^{\mathrm{T}}\boldsymbol{u}\,\mathrm{d}V+\int_{\partial V_n}\boldsymbol{T}^{\mathrm{T}}\boldsymbol{u}\,\mathrm{d}S \tag{b}$$

有

$$\begin{aligned}\Pi_{mR_2}(\boldsymbol{\sigma},\boldsymbol{u},\tilde{\boldsymbol{u}})=&\sum_n\left\{\int_{V_n}[-B(\boldsymbol{\sigma})-(\boldsymbol{D}^{\mathrm{T}}\boldsymbol{\sigma}+\bar{\boldsymbol{F}})^{\mathrm{T}}\boldsymbol{u}]\,\mathrm{d}V\right.\\&\left.+\int_{\partial V_n}\boldsymbol{T}^{\mathrm{T}}\tilde{\boldsymbol{u}}\,\mathrm{d}S-\int_{S_{\sigma_n}}\bar{\boldsymbol{T}}^{\mathrm{T}}\tilde{\boldsymbol{u}}\,\mathrm{d}S\right\}\quad(\boldsymbol{T}=\boldsymbol{\nu\sigma})\\=&\text{驻值}\end{aligned}\tag{6.2.2}$$

约束条件

$$\boldsymbol{T}=\bar{\boldsymbol{T}}\quad(S_{\sigma_n}\text{上})$$

$$\tilde{\boldsymbol{u}}=\bar{\boldsymbol{u}}\quad(S_{u_n}\text{上})$$

式(6.2.1)及式(6.2.2)中的 $\boldsymbol{T}$ 必须等于 $\boldsymbol{\nu\sigma}$，而位移 $\boldsymbol{u}$ 不必满足协调条件。

我们再将以上变分泛函进行演化。

6.2.2　修正的 Hellinger-Reissner 原理（三）Π_{mR_3}

将位移 $\boldsymbol{u}$ 分成协调位移 $\boldsymbol{u}_q$ 及非协调位移 $\boldsymbol{u}_\lambda$ 两部分

$$\boldsymbol{u}=\boldsymbol{u}_q+\boldsymbol{u}_\lambda \tag{c}$$

代入泛函 Π_{mR_2} [式(6.2.1)]，有

$$\Pi_{mR_3}(\boldsymbol{\sigma},\boldsymbol{u}_q,\boldsymbol{u}_\lambda,\tilde{\boldsymbol{u}})=\sum_n\left\{\int_{V_n}[-B(\sigma)+\frac{1}{2}(u_{i,j}^{(q)}+u_{j,i}^{(q)})\sigma_{ij}\right.$$
$$+\frac{1}{2}(u_{i,j}^{(\lambda)}+u_{j,i}^{(\lambda)})\sigma_{ij}-\bar{F}_i(u_i^{(q)}+u_i^{(\lambda)})]\mathrm{d}V$$
$$-\int_{\partial V_n}T_i(u_i^{(q)}+u_i^{(\lambda)}-\tilde{u}_i)\mathrm{d}S$$
$$\left.-\int_{S_{\sigma_n}}\bar{T}_i\tilde{u}_i\,\mathrm{d}S\right\}\quad(T_i=\sigma_{ij}\nu_j)\tag{d}$$

再利用散度定理

$$\int_{V_n}\sigma_{ij}u_{i,j}^{(\lambda)}\mathrm{d}V=-\int_{V_n}\sigma_{ij,j}u_i^{(\lambda)}\mathrm{d}V+\int_{\partial V_n}\sigma_{ij}\nu_j u_i^{(\lambda)}\mathrm{d}S\tag{e}$$

式(d)即成为第三种形式修正的 Hellinger-Reissner 原理[9]

$$\Pi_{mR_3}(\boldsymbol{\sigma},\boldsymbol{u}_q,\boldsymbol{u}_\lambda,\tilde{\boldsymbol{u}})=\sum_n\left\{\int_{V_n}[-B(\boldsymbol{\sigma})+\boldsymbol{\sigma}^{\mathrm{T}}(\boldsymbol{D}\boldsymbol{u}_q)-(\boldsymbol{D}^{\mathrm{T}}\boldsymbol{\sigma})^{\mathrm{T}}\boldsymbol{u}_\lambda-\bar{\boldsymbol{F}}^{\mathrm{T}}(\boldsymbol{u}_\lambda+\boldsymbol{u}_q)]\mathrm{d}V\right.$$
$$\left.-\int_{\partial V_n}(\boldsymbol{\nu}\boldsymbol{\sigma})^{\mathrm{T}}(\boldsymbol{u}_q-\tilde{\boldsymbol{u}})\mathrm{d}S-\int_{S_{\sigma_n}}\bar{\boldsymbol{T}}^{\mathrm{T}}\tilde{\boldsymbol{u}}\,\mathrm{d}S\right\}\quad(\boldsymbol{T}=\boldsymbol{\nu}\boldsymbol{\sigma})$$
$$=\text{驻值}\tag{6.2.3}$$

约束条件

$$\tilde{\boldsymbol{u}}=\bar{\boldsymbol{u}}\qquad(S_{u_n}\text{上})$$
$$\boldsymbol{T}=\boldsymbol{\nu}\boldsymbol{\sigma}=\bar{\boldsymbol{T}}\qquad(S_{\sigma_n}\text{上})$$

6.3　修正的 Hellinger-Reissner 原理及所建立的杂交应力元

Pian 和陈[10]提出在式(6.2.3)基础上，依照以下变分原理进行有限元列式。

6.3.1　修正的 Hellinger-Reissner 变分原理 Π_{mR}

选取 $\boldsymbol{u}$ 及 $\tilde{\boldsymbol{u}}$ 满足以下条件

$$\boldsymbol{u}=\boldsymbol{u}_q+\boldsymbol{u}_\lambda\qquad(V_n\text{内})$$
$$\boldsymbol{u}_\lambda=\boldsymbol{u}-\tilde{\boldsymbol{u}}\qquad(\partial V_n\text{上})\tag{6.3.1}$$

于是，式(6.2.3)成为

$$\Pi_{mR}(\boldsymbol{\sigma},\boldsymbol{u}_q,\boldsymbol{u}_\lambda)=\sum_n\left\{\int_{V_n}[-B(\boldsymbol{\sigma})+\boldsymbol{\sigma}^{\mathrm{T}}(\boldsymbol{D}\boldsymbol{u}_q)-(\boldsymbol{D}^{\mathrm{T}}\boldsymbol{\sigma})^{\mathrm{T}}\boldsymbol{u}_\lambda\right.$$
$$\left.-\bar{\boldsymbol{F}}^{\mathrm{T}}(\boldsymbol{u}_\lambda+\boldsymbol{u}_q)]\,\mathrm{d}V-\int_{S_{\sigma_n}}\bar{\boldsymbol{T}}^{\mathrm{T}}\boldsymbol{u}_q\,\mathrm{d}S\right\}$$
$$=\text{驻值}\tag{6.3.2a}$$

或

$$\Pi_{mR}(\boldsymbol{\sigma},\boldsymbol{u}_q,\boldsymbol{u}_\lambda)=\sum_n\left\{\int_{V_n}[-B(\boldsymbol{\sigma})+\boldsymbol{\sigma}^{\mathrm{T}}(\boldsymbol{D}\boldsymbol{u})-\overline{\boldsymbol{F}}^{\mathrm{T}}(\boldsymbol{u}_q+\boldsymbol{u}_\lambda)]\mathrm{d}V\right.$$
$$\left.-\int_{\partial V_n}\boldsymbol{T}^{\mathrm{T}}\boldsymbol{u}_\lambda\mathrm{d}S-\int_{S_{\sigma_n}}\overline{\boldsymbol{T}}^{\mathrm{T}}\boldsymbol{u}_q\,\mathrm{d}S\right\}\ (\boldsymbol{T}=\boldsymbol{\nu}\boldsymbol{\sigma}) \tag{6.3.2b}$$
$$=\text{驻值}$$

约束条件

$$\boldsymbol{u}_q=\overline{\boldsymbol{u}}\qquad（S_{u_n}\text{上}）$$
$$\boldsymbol{T}=\boldsymbol{\nu}\boldsymbol{\sigma}=\overline{\boldsymbol{T}}\qquad（S_{\sigma_n}\text{上}）$$

注意，以上修正的 Hellinger-Reissner 原理式(6.2.1)及式(6.3.2)中，放松了两类自变函数$\boldsymbol{\sigma}$及$\boldsymbol{u}$：

(1)应力$\boldsymbol{\sigma}$无须满足平衡方程，平衡方程由泛函的变分得到满足，成为变分后的自然条件；

(2)位移$\boldsymbol{u}$也无须满足协调条件，在以上变分原理中，引入了新的独立边界位移$\tilde{\boldsymbol{u}}$，从而使元间位移协调条件也变分得到满足。

6.3.2　有限元列式

选取

$$\boxed{\begin{aligned}\boldsymbol{u}_q&=\boldsymbol{N}\boldsymbol{q}\\ \boldsymbol{u}_\lambda&=\boldsymbol{M}\boldsymbol{\lambda}\\ \boldsymbol{\sigma}&=\boldsymbol{P}\boldsymbol{\beta}\end{aligned}} \tag{6.3.3}$$

式中，协调位移$\boldsymbol{u}_q$以结点位移$\boldsymbol{q}$插值；$\boldsymbol{\lambda}$为非协调位移参数；矩阵$\boldsymbol{M}$可以是非协调函数，例如，泡状函数(Bubble Functions)沿单元边界为零。

现在，虽然$\boldsymbol{u}_q$是协调的，但由于非协调位移$\boldsymbol{u}_\lambda$的引入，所以二者组成的位移$\boldsymbol{u}$将不再协调。同时，如前所述，这里的假定应力也无须满足平衡方程。

导出单元刚度阵，取一个单元的能量泛函，略去体积力及表面力，对于各向同性线弹性材料，式(6.3.2a)成为

$$\Pi_{mR}=\int_{V_n}\left[-\frac{1}{2}\boldsymbol{\sigma}^{\mathrm{T}}\boldsymbol{S}\boldsymbol{\sigma}+\boldsymbol{\sigma}^{\mathrm{T}}(\boldsymbol{D}\boldsymbol{u}_q)-(\boldsymbol{D}^{\mathrm{T}}\boldsymbol{\sigma})^{\mathrm{T}}\boldsymbol{u}_\lambda\right]\mathrm{d}V \tag{6.3.4}$$

将式(6.3.3)代入式(6.3.4)，可得

$$\Pi_{mR}=-\frac{1}{2}\boldsymbol{\beta}^{\mathrm{T}}\boldsymbol{H}\boldsymbol{\beta}+\boldsymbol{\beta}^{\mathrm{T}}\boldsymbol{G}\boldsymbol{q}-\boldsymbol{\beta}^{\mathrm{T}}\boldsymbol{J}\boldsymbol{\lambda} \tag{a}$$

式中

$$\boldsymbol{H}=\int_{V_n}\boldsymbol{P}^{\mathrm{T}}\boldsymbol{S}\ \boldsymbol{P}\,\mathrm{d}V$$

$$G = \int_{V_n} \boldsymbol{P}^{\mathrm{T}} (\boldsymbol{D}\boldsymbol{N})\,\mathrm{d}V$$

$$\boldsymbol{J} = \int_{V_n} (\boldsymbol{D}^{\mathrm{T}} \boldsymbol{P})^{\mathrm{T}} \boldsymbol{M}\,\mathrm{d}V \tag{6.3.5}$$

Π_{mR} 对 $\boldsymbol{\beta}$ 及 $\boldsymbol{\lambda}$ 取驻值，有

$$\boldsymbol{\beta} = \boldsymbol{H}^{-1}(\boldsymbol{G}\boldsymbol{q} - \boldsymbol{J}\boldsymbol{\lambda}) \qquad \boldsymbol{J}^{\mathrm{T}}\boldsymbol{\beta} = \boldsymbol{0} \tag{6.3.6}$$

利用以上两式，将 $\boldsymbol{\lambda}$ 及 $\boldsymbol{\beta}$ 以 $\boldsymbol{q}$ 表示代回式(a)，得到单元刚度矩阵

$$\boldsymbol{k} = \boldsymbol{G}^{\mathrm{T}}\boldsymbol{H}^{-1}\boldsymbol{G} - \boldsymbol{G}^{\mathrm{T}}\boldsymbol{H}^{-1}\boldsymbol{J}(\boldsymbol{J}^{\mathrm{T}}\boldsymbol{H}^{-1}\boldsymbol{J})^{-1}\boldsymbol{J}^{\mathrm{T}}\boldsymbol{H}^{-1}\boldsymbol{G} \tag{6.3.7}$$

这种单元列式，最终也归结于求结点位移 $\boldsymbol{q}$，所以也属于一种**杂交应力模式**。

6.3.3 这种有限元列式讨论

(1) 早期杂交应力元根据修正的余能原理进行列式，其边界位移可以利用结点位移唯一确定，但是，单元应力场的确定仍是一个问题。根据这个变分原理列式，其应力必须准确满足平衡方程，而仅仅满足平衡方程的应力场，仍可以有许多选择。

现在根据修正的 Hellinger-Reissner 原理进行杂交应力元列式,应力场无须满足平衡方程。因此，应力场可以用自然坐标表示，例如，对一般四边形或六面体单元，插值函数可应用局部坐标；对三角形或四面体单元，可应用面积或体积坐标，不必局限于笛卡儿等坐标。由于所选应力场的插值函数定义在局部坐标系中，将使构造的单元易于具有几何不变性，不仅使所形成的单元刚度矩阵对整体坐标系方位的选择敏感性降低，而且使单元性能优化。

早期杂交应力元的应力场，一般选择为以整体坐标表示的非完整多项式，因而单元特性不是几何各向同性的，一些算例表明，这种单元在一种坐标方位下结果可能很好，而在另一种坐标方位时并非如此[11]。而现在的杂交应力元可以避免此类缺点。

(2) 由泛函[式(6.3.2)]导出式(6.3.6)的过程，由于内位移 $\boldsymbol{u}_\lambda$ 的引入，将使齐次平衡方程变分得以满足。式(6.3.6)的第二式 $\boldsymbol{J}^{\mathrm{T}}\boldsymbol{\beta} = \boldsymbol{0}$ 是变分满足齐次平衡方程 $\boldsymbol{D}^{\mathrm{T}}\boldsymbol{\sigma} = \boldsymbol{0}$ 时，对应力参数的一组约束方程。若所选的应力 $\boldsymbol{\sigma}$ 已满足平衡方程，则此组约束方程自动满足，这时单元刚度矩阵将退化和早期杂交应力元相同。

由于所选的应力 $\boldsymbol{\sigma}$ 事先不满足平衡方程，式(6.3.4)最右一项在泛函 Π_{mR} 对 $\boldsymbol{u}_\lambda$ 取变分时成为

$$\delta \int_{V_n} (\boldsymbol{D}^{\mathrm{T}}\boldsymbol{\sigma})^{\mathrm{T}} \boldsymbol{u}_\lambda \mathrm{d}V = \boldsymbol{0} \tag{b}$$

其意义为：**以非协调位移 $\boldsymbol{u}_\lambda$ 为拉氏乘子，使平衡方程得以变分满足**。这时，平衡方程的满足取决于内位移 $\boldsymbol{u}_\lambda$ 的参数 $\boldsymbol{\lambda}$ 。

6.4 非协调杂交应力元理性列式(Ⅰ)—— 平衡法

20 世纪 90 年代，卞学鐄教授在建立高效非协调杂交应力元的研究上，取得了突破性进展，他通过引入附加非协调位移建立合理的位移场，并引入与位移场相匹配的以自然坐标表示的应力场，从而大大改善了单元的性能，提高了解的精度。对这些新的非协调杂交应力元的列式方法，卞将其统称为理性列式方法。这些理性方法的特点在于：

(1) 单元的建立依据一种修正的 Hellinger-Reissner 原理；

(2) 引入非协调附加位移 $\boldsymbol{u}_\lambda$，使所形成的位移场 $\boldsymbol{u}$ 为完整多项式；

(3) 选取以自然坐标表示的假定应力场，使它与假定位移场相互匹配；

(4) 利用非协调位移，建立对初始假定应力场的约束方程，从而求得单元内比较合理的假定应力场。

依据这种列式方法对应力 $\boldsymbol{\sigma}$ 采用约束方程的不同，理性方法可归纳为三类：平衡法、正交法及表面虚功法。

6.4.1　非协调杂交应力元理性列式（Ⅰ）

卞[12,13]建议用如下理性列式方法，建立新型杂交应力元。

下面介绍新型理性杂交应力元的建立步骤——以二维问题为例。

(1) 根据结点位移 $\boldsymbol{q}$ 及在自然坐标系中构造的形函数 $\boldsymbol{N}(\xi,\eta)$，确定协调位移 $\boldsymbol{u}_q$

$$\boldsymbol{u}_q(\xi,\eta)=\boldsymbol{N}(\xi,\eta)\,\boldsymbol{q} \tag{6.4.1}$$

(2) 确定非协调位移 $\boldsymbol{u}_\lambda$

$$\boldsymbol{u}_\lambda(\xi,\eta)=\boldsymbol{M}(\xi,\eta)\,\boldsymbol{\lambda} \tag{6.4.2}$$

使 $\boldsymbol{u}_\lambda$ 与 $\boldsymbol{u}_q$ 之和所产生的位移 $\boldsymbol{u}(=\boldsymbol{u}_q+\boldsymbol{u}_\lambda)$ 为完整多项式（还可以包括一些更高阶的不完整项，以产生适当的约束方程，保持应力项的对称性）。

(3) 确定初始应力 $\boldsymbol{\sigma}$，一般情况包括如下两点：

· 检查单元零能模式；

· 确定单元应力场。

$\boldsymbol{\sigma}$ 可定义于任一种整体坐标系中，即

$$\boldsymbol{\sigma}=\boldsymbol{P\beta} \tag{6.4.3}$$

但插值函数 $\boldsymbol{P}(\xi,\eta)$ 需选取为以自然坐标表示的完整多项式，$\boldsymbol{\sigma}$ 的幂次和由位移 $\boldsymbol{u}(=\boldsymbol{u}_q+\boldsymbol{u}_\lambda)$ 导出的应变同阶（也许还保留一些高阶的不完整项）。

(4) 应用约束方程

$$\delta\int_{V_n}(\boldsymbol{D}^{\mathrm{T}}\boldsymbol{\sigma})^{\mathrm{T}}\boldsymbol{u}_\lambda\mathrm{d}V=\boldsymbol{0} \tag{6.4.4}$$

或者应用式(6.3.6)

$$\boldsymbol{J}^{\mathrm{T}}\boldsymbol{\beta}=\boldsymbol{0}\qquad \boldsymbol{J}=\int_{V_n}(\boldsymbol{D}^{\mathrm{T}}\boldsymbol{P})^{\mathrm{T}}\boldsymbol{M}\,\mathrm{d}V \tag{6.4.5}$$

消去式(6.4.3)中的一些参数 $\boldsymbol{\beta}$，使最后所选应力场 $\boldsymbol{\sigma}^+$ 具有较少的独立应力参数 $\boldsymbol{\beta}^*$

$$\boldsymbol{\sigma}^+=\boldsymbol{P}^*\boldsymbol{\beta}^* \tag{6.4.6}$$

(5) 计算单元刚度矩阵 $\boldsymbol{k}$

利用了约束方程[式(6.4.4)]，泛函 Π_{mR} [式(6.3.4)]成为

$$\Pi_{mR}(\boldsymbol{\sigma}^+,\boldsymbol{u}_q)=\int_{V_n}\left[-\frac{1}{2}\boldsymbol{\sigma}^{+\mathrm{T}}\boldsymbol{S}\boldsymbol{\sigma}^+ +\boldsymbol{\sigma}^{+\mathrm{T}}(\boldsymbol{D}\boldsymbol{u}_q)\right]\mathrm{d}V \tag{6.4.7}$$

从而导出单元刚度矩阵

$$\boldsymbol{k}=\boldsymbol{G}^{\mathrm{T}}\boldsymbol{H}^{-1}\boldsymbol{G} \tag{6.4.8}$$

其中

$$\boldsymbol{H}=\int_{V_n}\boldsymbol{P}^{*\mathrm{T}}\boldsymbol{S}\boldsymbol{P}^{*}\mathrm{d}V$$

$$\boldsymbol{G}=\int_{V_n}\boldsymbol{P}^{*\mathrm{T}}(\boldsymbol{D}\boldsymbol{N})\,\mathrm{d}V \tag{6.4.9}$$

这种有限元理性列式的步骤归纳如下：

$$\left.\begin{array}{l}\left.\begin{array}{l}\boldsymbol{u}_q=\boldsymbol{N}\boldsymbol{q}\\ \boldsymbol{u}_\lambda=\boldsymbol{M}\boldsymbol{\lambda}\\ \boldsymbol{\sigma}=\boldsymbol{P}\boldsymbol{\beta}\end{array}\right\}\rightarrow\delta\int_{V_n}(\boldsymbol{D}^{\mathrm{T}}\boldsymbol{\sigma})^{\mathrm{T}}\boldsymbol{u}_\lambda\mathrm{d}V=\boldsymbol{0}\rightarrow\boldsymbol{\sigma}^{+}=\boldsymbol{P}^{*}\boldsymbol{\beta}^{*}\end{array}\right\}\rightarrow$$

$$\rightarrow\left.\begin{array}{l}\boldsymbol{H}=\int_{V_n}\boldsymbol{P}^{*\mathrm{T}}\boldsymbol{S}\,\boldsymbol{P}^{*}\mathrm{d}V\\ \boldsymbol{G}=\int_{V_n}\boldsymbol{P}^{*\mathrm{T}}(\boldsymbol{D}\boldsymbol{N})\,\mathrm{d}V\end{array}\right\}\rightarrow\boldsymbol{k}=\boldsymbol{G}^{\mathrm{T}}\boldsymbol{H}^{-1}\boldsymbol{G} \tag{6.4.10}$$

6.4.2　用理性列式 I —— 平衡法建立杂交应力元的特点

(1) 这种方法在建立应力场 $\boldsymbol{\sigma}^{+}$ 时，利用了约束方程[式(6.4.4)或式(6.4.5)]，如前所述，这组约束方程其物理意义是**以 $\boldsymbol{u}_\lambda$ 为权函数，使齐次平衡方程在元上变分满足，所以称这种理性列式方法为平衡法**。

(2) 早期建立杂交应力元时，缺乏一个选择假定应力场的系统方法。

而现在的理性模式，正是提出了以上一套系统的方法去选择元内应力场，使所构造的单元具有合理的性质。

(3) 早期的杂交应力元，由于分别独立地选择应力与位移，就存在它们之间合理匹配的问题。

而新的理性列式方法，由于引入了非协调位移 $\boldsymbol{u}_\lambda$，使单元位移 $\boldsymbol{u}(=\boldsymbol{u}_q+\boldsymbol{u}_\lambda)$ 为完整多项式；同时，选取应力 $\boldsymbol{\sigma}$，使其与由位移 $\boldsymbol{u}$ 导出的应变 $(\boldsymbol{D}\boldsymbol{u})$ 具有相同幂次的完整多项式，从而十分简便地达到了**应力与位移相匹配**①。

(4) 杂交应力元的单元刚度矩阵，需对 $\boldsymbol{H}$ 阵取逆，该方阵的维数取决于应力参数 β 的数目 m，为提高计算效率，应力场 $\boldsymbol{\sigma}$ 应选取扫除多余零能模式后的最小 β 数(即 $m=n-r$)。但是，就是满足此条件，$\boldsymbol{\sigma}$ 仍有多种选择的可能性，仍需确定其中哪一种应力场最佳。

现在的理性方法，利用非协调内位移得到应力参数的约束方程，**使 $\boldsymbol{\beta}$ 的数目减少至靠近或等于最小 $\boldsymbol{\beta}$ 数**，从而找到改善上述问题的一条途径。

(5) 至于坐标系的选择，由于早期杂交应力模式要求所选的应力场严格满足平衡方程，所以应力场的插值函数 $\boldsymbol{P}$ 常用直角坐标、柱坐标等坐标系表示，这时，在满足了平衡方程后

① 文献[14]曾建议用另一种方法构造杂交应力元。而现在理性方法的关键在于：**它指出如何选择合理的假定内位移 $\boldsymbol{u}_\lambda$，致使单元内的假定应力 $\boldsymbol{\sigma}$ 与位移 $\boldsymbol{u}$ 相匹配。**

所得到的$\boldsymbol{\sigma}$，常常不是完整的多项式，因而，所构造的单元也往往不具有几何各向同性，对规则形状的单元计算结果也许是好的，而当元形状歪斜时，结果欠佳。因此，应选用以自然坐标表示的插值函数 $\boldsymbol{P}$，以改善此问题。但是，选取自然坐标表示的插值函数，又使应力场难以严格满足平衡方程。

现在新的方法，不要求所选应力场事先满足平衡方程，所以其**插值函数 $\boldsymbol{P}$ 可以用自然坐标表示(同时尽量选取完整的多项式)，这样所建立的单元将会是几何各向同性的，同时，也减少了对单元几何形状歪斜的敏感性**[15]。

所以，新的理性列式方法，全面改进了早期杂交应力模式的不足之处。

6.5 理性列式(Ⅰ)——平衡法建立特殊杂交应力元及其应用

6.5.1 具有一个无外力圆柱表面三维 10 结点特殊杂交应力元

单元形状如图 6.2 所示，其两个侧表面 1694 及 2783 均为圆柱面，而且 1694 为一个给定无外力作用的表面；另两个侧面 1276 及 3894 均沿径向；上、下面 6789 及 1234 平行于 xOy 面。

图中，(ξ,η,ζ) 为局部自然坐标；(x,y,z) 及 (r,θ,z) 分别为整体直角坐标及柱坐标。

依照上节所述非协调杂交应力元理性列式方法，建立这个特殊元[16,17]。

1. 确定协调位移 $\boldsymbol{u}_q$

对于一个三维 10 结点元，依照等参位移元，可以确定其协调位移

$$\boldsymbol{u}_q(\xi,\eta,\zeta)=\boldsymbol{N}(\xi,\eta,\zeta)\,\boldsymbol{q} \qquad (6.5.1)$$

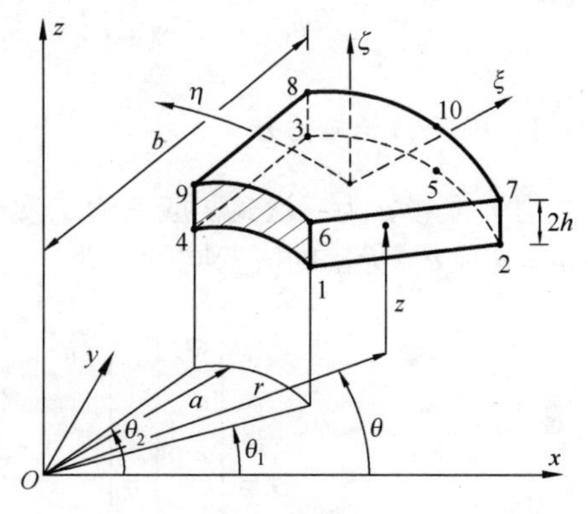

图 6.2 一个无外力圆柱表面 10 结点三维特殊元

其中

$$N_i=\begin{cases}\dfrac{1}{8}\eta_0(1+\xi_0)(1+\eta_0)(1+\zeta_0) & i=1,2,3,4,6,7,8,9\\ \dfrac{1}{4}(1+\xi_0)(1+\zeta_0)(1-\eta^2) & i=5,10\end{cases} \qquad (a)$$

$$\xi_0=\xi\xi_i \qquad \eta_0=\eta\eta_i \qquad \zeta_0=\zeta\zeta_i$$

式中，(ξ_i,η_i,ζ_i) 为结点坐标。

将 $\boldsymbol{u}_q$ 展开，它包括以下各项

$$1 \quad \xi \quad \eta \quad \zeta \quad \xi\eta \quad \eta\zeta \quad \eta^2 \quad \eta^2\xi \quad \eta^2\zeta \quad \xi\eta\zeta \quad \eta^2\xi\zeta \qquad (b)$$

2. 确定非协调内位移 $\boldsymbol{u}_\lambda$

由式(b)知 $\boldsymbol{u}_q$ 为不完整多项式，现在选择如下内位移 $\boldsymbol{u}_\lambda$，使所生成的位移 $\boldsymbol{u}(=\boldsymbol{u}_q+\boldsymbol{u}_\lambda)$ 接近完整的三次式。

$$
\begin{aligned}
\boldsymbol{u}_\lambda = \begin{Bmatrix} u_\lambda \\ v_\lambda \\ w_\lambda \end{Bmatrix} &= \begin{bmatrix} \xi^2\lambda_1 + \xi^2\eta\lambda_2 + \xi^2\zeta\lambda_3 + \zeta^2\lambda_4 + \zeta^2\xi\lambda_5 + \zeta^2\eta\lambda_6 \\ \xi^2\lambda_7 + \xi^2\eta\lambda_8 + \xi^2\zeta\lambda_9 + \zeta^2\lambda_{10} + \zeta^2\xi\lambda_{11} + \zeta^2\eta\lambda_{12} \\ \xi^2\lambda_{13} + \xi^2\eta\lambda_{14} + \xi^2\zeta\lambda_{15} + \zeta^2\lambda_{16} + \zeta^2\xi\lambda_{17} + \zeta^2\eta\lambda_{18} \end{bmatrix} \\
&= \begin{bmatrix} \boldsymbol{M}_0 & 0 & 0 \\ 0 & \boldsymbol{M}_0 & 0 \\ 0 & 0 & \boldsymbol{M}_0 \end{bmatrix} \begin{Bmatrix} \lambda_1 \\ \lambda_2 \\ \vdots \\ \lambda_{18} \end{Bmatrix} \\
&= \boldsymbol{M\lambda}
\end{aligned} \tag{6.5.2}
$$

式中

$$
\boldsymbol{M}_0 = [\xi^2 \quad \xi^2\eta \quad \xi^2\zeta \quad \zeta^2 \quad \zeta^2\xi \quad \zeta^2\eta]
$$

$$
\boldsymbol{M} = \begin{bmatrix} \boldsymbol{M}_0 & 0 & 0 \\ 0 & \boldsymbol{M}_0 & 0 \\ 0 & 0 & \boldsymbol{M}_0 \end{bmatrix} \tag{c}
$$

$$
\boldsymbol{\lambda} = [\lambda_1 \quad \lambda_2 \quad \cdots \quad \lambda_{18}]^{\mathrm{T}} \tag{d}
$$

3. 确定初始应力$\boldsymbol{\sigma}$

由于位移$\boldsymbol{u}$为三次式，应变为二次式，所以应力$\boldsymbol{\sigma}$选择为完整的二次，$\boldsymbol{\sigma}$的幂次与由位移$\boldsymbol{u}(=\boldsymbol{u}_q+\boldsymbol{u}_\lambda)$导出的应变同阶，即

$$
\boldsymbol{\sigma} = \begin{Bmatrix} \sigma_r \\ \sigma_\theta \\ \sigma_z \\ \tau_{r\theta} \\ \tau_{\theta z} \\ \tau_{zr} \end{Bmatrix} = \begin{bmatrix} \boldsymbol{P}_0 & & & & & \\ & \boldsymbol{P}_0 & & & \boldsymbol{0} & \\ & & \boldsymbol{P}_0 & & & \\ & & & \boldsymbol{P}_0 & & \\ & \boldsymbol{0} & & & \boldsymbol{P}_0 & \\ & & & & & \boldsymbol{P}_0 \end{bmatrix} \begin{Bmatrix} \beta_1 \\ \beta_2 \\ \vdots \\ \beta_{60} \end{Bmatrix} = \boldsymbol{P\beta} \tag{6.5.3}
$$

其中

$$
\boldsymbol{P}_0 = [1 \quad \xi \quad \eta \quad \zeta \quad \xi^2 \quad \eta^2 \quad \zeta^2 \quad \xi\eta \quad \eta\zeta \quad \zeta\xi]_{10\times 1} \tag{e}
$$

初始应力场具有60个应力参数。

4. 应用圆柱面1694上无外力条件

$$
\begin{Bmatrix} \sigma_r \\ \tau_{rz} \\ \tau_{r\theta} \end{Bmatrix}_{r=a} = \boldsymbol{0} \tag{6.5.4}
$$

所得到的约束方程，消去初始应力场$\boldsymbol{\sigma}$中18个应力函数，得到仅有42个$\bar{\boldsymbol{\beta}}$的应力场$\bar{\boldsymbol{\sigma}}$

$$
\bar{\boldsymbol{\sigma}} = \bar{\boldsymbol{P}}\bar{\boldsymbol{\beta}} \tag{6.5.5}
$$

5. 应用约束条件

$$\delta \int_{V_n} (\boldsymbol{D}^{\mathrm{T}}\bar{\boldsymbol{\sigma}})^{\mathrm{T}} \boldsymbol{u}_{\lambda} \mathrm{d}V = \boldsymbol{0} \tag{6.5.6}$$

这样又得到 18 个关于$\boldsymbol{\beta}$的约束方程，再从含有 42 个应力参数$\bar{\boldsymbol{\beta}}$的应力场$\bar{\boldsymbol{\sigma}}$[式(6.5.5)]消去 18 个应力参数，最后得到如下仅含 24 个应力参数的应力场$\boldsymbol{\sigma}^{+}$①，对于一个 10 结点三维元，这是其扫除多余零能模式所需最小应力参数($\beta_{\min} = n - r = 3\times 10 - 6 = 24$)：

$$\begin{aligned}
\sigma_r &= (1+\xi)\beta_1 + \eta(1+\xi)\beta_2 + \xi(1+\xi)\beta_3 + \zeta(1+\xi)\beta_4 \\
\sigma_0 &= (P_{11} + \xi^2 P_1 + \zeta^2 P_6)\beta_1 + (F_1\eta + F_2\xi\eta)\beta_2 + (P_{12} + P_2\xi^2 + P_7\zeta^2)\beta_3 \\
&\quad - \left(\frac{2L}{3I_3} + \frac{A_4}{I_3}\right)\xi\zeta\beta_4 + (P_{12} + P_3\xi^2 + P_8\zeta^2)\beta_5 + \left(\zeta + \frac{I_2}{I_3}\xi\zeta\right)\beta_6 + \eta\zeta\beta_7 \\
&\quad + (P_{14} + P_4\xi^2 + P_9\zeta^2 + F_3\eta^2)\beta_{15} + (P_{15} + P_5\xi^2 + P_{10}\zeta^2)\beta_{24} \\
\sigma_z &= \beta_8 + \xi\beta_9 + \eta\beta_{10} + \xi\eta\beta_{11} + \xi^2\beta_{12} + \eta^2\beta_{13} + F_9\zeta^2\beta_{15} + (P_{26}\zeta + P_{29}\xi\zeta)\beta_{19} \\
&\quad + (P_{27}\zeta + P_{30}\xi\zeta)\beta_{20} + (P_{28}\zeta + P_{31}\xi\zeta)\beta_{22} + F_7\eta\zeta\beta_{23} + F_{10}\zeta^2\beta_{24} \\
\tau_{r\theta} &= P_{17}\xi(1+\xi)\beta_2 + (1+P_{17})(1+\xi)\beta_{14} + \zeta(1+\xi)\beta_{16} \\
\tau_{z\theta} &= (P_{19}\zeta + P_{21}\xi\zeta)\beta_2 + F_5\zeta^2\beta_7 + (P_{20}\zeta + P_{22}\xi\zeta)\beta_{14} + F_6\zeta^2\beta_{16} + \beta_{17} \\
&\quad + \xi\beta_{18} + \eta\beta_{19} + \xi\eta\beta_{20} + \xi^2\beta_{21} + F_8\eta^2\beta_{23} \\
\tau_{rz} &= P_{23}\xi(1+\xi)\beta_{19} + P_{24}\xi(1+\xi)\beta_{20} + (1+\xi)(1+P_{25}\xi)\beta_{22} + \eta(1+\xi)\beta_{23} + \zeta(1+\xi)\beta_{24}
\end{aligned} \tag{6.5.7}$$

应力场[式(6.5.7)]中的系数分别由表 6.1 及表 6.2 给出，表中

$$\begin{aligned}
&I_0 = \frac{2}{b-a}\ln\frac{b}{a} \\
&I_n = \frac{2[1-(-1)^n]}{n(b-a)} - \frac{b+a}{b-a}I_{n-1} \qquad n = 1,2,3,4,5 \\
&L = 2/(b-a) \quad \alpha = 2/(\theta_2 - \theta_1) \quad h_1 = 1/h
\end{aligned} \tag{f}$$

表 6.1　应力场[式(6.5.7)]中的系数 A_i, B_i, C_i, F_i

	p	$i=p$	$i=p+1$	$i=p+2$
A_i	1	I_0+I_1	I_1+I_2	I_2+I_3
	4	I_3+I_4	I_4+I_0	$3I_2-2I_0$
B_i	1	$I_1I_2-I_0I_3$	$I_1^2-I_0I_2$	$I_1^2-I_0I_1$
	4	$4I_0I_2/15$	$I_2^2-I_0I_5$	$I_2^2-I_0I_4$
	7	$I_1+I_2-I_3-I_4$	—	—
C_i	1	$(2L/3)+I_2+I_3$	$2L+I_0+I_1$	$\alpha+2I_0+2I_1$
	4	$(L/3)+I_2+I_3$	$(4L/3)+I_2+I_3$	$(2L/3)+I_1+I_2$
	7	$\alpha+I_1+I_3$	$2L+I_1+I_2$	—

① 这个应力场最初由文献[16]给出，文献[17]提供了进一步改善的应力场。

续表

	p	$i=p$	$i=p+1$	$i=p+2$
F_i	1	$(I_1C_1-I_3C_2)/B_1$	$(I_2C_2-I_0C_1)/B_1$	$(C_3-3C_4)/\alpha A_6$
	4	$(2I_0C_4-I_2C_3)/(3h_1A_6)$	$-3\alpha I_2/(4h_1)$	$-3C_4/(2h_1)$
	7	$3(I_0C_1-I_2C_2)/(6h_1I_2-2h_1I_0)$	$-3\alpha I_2F_4/(4h_1)$	$(3A_3-A_1)/(2\alpha I_0-6\alpha I_2)$
	10	$-3C_1/(4h_1)$	—	—

表 6.2　应力场[式(6.5.7)]中的系数 P_i

	p	$i=p$	$i=p+1$
P_i	1	$(2LI_1-3B_2)/(3B_1)$	$(I_1C_6-I_0C_5)/B_1$
	3	$-B_3/B_1$	$\alpha B_2/B_1$
	5	$-h_1B_2/B_1$	$(2LI_2+3I_2A_1-3I_0C_1+3P_1B_6)/3B_4$
	7	$(2LI_2+3I_2A_2-2LI_0-3I_0A_4+3P_2P_6)/3B_4$	$(-B_1+P_3B_6)/B_4$
	9	$(\alpha B_1+P_4B_6)/B_4$	$(h_1B_1+P_5B_6)/B_4$
	11	$(3C_1-3P_1I_4-P_6I_2)/3I_2$	$(3C_1-3P_2I_4-P_7I_2)/3I_2$
	13	$-(3I_3+3P_3I_4+P_8I_2)/3I_2$	$(3\alpha A_3-3P_4I_4-P_9I_2-F_3I_2)/3I_2$
	15	$(3h_1A_3-3P_5I_4-P_{10}I_2)/3I_2$	$2C_7-2L-6A_4$
	17	$\alpha(3I_2F_1-I_0F_1+3I_3F_2-I_1F_2)/P_{16}$	$(6C_4-2\alpha+2A_1)/P_{16}$
	19	$(\alpha I_0F_1+\alpha I_1F_2+2\alpha P_{17}+2\alpha A_2P_{17})/2h_1$	$(\alpha+A_1+\alpha P_{18}+A_2P_{18})/h_1$
	21	$(2\alpha I_1F_1+2\alpha I_2F_2+4C_1P_{17})/3h_1$	$4(A_2+C_1P_{18})/3h_1$
	23	$\alpha(3I_2-I_0)/B_7$	$\alpha(3I_3-I_1)/B_7$
	25	$(A_3-A_1)/B_7$	$-(\alpha I_0+C_8P_{23})/2h_1$
	27	$-(\alpha I_1+C_8P_{24})/2h_1$	$-(C_2+C_6P_{25})/2h_1$
	29	$-3(\alpha I_1+C_5P_{23})/2h_1$	$-3(\alpha I_2+C_5P_{24})/2h_1$
	31	$-3(A_2+C_5P_{25})/2h_1$	—

这个特殊元称为元 RⅠ10。

6.5.2　工程实例

例 6.1　中心圆孔方形薄板承受拉伸[17,18]

图 6.3 所示为薄板两对边承受均匀拉伸 ***T***。用一层有限元分析，其计算网格如图 6.3(b)所示，

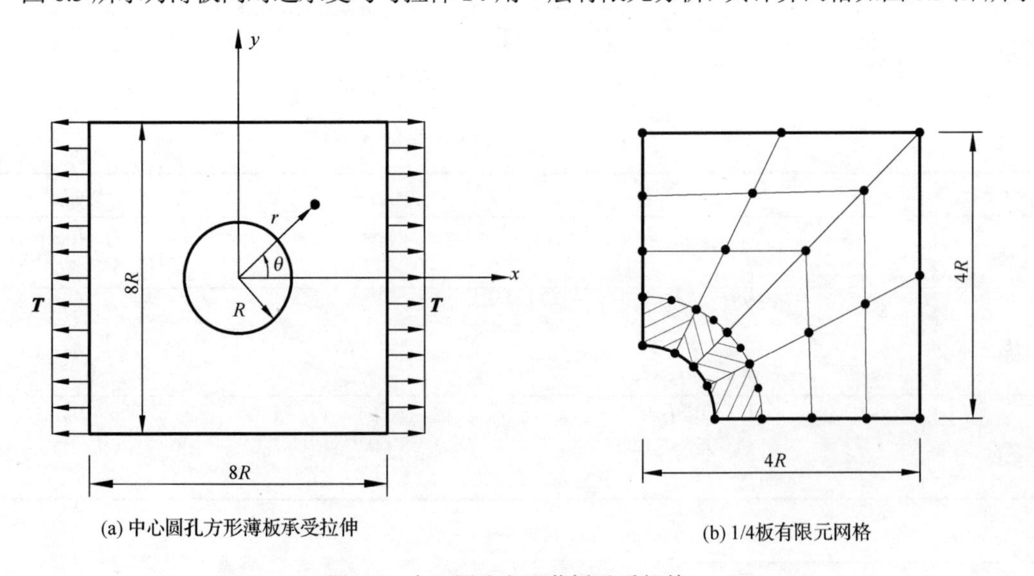

图 6.3　中心圆孔方形薄板承受拉伸

由于是二维问题，单元退化为 5 结点元。计算所得环向应力σ_θ沿孔边分布由图 6.4 给出。为了比较，图中还给出第 4 章的 6 结点特殊元(SC12 Ⅰ)[19]、4 结点特殊元(SC8 Ⅰ 1)[20]、8 结点一般杂交应力元(OHSE)[21]及 8 结点一般等参位移元(ODE)的结果，以资比较。可见，现在特殊元的结果最接近参考解。

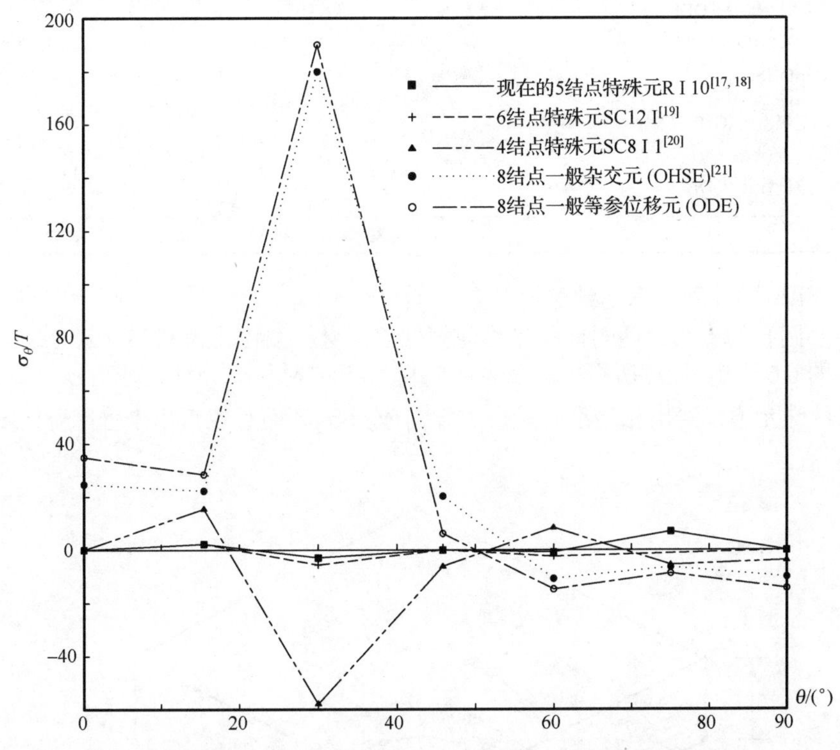

图 6.4　环向应力σ_θ / T沿孔边分布(中心圆孔方形薄板承受拉伸 $\boldsymbol{T}$)

例 6.2　中心圆孔矩形薄板承受拉伸[16]

具有中心圆孔矩形薄板(图 6.5)两对边承受拉伸 $\boldsymbol{T}$。对四分之一板用一层 12 个单元的网格进行分析，计算所得孔边σ_θ / T由表 6.3 给出，可以看到，现在的特殊元也给出十分准确的解答。以前特殊元(SC12 Ⅰ)给出的结果也相当好。

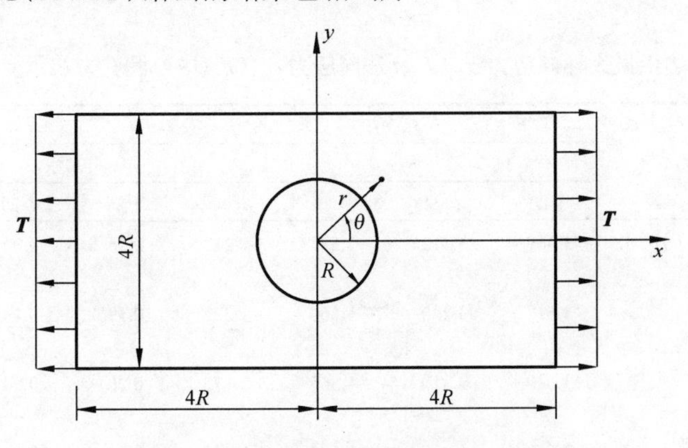

图 6.5　中心圆孔矩形薄板承受拉伸 $\boldsymbol{T}$

表 6.3　计算所得孔边应力环向应力 σ_θ/T（具有中心圆孔矩形薄板承受拉伸 T）

单元类型	DOF		θ 90°	75°	60°	45°	0°
1　现在的三维 10 结点特殊元 R I 10[16,17]退化为二维元+ ODE	50	σ_θ/T	4.252	3.607	2.337	0.780	−1.552
		误差/%	−1.6	−3.0	0.9	1.3	1.9
2　三维 12 结点特殊元(SC12 I)[19] 退化为二维元+ OHSE	42	σ_θ/T	4.398	3.546	2.209	0.832	−1.664
		误差/%	1.8	−4.7	−4.8	8.1	−5.3
3　8 结点一般杂交应力元(OHSE)[21]	126	σ_θ/T	3.329	3.224	2.099	0.959	−1.143
		误差/%	−22.9	−13.3	−9.5	24.5	27.7
4　8 结点一般等参位移元(ODE)	126	σ_θ/T	3.663	3.424	2.166	1.059	1.344
		误差/%	−15.2	−8.0	−6.6	37.5	14.9
参考解		σ_θ/T	**4.32**	**3.72**	**2.32**	**0.77**	**−1.58**

例 6.3　中心圆孔的方块承受拉伸[17,18]

具有中心圆孔的方块，两对面承受均匀拉伸 $\boldsymbol{T}$，材料泊松比为 0.25。八分之一块体的有限元网格由图 6.6 给出。计算所得中面及表面的最大环向应力 σ_θ 及法向应力 σ_z 由表 6.4 给出。可见，现在特殊元不仅给出相当准确的最大环向应力 σ_θ，而且也给出十分准确的 z 方向最大法向应力 σ_z 值。

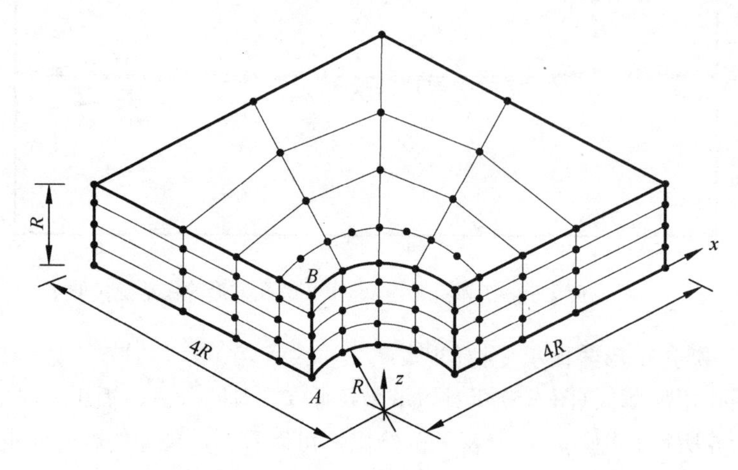

图 6.6　1/8 块体计算网格（中心圆孔方块 $\nu=0.25$）

表 6.4　计算所得孔边沿最大环向应力 σ_θ/T 及法向应力 σ_z/T（中心圆孔方块承受拉伸 $\boldsymbol{T}$，$\nu=0.25$）

单元类型	σ_θ/T 90° 中面	90° 表面	0° 中面	0° 表面	σ_z/T 90° 中面	90° 表面	0° 中面	0° 表面
1　现在 10 结点特殊元 R I 10[17] + ODE	3.469	3.312	−1.573	−1.213	0.26	0.00	−0.26	0.01
2　12 结点特殊元(SC12 I)[19] + OHSE	3.617	3.286	−1.560	−1.222	0.19	0.10	−0.19	−0.11
3　10 结点特殊元[16] + ODE	3.630	3.319	−1.565	−1.175	0.26	0.00	−0.27	−0.04
4　8 结点特殊元 SC8 I 1[20] + OHSE	3.640	3.290	−1.504	−1.240	0.26	0.01	−0.26	0.03

续表

单元类型	σ_θ / T				σ_z / T			
	90°		0°		90°		0°	
	中面	表面	中面	表面	中面	表面	中面	表面
5　一般 8 结点三维杂交应力元 (OHSE)[21]	3.094	2.773	−1.044	−0.741	0.30	0.03	−0.22	0.01
6　一般 8 结点三维等参位移元 (ODE)	3.393	3.042	−1.183	−0.865	0.43	0.10	−0.29	−0.01
参考解	**3.699**①	**3.353**	**−1.617**	**−1.192**	**0.27**	**0.00**	**−0.27**	**0.00**

① 应力集中系数。

6.6　非协调杂交应力元理性列式(Ⅱ)—— 表面虚功法

6.6.1　建立应力约束方程及单元刚度阵

由 Hellinger-Reissner 原理建立单刚时，当忽略体积力及表面力，其泛函为

$$\Pi_R = \sum_n \int_{V_n} \left[-\frac{1}{2}\boldsymbol{\sigma}^{\mathrm{T}} \boldsymbol{S}\boldsymbol{\sigma} + \boldsymbol{\sigma}^{\mathrm{T}} (\boldsymbol{D}\boldsymbol{u}) \right] \mathrm{d}V \tag{a}$$

将位移 $\boldsymbol{u}$ 分成 $\boldsymbol{u}_q$ 及 $\boldsymbol{u}_\lambda$ 两部分，同时对其取变分，则有

$$\delta\Pi_R = \sum_n \delta\Pi_R^e = \sum_n \left\{ \int_{V_n} [-\delta\boldsymbol{\sigma}^{\mathrm{T}} (\boldsymbol{S}\boldsymbol{\sigma} - \boldsymbol{D}\boldsymbol{u}) - (\boldsymbol{D}^{\mathrm{T}}\boldsymbol{\sigma})^{\mathrm{T}} \delta\boldsymbol{u}] \mathrm{d}V \right.$$
$$\left. + \int_{\partial V_n} \boldsymbol{\sigma}^{\mathrm{T}} \boldsymbol{\nu}^{\mathrm{T}} \delta\boldsymbol{u}_q \mathrm{d}S + \int_{\partial V_n} \boldsymbol{\sigma}^{\mathrm{T}} \boldsymbol{\nu}^{\mathrm{T}} \delta\boldsymbol{u}_\lambda \mathrm{d}S \right\} = \boldsymbol{0} \tag{6.6.1}$$

由于在 V_n 内的 $\delta\boldsymbol{\sigma}$ 及 $\delta\boldsymbol{u}$，以及 ∂V_n 上的 $\delta\boldsymbol{u}_q$ 均为独立变分，所以由式(6.6.1)的前三项可以得到应变-位移关系，应力平衡方程以及沿元边界的外力平衡条件。由于泛函 Π_R 的驻值条件，式(6.6.1)的最后一项应为零，即

$$\sum_n \int_{\partial V_n} \boldsymbol{\sigma}^{\mathrm{T}} \boldsymbol{\nu}^{\mathrm{T}} \delta\boldsymbol{u}_\lambda \mathrm{d}S = \boldsymbol{0} \tag{b}$$

取式(b)的强条件，即对每一个单元应满足

$$\int_{\partial V_n} \boldsymbol{\sigma}^{\mathrm{T}} \boldsymbol{\nu}^{\mathrm{T}} \delta\boldsymbol{u}_\lambda \mathrm{d}S = \boldsymbol{0} \tag{c}$$

这是一组对假定应力的约束条件，即**沿单元表面面力在附加的非协调位移 $\delta\boldsymbol{u}_\lambda$ 上作虚功为零**。

以式(c)作为应力参数β的约束条件，最后所得应力场中的常应力项往往与高阶应力项耦合，致使有些单元不能通过分片试验，为此，吴[22]建议用以下两种应力场约束方程建立单元假定应力场——**这类方法称之为表面虚功法**[22,23]。

为了与以上平衡法相区别，称平衡法为理性列式方法Ⅰ，表面虚功法为理性列式方法Ⅱ。此方法又分为以下两种。

1. *方法*$\mathrm{II_a}$

约束方程(c)只用于高阶应力场，即令

$$\boxed{\int_{\partial V_n}\boldsymbol{\sigma}_h^{\mathrm{T}}\boldsymbol{\nu}^{\mathrm{T}}\delta\boldsymbol{u}_\lambda \mathrm{d}S=\boldsymbol{0}\quad\rightarrow\quad\boldsymbol{\sigma}_h^+} \tag{6.6.2}$$

满足约束方程(6.6.2)的应力场以$\boldsymbol{\sigma}_h^+$表示，从而有

$$\boldsymbol{\sigma}^+=\boldsymbol{\sigma}_c+\boldsymbol{\sigma}_h^+ \tag{d}$$

式中，$\boldsymbol{\sigma}_c$为常应力项。这样，式(6.6.1)与式(6.6.2)联合，相当于

$$\delta\varPi_{mR}=\sum_n\left(\delta\varPi_R^e-\int_{\partial V_n}\boldsymbol{\sigma}_c^{\mathrm{T}}\boldsymbol{\nu}^{\mathrm{T}}\delta\boldsymbol{u}_\lambda \mathrm{d}S\right)=\boldsymbol{0} \tag{e}$$

而此式与不计算体积力及表面力时下式的变分相同

$$\varPi_{mR}(\boldsymbol{\sigma},\boldsymbol{u}_q,\boldsymbol{u}_\lambda)=\sum_n\left\{\int_{V_n}\left[-\frac{1}{2}\boldsymbol{\sigma}^{\mathrm{T}}\boldsymbol{S}\boldsymbol{\sigma}+\boldsymbol{\sigma}^{\mathrm{T}}(\boldsymbol{D}\boldsymbol{u})\right]\mathrm{d}V-\int_{\partial V_n}\boldsymbol{\sigma}^{\mathrm{T}}\boldsymbol{\nu}^{\mathrm{T}}\boldsymbol{u}_\lambda \mathrm{d}S\right\} \tag{6.6.3}$$

因此，利用上式计算单元刚度矩阵，只取一个单元的能量表达式，满足式(6.6.2)求得应力$\boldsymbol{\sigma}^+$，并将式(d)代入泛函(6.6.3)时，有

$$\varPi_{mR}=\int_{V_n}\left[-\frac{1}{2}\boldsymbol{\sigma}^{+\mathrm{T}}\boldsymbol{S}\boldsymbol{\sigma}^++\boldsymbol{\sigma}^{+\mathrm{T}}(\boldsymbol{D}\boldsymbol{u}_q)+\boldsymbol{\sigma}^{+\mathrm{T}}(\boldsymbol{D}\boldsymbol{u}_\lambda)\right]\mathrm{d}V-\int_{\partial V_n}\boldsymbol{\sigma}_c^{\mathrm{T}}\boldsymbol{\nu}^{\mathrm{T}}\boldsymbol{u}_\lambda \mathrm{d}S \tag{f}$$

令式(f)中

$$\int_{V_n}\boldsymbol{\sigma}^{+\mathrm{T}}(\boldsymbol{D}\boldsymbol{u}_\lambda)\,\mathrm{d}V=\int_{V_n}[\boldsymbol{\sigma}_h^{+\mathrm{T}}(\boldsymbol{D}\boldsymbol{u}_\lambda)+\boldsymbol{\sigma}_c^{\mathrm{T}}(\boldsymbol{D}\boldsymbol{u}_\lambda)]\,\mathrm{d}V \tag{g}$$

利用散度定理

$$\int_{V_n}\boldsymbol{\sigma}_c^{\mathrm{T}}(\boldsymbol{D}\boldsymbol{u}_\lambda)\,\mathrm{d}V-\int_{\partial V_n}\boldsymbol{\sigma}_c^{\mathrm{T}}\boldsymbol{\nu}^{\mathrm{T}}\boldsymbol{u}_\lambda \mathrm{d}S=-\int_{V_n}(\boldsymbol{D}^{\mathrm{T}}\boldsymbol{\sigma}_c)^{\mathrm{T}}\boldsymbol{u}_\lambda\,\mathrm{d}V \tag{h}$$

于是，式(f)成为

$$\boxed{\varPi_{mR}(\boldsymbol{\sigma}^+,\boldsymbol{u}_q,\boldsymbol{u}_\lambda)=\int_{V_n}\left[-\frac{1}{2}\boldsymbol{\sigma}^{+\mathrm{T}}\boldsymbol{S}\boldsymbol{\sigma}^++\boldsymbol{\sigma}^{+\mathrm{T}}(\boldsymbol{D}\boldsymbol{u}_q)+\boldsymbol{\sigma}_h^{+\mathrm{T}}(\boldsymbol{D}\boldsymbol{u}_\lambda)-(\boldsymbol{D}^{\mathrm{T}}\boldsymbol{\sigma}_c)^{\mathrm{T}}\boldsymbol{u}_\lambda\right]\mathrm{d}V} \tag{6.6.4}$$

这样，约束条件(6.6.2)及泛函(6.6.4)组成方法$\mathrm{II_a}$。

下面讨论方法$\mathrm{II_a}$时的单元刚度矩阵计算。如上所述，满足式(6.6.2)的应力为$\boldsymbol{\sigma}^+$，同时单元列式时选取

$$\boxed{\begin{aligned}\boldsymbol{\sigma}^+&=\boldsymbol{P}^*\boldsymbol{\beta}^+=\boldsymbol{P}_c^*\boldsymbol{\beta}^++\boldsymbol{P}_h^*\boldsymbol{\beta}^+\\ \boldsymbol{u}_q&=\boldsymbol{N}\boldsymbol{q}\\ \boldsymbol{u}_\lambda&=\boldsymbol{M}\boldsymbol{\lambda}\end{aligned}} \tag{6.6.5}$$

式中，$\boldsymbol{q}$为结点位移，$\boldsymbol{\beta}^+$及$\boldsymbol{\lambda}$分别为应力及内位移参数。

将式(6.6.5)代入泛函(6.6.4)，进行变分，得到单元刚度矩阵

$$\boldsymbol{k}=\overline{\boldsymbol{G}}^{\mathrm{T}}\boldsymbol{H}^{-1}\overline{\boldsymbol{G}} \tag{6.6.6}$$

其中

$$\begin{aligned}\bar{\boldsymbol{G}} &= \boldsymbol{G} - \boldsymbol{G}_\lambda(\boldsymbol{G}_\lambda^{\mathrm{T}}\boldsymbol{H}^{-1}\boldsymbol{G}_\lambda)^{-1}\boldsymbol{G}_\lambda^{\mathrm{T}}\boldsymbol{H}^{-1}\boldsymbol{G} \\ \boldsymbol{G} &= \int_{V_n} \boldsymbol{P}^{*\mathrm{T}}(\boldsymbol{D}\boldsymbol{N})\mathrm{d}V \\ \boldsymbol{G}_\lambda &= \int_{V_n} \boldsymbol{P}_h^{*\mathrm{T}}(\boldsymbol{D}\boldsymbol{M})\mathrm{d}V \\ \boldsymbol{H} &= \int_{V_n} \boldsymbol{P}^{*\mathrm{T}}\boldsymbol{S}\boldsymbol{P}^{*}\mathrm{d}V\end{aligned} \tag{i}$$

对于这个单元刚度矩阵计算式(6.6.6)，可以进行如下简化。

对于一般二维及三维问题，由于

$$\int_{V_n} (\boldsymbol{D}^{\mathrm{T}}\boldsymbol{\sigma}_c)^{\mathrm{T}}\boldsymbol{u}_\lambda \mathrm{d}V = \boldsymbol{0} \tag{j}$$

同时，积分项 $\int_{V_n} \boldsymbol{\sigma}_h^{+\mathrm{T}}(\boldsymbol{D}\boldsymbol{u}_\lambda)\mathrm{d}V$ 与式(6.6.4)中其他积分项相比较小，可以略去，这时可用以下简化公式计算单元刚度矩阵。

$$\Pi_{mR}(\boldsymbol{\sigma}^+, \boldsymbol{u}_q) = \int_{V_n}\left[-\frac{1}{2}\boldsymbol{\sigma}^{+\mathrm{T}}\boldsymbol{S}\boldsymbol{\sigma}^+ + \boldsymbol{\sigma}^{+\mathrm{T}}(\boldsymbol{D}\boldsymbol{u}_q)\right]\mathrm{d}V \tag{6.6.7}$$

这时利用式(6.6.5)得到

$$\boldsymbol{k} = \boldsymbol{G}^{\mathrm{T}}\boldsymbol{H}^{-1}\boldsymbol{G} \tag{6.6.8}$$

式中

$$\boldsymbol{H} = \int_{V_n} \boldsymbol{P}^{*\mathrm{T}}\boldsymbol{S}\boldsymbol{P}^{*}\mathrm{d}V \qquad \boldsymbol{G} = \int_{V_n} \boldsymbol{P}^{*\mathrm{T}}(\boldsymbol{D}\boldsymbol{N})\,\mathrm{d}V$$

2. *方法* II$_{\mathrm{b}}$

先选择 $\boldsymbol{u}_\lambda$ 使之满足约束方程

$$\int_{\partial V_n} \boldsymbol{\sigma}_c^{\mathrm{T}}\boldsymbol{v}^{\mathrm{T}}\boldsymbol{u}_\lambda \mathrm{d}S = \boldsymbol{0} \to \boldsymbol{u}_\lambda^* \tag{6.6.9}$$

得到 $\boldsymbol{u}_\lambda^*$，**这就是假定非协调位移元通过常应变分片试验必需条件**[24]。

再利用 $\boldsymbol{u}_\lambda^*$ 使高阶应力项满足约束方程

$$\int_{\partial V_n} \boldsymbol{\sigma}_h^{\mathrm{T}}\boldsymbol{v}^{\mathrm{T}}\delta\boldsymbol{u}_\lambda^* \mathrm{d}S = \boldsymbol{0} \to \boldsymbol{\sigma}^+ \tag{6.6.10}$$

从而得到假定应力场 $\boldsymbol{\sigma}^+$。

取一个单元表达式，泛函(6.6.3)成为

$$\Pi_{mR}(\boldsymbol{\sigma}^+, \boldsymbol{u}_q, \boldsymbol{u}_\lambda^*) = \int_{V_n}\left[-\frac{1}{2}\boldsymbol{\sigma}^{+\mathrm{T}}\boldsymbol{S}\boldsymbol{\sigma}^+ + \boldsymbol{\sigma}^{+\mathrm{T}}(\boldsymbol{D}\boldsymbol{u}_q) + \boldsymbol{\sigma}^{+\mathrm{T}}(\boldsymbol{D}\boldsymbol{u}_\lambda^*)\right]\mathrm{d}V \tag{6.6.11}$$

这样，式(6.6.11)、式(6.6.9)及式(6.6.10)组成方法 II$_{\mathrm{b}}$。

同样，对于一般二维及三维问题，由式(6.6.9)，有

$$\int_{V_n} \boldsymbol{\sigma}_c^{\mathrm{T}}(\boldsymbol{D}\boldsymbol{u}_\lambda^*)\,\mathrm{d}V = \boldsymbol{0} \tag{k}$$

再略去小量 $\int_{V_n} \boldsymbol{\sigma}_h^{+\mathrm{T}}(\boldsymbol{D}\boldsymbol{u}_\lambda^*)\mathrm{d}V$，也得到式(6.6.7)，并以式(6.6.8)计算单元刚度矩阵。

6.6.2　非协调杂交应力元理性列式说明

对表面虚功列式方法Ⅱ$_\mathrm{a}$的约束条件，利用散度定理得知

$$\int_{\partial V_n} \boldsymbol{\sigma}_h^{\mathrm{T}} \boldsymbol{\nu}^{\mathrm{T}} \boldsymbol{u}_\lambda \,\mathrm{d}S = \int_{V_n} \boldsymbol{\sigma}_h^{+\mathrm{T}} (\boldsymbol{D}\boldsymbol{u}_\lambda)\,\mathrm{d}V + \int_{V_n} (\boldsymbol{D}^{\mathrm{T}}\boldsymbol{\sigma}_h)^{\mathrm{T}} \boldsymbol{u}_\lambda \,\mathrm{d}V \tag{l}$$

(A)　　　　　(B)　　　　　(C)

也就是说，此式的左边是由其右边两部分组成，如令(A)、(B)及(C)代表。

$\int_{\partial V_n} \boldsymbol{\sigma}_h^{\mathrm{T}} \boldsymbol{\nu}^{\mathrm{T}} \delta\boldsymbol{u}_\lambda \mathrm{d}S = (\mathrm{A})$：单元表面上高阶面力($\boldsymbol{T}_h = \boldsymbol{\nu}\boldsymbol{\sigma}_h$)在非协调位移 $\delta\boldsymbol{u}_\lambda$ 所作虚功之积分。

$\delta\int_{V_n} \boldsymbol{\sigma}_h^{\mathrm{T}} (\boldsymbol{D}\boldsymbol{u}_\lambda)\,\mathrm{d}V = (\mathrm{B})$：单元上高阶应力 $\boldsymbol{\sigma}_h$ 与非协调应变 $\boldsymbol{D}\boldsymbol{u}_\lambda$ 乘积的积分再取变分。

$\delta\int_{V_n} (\boldsymbol{D}^{\mathrm{T}}\boldsymbol{\sigma}_h)^{\mathrm{T}} \boldsymbol{u}_\lambda \,\mathrm{d}V = (\mathrm{C})$：单元上以非协调位移 $\boldsymbol{u}_\lambda$ 与高阶应力齐次平衡条件($\boldsymbol{D}^{\mathrm{T}}\boldsymbol{\sigma}_h = \boldsymbol{0}$)乘积的积分再取变分。

因此可见，以上两种理性模式约束条件的内在联系为：

(1)平衡模式，取

$$\delta\int_{V_n} (\boldsymbol{D}^{\mathrm{T}}\boldsymbol{\sigma}_h)^{\mathrm{T}} \boldsymbol{u}_\lambda \mathrm{d}V = \boldsymbol{0} \quad \rightarrow \quad (\mathrm{C}) = \boldsymbol{0} \tag{m}$$

即，单元上以非协调位移为权函数，使高阶应力项的齐次平衡方程的变分为零。

(2)表面虚功模式，取

$$\int_{\partial V_n} \boldsymbol{\sigma}_h^{\mathrm{T}} \boldsymbol{\nu}^{\mathrm{T}} \delta\boldsymbol{u}_\lambda \mathrm{d}S = \boldsymbol{0} \quad \rightarrow \quad (\mathrm{A}) = \boldsymbol{0} \tag{n}$$

即，沿单元表面，使高阶面力在非协调位移变分上所做虚功为零。

这种表面虚功模式，在采用简化公式[式(6.6.8)]计算单元刚度矩阵时，认为 $(\mathrm{B}) = \boldsymbol{0}$。

对于平衡模式，如再用它与正交条件 $(\mathrm{B}) = \boldsymbol{0}$ 联合，去寻找补充方程时，其约束方程为 $(\mathrm{B}) = \boldsymbol{0}$ 加 $(\mathrm{C}) = \boldsymbol{0}$，实质上就是取了 $(\mathrm{A}) = \boldsymbol{0}$ 的强形式。

由于这种模式强化了约束条件，就使所得应力场 $\boldsymbol{\sigma}^+$ 可能出现多余零能模式，也就需要用更多的初始应力项去扫除它。

6.7　理性列式(Ⅱ)——表面虚功法建立特殊杂交应力元及其应用

6.7.1　具有一个无外力斜表面的三维 12 结点特殊杂交应力元

单元形状如图 6.7 所示，其中平面 1584 是一个无外力斜表面，而平面 1234 及 5678 平行于 xoy 面。平面 1584、1265、4378 及 2673 均垂直于 xoy 面。

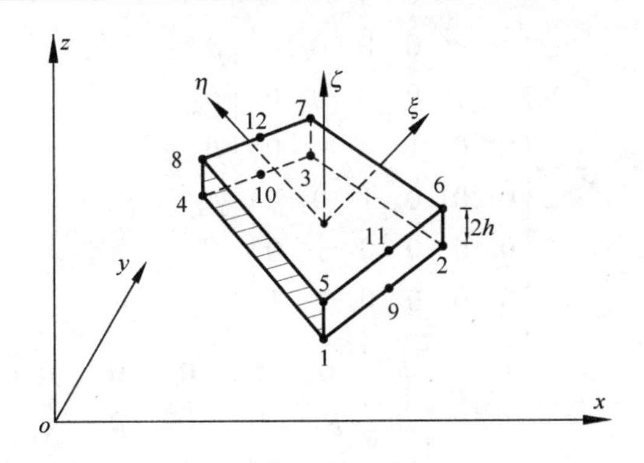

图 6.7　一个无外力斜表面的 12 结点三维元

按如下步骤建立这种特殊元[25-27]。

1. 确定协调位移 $\boldsymbol{u}_q$

依照等参位移元，图 6.7 所示三维 12 结点元，其 $\boldsymbol{u}_q$ 为

$$\boldsymbol{u}_q = \boldsymbol{Nq} \tag{6.7.1}$$

其中

$$N_i = \begin{cases} \dfrac{1}{8}\xi_0(1+\xi_0)(1+\eta_0)(1+\zeta_0) & (i=1,2,\cdots,8) \\ \dfrac{1}{4}(1-\xi^2)(1+\eta_0)(1+\zeta_0) & (i=9,\cdots,12) \end{cases} \tag{a}$$

$$\xi_0 = \xi\xi_i \quad \eta_0 = \eta\eta_i \quad \zeta_0 = \zeta\xi_i$$

式中，(ξ_i, η_i, ζ_i) 为结点坐标。

2. 确定非协调内位移 $\boldsymbol{u}_\lambda$

选取初始非协调位移为

$$\boldsymbol{u}_\lambda = \begin{bmatrix} \eta^2 & \xi^2 & \xi\eta^2 & \eta^2\zeta & 0 & 0 & 0 & 0 & 0 & 0 & 0 & 0 \\ 0 & 0 & 0 & 0 & \eta^2 & \zeta^2 & \xi\eta^2 & \eta^2\zeta & 0 & 0 & 0 & 0 \\ 0 & 0 & 0 & 0 & 0 & 0 & 0 & 0 & \eta^2 & \zeta^2 & \xi\eta^2 & \eta^2\zeta \end{bmatrix} \begin{Bmatrix} \lambda_1 \\ \lambda_2 \\ \vdots \\ \lambda_{12} \end{Bmatrix} \tag{6.7.2}$$

3. 确定初始应力场

先由位移 $\boldsymbol{u} = (\boldsymbol{u}_q + \boldsymbol{u}_\lambda)$ 确定应变，再选择与应变同样幂次的初始应力场。现在选的初始应力场幂次略高一些，是因为这个应力场还需满足给定无外力斜表面上边界条件。这样有

$$\boldsymbol{\sigma} = \boldsymbol{\sigma}_c + \boldsymbol{\sigma}_h \tag{6.7.3}$$

其中

$$\boldsymbol{\sigma}_c = \begin{bmatrix} 1 & 0 & 0 & 0 & 0 & 0 \\ 0 & 1 & 0 & 0 & 0 & 0 \\ 0 & 0 & 1 & 0 & 0 & 0 \\ 0 & 0 & 0 & 1 & 0 & 0 \\ 0 & 0 & 0 & 0 & 1 & 0 \\ 0 & 0 & 0 & 0 & 0 & 1 \end{bmatrix} \begin{Bmatrix} \beta_{55} \\ \beta_{56} \\ \beta_{57} \\ \beta_{58} \\ \beta_{59} \\ \beta_{60} \end{Bmatrix} \tag{b}$$

$$\boldsymbol{\sigma}_h = \boldsymbol{P}_h \boldsymbol{\beta}_h = \begin{bmatrix} \boldsymbol{P}^0 & 0 & 0 & 0 & 0 & 0 \\ 0 & \boldsymbol{P}^0 & 0 & 0 & 0 & 0 \\ 0 & 0 & \boldsymbol{P}^0 & 0 & 0 & 0 \\ 0 & 0 & 0 & \boldsymbol{P}^0 & 0 & 0 \\ 0 & 0 & 0 & 0 & \boldsymbol{P}^0 & 0 \\ 0 & 0 & 0 & 0 & 0 & \boldsymbol{P}^0 \end{bmatrix} \begin{Bmatrix} \beta_1 \\ \beta_2 \\ \vdots \\ \vdots \\ \beta_{54} \end{Bmatrix} \tag{c}$$

式中

$$\boldsymbol{P}^0 = [\xi \quad \eta \quad \xi\eta \quad \xi^2 \quad \eta^2 \quad \zeta \quad \xi\zeta \quad \eta\zeta \quad \zeta^2]$$

4. 应用第一组约束条件

$$\int_{\partial V_n} \boldsymbol{\sigma}_c^{\mathrm{T}} \boldsymbol{\nu}^{\mathrm{T}} \boldsymbol{u}_\lambda \mathrm{d}S = \boldsymbol{0} \quad \rightarrow \quad \boldsymbol{u}_\lambda^* \tag{6.7.4}$$

得到附加位移 $\boldsymbol{u}_\lambda^*$

$$\boldsymbol{u}_\lambda^* = \begin{bmatrix} \boldsymbol{N}_\lambda & 0 & 0 \\ 0 & \boldsymbol{N}_\lambda & 0 \\ 0 & 0 & \boldsymbol{N}_\lambda \end{bmatrix} \begin{Bmatrix} \lambda_1 \\ \lambda_2 \\ \vdots \\ \lambda_{12} \end{Bmatrix} \tag{6.7.5}$$

其中

$$\begin{aligned} &\boldsymbol{N}_\lambda = [N_1 \quad N_2 \quad N_3 \quad N_4] \\ &N_1 = \eta^2 + \frac{2(a_2 b_4 - a_4 b_2)\xi + 2(a_3 b_4 - a_4 b_3)\eta}{3(a_2 b_3 - a_3 b_2)} \\ &N_2 = \zeta^2 \\ &N_3 = \xi\eta^2 - \frac{\xi}{3} \\ &N_4 = \eta^2\xi - \frac{\xi}{3} \end{aligned} \tag{d}$$

及

$$\begin{bmatrix} a_1 & b_1 \\ a_2 & b_2 \\ a_3 & b_3 \\ a_4 & b_4 \end{bmatrix} = \begin{bmatrix} 1 & 1 & 1 & 1 \\ -1 & 1 & 1 & -1 \\ -1 & -1 & 1 & 1 \\ 1 & -1 & 1 & -1 \end{bmatrix} \begin{bmatrix} x_1 & y_1 \\ x_2 & y_2 \\ x_3 & y_3 \\ x_4 & y_4 \end{bmatrix} \tag{e}$$

这里$(x_i, y_i)(i=1,2,3,4)$为四个边结点的坐标。

5. 应用第二组约束条件

$$\delta\int_{\partial V_n}\boldsymbol{\sigma}_h^{\mathrm{T}}\boldsymbol{\nu}^{\mathrm{T}}\boldsymbol{u}_\lambda^*\mathrm{d}S=\mathbf{0} \tag{6.7.6}$$

以及令此应力场满足斜表面上无外力边界条件，最后得到具有 31 个应力参数的假定应力$\boldsymbol{\sigma}^+$：

$$\begin{aligned}
\sigma_x&=(\eta-\delta_2\xi)\beta_1+(\eta+\delta_2)\beta_2+(\xi^2-\delta_4\xi)\beta_3+\left(\frac{8}{5}\xi+\eta^2\right)\beta_4+(1+\xi)\zeta\beta_5\\
&\quad+\eta\zeta\beta_6+\delta_4\delta_5\xi\beta_7+\delta_5\zeta\beta_8-\delta_5\zeta^2\beta_{10}-(1-\delta_4\xi)\beta_{28}+\delta_4\delta_5\xi\beta_{29}\\
\sigma_y&=-\left(\frac{\delta_2}{\delta_5}\xi-\frac{\eta}{\delta_5}\right)\beta_1+\left(\frac{\delta_2}{\delta_5}\xi-\frac{\eta}{\delta_5}\right)\beta_2-\delta_6\xi\beta_3\\
&\quad-[(2\delta_1\eta-8a_2)\xi-5a_2\eta^2+2\delta_1\eta]\frac{1}{5a_2\delta_5}\beta_4+\frac{\eta\zeta}{\delta_5}\beta_6\\
&\quad+(\xi^2+\delta_6\delta_5\xi)\beta_7+\zeta\beta_8+\xi\zeta\beta_9+\zeta^2\beta_{10}-\delta_3\xi\beta_{28}+(1+\delta_5\delta_6\xi)\beta_{29}\\
\sigma_z&=\delta_8\zeta\beta_6+\xi\beta_{11}+\eta\beta_{12}+\xi\eta\beta_{13}+\xi^2\beta_{14}+\xi\zeta\beta_{15}+\eta\zeta\beta_{16}+\zeta^2\beta_{17}\\
&\quad+\delta_9\zeta\beta_{24}-\delta_9\zeta\beta_{25}-\frac{5}{2}\delta_9\eta^2\beta_{27}+\beta_{30}\\
\tau_{xy}&=-\left(\frac{\delta_2}{d}\xi-\frac{\eta}{d}\right)\beta_1+\left(\frac{\delta_2}{d}\xi-\frac{\eta}{d}\right)\beta_2-\left(\frac{\delta_{10}}{\delta_3\delta_5}\xi-\frac{a_3b_3-b_3^2d}{\delta_3}\right)\beta_3\\
&\quad-[(2\delta_1\eta-8a_2)\xi-5a_2\eta^2+2\delta_1\eta]\frac{1}{5a_2d}\beta_4-\frac{1}{d}\eta\zeta\beta_6\\
&\quad+\left(\frac{\delta_{10}}{\delta_3}\xi+\delta_{11}\right)\beta_7-d\xi\zeta\beta_8+d\xi\eta\beta_9+d\zeta^2\beta_{10}+(\xi^2-1)\beta_{18}\\
&\quad+(1+\xi)\zeta\beta_{19}-\left(\frac{\delta_{10}}{\delta_3\delta_5}\xi-\frac{a_3b_3-b_3^2d}{\delta_3}\right)\beta_{28}+\left(\frac{\delta_{10}}{\delta_2}\xi+\delta_{11}\right)\beta_{29}\\
\tau_{yz}&=\delta_{12}\zeta\beta_1-\delta_{12}\zeta\beta_2-\frac{2h\delta_{13}}{5}\zeta\beta_4+\left(h\delta_{13}\xi\eta+h\delta_{13}\eta-\frac{5\delta_9\eta^2}{2d}\right)\beta_6\\
&\quad+\xi\beta_{20}+\xi^2\beta_{21}+\xi\zeta\beta_{22}+\zeta^2\beta_{23}+\frac{\eta}{d}\beta_{24}-\frac{\eta}{d}\beta_{25}+\frac{1}{d}\eta\zeta\beta_{27}+\beta_{31}\\
\tau_{zx}&=\delta_9\zeta\beta_1-\delta_9\zeta\beta_2-\frac{2}{5}dh\delta_{13}\zeta\beta_4-\frac{\delta_9^2}{2h}(8\delta_1\xi+5b_3d\eta^2+8\delta_1)\beta_6\\
&\quad+(\delta_{15}\xi-d+\delta_{15})\beta_{20}+d\beta_{21}+d\xi\zeta\beta_{22}+d\zeta^2\beta_{23}-(\delta_{14}\xi-\eta+\delta_{14})\beta_{24}\\
&\quad+[(\eta+\delta_{14})\xi+\delta_{14}]\beta_{25}+(\xi^2-1)\beta_{26}+\eta\zeta\beta_{27}+d\beta_{31}
\end{aligned} \tag{6.7.7}$$

其中

$$\delta_1=b_3d-a_3 \qquad \delta_2=\frac{4a_2}{\delta_1} \qquad \delta_3=b_3^2d^2-a_3^2$$

$$\delta_4 = \frac{a_3^2}{\delta_3} \qquad \delta_5 = d^2 \qquad \delta_6 = \frac{b_3^2}{\delta_3} \tag{f}$$

$$\delta_8 = \frac{\delta_1 h^2}{a_2 b_3^2 \delta_5} \qquad \delta_9 = \frac{h}{b_3 d} \qquad \delta_{10} = a_3 b_3 d^2$$

$$\delta_{11} = \frac{a_3 b_3 d^2 - a_3^2 d}{\delta_3} \qquad \delta_{12} = \frac{\delta_9}{d} \qquad \delta_{13} = \frac{\delta_1}{a_2 b_3 d^2}$$

$$\delta_{14} = \frac{4a_2}{b_3 d} \qquad \delta_{15} = \frac{a_3}{b_3} \qquad d = \cot\theta$$

这种由第Ⅱ种理性方法——表面虚功法建立的特殊元，称为 RⅡ 12 元。

刘[28]还应用第Ⅰ种理性方法——平衡法，建立了具有一个无外力斜表面的三维 12 结点特殊元——RⅠ12 元，这种元建立时所选的协调位移 $\boldsymbol{u}_q$、非协调位移 $\boldsymbol{u}_\lambda$，以及初始应力场 $\boldsymbol{\sigma}$ 均与式(6.7.1)～式(6.7.3)相同，只是用平衡变分约束条件

$$\delta \int_{V_n} (\boldsymbol{D}^{\mathrm{T}} \boldsymbol{\sigma})^{\mathrm{T}} \boldsymbol{u}_\lambda \mathrm{d}V = \boldsymbol{0} \tag{6.7.8}$$

及无外力斜表面边界条件，来确定单元应力场 $\boldsymbol{\sigma}^+$。

6.7.2　倒圆角 V-型槽孔矩形薄板承受拉伸

构件尺寸如图 6.8 所示，槽底部倒圆弧半径为 R，板厚 $0.1R$，V-型槽的夹角 θ 分别为 30°、60°、90°及 120°四种工况。

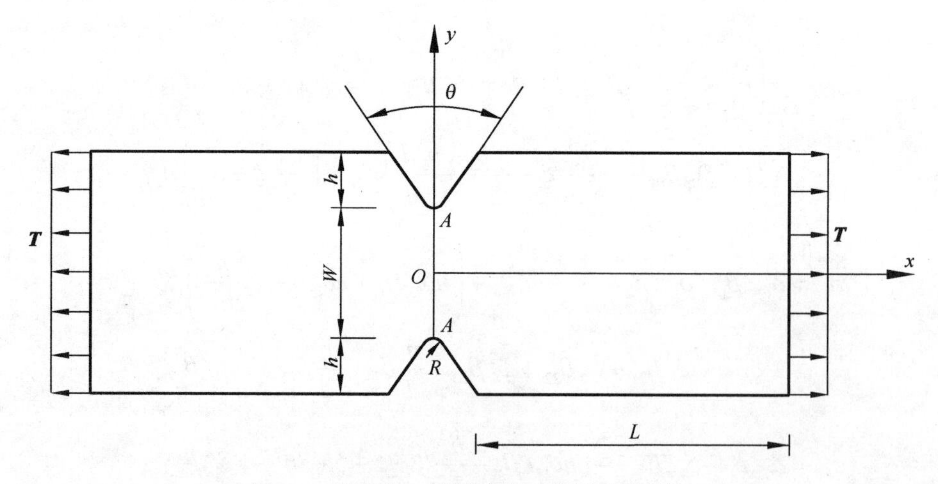

图 6.8　倒圆角 V-型槽孔矩形薄板承受拉伸

这个问题也是仅用一层有限元进行分析，图 6.9 给出不同夹角时四分之一板的有限元网格。沿孔斜边用现在建立的特殊元，倒圆角处用具有一个无外力圆柱表面的特殊元[19]，远离孔边采用一般等参位移元，三种单元联合求解。

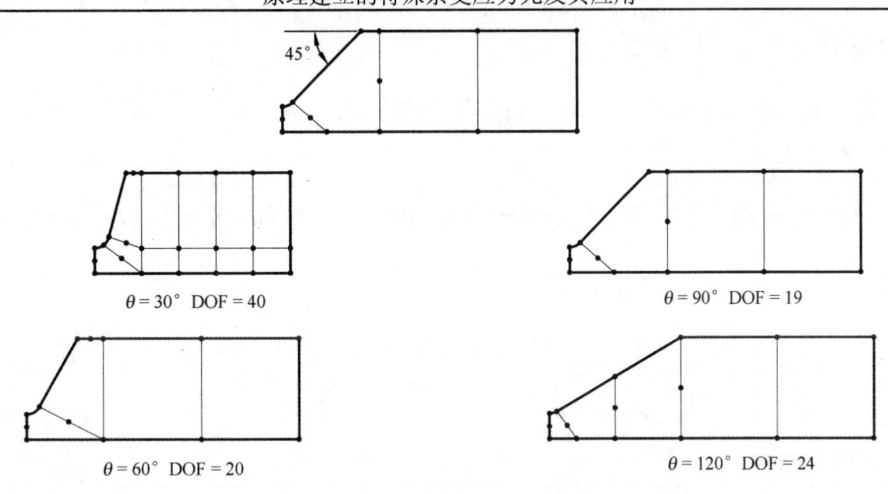

图 6.9　1/4 板有限元网格(倒圆角 V-型槽的薄板)

计算结果列于表 6.5，表中同时给出 Nisida 等的光弹解[29]，以及 Appl 等[30]用奇异积分得到的数值解，并以后者作为参考解。可见，在相当粗的网格下，现在的特殊元提供比一般等参位移元及光弹法更为准确的结果。结果同时显示，在此例中用理性方法(Ⅱ)—— 表面虚功法建立的单元，比用理性方法(Ⅰ)—— 平衡法建立的单元更准确。

表 6.5　计算所得应力集中系数(SCF)(V-型槽孔矩形薄板 $L/R=24$，$h/R=W/R=8$)

有限元类型	V-型槽孔夹角θ	30°	60°	90°	120°
	求解 DOF	40	20	19	24
1　具有一个无外力斜表面特殊元 退化为二维元 RⅡ12[27] + 具有一个无外力圆弧边元 SC12Ⅰ[19] + 一般等参位移元(ODE)		2.83	2.67	2.57	2.67
2　特殊元 RⅠ12 退化为二维元[28] + 具有一个无外力圆弧边元 SC12Ⅰ[19] + 一般等参位移元(ODE)		2.29	1.54	1.98	1.77
3　具有个无外力圆弧边元 SC12Ⅰ[19] + 一般等参位移元(ODE)		3.24	2.81	3.19	3.44
4　全部用一般等参位移元(ODE)		3.01	3.26	3.25	2.76
5　光弹法[29]		2.86	2.86	2.83	2.61
参考解[30]		**2.81**	**2.72**	**2.65**	**2.43**

6.8　非协调杂交应力元理性列式(Ⅲ)——正交法

6.8.1　非协调位移元与杂交应力元的对应性

卞及董[21]根据非协调位移元及杂交应力元这两类方法的变分泛函，进一步阐明它们存在如下关系。

1. 非协调杂交应力元理性模式（Ⅰ）

6.7 节指出，这种理性列式方法所依据的修正的 Hellinger-Reissner 原理，略去外力时，其单元能量表达式(6.2.1)成为

$$\Pi_{mR}(\boldsymbol{\sigma},\boldsymbol{u},\tilde{\boldsymbol{u}})=\int_{V_n}\left[-\frac{1}{2}\boldsymbol{\sigma}^{\mathrm{T}}\boldsymbol{S}\boldsymbol{\sigma}+\boldsymbol{\sigma}^{\mathrm{T}}(\boldsymbol{D}\boldsymbol{u})\right]\mathrm{d}V-\int_{\partial V_n}\boldsymbol{T}^{\mathrm{T}}(\boldsymbol{u}-\tilde{\boldsymbol{u}})\,\mathrm{d}S\quad(\boldsymbol{T}=\boldsymbol{\nu}\boldsymbol{\sigma})\tag{6.8.1}$$

引入协调位移 $\boldsymbol{u}_q$ 及非协调位移 $\boldsymbol{u}_\lambda$，并令

$$\begin{aligned}&\boldsymbol{u}=\boldsymbol{u}_q+\boldsymbol{u}_\lambda=\boldsymbol{N}\boldsymbol{q}+\boldsymbol{M}\boldsymbol{\lambda}\quad&(V_n\text{内})\\&\boldsymbol{u}-\tilde{\boldsymbol{u}}=\boldsymbol{u}_\lambda\quad&(\partial V_n\text{上})\end{aligned}\tag{a}$$

代入式(6.8.1)，则有

$$\boxed{\Pi_{mR}(\boldsymbol{\sigma},\boldsymbol{u},\boldsymbol{u}_\lambda)=\int_{V_n}\left[-\frac{1}{2}\boldsymbol{\sigma}^{\mathrm{T}}\boldsymbol{S}\boldsymbol{\sigma}+\boldsymbol{\sigma}^{\mathrm{T}}(\boldsymbol{D}\boldsymbol{u}_q)-(\boldsymbol{D}^{\mathrm{T}}\boldsymbol{\sigma})^{\mathrm{T}}\boldsymbol{u}_\lambda\right]\mathrm{d}V}\tag{6.8.2}$$

据此泛函按理性平衡方法（Ⅰ）列式时，引入应力约束条件

$$\boxed{\delta\int_{V_n}(\boldsymbol{D}^{\mathrm{T}}\boldsymbol{\sigma})^{\mathrm{T}}\boldsymbol{u}_\lambda\mathrm{d}V=\boldsymbol{0}\rightarrow\boldsymbol{\sigma}^{+}}\tag{6.8.3}$$

得到

$$\delta\Pi_{mR}(\boldsymbol{\sigma}^{+},\boldsymbol{u}_q)=\delta\int_{V_n}\left[-\frac{1}{2}\boldsymbol{\sigma}^{+\mathrm{T}}\boldsymbol{S}\boldsymbol{\sigma}^{+}+\boldsymbol{\sigma}^{+\mathrm{T}}(\boldsymbol{D}\boldsymbol{u}_q)\right]\mathrm{d}V=\boldsymbol{0}\tag{6.8.4}$$

2. 非协调位移模式

Wilson 非协调位移模式是根据最小势能原理列式，其不计外力的单元能量泛函为

$$\begin{aligned}\Pi_P&=\int_{V_n}A(\boldsymbol{\varepsilon})\mathrm{d}V\\&=\int_{V_n}\frac{1}{2}\boldsymbol{\varepsilon}^{\mathrm{T}}\boldsymbol{C}\boldsymbol{\varepsilon}\,\mathrm{d}V\end{aligned}\tag{6.8.5}$$

这里，应变与位移服从几何方程

$$\boldsymbol{\varepsilon}=\boldsymbol{D}\boldsymbol{u}\tag{b}$$

依照式(a)，将位移 $\boldsymbol{u}$ 分成协调位移 $\boldsymbol{u}_q$ 及非协调位移 $\boldsymbol{u}_\lambda$，并使它们分别以结点位移 $\boldsymbol{q}$ 及内位移参数 $\boldsymbol{\lambda}$ 进行插值；依照式(b)求得应变代入泛函 Π_P，再在元上并缩掉 $\boldsymbol{\lambda}$，则单元的应变能以结点位移 $\boldsymbol{q}$ 表示，从而得到单元刚度矩阵。

3. 非协调位移模式与杂交应力模式的相应性

Wilson 非协调位移模式对应的泛函是

$$\boxed{\begin{aligned}\Pi&=\int_{V_n}\left[-\frac{1}{2}\boldsymbol{\sigma}^{\mathrm{T}}\boldsymbol{S}\boldsymbol{\sigma}+\boldsymbol{\sigma}^{\mathrm{T}}(\boldsymbol{D}\boldsymbol{u})\right]\mathrm{d}V\\&=\int_{V_n}\left[-\frac{1}{2}\boldsymbol{\sigma}^{\mathrm{T}}\boldsymbol{S}\boldsymbol{\sigma}+\boldsymbol{\sigma}^{\mathrm{T}}(\boldsymbol{D}\boldsymbol{u}_q)+\boldsymbol{\sigma}^{\mathrm{T}}(\boldsymbol{D}\boldsymbol{u}_\lambda)\right]\mathrm{d}V\end{aligned}}\tag{6.8.6}$$

应用式(6.8.6)进行列式时，当假定应力为完整多项式，所选择$\boldsymbol{u}=\boldsymbol{u}_q+\boldsymbol{u}_\lambda$也为完整多项式，但阶次更高，这样应力$\boldsymbol{\sigma}$将和$\boldsymbol{Du}$同样幂次。如果希望依据式(6.8.6)所得到的单元刚度矩阵，与具有同样形函数的$\boldsymbol{u}_q$及$\boldsymbol{u}_\lambda$非协调杂交模式所得单元刚度矩阵相等，这样，泛函(6.8.6)的约束条件应是

$$\boxed{\delta\int_{V_n}\boldsymbol{\sigma}^{\mathrm{T}}(\boldsymbol{Du}_\lambda)\mathrm{d}V=\boldsymbol{0}\rightarrow\boldsymbol{\sigma}^{+}}\tag{6.8.7}$$

它表示，**单元的假定应力$\boldsymbol{\sigma}$与非协调应变$\boldsymbol{Du}_\lambda$正交**。

所以，无论是根据泛函(6.8.2)及约束条件[式(6.8.3)]得到应力场$\boldsymbol{\sigma}^{+}$，还是根据泛函(6.8.6)及约束条件[式(6.8.7)]得到应场$\boldsymbol{\sigma}^{+}$，它们的单元刚度矩阵都可以由下式导出，即

$$\delta\Pi=\delta\int_{V_n}\left[-\frac{1}{2}\boldsymbol{\sigma}^{+\mathrm{T}}\boldsymbol{S}\boldsymbol{\sigma}^{+}+\boldsymbol{\sigma}^{+\mathrm{T}}(\boldsymbol{Du}_q)\right]\mathrm{d}V=\boldsymbol{0}\tag{6.8.8}$$

6.8.2　非协调杂交应力元理性列式(III)

(1)根据卞及董[21]提出的泛函(6.8.6)**及应力约束条件**[式(6.8.7)]**进行杂交应力元理性列式**，我们称之为非协调**杂交应力元理性列式**(III)——**正交法**。

(2)非协调杂交应力元正交法理性列式的步骤如下。

① 选择位移$\boldsymbol{u}=\boldsymbol{u}_q+\boldsymbol{u}_\lambda$为完整多项式，并满足分片试验

$$\int_{V_n}\boldsymbol{\varepsilon}_\lambda\,\mathrm{d}V=\boldsymbol{0}\tag{6.8.9}$$

② 选取$\boldsymbol{\sigma}$为非耦合的、以自然坐标插值函数表示的完整的多项式，其幂次与$\boldsymbol{Du}$相同。

③ 用正交约束条件[式(6.8.7)](如不够还可以与理性平衡法的约束条件[式(6.8.3)]联合)，建立约束方程，求得元内假定应力场$\boldsymbol{\sigma}^{+}$。

④ 依据式(6.8.8)建立单元刚度矩阵。

6.9　应力张量转换法建立几何形状歪斜元的应力场

对于杂交应力元，选择合理的应力场是关键一步，对于一般不规则形状单元的应力场，Pian 及 Sumihara[13]建议可以首先找得相应形状规则单元的应力场，再通过以下简单的张量转换，得到形状不规则单元的应力场。现在通过以下二维元实例说明这种方法。

1. 首先，图 6.10 所示一个 4 结点矩形杂交应力元，容易求得此**矩形元**的应力场为

$$\begin{aligned}\boldsymbol{\sigma}&=\begin{bmatrix}1&0&0&y&0\\0&1&0&0&x\\0&0&1&0&0\end{bmatrix}\begin{Bmatrix}\beta_1\\\vdots\\\beta_5\end{Bmatrix}\\&=\bar{\boldsymbol{P}}(x,y)\boldsymbol{\beta}\end{aligned}\tag{a}$$

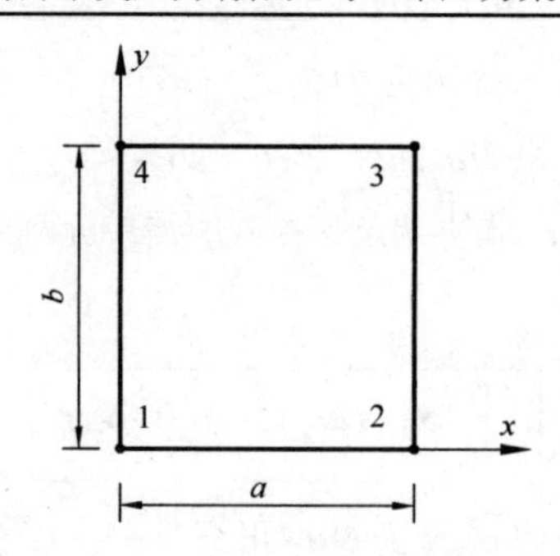

图 6.10　4 结点矩形平面杂交应力元

由于单元为规则矩形，其自然坐标中的插值函数 $\boldsymbol{P}(\xi,\eta)$ 与笛卡儿坐标中的插值函数 $\bar{\boldsymbol{P}}(x,y)$ 一致。

2. 将上述应力场[式(a)]代之以自然坐标系内的应力场

$$\boldsymbol{\tau}=\begin{Bmatrix}\boldsymbol{\tau}^{11}\\ \boldsymbol{\tau}^{22}\\ \boldsymbol{\tau}^{12}\end{Bmatrix}=\begin{bmatrix}1&0&0&\eta&0\\0&1&0&0&\xi\\0&0&1&0&0\end{bmatrix}\begin{Bmatrix}\beta_1\\ \vdots\\ \beta_5\end{Bmatrix}=\bar{\boldsymbol{P}}(\xi,\eta)\boldsymbol{\beta} \tag{6.9.1}$$

这时 $\bar{\boldsymbol{P}}(\xi,\eta)$ 是线性的，而且与单元几何形状无关。

3. 计算一般四边形单元的应力场 $\boldsymbol{\sigma}^{+}$

设一般四边形单元的应力场为

$$\boldsymbol{\sigma}^{+}=\boldsymbol{P}(\xi,\eta)\boldsymbol{\beta} \tag{6.9.2}$$

式中，$\boldsymbol{\sigma}^{+}$ 是式(6.9.1)应力张量 τ^{ij} 对应的物理量 σ^{ij}，由下式确定：

$$\boldsymbol{\sigma}^{ij}(\xi,\eta)=J^{i}_{k}(\xi,\eta)\,J^{j}_{l}(\xi,\eta)\,\tau^{kl}(\xi,\eta) \tag{b}$$

式中，J^{i}_{k} 代表雅可比阵元素 $\dfrac{\partial x^{i}}{\partial \xi^{k}}$；$J^{j}_{l}$ 意义同此。

注意，应用式(b)将式(6.9.1)转换为式(6.9.2)时，对于现在一般 4 结点四边形元，此转换需满足以下两点要求：

(1) 式(6.9.1)中 $\bar{\boldsymbol{P}}(\xi,\eta)$ 是线性的，转换后式(6.9.2)的 $\boldsymbol{P}(\xi,\eta)$ 也应是线性的；

(2) 转换后式(6.9.2)的 $\boldsymbol{\sigma}^{+}$，应包括常数项，以通过分片试验。

对于歪斜单元，由于它们的 J^{i}_{k} 和 J^{j}_{l} 是 ξ 及 η 的函数，直接应用式(b)求得的应力场 $\boldsymbol{\sigma}^{+}$，难以满足以上要求。为了使转换后的插值函数 $\boldsymbol{P}(\xi,\eta)$ 也是线性的，而且包含常数项，文献[13]建议，式(b)中应用原点的 $J^{i}_{k}(0,0)$ 及 $J^{j}_{l}(0,0)$ 代替 $J^{i}_{k}(\xi,\eta)$ 及 $J^{j}_{l}(\xi,\eta)$，这样，矩阵 $\bar{\boldsymbol{P}}$ 及 $\boldsymbol{P}$ 将都是线性的，同时，保持应力分量中独立的常数项，因而，式(b)变成

$$\boxed{\boldsymbol{\sigma}^{ij}(\xi,\eta)=J^{i}_{k}(0,0)\,J^{j}_{l}(0,0)\,\boldsymbol{\tau}^{kl}(\xi,\eta)} \tag{6.9.3}$$

将式(6.9.1)代入式(6.9.3)，就得到一般四边形(非矩形)4 结点元的应力场 $\boldsymbol{\sigma}^{+}$

$$\boldsymbol{\sigma}^{+}=\begin{bmatrix}\sigma_x\\ \sigma_y\\ \tau_{xy}\end{bmatrix}=\begin{bmatrix}1 & 0 & 0 & a_1^2\eta & a_3^2\xi\\ 0 & 1 & 0 & b_1^2\eta & b_3^2\xi\\ 0 & 0 & 1 & a_1b_1\eta & a_3b_3\xi\end{bmatrix}\begin{Bmatrix}\beta_1\\ \vdots\\ \beta_5\end{Bmatrix} \tag{c}$$

式中，a_i，$b_i(i=1,2,3)$ 同 6.7.1 节式(e)。可见此式与文献[13]给出的用理性平衡法求得的一般四边形 4 结点元的应力场相同。

首先求得规则形状单元的应力场，再通过以上张量转换，可以十分方便地得到相应歪斜元的应力场。

6.10　具有一个无外力斜边，且斜边上 2 个结点含有转动自由度的 4 结点杂交应力元

图 6.11 给出一个具有无外力斜边 14 的四结点膜元，其结点 1 及 4 上各有两个移动的自由度u_i、v_i，及一个转动自由度ω_i，而远离无外力斜边的两个结点 2 及 3，每个仅含有两个移动自由度u_i及v_i，所以这个单元共具有 10 个自由度，这种单元称为 SR10 Ⅰ元。

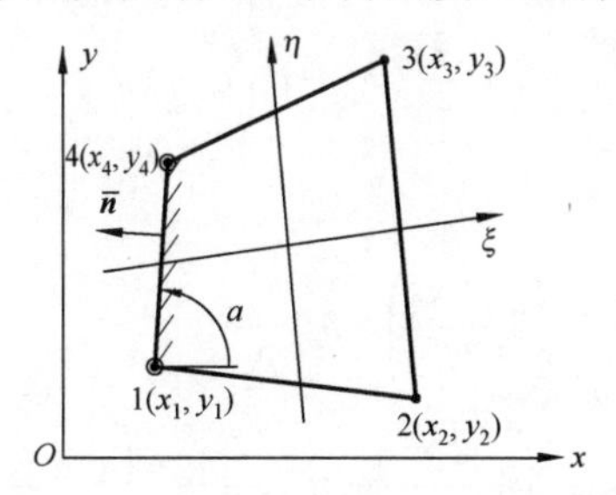

图 6.11　具有一个无外力斜边 14，且斜边上 1 及 4 两结点含有转动自由度的 4 结点膜元

下面讨论特殊元 SR10 Ⅰ的建立。

6.10.1　建立单元协调位移

1. 建立协调位移[31,32]

(1) 12 边的位移分量

从图 6.11 所示单元中取出 12 边(图 6.12)，其中，结点 1 含有 3 个自由度u_1、v_1和ω_1，而结点 2 仅有 2 个自由度u_2和v_2。

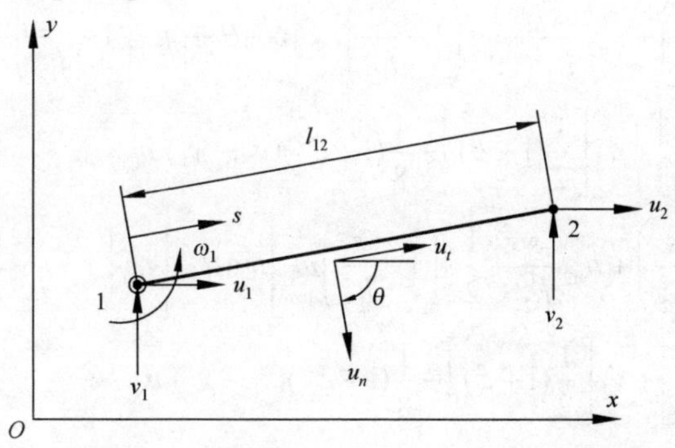

图 6.12　4 结点杂交应力膜元的 12 边(1 结点具有转动自由度)

选择 12 边的法向位移 u_n 和切向位移 u_t 为

$$\begin{aligned} u_n &= a_1 + a_2 s + a_3 s^2 \\ u_t &= a_4 + a_5 s \end{aligned} \tag{a}$$

坐标 s 从 1 点量起。系数 $a_1,\cdots,a_5$ 由 12 边两端位移

$$\begin{aligned} u_n\big|_{s=0} &= u_{n1} \qquad u_n\big|_{s=l_{12}} = u_{n2} \\ u_t\big|_{s=0} &= u_{t1} \qquad u_t\big|_{s=l_{12}} = u_{t2} \end{aligned} \tag{b}$$

及两端点位移导数 $\partial u_n / \partial s$ 之差

$$\left.\frac{\partial u_n}{\partial s}\right|_{s=l_{12}} - \left.\frac{\partial u_n}{\partial s}\right|_{s=0} = a_2 + 2a_3 l_{12} - a_2 = \omega_1 \tag{c}$$

以上 5 个条件确定，其值为

$$\begin{aligned} &a_1 = u_{n1} \quad a_2 = \frac{1}{l_{12}}(u_{n2} - u_{n1}) - \frac{1}{2}\omega_1 \quad a_3 = \frac{\omega_1}{2l_{12}} \\ &a_4 = u_{t1} \quad a_5 = \frac{1}{l_{12}}(u_{t2} - u_{t1}) \end{aligned} \tag{d}$$

代入式(a)，可得

$$\begin{aligned} u_t &= u_{t1}\left(1 - \frac{s}{l_{12}}\right) + u_{t2}\frac{s}{l_{12}} \\ u_n &= u_{n1}\left(1 - \frac{s}{l_{12}}\right) + u_{n2}\frac{s}{l_{12}} - \frac{s}{2}\left(1 - \frac{s}{l_{12}}\right)\omega_1 \end{aligned} \tag{e}$$

由于

$$\begin{aligned} u &= u_n \cos\theta + u_t \sin\theta \\ v &= -u_n \sin\theta + u_t \cos\theta \end{aligned} \tag{f}$$

这里 $\cos\theta = \dfrac{y_2 - y_1}{l_{12}}$ 及 $\sin\theta = \dfrac{x_2 - x_1}{l_{12}}$，$\theta = (x,n)$。

将式(e)代入式(f)，令 $\xi = \dfrac{2s}{l_{12}} - 1$，从而有

$$\begin{aligned} u &= \left[u_{n1}\left(1 - \frac{s}{l_{12}}\right) + u_{n2}\frac{s}{l_{12}} - \frac{1}{2}s\left(1 - \frac{s}{l_{12}}\right)\omega_1\right]\cos\theta + \left[u_{t1}\left(1 - \frac{s}{l_{12}}\right) + u_{t2}\frac{s}{l_{12}}\right]\sin\theta \\ &= u_1\left[\frac{1}{2}(1-\xi)\right] + u_2\left[\frac{1}{2}(1+\xi)\right] - \frac{1}{8}(1-\xi^2)(y_2 - y_1)\omega_1 \\ v &= -\left[u_{n1}\left(1 - \frac{s}{l_{12}}\right) + u_{n2}\frac{s}{l_{12}} - \frac{1}{2}s\left(1 - \frac{s}{l_{12}}\right)\omega_1\right]\sin\theta + \left[u_{t1}\left(1 - \frac{s}{l_{12}}\right) + u_{t2}\frac{s}{l_{12}}\right]\cos\theta \\ &= v_1\left[\frac{1}{2}(1-\xi)\right] + v_2\left[\frac{1}{2}(1+\xi)\right] - \frac{1}{8}(1-\xi^2)(x_1 - x_2)\omega_1 \end{aligned} \tag{g}$$

将 η 方向引入上式，即得 12 边的位移

$$
\begin{aligned}
u &= \frac{1}{4}(1-\xi)(1-\eta)u_1 + \frac{1}{4}(1+\xi)(1-\eta)u_2 - \frac{1}{16}(1-\xi^2)(1-\eta)(y_2-y_1)\omega_1 \\
v &= \frac{1}{4}(1-\xi)(1-\eta)v_1 + \frac{1}{4}(1+\xi)(1-\eta)v_2 - \frac{1}{16}(1-\xi^2)(1-\eta)(x_1-x_2)\omega_1
\end{aligned} \tag{h}
$$

同理，可得以下各边位移。

(2) 14 边位移

$$
\begin{aligned}
u &= \frac{1}{4}(1-\xi)(1-\eta)u_1 + \frac{1}{4}(1-\xi)(1+\eta)u_4 \\
&\quad + \frac{1}{16}(1-\eta^2)(1-\xi)(y_1-y_4)\omega_1 - \frac{1}{16}(1-\eta^2)(1-\xi)(y_1-y_4)\omega_4 \\
v &= \frac{1}{4}(1-\xi)(1-\eta)v_1 + \frac{1}{4}(1-\xi)(1+\eta)v_4 \\
&\quad + \frac{1}{16}(1-\eta^2)(1-\xi)(x_4-x_1)\omega_1 - \frac{1}{16}(1-\eta^2)(1-\xi)(x_4-x_1)\omega_4
\end{aligned} \tag{i}
$$

(3) 43 边位移

$$
\begin{aligned}
u &= \frac{1}{4}(1+\xi)(1+\eta)u_3 + \frac{1}{4}(1-\xi)(1+\eta)u_4 + \frac{1}{16}(1-\xi^2)(1+\eta)(y_4-y_3)\omega_4 \\
v &= \frac{1}{4}(1+\xi)(1+\eta)v_3 + \frac{1}{4}(1-\xi)(1+\eta)v_4 + \frac{1}{16}(1-\xi^2)(1+\eta)(x_3-x_4)\omega_4
\end{aligned} \tag{j}
$$

(4) 23 边位移

$$
\begin{aligned}
u &= \frac{1}{4}(1+\xi)(1-\eta)u_2 + \frac{1}{4}(1+\xi)(1+\eta)u_3 \\
v &= \frac{1}{4}(1+\xi)(1-\eta)v_2 + \frac{1}{4}(1+\xi)(1+\eta)v_3
\end{aligned} \tag{k}
$$

2. 单元协调位移

将以上公式汇总，就得只有两个结点 1、4 具有转动自由度时单元的协调位移 $\boldsymbol{u}_q$

$$
\begin{aligned}
u_q &= \sum_{i=1}^{4} N_i u_i + \left[\frac{1}{16}(1-\eta^2)(1-\xi)(y_1-y_4) - \frac{1}{16}(1-\xi^2)(1-\eta)(y_2-y_1)\right]\omega_1 \\
&\quad + \left[\frac{1}{16}(1-\xi^2)(1+\eta)(y_4-y_3) - \frac{1}{16}(1-\eta^2)(1-\xi)(y_1-y_4)\right]\omega_4 \\
v_q &= \sum_{i=1}^{4} N_i v_i + \left[\frac{1}{16}(1-\eta^2)(1-\xi)(x_4-x_1) - \frac{1}{16}(1-\xi^2)(1-\eta)(x_1-x_2)\right]\omega_1 \\
&\quad + \left[\frac{1}{16}(1-\xi^2)(1+\eta)(x_3-x_4) - \frac{1}{16}(1-\eta^2)(1-\xi)(x_4-x_1)\right]\omega_4
\end{aligned} \tag{6.10.1}
$$

式中

$$
N_i(\xi,\eta) = \frac{1}{4}(1+\xi_i\xi)(1+\eta_i\eta) \quad (i=1,2,3,4) \tag{l}
$$

6.10.2　建立单元非协调位移

当单元是**矩形**时(图 6.13)，式(6.10.1)成为

$$
\begin{aligned}
u_q &= \sum_{i=1}^{4} N_i u_i + \frac{1}{16}(1-\eta^2)[(1-\xi)(y_1-y_4)(\omega_1-\omega_4)] \\
v_q &= \sum_{i=1}^{4} N_i v_i + \frac{1}{16}(1-\xi^2)[(1-\eta)(x_1-x_2)(-\omega_1)+(1+\eta)(x_3-x_4)\omega_4]
\end{aligned}
\tag{6.10.2}
$$

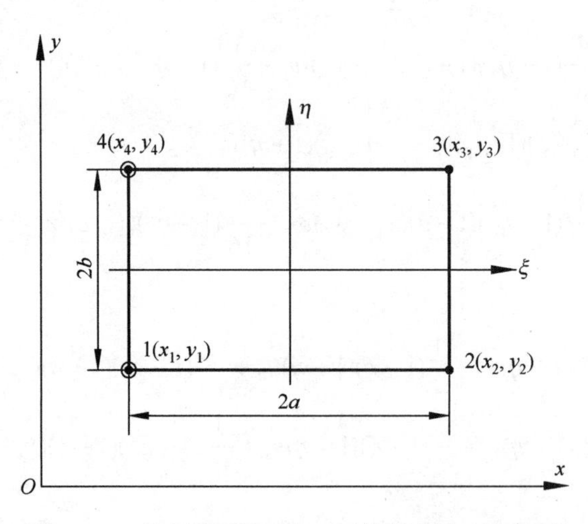

图 6.13　4 结点矩形单元(1,4 两结点含转动自由度)

设单元位移 $\boldsymbol{u}$ 由协调位移 $\boldsymbol{u}_q$ 及非协调位移 $\boldsymbol{u}_\lambda$ 两部分组成

$$
\boldsymbol{u} = \boldsymbol{u}_q + \boldsymbol{u}_\lambda \tag{6.10.3}
$$

其中，$\boldsymbol{u}_q = [u_q \ v_q]^{\mathrm{T}}$，$\boldsymbol{u}_\lambda = [u_\lambda \ v_\lambda]^{\mathrm{T}}$。

将协调位移 $\boldsymbol{u}_q$ [式(6.10.2)]展开，可见它们是关于 ξ、η 的非完整三次多项式(见表 6.6)，将 $\boldsymbol{u}$ 补为完整二次式，其非协调位移 $\boldsymbol{u}_\lambda$ 选为

$$
\boldsymbol{u}_\lambda = \begin{Bmatrix} u_\lambda \\ v_\lambda \end{Bmatrix} = \begin{Bmatrix} 1-3\xi^2 & 0 \\ 0 & 1-3\eta^2 \end{Bmatrix} \begin{bmatrix} \lambda_1 \\ \lambda_2 \end{bmatrix} \tag{6.10.4}
$$

这样选取的 $\boldsymbol{u}_\lambda$ 满足

$$
\int_{V_n} \boldsymbol{D} \boldsymbol{u}_\lambda \mathrm{d}V = \int_{V_n} \boldsymbol{B}_\lambda \mathrm{d}V = \boldsymbol{0} \tag{6.10.5}
$$

即满足单元分片试验。

表 6.6　单元位移 $\boldsymbol{u}$

$\boldsymbol{u}$	$\boldsymbol{u}_q$ 含有的项	$\boldsymbol{u}_\lambda$ 补充的项
u	常数项、ξ、η、$\xi\eta$、η^2、$\xi\eta^2$	ξ^2
v	常数项、ξ、η、$\xi\eta$、ξ^2、$\xi^2\eta$	η^2

6.10.3　建立单元假定应力场

一共建立了三种特殊元[33,34]：Case A、Case B 及 Case C，下面分别讨论这三种单元的建立。

1. Case A

设矩形元的初始应力场选取为

$$
\begin{aligned}
\sigma_x &= \beta_1 + \xi\beta_2 + \eta\beta_3 + \xi^2\beta_4 + \xi\eta\beta_5 \\
\sigma_y &= \beta_6 + \xi\beta_7 + \eta\beta_8 + \xi^2\beta_9 + \xi\eta\beta_{10} \\
\tau_{xy} &= \beta_{11} + \xi\beta_{12} + \eta\beta_{13} + \xi^2\beta_{14} + \xi\eta\beta_{15}
\end{aligned} \tag{m}
$$

对于矩形元，雅克比阵$\boldsymbol{J}=\begin{bmatrix} a & 0 \\ 0 & b \end{bmatrix}$，$|\boldsymbol{J}|=ab$，所以

$$
\begin{Bmatrix} \dfrac{\partial}{\partial x} \\ \dfrac{\partial}{\partial y} \end{Bmatrix} = \boldsymbol{J}^{-1} \begin{bmatrix} \dfrac{\partial}{\partial \xi} \\ \dfrac{\partial}{\partial \eta} \end{bmatrix} = \begin{Bmatrix} \dfrac{1}{a}\dfrac{\partial}{\partial \xi} \\ \dfrac{1}{b}\dfrac{\partial}{\partial \eta} \end{Bmatrix} \tag{n}
$$

(1)利用平衡约束条件

$$
\begin{aligned}
&\delta\int_{V_n} (\boldsymbol{D}^{\mathrm{T}}\boldsymbol{\sigma})^{\mathrm{T}} \boldsymbol{u}_\lambda \mathrm{d}V \\
&= \delta\int_{-1}^{1}\int_{-1}^{1}\left[\left(\frac{\partial\sigma_x}{\partial x}+\frac{\partial\tau_{xy}}{\partial y}\right)u_\lambda+\left(\frac{\partial\sigma_y}{\partial y}+\frac{\partial\tau_{yx}}{\partial x}\right)v_\lambda\right]|\boldsymbol{J}|\mathrm{d}\xi\,\mathrm{d}\eta \\
&= \delta\int_{-1}^{1}\int_{-1}^{1}\left[\left(\frac{\beta_2+2\xi\beta_4}{a}+\frac{\beta_{13}+\xi\beta_{15}}{b}\right)u_\lambda+\left(\frac{\beta_8+\xi\beta_{10}}{b}+\frac{\beta_{12}+2\xi\beta_{14}}{a}\right)v_\lambda\right]ab\,\mathrm{d}\xi\,\mathrm{d}\eta \\
&= 0
\end{aligned} \tag{6.10.6}
$$

上式积分后恒为零，所以式(6.10.6)不提供任何约束方程。

(2)利用正交约束条件

$$
\begin{aligned}
&\delta\int_{V_n} \boldsymbol{\sigma}^{\mathrm{T}}(\boldsymbol{D}\boldsymbol{u}_\lambda)\mathrm{d}V \\
&= \delta\int_{-1}^{1}\int_{-1}^{1}\left[\frac{1}{a}\frac{\partial u_\lambda}{\partial \xi}\sigma_x+\frac{1}{b}\frac{\partial v_\lambda}{\partial \eta}\sigma_y+\left(\frac{1}{b}\frac{\partial u_\lambda}{\partial \eta}+\frac{1}{a}\frac{\partial v_\lambda}{\partial \xi}\right)\tau_{xy}\right]|\boldsymbol{J}|\mathrm{d}\xi\mathrm{d}\eta \\
&= \delta\int_{-1}^{1}\int_{-1}^{1}\left[-\frac{6\xi\lambda_1}{a}\sigma_x-\frac{6\eta\lambda_2}{b}\sigma_y\right]ab\,\mathrm{d}\xi\mathrm{d}\eta \\
&= \delta(-8b\beta_2\lambda_1-8a\beta_8\lambda_2)=0
\end{aligned} \tag{6.10.7}
$$

得到

$$
\beta_2=\beta_8=0 \tag{o}
$$

消去β_2、β_8，这时得到 13 个应力参数，重新安排β，有

$$
\boldsymbol{\tau}^{lm}=\begin{Bmatrix} \tau^{11} \\ \tau^{22} \\ \tau^{12} \end{Bmatrix}=\begin{Bmatrix} \beta_1+\eta\beta_4+\xi^2\beta_5+\eta^2\beta_6 \\ \beta_2+\xi\beta_7+\xi^2\beta_8+\eta^2\beta_9 \\ \beta_3+\xi\beta_{10}+\eta\beta_{11}+\xi^2\beta_{12}+\eta^2\beta_{13} \end{Bmatrix} \tag{p}
$$

(3)利用 Pian 及 Sumihara[13]建议的建立一般四边形单元应力场的应力张量变换法，将以上矩形元的应力[式(p)]转换为一般四边形元的应力

$$\boldsymbol{\sigma}^{ij}=\left.\frac{\partial x^i}{\partial \xi^l}\right|_{(0,0)}\left.\frac{\partial x^j}{\partial \xi^m}\right|_{(0,0)}\boldsymbol{\tau}^{lm} \tag{q}$$

式中，$\boldsymbol{\tau}^{lm}$ 为矩形元的应力场；$\boldsymbol{\sigma}^{ij}$ 为一般四边形元的应力场；转换系数 $\partial x^i/\partial \xi^l$，$\partial x^j/\partial \xi^m$ 在单元中心处 $\xi=0$、$\eta=0$ 取值。

根据等参元坐标

$$x=\sum_{i=1}^{4}N_i(\xi,\eta)\,x_i \qquad y=\sum_{i=1}^{4}N_i(\xi,\eta)\,y_i \tag{r}$$

有

$$\left.\frac{\partial x}{\partial \xi}\right|_{(0,0)}=a_2 \qquad \left.\frac{\partial x}{\partial \eta}\right|_{(0,0)}=a_3 \qquad \left.\frac{\partial y}{\partial \xi}\right|_{(0,0)}=b_2 \qquad \left.\frac{\partial y}{\partial \eta}\right|_{(0,0)}=b_3 \tag{s}$$

式中

$$\begin{bmatrix} a_2 & b_2 \\ a_3 & b_3 \end{bmatrix}=\frac{1}{4}\begin{bmatrix} -1 & 1 & 1 & -1 \\ -1 & -1 & 1 & 1 \end{bmatrix}\begin{bmatrix} x_1 & y_1 \\ x_2 & y_2 \\ x_3 & y_3 \\ x_4 & y_4 \end{bmatrix} \tag{t}$$

由式(q)可得

$$\begin{aligned}
\sigma^{11}&=\frac{\partial x^1}{\partial \xi^1}\frac{\partial x^1}{\partial \xi^1}\tau^{11}+2\frac{\partial x^1}{\partial \xi^1}\frac{\partial x^1}{\partial \xi^2}\tau^{12}+\frac{\partial x^1}{\partial \xi^2}\frac{\partial x^1}{\partial \xi^2}\tau^{22}=a_2^2\tau^{11}+2a_2a_3\tau^{12}+a_3^2\tau^{22}\\
\sigma^{22}&=\frac{\partial x^2}{\partial \xi^1}\frac{\partial x^2}{\partial \xi^1}\tau^{11}+2\frac{\partial x^2}{\partial \xi^1}\frac{\partial x^2}{\partial \xi^2}\tau^{12}+\frac{\partial x^2}{\partial \xi^2}\frac{\partial x^2}{\partial \xi^2}\tau^{22}=b_2^2\tau^{11}+2b_2b_3\tau^{12}+b_3^2\tau^{22}\\
\sigma^{12}&=\frac{\partial x^1}{\partial \xi^1}\frac{\partial x^2}{\partial \xi^1}\tau^{11}+\frac{\partial x^1}{\partial \xi^1}\frac{\partial x^2}{\partial \xi^2}\tau^{12}+\frac{\partial x^1}{\partial \xi^2}\frac{\partial x^2}{\partial \xi^1}\tau^{21}+\frac{\partial x^1}{\partial \xi^2}\frac{\partial x^2}{\partial \xi^2}\tau^{22}\\
&=a_2b_2\tau^{11}+a_2b_3\tau^{12}+a_3b_2\tau^{21}+a_3b_3\tau^{22}
\end{aligned} \tag{u}$$

(4)将式(p)代入式(u)，再利用 14 边无外力边界条件

$$\boldsymbol{v}\,\boldsymbol{\sigma}\big|_{\xi=-1}=\begin{bmatrix} -\sin\alpha & 0 & \cos\alpha \\ 0 & \cos\alpha & -\sin\alpha \end{bmatrix}\begin{Bmatrix} \sigma_x \\ \sigma_y \\ \tau_{xy} \end{Bmatrix}=\mathbf{0} \tag{6.10.8}$$

式中，α 为 14 边与 x 轴夹角，即

$$\alpha=\mathrm{tg}^{-1}\frac{y_4-y_1}{x_4-x_1}$$

$$l=\cos(\boldsymbol{n},x)=-\sin\alpha \quad m=\cos(\boldsymbol{n},y)=\cos\alpha \tag{v}$$

利用式(6.10.8)，再消去 4 个 β，最后得到以下具有 9-β 单元 Case A 的假定应力场

$$
\begin{aligned}
\sigma_x &= a_2^2(1-\xi^2)\beta_1 + a_3^2(1+\xi)\beta_2 + \left(2a_2a_3 + \frac{a_3^2 A\xi}{B} - \frac{a_2^2 B\xi^2}{A}\right)\beta_3 \\
&\quad + \eta\left(a_2^2 - \frac{a_3^2 A^2\xi}{B^2} + \frac{2a_2a_3A\xi}{B}\right)\beta_4 + \frac{N^2m^2\xi\eta}{B^2}\beta_5 + a_3^2(1+\xi)\xi\beta_6 \\
&\quad + \frac{\xi}{AB}[a_2a_3(a_3l+2b_3m)A - a_3^2b_2mA + a_2^2B^2\xi]\beta_7 + 2a_2a_3\eta(1+\xi)\beta_8 \\
&\quad + \xi\left[\frac{a_3^2b_2m}{B} - \frac{a_2^2B\xi}{A} + a_2a_3\left(\frac{a_3l}{B} + 2\xi\right)\right]\beta_9 \\
\sigma_y &= b_2^2(1-\xi^2)\beta_1 + b_3^2(1+\xi)\beta_2 + \left(2b_2b_3 + \frac{b_3^2 A\xi}{B} - \frac{b_2^2 B\xi^2}{A}\right)\beta_3 \\
&\quad + \eta\left(b_2^2 - \frac{b_3^2 A^2\xi}{B^2} + \frac{2b_2b_3A\xi}{B}\right)\beta_4 + \frac{N^2l^2\xi\eta}{B^2}\beta_5 + b_3^2(1+\xi)\xi\beta_6 \\
&\quad + \frac{\xi}{AB}[b_2b_3(b_3m+2a_3l)A - b_3^2a_2lA + b_2^2B^2\xi]\beta_7 + 2b_2b_3\eta(1+\xi)\beta_8 \\
&\quad + \xi\left[\frac{b_3^2a_2l}{B} - \frac{b_2^2B\xi}{A} + b_2b_3\left(\frac{b_3m}{B} + 2\xi\right)\right]\beta_9 \\
\tau_{xy} &= a_2b_2(1-\xi^2)\beta_1 + a_3b_3(1+\xi)\beta_2 + \left(M + \frac{a_3b_3A\xi}{B} - \frac{a_2b_2B\xi^2}{A}\right)\beta_3 \\
&\quad + \eta\left(a_2b_2 + \frac{AM\xi}{B} - \frac{a_3b_3A^2\xi}{B^2}\right)\beta_4 - \frac{N^2lm\xi\eta}{B^2}\beta_5 + a_3b_3(1+\xi)\xi\beta_6 \\
&\quad + \xi\left(M - \frac{a_2a_3b_3l}{B} - \frac{a_3b_2b_3m}{B} + \frac{a_2b_2B\xi}{A}\right)\beta_7 + M\eta(1+\xi)\beta_8 \\
&\quad + \frac{\xi}{AB}[2a_2a_3b_2b_3lm + a_2^2b_3l(b_3m\xi + a_3l + a_3l\xi) + b_2^2a_3m(a_3l\xi + b_3m + b_3m\xi)]\beta_9
\end{aligned}
\tag{6.10.9}
$$

式中

$$
\begin{aligned}
A &= a_2l + b_2m \qquad B = a_3l + b_3m \\
M &= a_3b_2 + a_2b_3 \qquad N = a_3b_2 - a_2b_3
\end{aligned}
\tag{w}
$$

此应力场命名为 Case A。

这里 $\beta_{\min} = 10 - 3 = 7$，现在 Case A 的 β 数等于 9。

2. Case B

矩形元的初始假定应力场选取为

$$
\begin{aligned}
\sigma_x &= \beta_1 + \xi\beta_2 + \eta\beta_3 + \xi^2\beta_4 + \eta^2\beta_5 \\
\sigma_y &= \beta_6 + \xi\beta_7 + \eta\beta_8 + \xi^2\beta_9 + \eta^2\beta_{10} \\
\tau_{xy} &= \beta_{11} + \xi\beta_{12} + \eta\beta_{13} + \xi^2\beta_{14} + \eta^2\beta_{15}
\end{aligned}
\tag{x}
$$

同样，平衡条件不提供约束方程；应用正交条件得到 $\beta_2 = \beta_8 = 0$；再利用 14 边上无外力条件，消去了 6 个 β，及通过应力张量变换最后得到具有 7 个 β 的元 Case B：

$$
\begin{aligned}
\sigma_x &= \left(a_2^2+\frac{A^2a_3^2\xi^2}{B^2}-\frac{2Aa_2a_3\xi^2}{B}\right)\beta_1+a_3^2(1-\xi^2)\beta_2+2a_2a_3(1-\xi^2)\beta_3\\
&\quad+\frac{(Aa_3-Ba_2)^2\xi^2}{B^2}\beta_4+\frac{(Aa_3-Ba_2)^2\eta^2}{B^2}\beta_5+a_3^2(\xi+\xi^2)\beta_6+2a_2a_3(\xi+\xi^2)\beta_7\\
\sigma_y &= \left(b_2^2+\frac{A^2b_3^2\xi^2}{B^2}-\frac{2Ab_2b_3\xi^2}{B}\right)\beta_1+b_3^2(1-\xi^2)\beta_2+2b_2b_3(1-\xi^2)\beta_3\\
&\quad+\frac{(Bb_2-Ab_3)^2\xi^2}{B^2}\beta_4+\frac{(Ab_3-Bb_2)^2\eta^2}{B^2}\beta_5+b_3^2(\xi+\xi^2)\beta_6+2b_2b_3(\xi+\xi^2)\beta_7\\
\tau_{xy} &= \left(a_2b_2+\frac{A^2a_3b_3\xi^2}{B^2}-\frac{AM\xi^2}{B}\right)\beta_1+a_3b_3(1-\xi^2)\beta_2+M(1-\xi^2)\beta_3+\frac{N\xi^2}{B^2}\beta_4\\
&\quad+\frac{N\eta^2}{B^2}\beta_5+a_3b_3(\xi+\xi^2)\beta_6+M(\xi+\xi^2)\beta_7
\end{aligned}
\tag{6.10.10}
$$

式中，A、B、M同式(w)，而N为

$$
N=(-Aa_3+Ba_2)(-Ab_3+Bb_2) \tag{y}
$$

3. Case C

初始假定应力场选取为

$$
\begin{aligned}
\sigma_x &= \beta_1+\xi\beta_2+\eta\beta_3+\xi\eta\beta_4\\
\sigma_y &= \beta_5+\xi\beta_6+\eta\beta_7+\xi\eta\beta_8\\
\tau_{xy} &= \beta_9+\xi\beta_{10}+\eta\beta_{11}+\xi\eta\beta_{12}
\end{aligned}
\tag{z}
$$

运用与以上相同的步骤，最后得到如下含有$6-\beta$的元 Case C：

$$
\begin{aligned}
\sigma_x &= \frac{1}{A}\{A+[a_3^2(c_3l+c_5m)-c_4(c_2l+b_3^2m)]l\xi\}\beta_1-\frac{1}{A}(a_3^2c_3-c_2c_4)m\xi\beta_2\\
&\quad-\frac{1}{A}(b_3^2c_4-a_3^2c_5)m^2\xi\beta_3+\frac{1}{A}(Aa_2^2\eta+Bc_4\xi\eta+Ma_3^2\xi\eta)\beta_4\\
&\quad+\frac{1}{A}(Aa_2^2-Bc_4-Ma_3^2)\xi\eta\beta_5+(1+\xi)c_4\eta\beta_6\\
\sigma_y &= \frac{1}{A}(b_3^2c_3-c_2c_5)l^2\xi\beta_1+\frac{1}{A}\{A+[c_5(a_3^2l+c_2m)-b_3^2(c_4l+c_3m)]m\xi\}\beta_2\\
&\quad+\frac{1}{A}(a_3^2c_5-b_3^2c_4)l^2\xi\beta_3+\frac{1}{A}(Ab_2^2\eta+Bc_5\xi\eta+Mb_3^2\xi\eta)\beta_4\\
&\quad+\frac{1}{A}(Ab_2^2-Bc_5-Mb_3^2)\xi\eta\beta_5+(1+\xi)c_5\eta\beta_6\\
\tau_{xy} &= \frac{1}{A}(c_2c_5-b_3^2c_3)lm\xi\beta_1+\frac{1}{A}(a_3^2c_3-c_2c_4)lm\xi\beta_2\\
&\quad+\frac{1}{A}\{A+[(a_3^2c_3-c_2c_4)l^2-(b_3^2c_3-c_2c_5)m^2]\xi\}\beta_3+\frac{1}{A}(Ac_1\eta+Bc_3\xi\eta+Mc_2\xi\eta)\beta_4\\
&\quad+\frac{1}{A}(Ac_1-Bc_3-Mc_2)\xi\eta\beta_5+(1+\xi)c_3\eta\beta_6
\end{aligned}
\tag{6.10.11}
$$

其中

$$
\begin{aligned}
&c_1 = a_2 b_2 \qquad c_2 = a_3 b_3 \qquad c_3 = a_3 b_2 + a_2 b_3 \\
&c_4 = 2a_2 a_3 \qquad c_5 = 2b_2 b_3 \\
&m = \cos\alpha \qquad l = -\sin\alpha \\
&A = -b_3^2 m(c_4 l + c_3 m) + a_3^2 l(c_3 l + c_5 m) + c_2(c_5 m^2 - c_4 l^2) \\
&B = (-b_3^2 c_1 + b_2^2 c_2)m^2 + (c_1 l + b_2^2 m)a_3^2 l - (c_2 l + b_3^2 m)a_2^2 l \\
&M = -b_2^2 m(c_4 l + c_3 m) + a_2^2 l(c_3 l + c_5 m) + c_1(c_5 m^2 - c_4 l^2)
\end{aligned}
\tag{a}
$$

[1]

6.10.4　工程实例

以下计算时，采用了表 6.7 所列 5 种有限元安排方式。

表 6.7　计算时采用的有限元安排方式(DOF 为单元自由度)

方法	孔边沿部分		远离孔边
	斜边	圆弧边	
1	具有一个斜边且仅斜边上两个结点含转动自由度的特殊元 SR10 I (DOF=10)	具有一个圆弧边、仅外边界上两个结点含转动自由度的特殊元 SR10 II (DOF=10)	不含转动自由度的一般四边形 4 结点等参位移元 ODE(DOF=8)
2	仅外边界上两个结点含转动自由度的 4 结点等参位移元(DOF=10)		同上
3	4 个结点均含转动自由度的 Allman 型等参位移元 AE(DOF=12)	具有一个圆弧边且 4 个结点均含转动自由度的特殊杂交应力元 SL 8[34] (DOF=12)	4 个结点均含转动自由度的 Allman 型等参位移元 AE(DOF=12)
4	全部用 4 个结点均含转动自由度的 Allman 型等参位移元 AE(DOF=12)		
5	全部用不含转动自由度的一般四边形 4 结点等参位移元 ODE(DOF=8)		

表 6.7 方法 1 中具有无外力圆弧边特殊杂交应力元 SR10 II[34]，为具有一个无外力圆弧边且仅外圆弧边界上两个结点含有转动自由度的单元(图 6.14)。

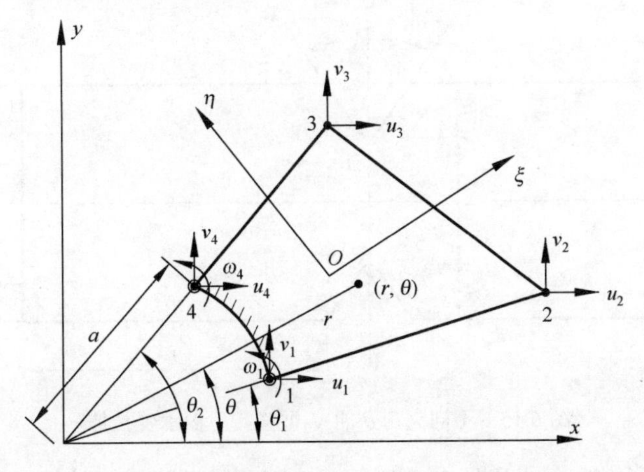

图 6.14　具有一个无外力圆弧边且圆弧边上两结点含有转动自由度的杂交应力元 SR10 II

此单元 SR10 II 的假定应力场为

$$
\begin{aligned}
\sigma_r &= \left(1-\frac{a^2}{r^2}\right)\beta_1 + \left(1-4\frac{a^2}{r^2}+3\frac{a^4}{r^4}\right)(\beta_2\cos 2\theta+\beta_3\sin 2\theta)\\
&\quad +r\left(1-\frac{a^4}{r^4}\right)(\beta_4\cos\theta+\beta_5\sin\theta)\\
&\quad +r\left(1-5\frac{a^4}{r^4}+4\frac{a^6}{r^6}\right)(\beta_6\cos 3\theta+\beta_7\sin 3\theta)\\
\sigma_\theta &= \left(1+\frac{a^2}{r^2}\right)\beta_1 - \left(1+3\frac{a^4}{r^4}\right)(\beta_2\cos 2\theta+\beta_3\sin 2\theta)\\
&\quad +r\left(3+\frac{a^4}{r^4}\right)(\beta_4\cos\theta+\beta_5\sin\theta)\\
&\quad -r\left(1-\frac{a^4}{r^4}+4\frac{a^6}{r^6}\right)(\beta_6\cos 3\theta+\beta_7\sin 3\theta)\\
\tau_{r\theta} &= -\left(1+2\frac{a^2}{r^2}-3\frac{a^4}{r^4}\right)(\beta_2\sin 2\theta-\beta_3\cos 2\theta)\\
&\quad +r\left(1-\frac{a^4}{r^4}\right)(\beta_4\cos\theta-\beta_5\sin\theta)\\
&\quad -r\left(1+3\frac{a^4}{r^4}-4\frac{a^6}{r^6}\right)(\beta_6\sin 3\theta-\beta_7\cos 3\theta)
\end{aligned}
\tag{6.10.12}
$$

例 6.4　不同 V-型槽孔薄板承受拉伸[33]

夹角 θ 分别为 30°、60°、90° 及 120° 的四种倒圆角 V-型槽孔薄板，其倒圆角半径为 R，$H=8R$，$W=8R$，$L=24R$，厚度 $t=0.4R$ (图 6.15)。两侧承受拉伸 $\boldsymbol{T}$，计算其应力集中系数。

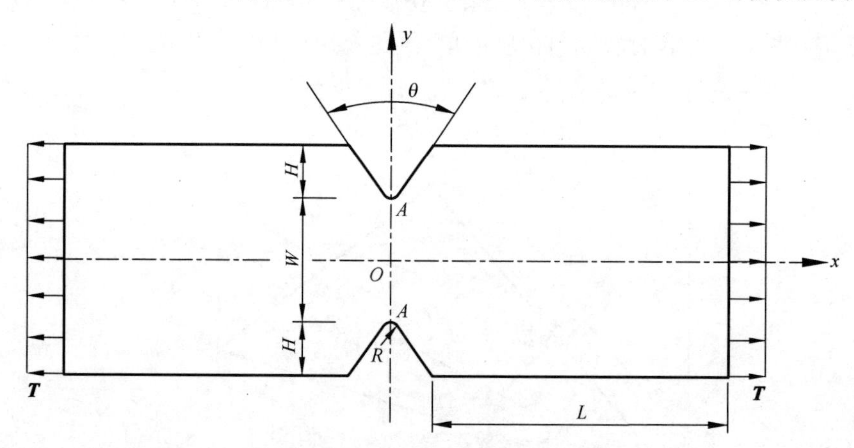

图 6.15　不同夹角 θ 的 V-型槽孔薄板承受拉伸

对四分之一薄板用图 6.16 及图 6.17 所示粗、细两种网格进行计算，应力集中系数以净截面上平均应力为基准应力 σ_0。取 Appl 等[30]的奇异积分解为参考。计算结果列于表 6.8 及表 6.9 中。比较五种类型有限元(包括特殊元的 Case A 至 Case C 三种工况) 以及光弹的实验解，可见，目前特殊元 Case A 给出更为准确的应力集中系数。以后书中将元 Case A 记为元 SR10 Ⅰ。

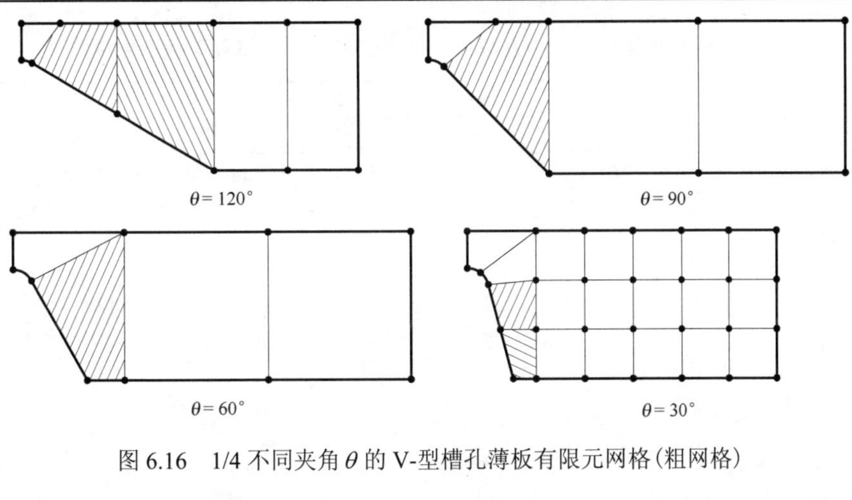

图 6.16　1/4 不同夹角 θ 的 V-型槽孔薄板有限元网格(粗网格)

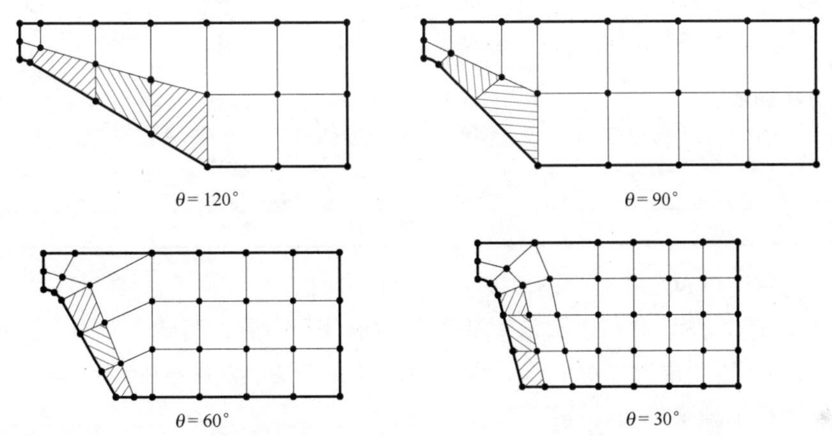

图 6.17　1/4 板不同夹角 θ 的 V-型槽孔薄板有限元网格(细网格)

表 6.8　计算所得应力集中系数(SCF)(粗网格)(V-型槽孔薄板承受拉伸)

单元类型		θ/(°)	120	90	60	30
		DOF	28	23	23	57
1　现在的特殊元(SR10 Ⅰ)+具有一个圆弧边且圆弧边两结点含转动自由度的特殊元(SR10 Ⅱ)+4 结点等参位移元(ODE)	Case A	SCF	2.88	2.76	2.17	2.68
		误差/%	18.5	4.2	−20.2	−4.6
	Case B	SCF	2.71	2.61	2.32	2.61
		误差/%	11.5	−1.5	−14.7	−7.1
	Case C	SCF	2.25	2.10	1.56	2.31
		误差/%	−7.4	−20.8	−42.7	−17.7
2　仅外边界上 2 个结点含转动自由度的 4 结点等参位移元		SCF	2.74	2.88	2.68	2.65
		误差/%	12.8	8.7	−1.5	−5.7
		DOF	36	30	30	78
3　特殊元 SL 8[34]+4 结点含转动自由度的 Allman 型位移元(AE)		SCF	3.29	3.01	2.59	3.04
		误差/%	35.4	13.6	−4.8	8.2
4　4 结点含转动自由度的 Allman 型位移元(AE)		SCF	2.74	2.88	2.68	2.65
		误差/%	12.8	8.7	−1.5	−5.7
参考解[30]			**2.43**	**2.65**	**2.72**	**2.81**

表 6.9　计算所得应力集中系数(SCF)(细网格)(V-型槽孔薄板承受拉伸)

单元类型		θ/(°)	120	90	60	30
		DOF	47	52	64	92
1 现在的特殊元 SR10 Ⅰ+具有一个圆弧边且圆弧边两结点含转动自由度的特殊元(SR10 Ⅱ)+4 结点等参位移元(ODE)	Case A	SCF	2.50	2.61	2.63	2.73
		误差/%	2.9	−1.5	−3.3	−2.8
	Case B	SCF	2.24	2.48	2.46	2.69
		误差/%	−7.8	−6.4	−9.6	−4.3
	Case C	SCF	3.07	2.49	2.19	2.49
		误差/%	26.3	−6.0	−19.5	−11.4
2 仅外边界上 2 个结点含转动自由度的 4 结点等参位移元		SCF	2.61	2.58	2.67	2.76
		误差/%	7.4	−2.6	−1.8	−1.8
		DOF	63	72	102	129
3 特殊元 SL 8[34]+4 结点含转动自由度的 Allman 型位移元(AE)		SCF	2.84	3.03	2.90	3.10
		误差/%	16.9	14.3	6.6	10.3
4 4 结点含转动自由度的 Allman 型位移元(AE)		SCF	2.63	2.62	2.68	2.72
		误差/%	8.2	−1.1	−1.5	−3.2
5 4 结点等参位移元(ODE)		SCF	2.73	2.78	2.61	2.61
		误差/%	12.3	4.9	−4.0	−7.1
光弹实验解[29]		SCF	2.61	2.83	2.86	2.86
		误差/%	7.4	6.8	5.1	1.8
参考解[30]			**2.43**	**2.65**	**2.72**	**2.81**

例 6.5　对称夹角 60°的 V-型槽薄板承受拉伸与弯曲[33]

考虑一个具有 $\theta = 60°$ 对称倒圆角 V-型槽的薄板(图 6.15)，两侧承受均匀拉伸 $\boldsymbol{T}$ 或平面弯曲 $\boldsymbol{M}$，槽口底部倒圆角半径 R 可变，而槽口深度 h 不变，$h/W = 0.5$，$L = 2.5W$。应力集中系数(SCF)同样依最窄截面计算。

图 6.18 给出四分之一板的两种有限元网格。计算所得拉伸或弯曲时的最大应力(均作用于图 6.18 中 A 点)，分别由表 6.10 及表 6.11 给出。Neuber[35]用近似公式所得结果以及 Noda 等[36]用体积力法的结果，也一并列入表中以资比较。参考解系用 4 结点等参位移元在很密网格下的结果，例如图 6.19 给出当 $R/W = 0.4$ 时参考解所用网格，其自由度(DOF)为 818，而现在表中特殊元类型 SR10 Ⅰ，其 DOF 仅为 57。图 6.20 给出 $R/W = 0.4$ 时，承受拉伸或弯曲的薄板，槽孔边沿应力 σ_x 分布。

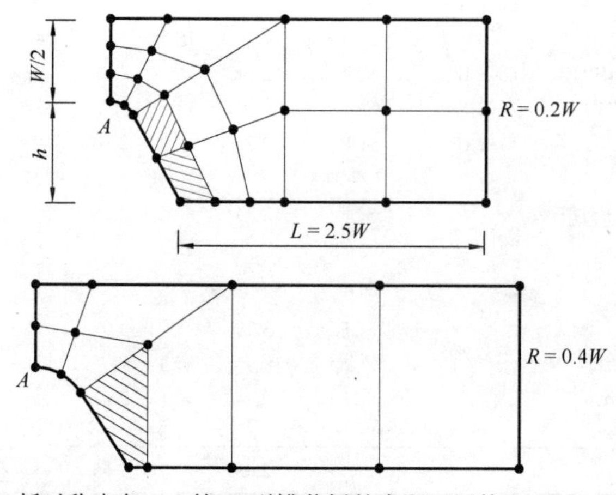

图 6.18　1/4 板对称夹角 60° 的 V-型槽薄板的有限元网格($h/W = 0.5, L = 2.5W$)

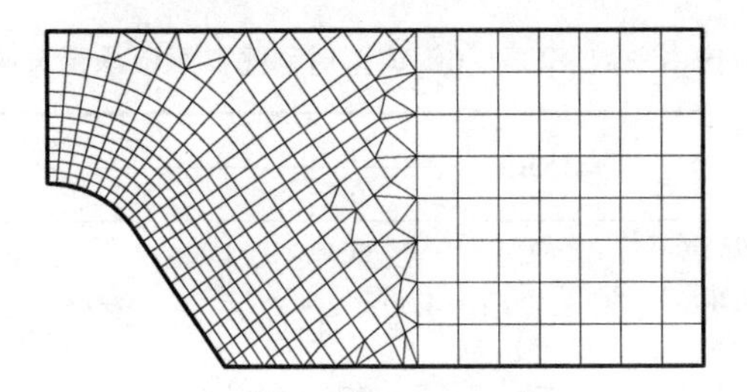

图 6.19　参考解网格($R/W = 0.4$)

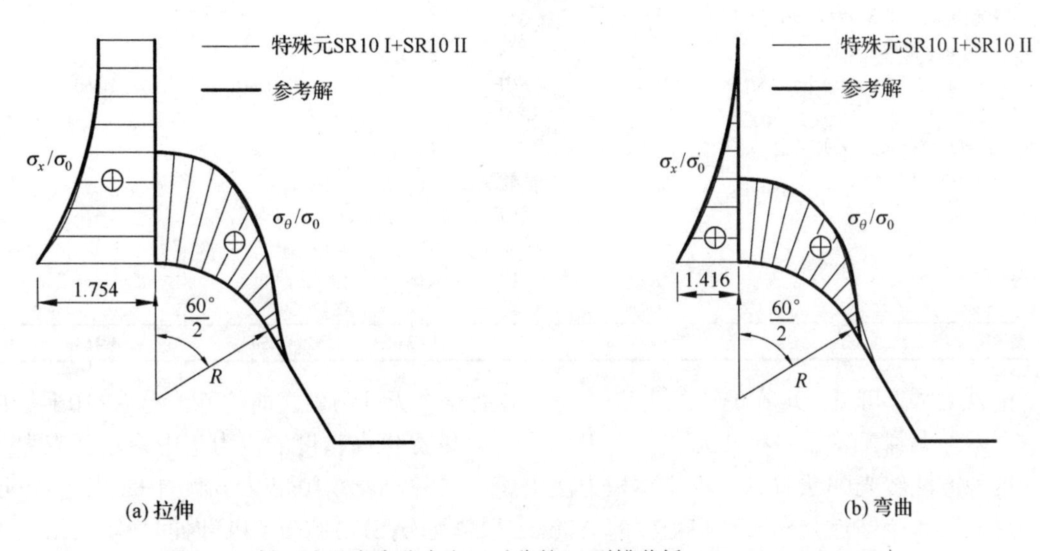

图 6.20　槽口边沿应力分布(60°对称的 V-型槽薄板 $h/W = 0.5, L = 2.5W$)

表 6.10　计算所得应力集中系数(SCF)(60° V-型对称槽口薄板承受拉伸 $h/W = 0.5, L = 2.5W$)

	单元类型	DOF		R/W		
				0.2	0.3	0.4
1	现在的特殊元 SR10 I+具有一个圆弧边且圆弧边两结点含转动自由度的特殊元 SR 10 II+4 结点等参位移元(ODE)	57	SCF	2.314	1.868	1.747
			误差/%	1.5	−2.8	0.3
2	仅外边界上 2 个结点含转动自由度的 4 结点位移元	57	SCF	2.173	1.796	1.614
			误差/%	−4.7	− 6.5	−7.3
3	特殊元 SL 8[34]+4 结点含转动自由度的 Allman 型位移元(AE)	78	SCF	2.310	1.951	1.736
			误差/%	1.4	1.6	−0.3
4	4 结点含转动自由度的 Allman 型位移元(AE)	78	SCF	2.163	1.843	1.603
			误差/%	−5.1	−4.1	−7.9
5	4 结点等参位移元(ODE)	52	SCF	2.160	1.796	1.613
			误差/%	−5.2	−6.6	−7.4
	Noda 解[36]		SCF	2.284	1.948	1.754
			误差/%	1.6	1.4	0.7
	Neuber 解[35]		SCF	2.104	1.811	1.645
			误差/%	−6.4	−5.7	−5.5
	参考解			**2.279**	**1.921**	**1.741**

表 6.11　计算所得应力集中系数(SCF)(60°V-型对称槽口薄板承受弯曲 $h/W = 0.5, L = 2.5W$)

单元类型	DOF		R/W 0.2	0.3	0.4
1　现在的特殊元 SR10 Ⅰ+具有一个圆弧边且圆弧边2结点含转动自由度的特殊元 SR10 Ⅱ+4 结点等参位移元(ODE)	57	SCF	1.706	1.441	1.391
		误差/%	−1.4	−4.2	−1.6
2　仅外边界上 2 个结点含转动自由度的 4 结点位移元	57	SCF	1.610	1.330	1.333
		误差/%	−7.0	−11.6	−5.7
3　特殊元 SL 8[34]+4 结点含转动自由度的 Allman 型位移元(AE)	78	SCF	1.765	1.537	1.439
		误差/%	2.0	2.3	1.8
4　4 结点含转动自由度的 Allman 型位移元(AE)	78	SCF	1.625	1.380	1.360
		误差%	−6.1	−8.2	−3.8
5　4 结点等参位移元(ODE)	52	SCF	1.596	1.328	1.301
		误差/%	−7.8	−11.7	−7.9
Noda 解[36]		SCF	1.745	1.535	1.416
		误差/%	0.8	2.1	0.2
Neuber 解[35]		SCF	1.690	1.502	1.397
		误差/%	−2.4	−0.1	−1.1
参考解			**1.731**	**1.504**	**1.413**

由以上结果可见：现在的单元类型 1——具有一个无外力斜表面的特殊元 SR10 Ⅰ与具有一个无外力圆弧表面的特殊元 SR10 Ⅱ联合，可以提供高精度的应力集中系数及应力分布。这种方法较光弹法省时，也比体积力法快捷。同时，表 6.10 和表 6.11 中的类型 1，也比全部应用 4 个结点具有转动自由度的 Allman 型单元(AE)，节省 CPU 时间。以上结果也显示，Noda 用体积力得到的结果，误差很小；而 Neuber 近似公式的结果一般偏小，偏于不安全。

6.11　小　　结

(1)根据一种修正的Hellinger-Reissner原理，Pian等发展了非协调杂交应力元的理性列式方法，从而推动这门学科近三十年来取得了重大的发展。现将三种理性列式方法汇总，列于表 6.12。

表 6.12　非协调杂交应力元理性列式($\boldsymbol{\sigma} = \boldsymbol{\sigma}_c + \boldsymbol{\sigma}_h, \boldsymbol{u} = \boldsymbol{u}_q + \boldsymbol{u}_\lambda$)

单元能量表达式	应力约束条件	建立单元刚度矩阵的能量表达式
	平衡模式	
$\Pi_{mR} = \int_{V_n}[-B(\boldsymbol{\sigma}) + \boldsymbol{\sigma}^{\mathrm{T}}(\boldsymbol{D}\boldsymbol{u}_q) - (\boldsymbol{D}^{\mathrm{T}}\boldsymbol{\sigma})^{\mathrm{T}}\boldsymbol{u}_\lambda]\mathrm{d}V$	1 方法 Ⅰ$_\mathrm{a}$ · $\delta\int_{V_n}(\boldsymbol{D}^{\mathrm{T}}\boldsymbol{\sigma})^{\mathrm{T}}\boldsymbol{u}_\lambda\,\mathrm{d}V = \boldsymbol{0} \to \boldsymbol{\sigma}^+$	$\Pi_{mR} = \int_{V_n}[-B(\boldsymbol{\sigma}^+) + \boldsymbol{\sigma}^{+\mathrm{T}}(\boldsymbol{D}\boldsymbol{u}_q)]\mathrm{d}V$
同上	2 方法 Ⅰ$_\mathrm{b}$ $\boldsymbol{\sigma}^+ = \boldsymbol{\sigma}_c + \boldsymbol{\sigma}_h^+$ · $\int_{V_n}(\boldsymbol{D}^{\mathrm{T}}\boldsymbol{\sigma}_c)^{\mathrm{T}}\boldsymbol{u}_\lambda\,\mathrm{d}V = \boldsymbol{0} \to \boldsymbol{u}_\lambda^*$ $\delta\int_{V_n}(\boldsymbol{D}^{\mathrm{T}}\boldsymbol{\sigma}_h)^{\mathrm{T}}\boldsymbol{u}_\lambda^*\mathrm{d}V = \boldsymbol{0} \to \boldsymbol{\sigma}_h^+$ · 必要时可通过正交条件寻找补充约束方程 $\delta\int_{V_n}\boldsymbol{\sigma}_h^{\mathrm{T}}(\boldsymbol{D}\boldsymbol{u}_\lambda)\mathrm{d}V = \boldsymbol{0}$	同上

续表

单元能量表达式	应力约束条件	建立单元刚度矩阵的能量表达式
	表面虚功法	
$\Pi_{mR}=\int_{V_n}[-B(\boldsymbol{\sigma})+\boldsymbol{\sigma}^{\mathrm{T}}\boldsymbol{D}(\boldsymbol{u}_q+\boldsymbol{u}_\lambda)]\,\mathrm{d}V-\int_{\partial V_n}\boldsymbol{\sigma}^{\mathrm{T}}\boldsymbol{v}^{\mathrm{T}}\boldsymbol{u}_\lambda\mathrm{d}S$	**1　方法Ⅱa** • $\int_{\partial V_n}\boldsymbol{\sigma}_h^{\mathrm{T}}\boldsymbol{v}^{\mathrm{T}}\delta\boldsymbol{u}_\lambda\mathrm{d}S=\boldsymbol{0}\rightarrow\boldsymbol{\sigma}_h^{+}$	$\Pi_{mR}=\int_{V_n}[-B(\boldsymbol{\sigma}^{+})+\boldsymbol{\sigma}^{+\mathrm{T}}(\boldsymbol{D}\boldsymbol{u}_q)]\mathrm{d}V$ $\left[略去\int_{V_n}\boldsymbol{\sigma}_h^{+\mathrm{T}}(\boldsymbol{D}\boldsymbol{u}_\lambda)\mathrm{d}V\ 及\ \int_{V_n}(\boldsymbol{D}^{\mathrm{T}}\boldsymbol{\sigma}_c)^{\mathrm{T}}\boldsymbol{u}_\lambda\mathrm{d}V\right]$
同上	**2　方法Ⅱb** • $\int_{\partial V_n}\boldsymbol{\sigma}_c^{\mathrm{T}}\boldsymbol{v}^{\mathrm{T}}\boldsymbol{u}_\lambda\mathrm{d}V=\boldsymbol{0}\rightarrow\boldsymbol{u}_\lambda^{*}$ $\int_{\partial V_n}\boldsymbol{\sigma}_h^{\mathrm{T}}\boldsymbol{v}^{\mathrm{T}}\delta\boldsymbol{u}_\lambda^{*}\mathrm{d}V=\boldsymbol{0}\rightarrow\boldsymbol{\sigma}_h^{+}$	同上 $\left[略去\int_{V_n}\boldsymbol{\sigma}^{+\mathrm{T}}(\boldsymbol{D}\boldsymbol{u}_\lambda^{*})\mathrm{d}V\right]$
	正交法	
$\Pi=\int_{V_n}[-B(\boldsymbol{\sigma})+\boldsymbol{\sigma}^{\mathrm{T}}(\boldsymbol{D}\boldsymbol{u}_q)+\boldsymbol{\sigma}^{T}(\boldsymbol{D}\boldsymbol{u}_\lambda)]\,\mathrm{d}V$	• $\int_{V_n}(\boldsymbol{D}\boldsymbol{u}_\lambda)\mathrm{d}V=\boldsymbol{0}\rightarrow\boldsymbol{u}_\lambda^{*}$ $\delta\int_{V_n}\boldsymbol{\sigma}_h^{\mathrm{T}}(\boldsymbol{D}\boldsymbol{u}_\lambda^{*})\mathrm{d}V=\boldsymbol{0}\rightarrow\boldsymbol{\sigma}_h^{+}$ • 必要时可通过平衡条件寻找约束方程 $\delta\int_{V_n}(\boldsymbol{D}^{\mathrm{T}}\boldsymbol{\sigma}_h)^{\mathrm{T}}\boldsymbol{u}_\lambda\mathrm{d}V=\boldsymbol{0}$	$\Pi=\int_{V_n}[-B(\boldsymbol{\sigma}^{+})+\boldsymbol{\sigma}^{+\mathrm{T}}(\boldsymbol{D}\boldsymbol{u}_q)]\mathrm{d}V$

(2)通过规则单元建立应力场，再利用张量变换得到一般形状单元应力场，是寻找一般形状单元应力场的一条简洁途径。

(3)将根据 $\Pi_{mR}(\boldsymbol{\sigma},\boldsymbol{u}_q,\boldsymbol{u}_\lambda)$ 建立的有限元模式，汇总列于表 6.13。

表 6.13　根据修正的 Hellinger-Reissner 原理 $\Pi_{mR}(\boldsymbol{\sigma},\boldsymbol{u}_q,\boldsymbol{u}_\lambda)$ 建立的有限元模式

变分原理	有限元类型	变量	矩阵方程中的未知数	矩阵方法	参考文献
$\Pi_{mR_3}(\boldsymbol{\sigma},\boldsymbol{u}_q,\boldsymbol{u}_\lambda)$	1 非协调杂交应力元	位移：$\boldsymbol{u}=\boldsymbol{u}_q+\boldsymbol{u}_\lambda$ $\boldsymbol{u}_q=\boldsymbol{N}\boldsymbol{q}$ $\boldsymbol{u}_\lambda=\boldsymbol{M}\boldsymbol{\lambda}$ 应力：$\boldsymbol{\sigma}=\boldsymbol{P}\boldsymbol{\beta}$	$\boldsymbol{q}$ $\Pi_{mR}(\boldsymbol{q},\boldsymbol{\lambda},\boldsymbol{\beta})\rightarrow\Pi_{mR}(\boldsymbol{q})$	位移 $\boldsymbol{K}\boldsymbol{q}=\boldsymbol{Q}$	Pian, Chen (1982) [10]
	2 非协调杂交应力元理性列式 • 平衡法 • 表面虚功法 • 正交法	同上	$\boldsymbol{q}$ $\Pi_{mR}(\boldsymbol{\beta},\boldsymbol{\lambda},\boldsymbol{q})\rightarrow\Pi_{mR}(\boldsymbol{q})$	位移 $\boldsymbol{K}\boldsymbol{q}=\boldsymbol{Q}$	Pian (1982,1984) [12,13] Pian, Wu (1987,1988) [22,23] Pian, Tong (1986) [21]

(4)根据修正的 Hellinger-Reissner 原理，应用杂交应力元理性方法，我们建立了以下五类 7 种具有一个给定无外力斜表面及具有一个给定无外力圆柱面的特殊杂交应力元，它们将有效地用于分析槽孔边沿三维(及二维)应力集中问题，现将它们汇总列于表 6.14。

表 6.14　根据修正的 Hellinger-Reissner 原理用理性方法构造的特殊杂交应力元

序号	单元类型	5 结点无外力圆弧边	10 结点无外力圆柱面	6 结点无外力斜边	12 结点无外力斜面	4 结点无外力斜边（2 点含转动自由度）		
						Case A	Case B	Case C
1	$\boldsymbol{u}$ 完整的最高幂次	1st	2nd	2nd	2nd	2nd	2nd	2nd
2	$\boldsymbol{u}_\lambda$ 数							
	$I=$	4	18	4	12	2	2	2
3	刚体自由度							
	$r=$	3	6	3	6	3	3	3
4	$\beta_{\min}$ 数							
	$n-r=$	7	24	9	30	7	7	7
5	完整 $\boldsymbol{\sigma}$ 的最高幂次	2nd	2nd	2nd	2nd	1st	1st	1st
6	$\boldsymbol{\sigma}$ 总数							
	$j=$	18	60	18	60	15	15	12
7	理性方法+无外力边条数							
	B. C. $i=$	11（平衡+B.C[①].）	36（平衡+B.C.）	10（表面虚功+B. C.）	29（表面虚功+B. C.）	6（正交+B.C.）	8（正交+B.C.）	6（正交+B.C.）
8	独立应力参数 β 总数							
	$m=j-i=$	7	24	8	31	9	7	6
	参考文献	田，杜(1992)[18]	Tian,Du 等(1991,1992)[16,17]	田，刘，田(1997)[26]	Tian 等(1994,1997)[25,27]	Wang, Tian(2004,2006)[33,34]		

① B.C.无外力边界面上外力边界条件。

参 考 文 献

[1] Pian T H H. Finite element methods by variational principles with relaxed continuity requirement// Brebbia C A, Tottengam E. Variational Method in Engineering. Southampton: Southampton Univ Press, 1973. 3/1-3/24

[2] Prager W. Variational principles for elastic plates with relaxed continuity requirements. Int J Solid Struct, 1968. 4(9): 837-844

[3] Pian T H H, Tong P. Basis of finite element methods for solid continua. Int J Num Meth Engng, 1969. 1: 3-28

[4] Tong P. New displacement hybrid element model for solid continua. Int J Num Meth Engng, 1967. 2: 78-83

[5] Washizu K. Outline of Variational Principle in Elasticity. Series in Computer Oriented Structural Engineering. Tokyo: Baifufan Publishing Co, 1972

[6] Wolf J P. Generalized hybrid stress finite element models. AIAA J, 1973. 11(3): 386-388

[7] Prager W. Variational principles for linear elastostatics for discontinuous displacements, strains and stresses // Broberg J H, Niordson F. Recent Progress in Applied Mechanics, The Folke Odqvist Volume. Stockholm: Almqvist & Wiksell, 1967: 463-474

[8] Allman D J. Finite element analysis of plate bucking using a mixed variational principle. Proc 3rd Conf on Matrix Methods in Structural Engineering, Dayton, 1971: 19-21

[9] Pian T H H. Finite elements based on consistently assumed stresses and displacements. J Finite Elements in Anal and Des, 1985. 1: 131-140

[10] Pian T H H, Chen D P. Alternative ways for formulation of hybrid stress elements. Int J Num Meth Engng, 1982. 18: 1679-1685

[11] Pian T H H. Recent advances in hybrid / mixed finite elements. Proc Int Conf on Finite Element Methods, Beijing: 1982: 82-89

[12] 卞学鐄. 关于非协调位移元与杂交应力元的对应性. 应用数学与力学, 1982. 3(6): 715- 718

[13] Pian T H H, Sumihara K. Rational approach for assumed stress finite elements. Int J Num Meth Engng, 1984. 20: 1685-1695

[14] Spilker R L, Maskeri S M, Kania E. Plane isoparametric hybrid stress elements: invariance and optimal sampling. Int J Num Meth Engng, 1981. 17: 1469-1496

[15] Pian T H H. On Hybrid and Mixed Finite Element Methods. Beijing: Science Press, 1982: 1-19

[16] Tian Z S, Zhang S X, Du T S. 3-Dimensional special element by a rational hybrid stress method // Cheung Y K, Lee J H W, Leung A Y T. Computational Mechanics. Rotterdam: A A Balkema, 1991: 1205-1210

[17] Tian I S, Güldenpfenning J, Tian J. 3-D hybrid stress element with a traction-free surface by a rational method. Proc EPMESC'Ⅳ, 1992: 652-659

[18] 田宗漱, 杜太生. 用理性杂交应力模式建立高精度具有一个无外力圆形边界的特殊元//王秀喜. 计算力学在工程中的应用. 合肥: 中国科学技术大学出版社, 1992: 16-20

[19] Tian Z S. A study of stress concentration in solids with a traction-free cylindrical surface. J Strain Anal, 1992. 21: 29-35

[20] Pian T H H, Tian Z S. Hybrid solid element with a traction-free cylindrical surface. ASME Sym on Hybrid and Mixed Finite Element Models, 1986: 89-95

[21] Pian T H H, Tong P. Relations between incompatible displacement model and hybrid stress model. Int J Num Meth Engng, 1986. 22: 173-181

[22] 吴长春. 离散系统非协调原理及多变量方法, 杂交元的优化理论及实践[博士学位论文]. 合肥: 中国科学技术大学, 1987

[23] Pian T H H, Wu C C. A rational approach for choosing stress terms for hybrid finite element formulation. Int J Num Meth Engng, 1988. 26: 2331-2341

[24] Strang G, Fix G J. An Analysis of Finite Element Method. New York: Prantice-Hall, 1973

[25] Tian Z S, Liu J S. Stress analyses in solids with rectangular holes and notches. Proc WCCM'Ⅲ, Chiba, 1994. 2: 1643-1645

[26] 田宗漱, 刘劲松, 田炯. 具有 V-型槽孔板的应力集中分析. 中国科学院研究生院学报, 1997. 14(2): 110-115

[27] Tian Z S, Ye L, Liu J S, et al. Studies of stress concentration by using special hybrid stress element. Int J Num Meth Engng, 1997. 40(8): 1399-1412

[28] 刘劲松. 用理性方法建立具有一个无外力斜表面的三维杂交应力元[硕士学位论文]. 北京: 中国科学院研究生院, 1993

[29] Nisida M, Hirai N, Kim H. Photoelastic investigation on the stress concentration in a strip with rectangular hole of rounded corners. Sci PIPCR, 1966. 60: 112-125

[30] Appl E J, Koerner D R. Stress concentration factors of U-shaped, hyperbolic, and rounded V-shaped notches. Proc ASME, 1969: 2-7

[31] Allman D J. A compatible triangular element including vertex rotations for plane elasticity analysis. Comput & Struct, 1984. 19: 1-9

[32] 陈大鹏, 潘亦甦. 带有转动自由度的杂交应力四结点平面单元//黄黔, 潘立宙. 应用数学与力学(钱伟长八十寿辰文集). 北京: 科学出版社, 1993: 154-160

[33] 王安平. 带转动自由度的特殊杂交应力元[博士学位论文]. 北京: 中国科学院研究生院, 2006

[34] Wang A P, Tian Z S. Special hybrid element with drilling degrees of freedom. CD ROM and Proc WCCM'Ⅵ and APCOM'03, Beijing, 2004

[35] Neuber H. 应力集中. 赵旭生, 译. 北京: 科学出版社, 1958

[36] Noda N A, Sera M, Takase Y. Stress concentration factors for round and flat test specimems with notches. Int J Fatigue, 1995. 17(3): 163-178

第7章　扩展的修正余能原理Π_{emc}及根据扩展的修正余能原理建立的特殊层合元

各类层合构件在航空与航天、汽车与船舶、土木与机械等诸多领域，得到日益广泛地应用。对这类构件，层间分层破坏是它们特有的并常见的破坏形式，需给予特别关注。尤其是当工业上出于功能需要或连接要求开有槽孔时，由于槽孔的存在，不仅可能引起孔边横截面的严重翘曲，而且还会产生高的局部应力，这时更易导致分层破坏。因此，研究槽孔附近应力的正确分布，准确地分析自由边的高峰应力，对了解层合构件的破坏机理及确保其工作安全，具有重要实际意义。

对于自由边的影响问题，正如 Wang 及 Choi[1,2]所指出的，由于它们存在以下因素致使其研究一直进展缓慢：

① 各层力学性质强烈的各向异性；

② 通过板厚度方向材料的突然改变；

③ 沿板边界几何形状的不连续性；

④ 靠近层合材料边沿区域平面和横向变形与应力的耦合；

⑤ 准确满足自由边无外力条件的困难等。

对带孔层合构件的解析研究，目前可粗分为近似理论及数值方法两大类。

由于有限元方法的通用性及简易性，所以它在自由边问题的研究中起重要的作用，过去的二十多年，诸多学者建立了一系列不同的有限元，用以分析接近自由直边或自由圆孔边的应力分布，如三角形元[3,4]，假定位移等参元[1,5-14]，三维等参层合板元[15]，杂交应力层合元[16-20]，特殊杂交元[21-28]，与迭代结合的拟三维有限元以及利用摄动方法的渐近杂交应力元[29]等。

所有数值分析与一系列实验研究指出：沿层合材料自由边呈现一种应力梯度快速变化的复杂三维应力状态，而且这种异常现象，仅出现在靠近边沿一个非常小的局部区域。

数值结果同样显示，应用传统的一般假定位移元及一般假定应力元，去处理这种自由边问题，会出现以下情况：

(1) 由于近似满足无外力自由边的边界条件，因而，沿自由边得到不可靠的结果。研究表明，为了得到正确的应力分布，无外力自由边界条件必须准确满足[19,23]；

(2) 用一般的有限元求解收敛缓慢[5,18,30-34]。一般讲，有限元方法的收敛性，取决于接近高应力梯度域解的性质，而依据高阶多项式作为插值函数所构造的高精度有限元，并不能改善其收敛速度[30,32-34]，除非应用极细的计算网格，否则难以得到合理的自由边附近应力分布，这个问题对层合构件尤为突出。

为克服以上困难，Pian 及 Mau 将早期应力杂交模式 I，扩展至单元划分为具有不同材料特性的子域，且元内应力分布不连续时单元的列式方法[16]。当单元划分为具有不同材料特性的区域时，沿子域界面的某些应力分量可以不连续，而且通过界面的位移分量也会发生急剧变化，这时，利用传统的假定位移模式形成单元的刚度矩阵会不准确，而应用杂交应力模式就相当便利了，为此，首先介绍 Pian 等建立的这种层合板元。

7.1 扩展的修正余能原理及杂交应力层合元列式

由第 4 章可知，利用拉氏乘子解除元间作用力的互逆条件以及单元边界上的外力已知边界条件，可以得到如下修正的余能原理

$$\Pi_{mc}(\boldsymbol{\sigma}^*, \tilde{\boldsymbol{u}}) = \sum_n \left[\int_{V_n} B(\boldsymbol{\sigma})\,\mathrm{d}V - \int_{\partial V_n} \boldsymbol{T}^{\mathrm{T}} \tilde{\boldsymbol{u}}\,\mathrm{d}S + \int_{S_{\sigma_n}} \bar{\boldsymbol{T}}^{\mathrm{T}} \tilde{\boldsymbol{u}}\,\mathrm{d}S \right]$$
$$= \text{驻值} \qquad (\boldsymbol{T} = \boldsymbol{\nu}\boldsymbol{\sigma}) \tag{7.1.1}$$

约束条件

$$\begin{aligned} &\boldsymbol{D}^{\mathrm{T}}\boldsymbol{\sigma} + \bar{\boldsymbol{F}} = \boldsymbol{0} \qquad (V_n \text{内}) \\ &\tilde{\boldsymbol{u}} = \bar{\boldsymbol{u}} \qquad (S_{u_n} \text{内}) \end{aligned} \tag{7.1.2}$$

7.1.1 扩展的修正余能原理 Π_{emc}

如果将每个单元再进一步划分为具有不同材料特性的子域时，对一个非匀质有限元，其修正的余能原理将扩展为[16, 17]

$$\Pi_{emc} = \sum_n \sum_i \left[\frac{1}{2} \int_{V_n^{(i)}} B(\boldsymbol{\sigma}^{(i)})\,\mathrm{d}V - \int_{\partial V_n^{(i)}} \boldsymbol{T}^{(i)^{\mathrm{T}}} \tilde{\boldsymbol{u}}^{(i)}\mathrm{d}S + \int_{S_{\sigma_n}^{(i)}} \bar{\boldsymbol{T}}^{(i)\mathrm{T}} \tilde{\boldsymbol{u}}^{(i)}\mathrm{d}S \right]$$
$$= \text{驻值} \qquad (\boldsymbol{T}^{(i)} = \boldsymbol{\nu}^{(i)}\boldsymbol{\sigma}^{(i)}) \tag{7.1.3}$$

约束条件

$$\begin{aligned} &\boldsymbol{D}^{\mathrm{T}}\boldsymbol{\sigma}^{(i)} + \bar{\boldsymbol{F}}^{(i)} = \boldsymbol{0} \qquad (V_n^{(i)} \text{内}) \\ &\boldsymbol{T}^{(ai)} + \boldsymbol{T}^{(bi)} = \boldsymbol{0} \qquad (S_{ab}^{(i)} \text{上}) \\ &\tilde{\boldsymbol{u}}^{(i)} = \bar{\boldsymbol{u}}^{(i)} \qquad (S_{u_n}^{(i)} \text{上}) \end{aligned} \tag{7.1.4}$$

式中，$\boldsymbol{\sigma}^{(i)}$ 为第 n 个单元内第 i 层的应力；$V_n^{(i)}$ 为第 n 个元内第 i 层的体积；$\boldsymbol{\nu}^{(i)}$ 为第 n 个元内第 i 层外向法线方向余弦；$\tilde{\boldsymbol{u}}^{(i)}$ 为第 i 层的边界位移；$\partial V_n^{(i)}$ 为第 n 个元内第 i 层的边界面；$\bar{\boldsymbol{T}}^{(i)}$ 为第 i 层的已知边界力；$S_{\sigma_n}^{(i)}$ 为第 n 个元内第 i 层的外力已知边界面；$S_{ab}^{(i)}$ 为第 n 个元内第 i 层两相邻子域“a”与“b”的界面；$S_{u_n}^{(i)}$ 为第 n 个元内第 i 层的位移已知边界面；$\bar{\boldsymbol{u}}^{(i)}$ 为第 i 层的已知位移。

式(7.1.4)中第二个约束条件的产生，是由于泛函 Π_{emc} 中自变函数 $\boldsymbol{\sigma}$ 应满足平衡条件，现在将单元又细分为一些子域，在相邻子域界面上，如“a”子域与“b”子域的界面 $S_{ab}^{(i)}$ 上，其边界力也应满足互逆条件

$$\boldsymbol{T}^{(ai)} + \boldsymbol{T}^{(bi)} = \boldsymbol{0} \qquad (S_{ab}^{(i)} \text{上}) \tag{a}$$

它是由于将单元再分层加上的约束条件。

7.1.2 层合材料有限元列式

为了有效分析叠层的各向异性板，建立层合材料有限元，Pian 及 Mau 在单元内各子域上

分别选择应力场$\boldsymbol{\sigma}^{(i)}$及位移场$\tilde{\boldsymbol{u}}^{(i)}$[16,17]，即选取

$$\boxed{\begin{aligned}\boldsymbol{\sigma}^{(i)} &= \boldsymbol{P}^{(i)}\boldsymbol{\beta}^{(i)}\\ \tilde{\boldsymbol{u}}^{(i)} &= \boldsymbol{L}^{(i)}\boldsymbol{q}^{(i)}\end{aligned}} \tag{7.1.5}$$

式中，$\boldsymbol{P}^{(i)}$为应力插值函数；$\boldsymbol{L}^{(i)}$为广义结点位移插值函数。

注意这种单元，在每个子域上分别选择应力场$\boldsymbol{\sigma}^{i}$（也分别假定应力参数$\boldsymbol{\beta}^{(i)}$），这个应力场在**子域**$V_n^{(i)}$**内及子域的界面**$S_{ab}^{(i)}$**上，必须严格满足平衡条件及边界力互逆条件**。同时，由各子域的位移$\tilde{\boldsymbol{u}}^{(i)}$，也需满足位移已知边界条件。

将式(7.1.5)代入式(7.1.4)，得到

$$\Pi_{emc} = \sum_n \sum_i \left[\frac{1}{2}\boldsymbol{\beta}^{(i)^{\mathrm{T}}}\boldsymbol{H}^{(i)}\boldsymbol{\beta}^{(i)} - \boldsymbol{\beta}^{(i)^{\mathrm{T}}}\boldsymbol{G}^{(i)}\boldsymbol{q}^{(i)} + \bar{\boldsymbol{Q}}^{(i)^{\mathrm{T}}}\boldsymbol{q}^{(i)} \right] \tag{b}$$

式中

$$\begin{aligned}
&\boldsymbol{H}^{(i)} = \int_{V_n^{(i)}} \boldsymbol{P}^{(i)^{\mathrm{T}}}\boldsymbol{S}^{(i)}\boldsymbol{P}^{(i)}\mathrm{d}V \qquad \boldsymbol{G}^{(i)} = \int_{\partial V_n^{(i)}} \boldsymbol{R}^{(i)^{\mathrm{T}}}\boldsymbol{L}^{(i)}\mathrm{d}S \qquad i=1,2,\cdots,m\\
&\bar{\boldsymbol{Q}}^{(i)^{\mathrm{T}}} = \int_{S_{\sigma_n}^{(i)}} \bar{\boldsymbol{T}}^{\mathrm{T}}\boldsymbol{L}^{(i)}\mathrm{d}S \qquad \boldsymbol{R}^{(i)} = \boldsymbol{\nu}^{(i)}\boldsymbol{P}^{(i)}
\end{aligned} \tag{c}$$

如令

$$\boldsymbol{H} = \begin{bmatrix} \boldsymbol{H}^{(1)} & & & \boldsymbol{0} \\ & \boldsymbol{H}^{(2)} & & \\ & & \ddots & \\ \boldsymbol{0} & & & \boldsymbol{H}^{(m)} \end{bmatrix} \qquad \boldsymbol{G} = \begin{Bmatrix} \boldsymbol{G}^{(1)} \\ \boldsymbol{G}^{(2)} \\ \vdots \\ \boldsymbol{G}^{(m)} \end{Bmatrix} \tag{d}$$

$$\bar{\boldsymbol{Q}} = \sum_i \bar{\boldsymbol{Q}}^{(i)}\boldsymbol{C}_d^{(i)} \qquad \boldsymbol{q}^{(i)} = \boldsymbol{C}_d^{(i)}\boldsymbol{q}$$

$$\boldsymbol{\beta}^{\mathrm{T}} = \left[\boldsymbol{\beta}^{(1)^{\mathrm{T}}} \quad \boldsymbol{\beta}^{(2)^{\mathrm{T}}} \quad \cdots \quad \boldsymbol{\beta}^{(m)^{\mathrm{T}}}\right]^{\mathrm{T}} \qquad \boldsymbol{q}^{\mathrm{T}} = \left[\boldsymbol{q}^{(1)^{\mathrm{T}}} \quad \boldsymbol{q}^{(2)^{\mathrm{T}}} \quad \cdots \quad \boldsymbol{q}^{(m)^{\mathrm{T}}}\right]^{\mathrm{T}}$$

式中，m为总层数；$\boldsymbol{S}^{(i)}$为第i层的材料柔度阵；$\boldsymbol{C}_d^{(i)}$为单元各铺层自由度与总体自由度的转换矩阵，一般为布尔阵；$\boldsymbol{\beta}$及$\boldsymbol{q}$分别为单元的总应力参数及总位移参数。

利用式(d)，泛函(b)成为

$$\Pi_{emc} = \sum_n \left(\frac{1}{2}\boldsymbol{\beta}^{\mathrm{T}}\boldsymbol{H}\boldsymbol{\beta} - \boldsymbol{\beta}^{\mathrm{T}}\boldsymbol{G}\boldsymbol{q} + \bar{\boldsymbol{Q}}^{\mathrm{T}}\boldsymbol{q} \right) \tag{e}$$

由于各单元的$\boldsymbol{\beta}$彼此独立，可在元内并缩掉，所以

$$\frac{\partial \Pi_{emc}}{\partial \boldsymbol{\beta}} = \boldsymbol{0} \tag{f}$$

得到

$$\boldsymbol{\beta} = \boldsymbol{H}^{-1}\boldsymbol{G}\boldsymbol{q} \tag{g}$$

代入式(e)，得到单元刚度矩阵$\boldsymbol{k}$

$$\boldsymbol{k} = \boldsymbol{G}^{\mathrm{T}}\boldsymbol{H}^{-1}\boldsymbol{G} \tag{7.1.6}$$

7.2 具有一个无外力圆柱表面杂交应力层合元及其应用

本节论述田等[30,35,36]所建立的具有一个无外力圆柱表面的层合元 SLC21β，它主要用于有效地分析具有各类无外力圆柱形槽孔层板，孔边附近的三维应力分布。

以下阐述其单元假定应力场及位移场的确定，并给出数值算例。

7.2.1 单元假定应力场

图 7.1(a)给出具有一个无外力圆柱表面的层合元。其中，*ABCD* 为给定的无外力圆柱面；平面 *AEFB* 及 *DHGC* 彼此平行，并垂直于 z 轴；平面 *ADHE* 及 *BCGF* 均沿矢径方向；而平面 *EFGH* 平行于 z 轴，并可以和 xoy 面成任意角度。图 7.1(b)给出单元内一层所使用的三组坐标系：笛卡尔坐标(x,y,z)、柱坐标(r,θ,z)及自然坐标(ξ,η,ζ)。

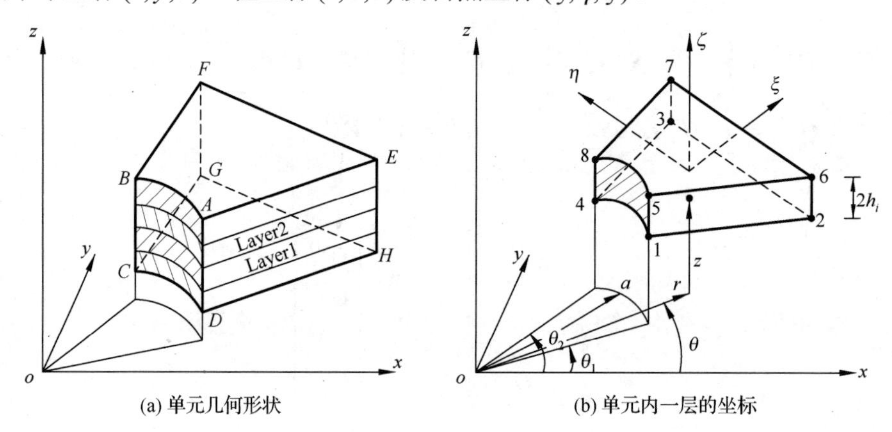

图 7.1 第一种具有一个无外力圆柱表面的层合元

单元的假定应力场依以下步骤建立。

1. 建立应力分量的应力函数表达式

层内的 6 个应力分量，用 3 个应力函数$[\varphi_j^{(i)}(r,\theta), j=1,2,3]$表示，其中 3 个横向应力分量 σ_z、τ_{rz} 及 $\tau_{z\theta}$，再附加 3 个函数$[V_j^{(i)}(r,\theta), j=1,2,3]$，使各层内法向应力 $\sigma_z^{(i)}$ 沿 z 方向呈二次变化，而切应力 $\tau_{rz}^{(i)}$ 及 $\tau_{\theta z}^{(i)}$ 为线性变化：

$$\sigma_r = \frac{1}{r}\frac{\partial\varphi_1^{(i)}}{\partial r} + \frac{1}{r^2}\frac{\partial\varphi_1^{(i)}}{\partial\theta^2} + z^{(i)}\left(\frac{1}{r}\frac{\partial\varphi_2^{(i)}}{\partial r} + \frac{1}{r^2}\frac{\partial\varphi_2^{(i)}}{\partial\theta^2}\right)$$

$$\sigma_\theta = \frac{\partial^2\varphi_1^{(i)}}{\partial r^2} + z^{(i)}\frac{\partial^2\varphi_2^{(i)}}{\partial r^2}$$

$$\tau_{r\theta} = \frac{1}{r^2}\frac{\partial\varphi_1^{(i)}}{\partial\theta} - \frac{1}{r}\frac{\partial^2\varphi_1^{(i)}}{\partial r\partial\theta} + z^{(i)}\left(\frac{1}{r^2}\frac{\partial\varphi_2^{(i)}}{\partial\theta} - \frac{1}{r}\frac{\partial^2\varphi_2^{(i)}}{\partial r\partial\theta^2}\right) - \frac{\partial\varphi_3^{(i)}}{\partial r} \tag{7.2.1}$$

$$\sigma_z^{(i)} = V_3^{(i)} - z^{(i)}\left(\frac{1}{r}V_1^{(i)} + \frac{\partial V_1^{(i)}}{\partial r} + \frac{1}{r}\frac{\partial V_2^{(i)}}{\partial\theta}\right) - z^{(i)^2}\left(\frac{1}{r}\frac{\partial^3\varphi_3^{(i)}}{\partial r^2\partial\theta} + \frac{1}{r^2}\frac{\partial^2\varphi_3^{(i)}}{\partial r\partial\theta}\right)$$

$$\tau_{\theta z}^{(i)} = V_2^{(i)} + z^{(i)} \left(\frac{\partial^2 \varphi_3^{(i)}}{\partial r^2} + \frac{2}{r} \frac{\partial \varphi_3^{(i)}}{\partial r} \right)$$

$$\tau_{zr}^{(i)} = V_1^{(i)} + \frac{z^{(i)}}{r} \frac{\partial^2 \varphi_3^{(i)}}{\partial r \partial \theta} \qquad (i = 1, 2, \cdots, k;\ k\ 为层数)$$

则三维齐次平衡方程

$$\begin{aligned} &\frac{\partial \sigma_r}{\partial r} + \frac{1}{r} \frac{\partial \tau_{\theta r}}{\partial \theta} + \frac{\partial \tau_{zr}}{\partial z} + \frac{\sigma_r - \sigma_\theta}{r} = 0 \\ &\frac{\partial \tau_{\theta r}}{\partial r} + \frac{1}{r} \frac{\partial \sigma_\theta}{\partial \theta} + \frac{\partial \tau_{\theta z}}{\partial z} - \frac{2\tau_{\theta r}}{r} = 0 \\ &\frac{\partial \tau_{zr}}{\partial r} + \frac{1}{r} \frac{\partial \tau_{z\theta}}{\partial \theta} + \frac{\partial \sigma_z}{\partial z} + \frac{\tau_{zr}}{r} = 0 \end{aligned} \tag{7.2.2}$$

自动满足。

2. 横向应力分量σ_z、τ_{rz}及$\tau_{\theta z}$满足层间连续条件及单元下表面无外力条件

为了使元内横向应力σ_z、τ_{rz}及$\tau_{\theta z}$在层间连续，同时，当单元下表面无外力作用时，式(7.2.1)所示应力分量也满足该面无外力边界条件，如层数由下向上递增，则应满足：

$$[\sigma_z^{(i)}\ \tau_{zr}^{(i)}\ \tau_{z\theta}^{(i)}]_{\text{top}} - [\sigma_z^{(i+1)}\ \tau_{zr}^{(i+1)}\ \tau_{z\theta}^{(i+1)}]_{\text{bottom}} = [0\quad 0\quad 0] \qquad (i = 1, 2, \cdots, k) \tag{7.2.3}$$

$$[\sigma_z^{(1)}\ \tau_{zr}^{(1)}\ \tau_{z\theta}^{(1)}]_{\text{bottom}} = [0\quad 0\quad 0] \tag{7.2.4}$$

利用条件(7.2.4)确定式(7.2.1)的$V_j^{(1)}(r,\theta)(j = 1,2,3)$，有

$$\begin{aligned} V_1^{(1)} &= \frac{1}{r}(d_1 - h_1) \frac{\partial^2 \varphi_3^{(1)}}{\partial r \partial \theta} \\ V_2^{(1)} &= -(d_1 - h_1) \left(\frac{\partial^2 \varphi_3^{(1)}}{\partial r^2} + \frac{2}{r} \frac{\partial \varphi_3^{(1)}}{\partial r} \right) \\ V_3^{(1)} &= -(d_1 - h_1)^2 \left(\frac{1}{r} \frac{\partial^3 \varphi_3^{(1)}}{\partial r^2 \partial \theta} + \frac{1}{r^2} \frac{\partial^2 \varphi_3^{(1)}}{\partial r \partial \theta} \right) \end{aligned} \tag{a}$$

再由式(7.2.3)确定以下三个函数$V_j^{(i)}(r,\theta)(j = 1,2,3)$

$$\begin{aligned} V_1^{(i)} &= \tau_{rz}^{(i-1)}\Big|_{\zeta=+1} - \frac{1}{r}(d_i - h_i) \frac{\partial^2 \varphi_3^{(i)}}{\partial r \partial \theta} \\ V_2^{(i)} &= \tau_{\theta z}^{(i-1)}\Big|_{\zeta=+1} - (d_i - h_i) \left(\frac{\partial^2 \varphi_3^{(i)}}{\partial r^2} + \frac{2}{r} \frac{\partial \varphi_3^{(i)}}{\partial r} \right) \\ V_3^{(i)} &= \sigma_z^{(i-1)}\Big|_{\zeta=+1} + \frac{1}{r}(d_i - h_i) \left[\tau_{rz}^{(i-1)} + \frac{\partial \left(\tau_{\theta z}^{(i-1)}\Big|_{\zeta=+1} \right)}{\partial \theta} \right] \\ &\quad + (d_i - h_i) \frac{\partial \left(\tau_{rz}^{(i-1)}\Big|_{\zeta=+1} \right)}{\partial \theta} - (d_i - h_i)^2 \left(\frac{1}{r} \frac{\partial^3 \varphi_3^{(i)}}{\partial r^2 \partial \theta} + \frac{1}{r^2} \frac{\partial^2 \varphi_3^{(i)}}{\partial r \partial \theta} \right) \qquad (i = 2, 3, \cdots, k) \end{aligned} \tag{b}$$

式中

$$z = d_i + h_i\zeta \qquad d_i = \frac{1}{2}(z_i + z_{i-1}) \qquad h_i = \frac{1}{2}(z_i - z_{i-1}) \tag{c}$$

这里，d_i 为第 i 层中面的 z 坐标；$2h_i$ 为第 i 层厚度；ζ 是 z 方向局部坐标(图 7.1)。

将所确定的 $V_j^{(i)}$ 代回式(7.2.1)，即得到以下用三个应力函数[$\varphi_j^{(i)}(r,\theta), j=1,2,3$]表示的应力场。

(1) 第 1 层

$$\begin{aligned}
\sigma_r^{(1)} &= \frac{1}{r}\frac{\partial\varphi_1^{(1)}}{\partial r} + \frac{1}{r^2}\frac{\partial^2\varphi_1^{(1)}}{\partial\theta^2} + (d_1 + h_1\zeta)\left(\frac{1}{r}\frac{\partial\varphi_2^{(1)}}{\partial r} + \frac{1}{r^2}\frac{\partial^2\varphi_2^{(1)}}{\partial\theta^2}\right) \\
\sigma_\theta^{(1)} &= \frac{\partial^2\varphi_1^{(1)}}{\partial r^2} + (d_1 + h_1\zeta)\frac{\partial^2\varphi_2^{(1)}}{\partial r^2} \\
\tau_{r\theta}^{(1)} &= \frac{1}{r^2}\frac{\partial\varphi_1^{(1)}}{\partial\theta} - \frac{1}{r}\frac{\partial^2\varphi_1^{(1)}}{\partial r\partial\theta} + (d_1 + h_1\zeta)\left(\frac{1}{r^2}\frac{\partial\varphi_2^{(1)}}{\partial\theta} - \frac{1}{r}\frac{\partial^2\varphi_2^{(1)}}{\partial r\partial\theta}\right) - \frac{\partial\varphi_3^{(1)}}{\partial r} \\
\sigma_z^{(1)} &= -h_1^2(1+\zeta)^2\left(\frac{1}{r}\frac{\partial^3\varphi_3^{(1)}}{\partial r^2\partial\theta} + \frac{1}{r^2}\frac{\partial^2\varphi_3^{(1)}}{\partial r\partial\theta}\right) \\
\tau_{\theta z}^{(1)} &= h_1(1+\zeta)\left(\frac{\partial^2\varphi_3^{(1)}}{\partial r^2} + \frac{2}{r}\frac{\partial\varphi_3^{(1)}}{\partial r}\right) \\
\tau_{rz}^{(1)} &= \frac{h_1}{r}(1+\zeta)\frac{\partial^2\varphi_3^{(1)}}{\partial r\partial\theta}
\end{aligned} \tag{d}$$

(2) 第 i 层

$$\begin{aligned}
\sigma_r^{(i)} &= \frac{1}{r}\frac{\partial\varphi_1^{(i)}}{\partial r} + \frac{1}{r^2}\frac{\partial^2\varphi_1^{(i)}}{\partial\theta^2} + (d_i + h_i\zeta)\left(\frac{1}{r}\frac{\partial\varphi_2^{(i)}}{\partial r} + \frac{1}{r^2}\frac{\partial^2\varphi_2^{(i)}}{\partial\theta^2}\right) \\
\sigma_\theta^{(i)} &= \frac{\partial^2\varphi_1^{(i)}}{\partial r^2} + (d_i + h_i\zeta)\frac{\partial^2\varphi_2^{(i)}}{\partial r^2} \\
\tau_{r\theta}^{(i)} &= \frac{1}{r^2}\frac{\partial\varphi_1^{(i)}}{\partial\theta} - \frac{1}{r}\frac{\partial^2\varphi_1^{(i)}}{\partial r\partial\theta} + (d_i + h_i\zeta)\left(\frac{1}{r^2}\frac{\partial\varphi_2^{(i)}}{\partial\theta} - \frac{1}{r}\frac{\partial^2\varphi_2^{(i)}}{\partial r\partial\theta}\right) - \frac{\partial\varphi_3^{(i)}}{\partial r} \\
\sigma_z^{(i)} &= \sigma_z^{(i-1)}\Big|_{\zeta=+1} - \frac{h_i}{r}(1+\zeta)\left(\tau_{rz}^{(i-1)}\Big|_{\zeta+1}\right) - h_i(1+\zeta)\frac{\partial\left(\tau_{rz}^{(i-1)}\Big|_{\zeta=+1}\right)}{\partial r} \\
&\quad - \frac{h_i}{r}(1+\zeta)\frac{\partial\left(\tau_{\theta z}^{(i-1)}\Big|_{\zeta=+1}\right)}{\partial\theta} - h_i(1+\zeta)^2\left(\frac{1}{r}\frac{\partial^3\varphi_3^{(i)}}{\partial r^2\partial\theta} + \frac{1}{r^2}\frac{\partial^2\varphi_3^{(i)}}{\partial r\partial\theta}\right) \\
\tau_{\theta z}^{(i)} &= \tau_{\theta z}^{(i-1)}\Big|_{\zeta=+1} + h_i(1+\zeta)\left(\frac{\partial^2\varphi_3^{(i)}}{\partial r^2} + \frac{2}{r}\frac{\partial\varphi_3^{(i)}}{\partial r}\right) \\
\tau_{zr}^{(i)} &= \tau_{zr}^{(i-1)}\Big|_{\zeta=+1} + \frac{h_i}{r}(1+\zeta)\frac{\partial^2\varphi_3^{(i)}}{\partial r\partial\theta} \qquad (i = 2,3,\cdots,k)
\end{aligned} \tag{e}$$

3. 应力分量满足给定圆柱表面上的无外力条件

首先，将三个应力函数 $\varphi_j^{(i)}(r,\theta)$ 沿 θ 及 r 方向分别展开为三角级数及多项式；其次，再引入圆柱表面上无外力条件，得到一组r及三角函数的无穷级数，截取前面适当项，得到每层具有 8 个结点的层合元假定应力场：

$$
\begin{aligned}
\sigma_r^{(i)} &= \left(1-\frac{a^2}{r^2}\right)\beta_1^{(i)} + \left(1-\frac{4a^2}{r^2}+\frac{3a^4}{r^4}\right)[\beta_2^{(i)}\cos 2\theta + \beta_3^{(i)}\sin 2\theta] \\
&\quad + r\left(1-\frac{a^4}{r^4}\right)[\beta_4^{(i)}\cos\theta + \beta_5^{(i)}\sin\theta] + r\left(1-\frac{5a^4}{r^4}+\frac{4a^6}{r^6}\right)[\beta_6^{(i)}\cos 3\theta + \beta_7^{(i)}\sin 3\theta] \\
&\quad + (d_i + h_i\zeta)\left\{\left(1-\frac{a^2}{r^2}\right)\beta_8^{(i)} + \left(1-\frac{4a^2}{r^2}+\frac{3a^4}{r^4}\right)[\beta_9^{(i)}\cos 2\theta + \beta_{10}^{(i)}\sin 2\theta]\right. \\
&\quad \left. + r\left(1-\frac{a^4}{r^4}\right)[\beta_{11}^{(i)}\cos\theta + \beta_{12}^{(i)}\sin\theta] + r\left(1-\frac{5a^4}{r^4}+\frac{4a^6}{r^6}\right)[\beta_{13}^{(i)}\cos 3\theta + \beta_{14}^{(i)}\sin 3\theta]\right\} \\
\sigma_\theta^{(i)} &= \left(1+\frac{a^2}{r^2}\right)\beta_1^{(i)} - \left(1+\frac{3a^4}{r^4}\right)[\beta_2^{(i)}\cos 2\theta + \beta_3^{(i)}\sin 2\theta] \\
&\quad + r\left(3+\frac{a^4}{r^4}\right)[\beta_4^{(i)}\cos\theta + \beta_5^{(i)}\sin\theta] - r\left(1-\frac{a^4}{r^4}+\frac{4a^6}{r^6}\right)[\beta_6^{(i)}\cos 3\theta + \beta_7^{(i)}\sin 3\theta] \\
&\quad + (d_i + h_i\zeta)\left\{\left(1+\frac{a^2}{r^2}\right)\beta_8^{(i)} - \left(1+\frac{3a^4}{r^4}\right)[\beta_9^{(i)}\cos 2\theta + \beta_{10}^{(i)}\sin 2\theta]\right. \\
&\quad \left. + r\left(3+\frac{a^4}{r^4}\right)[\beta_{11}^{(i)}\cos\theta + \beta_{12}^{(i)}\sin\theta] - r\left(1-\frac{a^4}{r^4}+\frac{4a^6}{r^6}\right)[\beta_{13}^{(i)}\cos 3\theta + \beta_{14}^{(i)}\sin 3\theta]\right\} \\
\tau_{r\theta}^{(i)} &= \left(1+\frac{2a^2}{r^2}-\frac{3a^4}{r^4}\right)[-\beta_2^{(i)}\sin 2\theta + \beta_3^{(i)}\cos 2\theta] - r\left(1-\frac{a^4}{r^4}\right)[-\beta_4^{(i)}\sin\theta + \beta_5^{(i)}\cos\theta] \\
&\quad + r\left(1+\frac{3a^4}{r^4}-\frac{4a^6}{r^6}\right)[-\beta_6^{(i)}\sin 3\theta + \beta_7^{(i)}\cos 3\theta] \\
&\quad + (d_i + h_i\zeta)\left\{\left(1+\frac{2a^2}{r^2}-\frac{3a^4}{r^4}\right)[-\beta_9^{(i)}\sin 2\theta + \beta_{10}^{(i)}\cos 2\theta]\right. \\
&\quad \left. - r\left(1-\frac{a^4}{r^4}\right)[-\beta_{11}^{(i)}\sin\theta + \beta_{12}^{(i)}\cos\theta] + r\left(1+\frac{3a^4}{r^4}-\frac{4a^6}{r^6}\right)[-\beta_{13}^{(i)}\sin 3\theta + \beta_{14}^{(i)}\cos 3\theta]\right\} \\
&\quad - r\left(1-\frac{a^2}{r^2}\right)\beta_{15}^{(i)} - r^2\left(1-\frac{a^4}{r^4}\right)[\beta_{16}^{(i)}\cos\theta + \beta_{17}^{(i)}\sin\theta] \\
&\quad - r\left(1-\frac{a^4}{r^4}\right)[\beta_{18}^{(i)}\cos 2\theta + \beta_{19}^{(i)}\sin 2\theta] - r^2\left(1-\frac{a^6}{r^6}\right)[\beta_{20}^{(i)}\cos 3\theta + \beta_{21}^{(i)}\sin 3\theta] \\
\sigma_z^{(i)} &= -h_i^2(1+\zeta)^2\left\{\left(3+\frac{a^4}{r^4}\right)[-\beta_{16}^{(i)}\sin\theta + \beta_{17}^{(i)}\cos\theta] + \frac{4}{r}\left(1+\frac{a^4}{r^4}\right)[-\beta_{18}^{(i)}\sin 2\theta + \beta_{19}^{(i)}\cos 2\theta]\right. \\
&\quad \left. + 9\left(1+\frac{a^6}{r^6}\right)[-\beta_{20}^{(i)}\sin 3\theta + \beta_{21}^{(i)}\cos 3\theta]\right\} + \sigma_z^{(i-1)}\Big|_{\zeta=+1} - \frac{h_i}{r}(1+\zeta)\left(\tau_{rz}^{(i-1)}\Big|_{\zeta=+1}\right) \\
&\quad - h_i(1+\zeta)\frac{\partial\left(\tau_{rz}^{(i-1)}\Big|_{\zeta=+1}\right)}{\partial r} - \frac{1}{r}(1+\zeta)\frac{\partial\left(\tau_{\theta z}^{(i-1)}\Big|_{\zeta=+1}\right)}{\partial\theta}
\end{aligned}
\tag{7.2.5}
$$

$$\tau_{\theta z}^{(i)} = h_i(1+\zeta)\left\{\left(3-\frac{a^2}{r^2}\right)\beta_{15}^{(i)} + 4r[\beta_{16}^{(i)}\cos\theta + \beta_{17}^{(i)}\sin\theta] + \left(3+\frac{a^4}{r^4}\right)[\beta_{18}^{(i)}\cos 2\theta + \beta_{19}^{(i)}\sin 2\theta]\right.$$

$$\left. + 2r\left(2+\frac{a^6}{r^6}\right)[\beta_{20}^{(i)}\cos 3\theta + \beta_{21}^{(i)}\sin 3\theta]\right\} + \tau_{\theta z}^{(i-1)}\Big|_{\zeta=+1}$$

$$\tau_{rz}^{(i)} = h_i(1+\zeta)\left\{r\left(1-\frac{a^4}{r^4}\right)[-\beta_{16}^{(i)}\sin\theta + \beta_{17}^{(i)}\cos\theta] + 2\left(1-\frac{a^4}{r^4}\right)[-\beta_{18}^{(i)}\cos 2\theta + \beta_{19}^{(i)}\sin 2\theta]\right.$$

$$\left. + 3r\left(1-\frac{a^6}{r^6}\right)[-\beta_{20}^{(i)}\sin 3\theta + \beta_{21}^{(i)}\cos 3\theta]\right\} + \tau_{rz}^{(i-1)}\Big|_{\zeta=+1}$$

此层合元的三维应力场准确满足：

(1)层内齐次平衡方程；

(2)层间界面上横向应力σ_z、τ_{zr}及$\tau_{z\theta}$在z方向的连续条件(而平面应力σ_r，σ_θ及$\tau_{r\theta}$则允许在层间z方向不连续，以适应不同铺层材料所组成的板)；

(3)给定圆柱表面上无外力边界条件；

(4)板的下表面无外力作用[与以上三点不同，这一点既不是该单元特性的必要条件，也不是现在泛函Π_{emc}变分时自变函数的约束条件。如果板下表面有外力作用，则只需改式(7.2.4)，并不影响以上应力的推导]。

7.2.2　单元边界位移

由于可能发生弯曲/拉伸耦合现象，同时，对于纤维增强的各向异性层板，其横向剪切变形的效应也远较各向同性板显著。为了包含这种特性，假定一个层板不同层表面法线的转动不同，为此，以四层的层合元中第i层边界位移为例，位移场选择为

$$u(\xi,\eta,\zeta) = \sum_{j=1}^{4} N_j(\xi,\eta)\left[\frac{1}{2}(1-\zeta)u_j^{(i)} + \frac{1}{2}(1+\zeta)u_j^{(i+1)}\right]$$

$$v(\xi,\eta,\zeta) = \sum_{j=1}^{4} N_j(\xi,\eta)\left[\frac{1}{2}(1-\zeta)v_j^{(i)} + \frac{1}{2}(1+\zeta)v_j^{(i+1)}\right]$$

$$w(\xi,\eta,\zeta) = \sum_{j=1}^{4} N_j(\xi,\eta)w_j \tag{7.2.6}$$

式中，$N_j(\xi,\eta)$为插值函数；$u_j^{(i)}$、$u_j^{(i+1)}$、$v_j^{(i)}$、$v_j^{(i+1)}$分别为i及$i+1$层的结点位移分量。

单元的结点位移为

$$\begin{aligned}\boldsymbol{q} = [&u_1^{(1)}, u_1^{(2)}, \cdots, u_1^{(k+1)}, v_1^{(1)}, v_1^{(2)}, \cdots, v_1^{(k+1)}, w_1, u_2^{(1)}, u_2^{(2)}, \cdots, u_2^{(k+1)}, v_2^{(1)}, v_2^{(2)}, \cdots, v_2^{(k+1)},\\ &w_2, \cdots, u_4^{(1)}, u_4^{(2)}, \cdots, u_4^{(k+1)}, v_4^{(1)}, v_4^{(2)}, \cdots, v_4^{(k+1)}, w_4]^{\mathrm{T}}\end{aligned} \tag{7.2.7}$$

位移场允许每层横截面独立转动，但保持层间界面上位移的连续性。此单元称为元SLC21β。

7.2.3　工程算例

例 7.1　各向异性板承受轴向拉伸[35]

具有小圆孔的各向异性板，材料特性：$E_T/E_L = 0.025$，$G_{LT}/E_L = 0.012$，$\nu_{LT} = 0.025$，$\nu_{TL} = 0.00625$。

当$\alpha = 30°$及$60°$时，计算所得孔边环向应力分布如图 7.2 所示，可见，现在特殊层合元 SLC21β 的解，与具有小孔各异性板的理论解[37]十分接近。

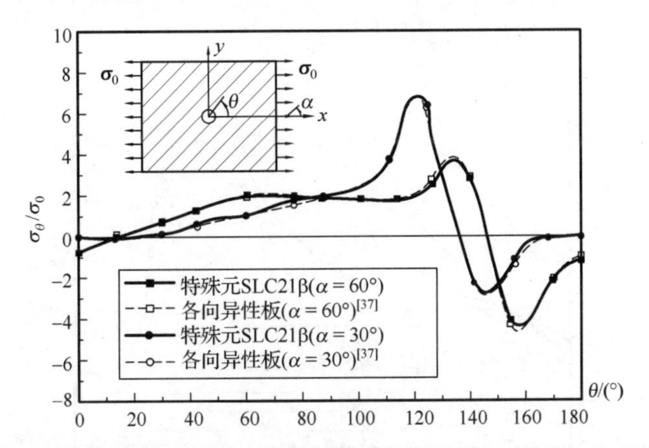

图 7.2　环向应力σ_θ分布(具有小圆孔各向异性板，$\alpha = 30°$及$60°$)

例 7.2　层合方板承受轴向拉伸[35]

具有半径为a中心圆孔的 4 层方板$[-45/+45]_s$，板宽$2W = 40a$，各层厚度均为$0.2a$。材料特性：$E_T/E_L = 0.100$，$G_{LT}/E_L = G_{ZT}/E_L = 0.0333$，$\nu_{LT}/\nu_{TL} = 0.336$。

考虑对称性，取八分之一板进行分析。计算网格如图 7.3 所示，孔边利用现在的特殊元 SLC21β，其余部分均采用一般杂交应力层合元[16]，二者联合求解。

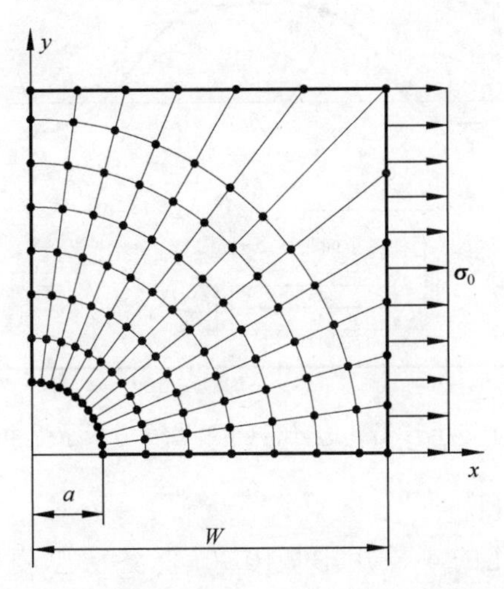

图 7.3　层合方板$[-45/+45]_s$有限元网格

图 7.4 及图 7.5 分别给出，计算所得板中面及+45°层中部的正则化环向应力σ_θ及正则化法向应力σ_z沿孔边分布。由图可见，现在特殊元在各θ处的σ_θ及σ_z值，均与 Nishioka 及 Atluri 的结果[21]十分接近，显示了现在特殊元的正确性。此分布规律也和单层(+45°)二维问题萨文的复变函数解相近[38]。但与 Rybicki 及 Hopper 的结果[39]相差较大，后者的σ_θ在$90°$处产生的应力集中，而前三种结果无此迹象。这可能是由于 Rybicki 及 Hopper 的解是基于余能

原理，并利用 Maxwell 应力函数导出了层合板的应力场，而 Maxwell 应力函数在三个坐标方向的连续性，致使所得平面应力 $\sigma_r, \sigma_\theta, \tau_{r\theta}$ 也沿 z 方向连续，这与一般层合板希望层间平面应变 $\varepsilon_r, \varepsilon_\theta, \gamma_{r\theta}$ 沿 z 方向连续而平面应力则不必，相矛盾，从而产生较大误差。

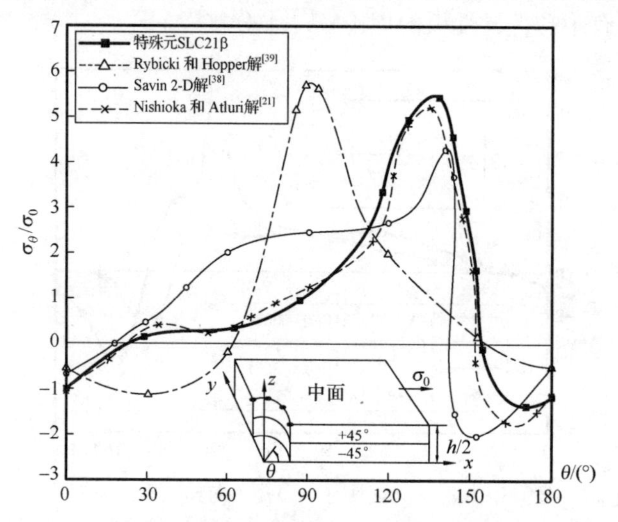

图 7.4　板中面环向应力 σ_θ 沿孔边分布(中心圆孔方板承受拉伸 $[-45/+45]_s$)

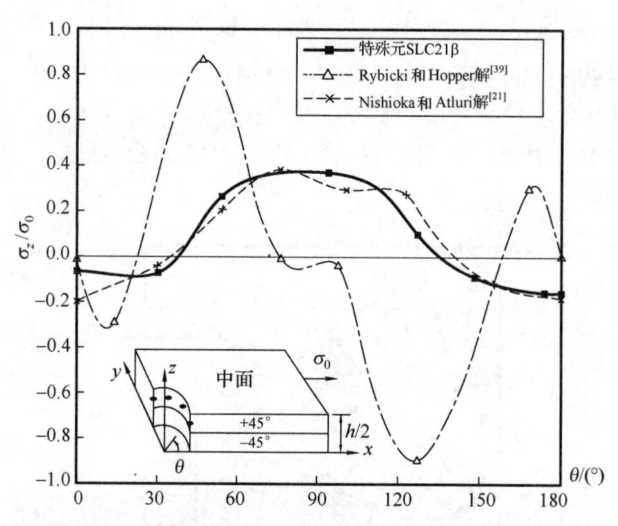

图 7.5　层内法向应力 σ_z 沿孔边分布(中心圆孔方板承受拉伸 $[-45/+45]_s$)

例 7.3　矩形层合板承受拉伸[30]

具有半径为 a 中心圆孔的 4 层矩形板 $[0/90]_s$，各层厚度也均为 $0.2a$。材料特性：$E_T/E_L = 0.074$，$G_{LT}/E_L = 0.031$，$G_{ZL}/E_L = 0.025$，$\nu_{LT} = 0.31$，$\nu_{ZT} = 0.47$，$\nu_{TL} = 0.023$。图 7.6(a)给出计算的有限元网格。

算得层界面上正则化剪应力 $\tau_{\theta z}$ 及正则化法向应力 σ_z 沿孔边分布如图 7.7 及图 7.8 所示。层界面上正则化剪应力 $\tau_{\theta z}$ 与 τ_{rz} 沿径向分布，及板中面正则化法向应力 σ_z 沿孔边分布分别由图 7.9 及图 7.10 给出。图中同时给出 Pian 等[18]每层用 44 个自由度的一般三维杂交应力元及 Lucking 等[5]用 20 个结点三维位移元的结果。

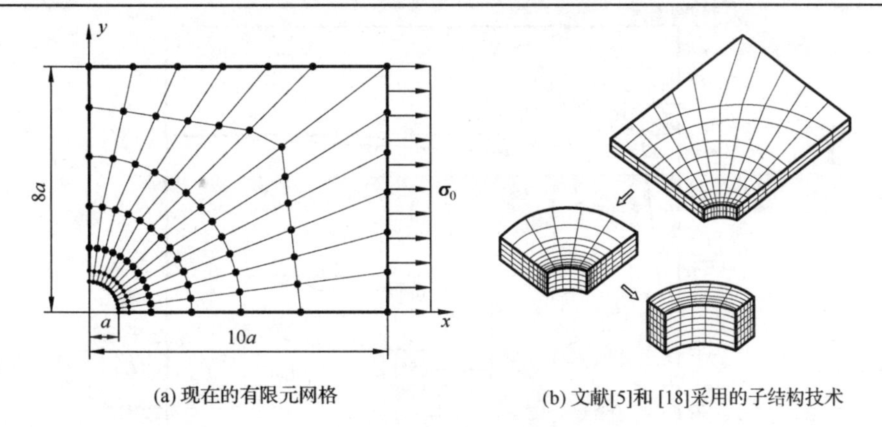

图 7.6　矩形层板$[0/90]_s$有限元网格

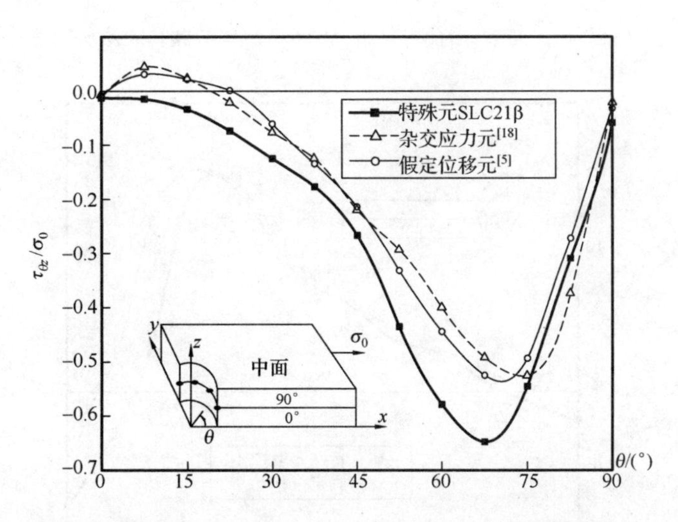

图 7.7　层界面上切应力$\tau_{\theta z}$沿孔边分布(中心圆孔矩形层板承受拉伸$[0/90]_s$)

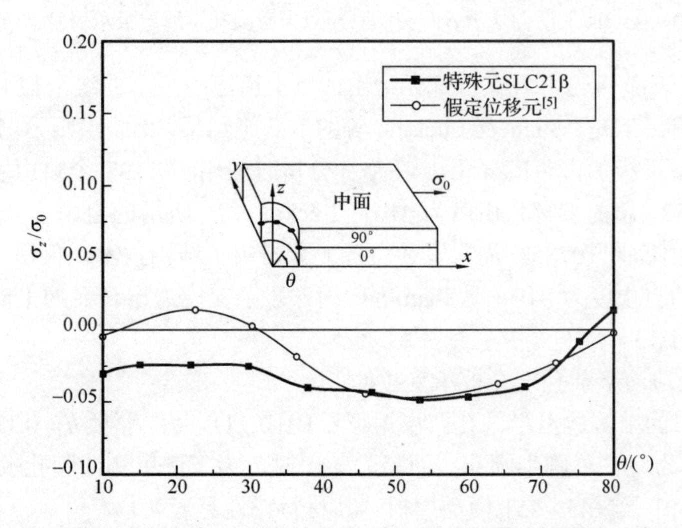

图 7.8　层界面上法向应力σ_z沿孔边分布(中心圆孔矩形层板承受拉伸$[0/90]_s$)

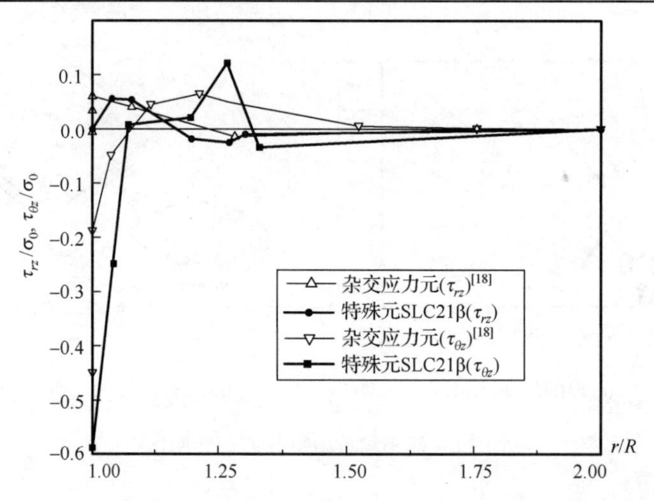

图 7.9　层界面上切应力 $\tau_{\theta z}$ 与 τ_{rz} 沿径向分布（$\theta = 63°$）(中心圆孔矩形层板承受拉伸 $[0/90]_s$)

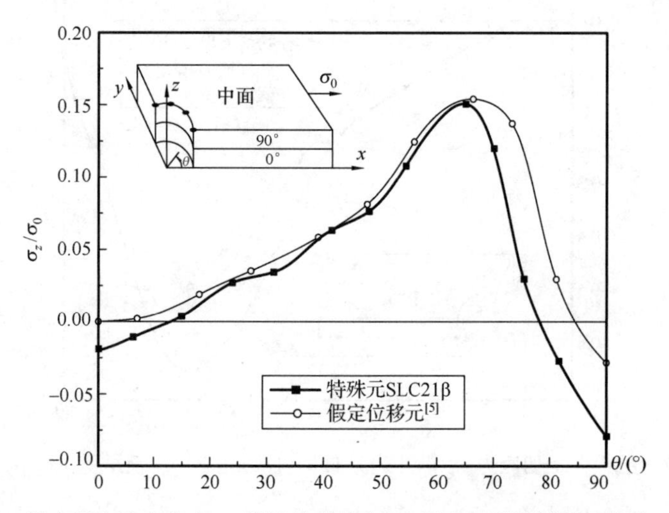

图 7.10　板中面上法向应力 σ_z 沿孔边分布(中心圆孔矩形层板承受拉伸 $[0/90]_s$)

由图 7.7～图 7.10 可见，现在特殊元给出的以上诸应力分布曲线，与 Pian 及 Lucking 等的结果都十分相近。但是，Pian 及 Lucking 等的这两组结果，均采用了图 7.6(b)所示两层子结构技术进行网格逐级加密。Pian 等[18]在整体分析时应用了 1197 个自由度，两层子结构，每层自由度为 1482，总的求解自由度为 4161；Lucking 等[5]所用的自由度分别为：4149、3507 及 3129，总的自由度为 10785。而现在的特殊元无需用子结构技术，仅用了图 7.6(a)所示的网格，其求解总的自由度为 819，是 Pian 等所用一般杂交应力层合元的 1/5，Lucking 等所用 20 结点位移元的 1/13。

例 7.4　单侧边沿半圆孔层合板承受拉伸[40]

具有半径为 a 的单侧边沿半圆孔四层矩形板(图 7.11)，每层厚板 $h = 0.1a$ 。槽孔深度为 D，当 $D/a = 1$ 时，即为现在单侧半圆孔；而当 $D/a<1$ 时，为下例单侧浅圆孔板。

现在分析$[90/0]_s$及$[+45/-45]_s$两类层板，其材料特性见表 7.1。

取四分之一板进行分析，有限元网格如图 7.12 所示。靠近圆孔处用现在的 SLC21β特殊元，远离圆孔部分全部用一般杂交应力层合元[16]联合求解。

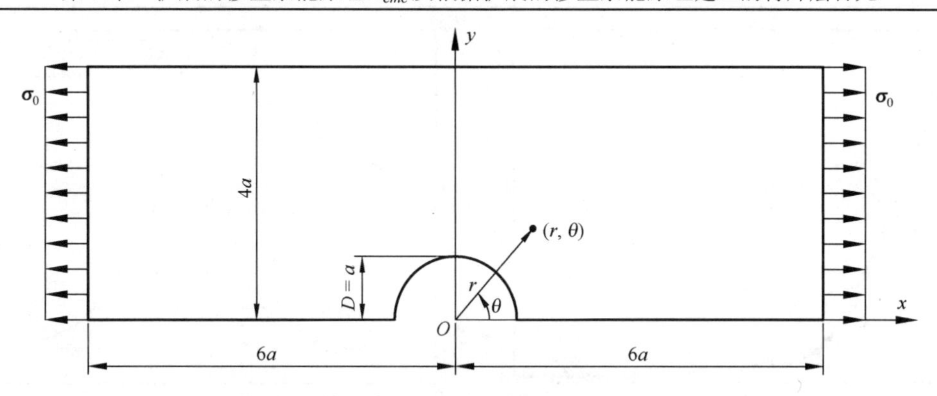

图 7.11 单侧边沿半圆孔层板承受拉伸($D/a=1$)

表 7.1 层合板单层材料常数

	铺层角	E_L/E_T	G_{LT}/E_T	G_{ZT}/E_T	ν_{LT}	ν_{ZT}
1	$[90/0]_s$	40.0	0.60	0.38	0.25	0.33
2	$[+45/-45]_s$	17.5	0.69	0.38	0.28	0.33

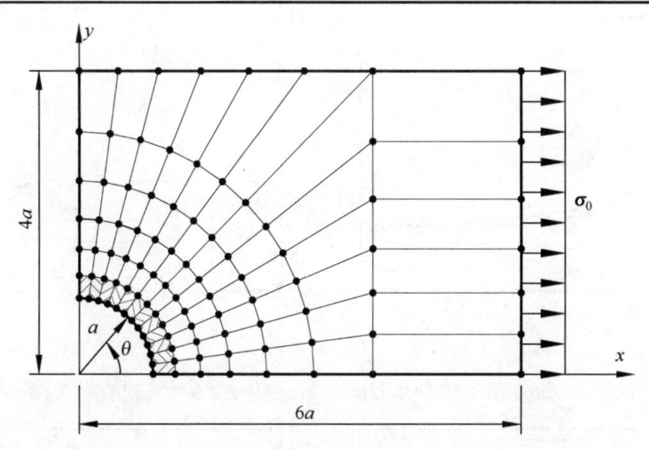

图 7.12 1/4 矩形板有限元网格($D/a=1$)(一侧半圆孔矩形层板)

计算所得两类层板的层间孔边环向应力σ_θ分布如图 7.13 所示。表 7.2 给出孔边$\sigma_\theta^{\max}/\sigma_0$值。图 7.14 给出沿 y 轴($x=0, z=h$)层间应力σ_x分布。图 7.15 及图 7.16 给出孔边不同铺层($z=h$ 及 $2h$)上层间应力σ_z及$\tau_{\theta z}$分布。图 7.17 及图 7.18 给出层间应力$\tau_{\theta z}$，τ_{rz}以及σ_r，$\tau_{r\theta}$沿$\theta=60°$及$z=h$的径向分布。

为了比较，表 7.2 及图 7.13 及图 7.14 中还给出 Lakshminarayana 用三角形层合板元[41]及 Chen 等基于 Green 函数的能量摄动有限元[42]的解。同时，应用 8 结点位移等参层合板元[43]及子结构法求得的解作为参考(求解自由度总数 DOF = 8560)。

表 7.2 单侧边沿半圆孔层合板孔边 $\sigma_\theta^{\max}/\sigma_0$ 值

单元类型	自由度	$[90/0]_s$		$[+45/-45]_s$	
		$\sigma_\theta^{\max}/\sigma_0$	误差/%	$\sigma_\theta^{\max}/\sigma_0$	误差/%
1 特殊元 SLC21β +一般杂交应力层合元	564	13.85	−2.6	6.35	−3.7
2 考虑剪切变形的三角形层合元(Lakshminarayana[41])	894	8.64	−39.2	5.04	−23.6
3 能量摄动有限元(Chen[42])	2014	10.20	−28.3		
参考解[43]	**8560**	**14.22**		**6.594**	

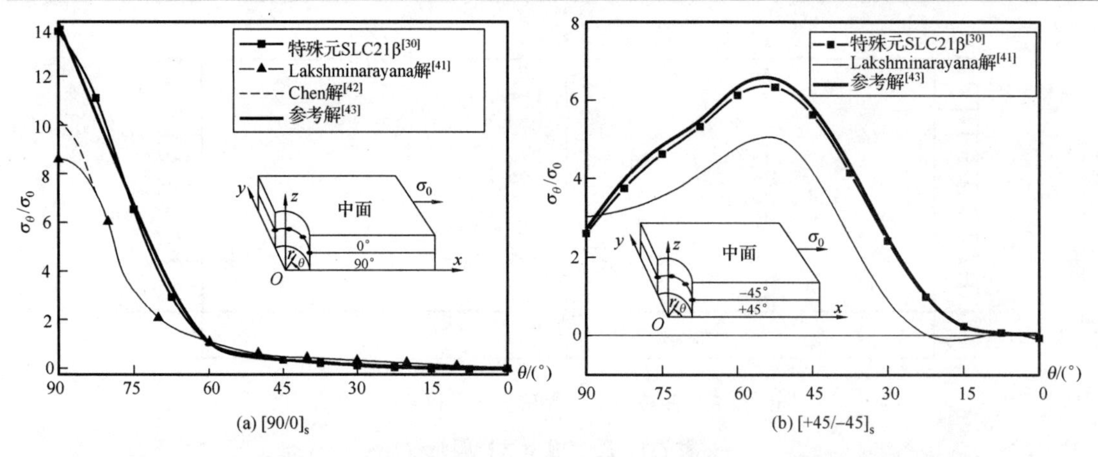

图 7.13　层间孔边环向应力 σ_θ/σ_0 分布($D/a=1, z=h$)(单侧边沿半圆孔层板承受拉伸)

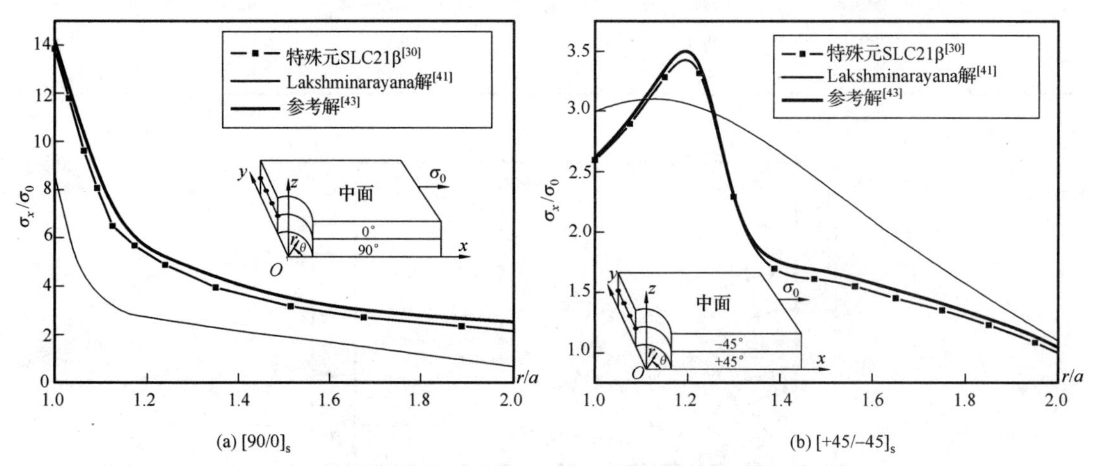

图 7.14　层间法向应力 σ_x/σ_0 沿 y 轴分布($D/a=1, x=0, z=h$)(单侧边沿半圆孔层板承受拉伸)

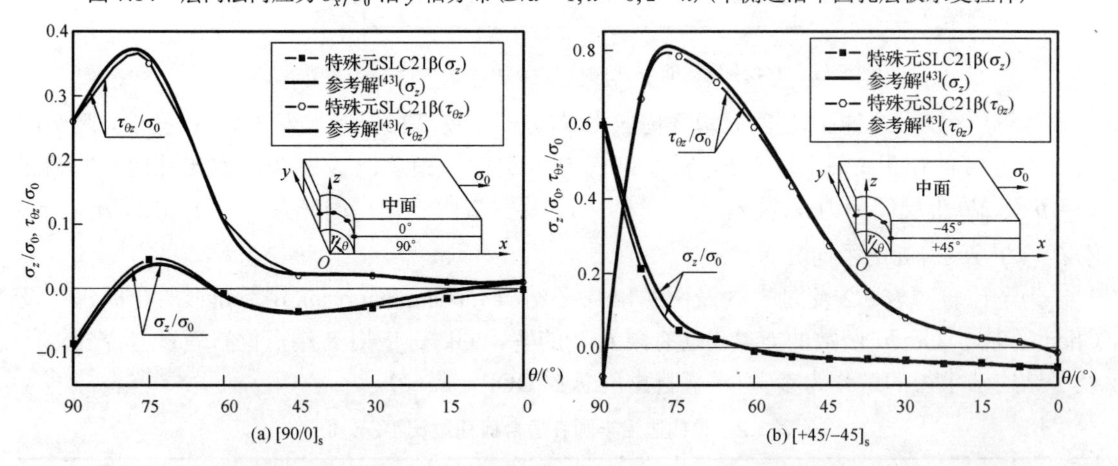

图 7.15　层间孔边应力 σ_z/σ_0 和 $\tau_{\theta z}/\sigma_0$ 分布($D/a=1.0, z=h$)(单侧边沿半圆孔层板承受拉伸)

以上结果表明，在较粗的网格下，现在特殊元的解已十分接近参考解。以$[90/0]_s$板为例，用现在特殊元得到的$\sigma_\theta^{max}/\sigma_0$为 13.85($\theta=90°$)，相应参考解为 14.22($\theta=90°$)，误差仅为−2.6%；而 Lakshminarayana[41]的结果为8.64($\theta=90°$)，误差达到−39.2%；Chen[42]为 10.20($\theta=90°$)，

误差达到–28.3%。同时，目前特殊元仅用了图 7.12 所示的一种网格，它的自由度为 564，仅为参考解的 1/15。

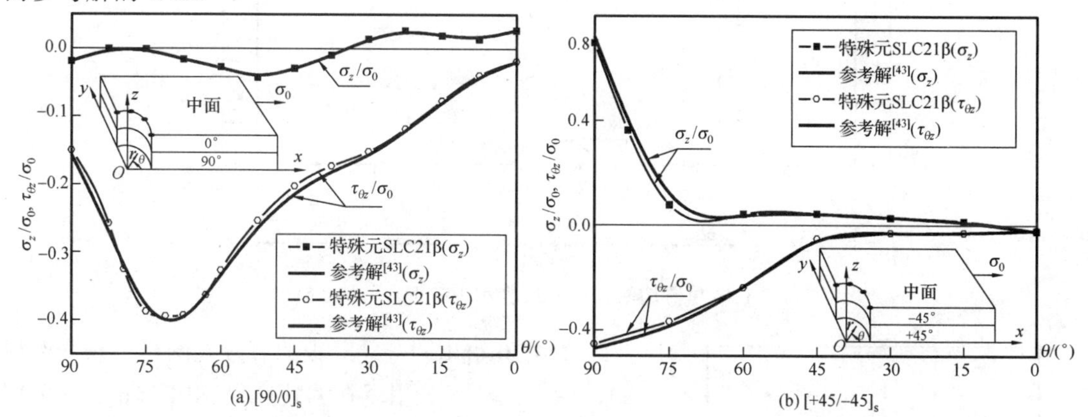

图 7.16　孔边应力 σ_z/σ_0 和 $\tau_{\theta z}/\sigma_0$ 分布 ($D/a = 1.0, z = 2h$) (单侧边沿半圆孔层板承受拉伸)

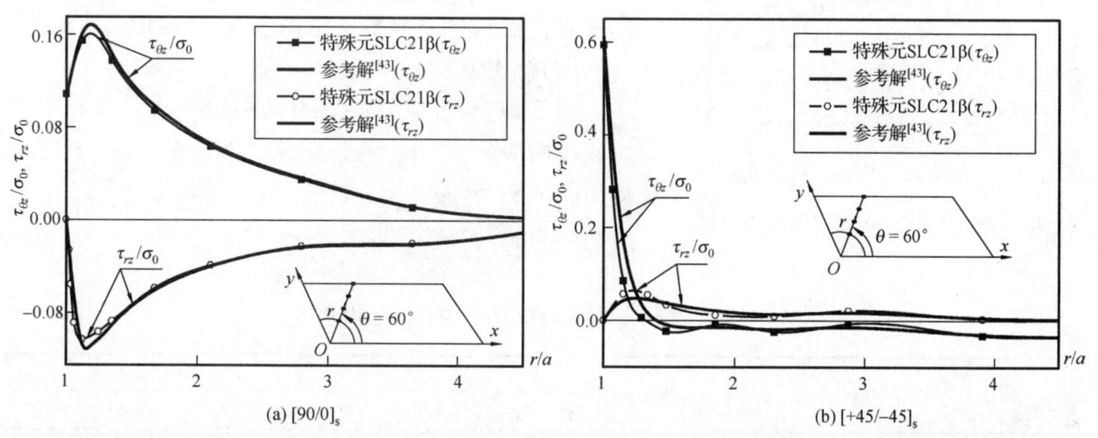

图 7.17　切应力 $\tau_{\theta z}/\sigma_0$ 和 τ_{rz}/σ_0 沿径向分布 ($\theta = 60°$, $D/a = 1.0, z = h$) (单侧边沿半圆孔层板承受拉伸)

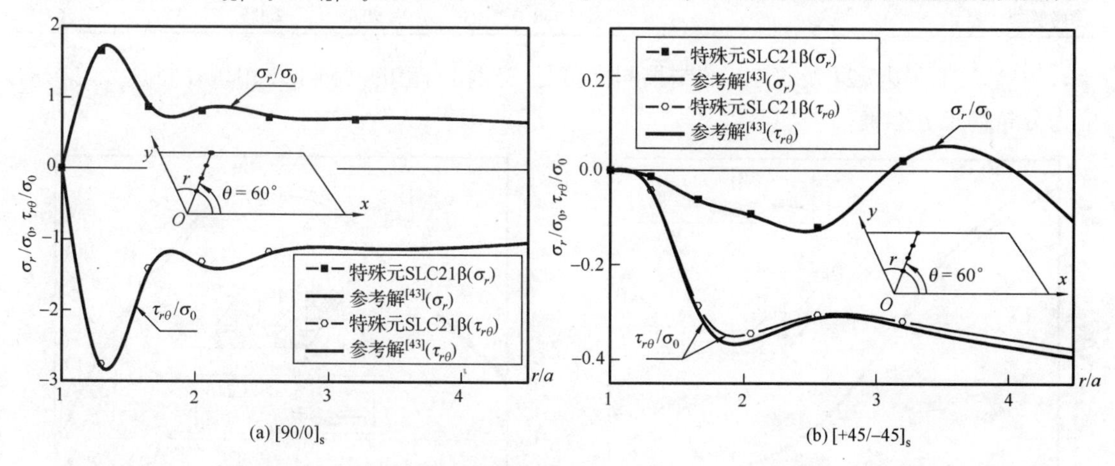

图 7.18　应力 σ_r/σ_0 和 $\tau_{r\theta}/\sigma_0$ 沿径向分布 ($\theta = 60°$, $D/a = 1.0, z = h$) (单侧边沿半圆孔层板承受拉伸)

例 7.5　单侧边沿浅圆孔层板承受拉伸[44]

槽孔深度 D 仅为开口半径 a 的二分之一 ($D/a = 0.5$) 的浅圆孔层板如图 7.19 所示。两类层板$[90/0]_s$及$[+45/-45]_s$的材料特性、平面尺寸、每层厚度，及受载工况均与例 7.4 相同。

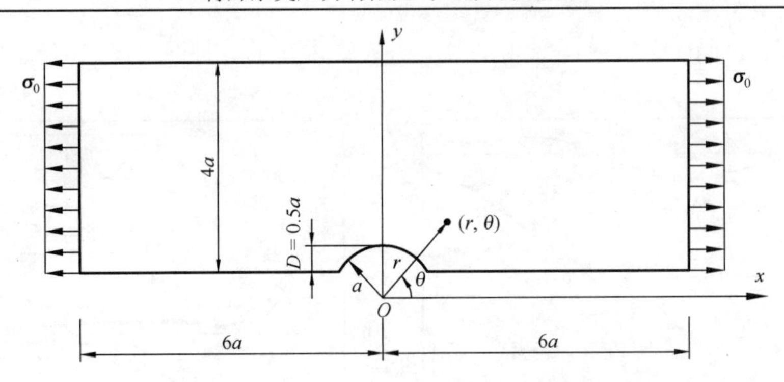

图 7.19　单侧边沿浅圆孔层板承受拉伸($D/a=0.5$)

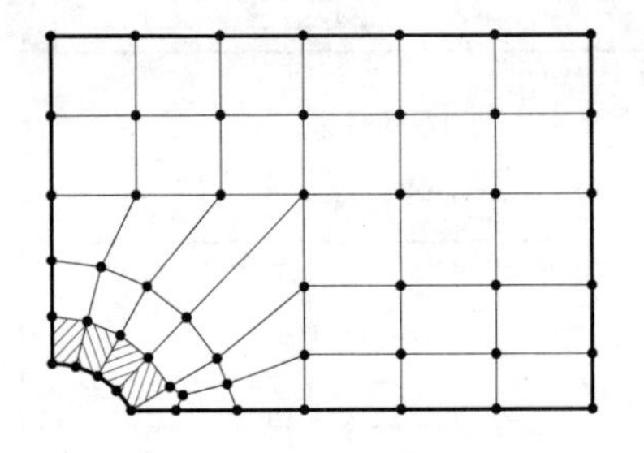

图 7.20　$\frac{1}{4}$板有限元网格($D/a=0.5$)(单侧边沿浅圆孔层板，$[90/0]_s$及$[+45/-45]_s$)

图 7.20 给出四分之一板的有限元网格。与上例相同，图中影线部分用现在的特殊元 SLC21β，其余部分用一般杂交应力层合元[16]。同样用三维 8 结点等参位移层合板元[43]及两层子结构法(总共自由度 DOF = 4106)的解作为参考解。

图 7.21 及图 7.22 给出孔边沿层间环向应力σ_θ及层间横向应力σ_z、$\tau_{\theta z}$的分布。表 7.3 给出孔边$\sigma_\theta^{\max}/\sigma_0$值。图 7.23 及图 7.24 分别给出层间沿径向($\theta=45°$)的切应力$\tau_{\theta z}$、τ_{rz}以及σ_r、$\tau_{r\theta}$分布。

表 7.3　单侧边沿浅圆孔层合板孔边$\sigma_\theta^{\max}/\sigma_0$值($z=h$)

单元类型	自由度	$[90/0]_s$			$[+45/-45]_s$		
		$\sigma_\theta^{\max}/\sigma_0$	误差/%	θ/(°)	$\sigma_\theta^{\max}/\sigma_0$	误差/%	θ/(°)
特殊元 SLC21β +一般杂交应力层合元[16]	395	5.482	−5.0	90.0	1.965	−3.1	56.5
参考解[43]	**4106**	**5.768**		**90.0**	**2.028**		**56.5**

由图 7.21～图 7.24 及表 7.3 的结果同样可见，在相当粗的网格下，用现在特殊元算得的应力分布均十分准确。

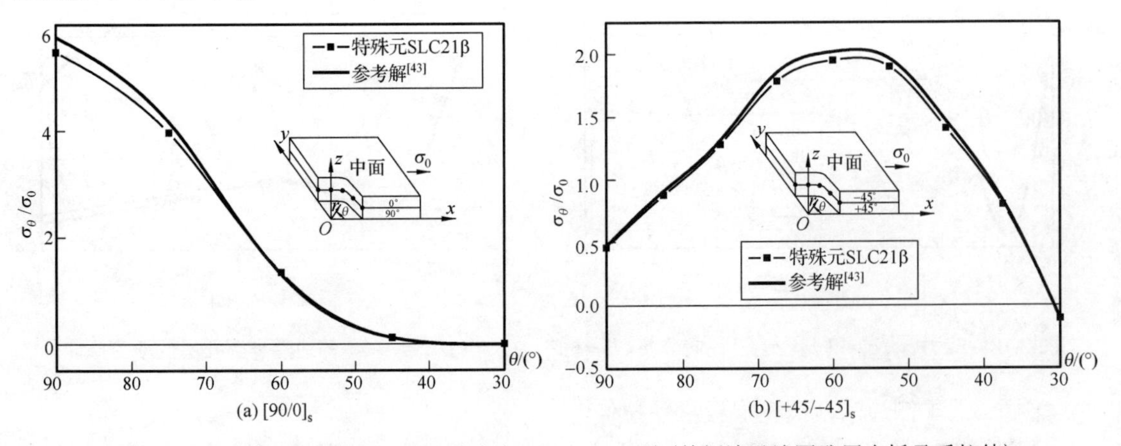

图 7.21　层间孔边环向应力σ_θ/σ_0分布($D/a=0.5, z=h$)(单侧边沿浅圆孔层合板承受拉伸)

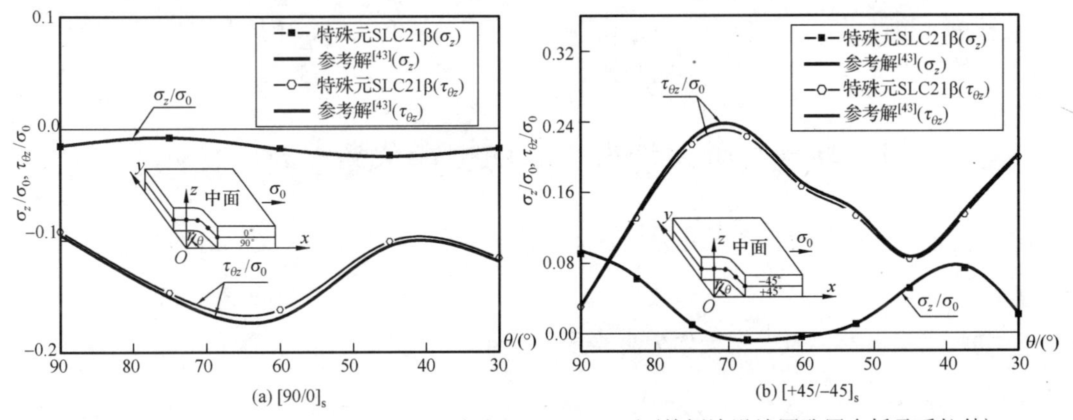

图 7.22　孔边应力 σ_z/σ_0 和 $\tau_{\theta z}/\sigma_0$ 分布($D/a=0.5, z=h$)(单侧边沿浅圆孔层合板承受拉伸)

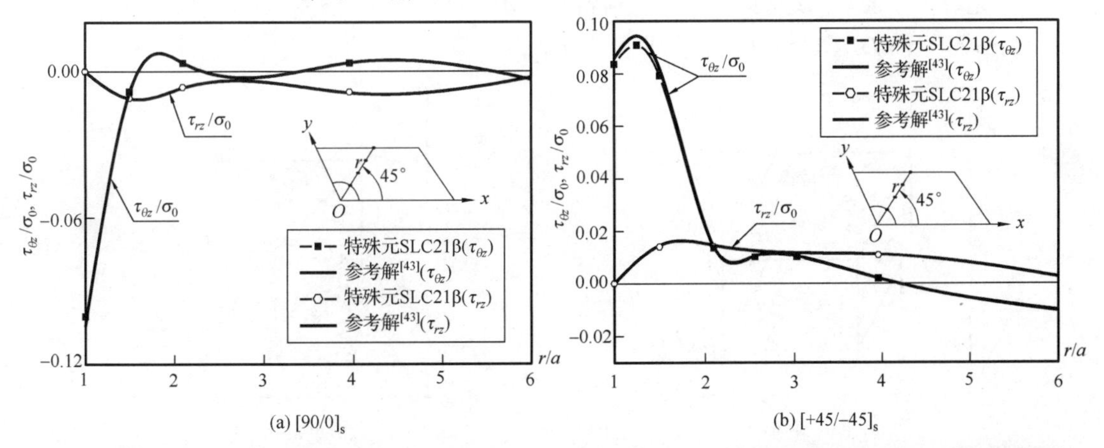

图 7.23　切应力 $\tau_{\theta z}/\sigma_0$ 和 τ_{rz}/σ_0 沿径向分布($\theta=45°$, $D/a=0.5, z=h$)(单侧边沿浅圆孔层合板承受拉伸)

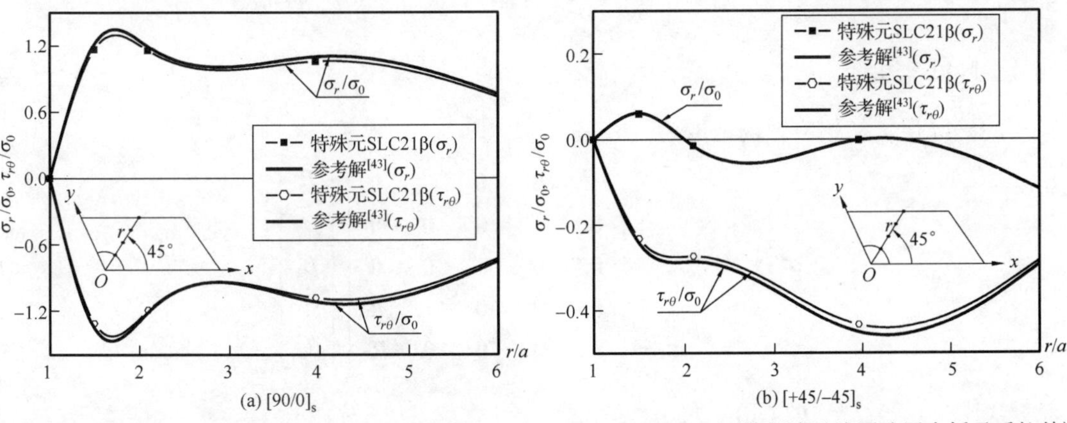

图7.24　层间应力 σ_r/σ_0 和 $\tau_{r\theta}/\sigma_0$ 沿径向分布($\theta=45°$, $D/a=0.5, z=h$)(单侧边沿浅圆孔层合板承受拉伸)

总之，由以上所有结果表明，现在的特殊元可以高效地分析具有自由圆柱边界面层板的层间应力。文献[5]及[18]指出，应用传统的等参位移层合元及一般杂交应力层合元，分析层合材料自由边的应力时，其算得的应力精度取决于靠近自由边的单元尺寸，而要得到足够准确的应力，单元尺寸必须取得十分细小，例如，文献[5]中指出：其孔边沿到最里一层单元中心的距离，只有层厚度的 1/20。而这种限制，对于现在的特殊元就不存在了，它在相当粗的网格下，即可得到足够精确的解。

这种单元也可以有效地分析具有穿透圆孔或半穿透圆孔的薄、中厚及厚的层合构件其柱形自由边的应力分布，以及具有不同圆弧形边界面多类层合构件自由边的三维应力分布。

7.3　具有一个无外力直表面特殊杂交应力层合元

田等还建立两种具有一个无外力直表面的特殊杂交应力层合元[44-46]，下面阐述这类元的建立与应用。

7.3.1　每层具有 8 结点及一个无外力直表面层合元

图 7.25 为具有一个无外力直表面的三维杂交应力层合板元(垂直 y 轴方向并带影线的平面为一个无外力平面)。该元具有如下几何特点：$ABCD$ 是一个无外力直表面并垂直于 y 轴；平面 $AEFB$ 和平面 $DHGC$ 彼此平行并垂直于 z 轴。

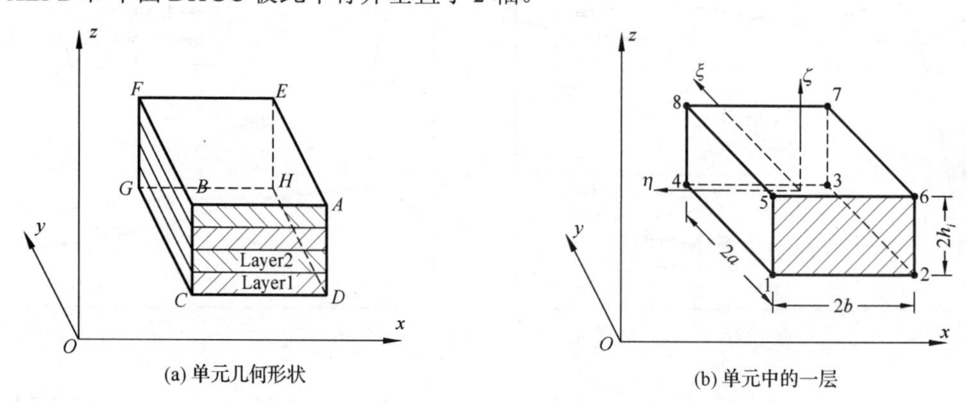

(a) 单元几何形状　　(b) 单元中的一层

图 7.25　第一种具有一个无外力直表面($ABCD$)的杂交应力层合元

1. 假定应力场

对于第 i 层，初始应力场选取为

$$\boldsymbol{\sigma}^{(i)} = \boldsymbol{P}^{(i)}\boldsymbol{\beta}^{(i)} = \begin{bmatrix} \boldsymbol{P}^0 & \mathbf{0} & \mathbf{0} & \mathbf{0} & \mathbf{0} \\ \mathbf{0} & \boldsymbol{P}^0 & \mathbf{0} & \mathbf{0} & \mathbf{0} \\ \mathbf{0} & \mathbf{0} & \boldsymbol{P}^0 & \mathbf{0} & \mathbf{0} \\ \mathbf{0} & \mathbf{0} & \mathbf{0} & \ddots & \mathbf{0} \\ \mathbf{0} & \mathbf{0} & \mathbf{0} & \mathbf{0} & \boldsymbol{P}^0 \end{bmatrix} \begin{Bmatrix} \beta_1 \\ \beta_2 \\ \beta_3 \\ \vdots \\ \beta_{60} \end{Bmatrix} \tag{a}$$

$$\boldsymbol{P}^0 = \begin{bmatrix} 1 & \xi & \eta & \zeta & \xi^2 & \eta^2 & \zeta^2 & \xi\eta & \xi\zeta & \eta\zeta \end{bmatrix}$$

首先，使其满足齐次平衡条件

$$\boldsymbol{D}^{\mathrm{T}}\boldsymbol{\sigma}^{(i)} = \mathbf{0} \tag{b}$$

及表面 1265 上无外力条件

$$\boldsymbol{T}^{(i)} = \boldsymbol{v}\boldsymbol{\sigma}^{(i)} = \mathbf{0} \qquad (\xi = -1\text{面上}) \tag{c}$$

其次，在层间界面上横向应力 σ_z、τ_{zx} 及 τ_{zy} 协调，以及现在的分析中最下层假定无外力

作用，即当层数由下向上递增时，满足条件

$$\begin{bmatrix}\sigma_z^{(i)} & \tau_{zx}^{(i)} & \tau_{zy}^{(i)}\end{bmatrix}_{\text{top}} - \begin{bmatrix}\sigma_z^{(i+1)} & \tau_{zx}^{(i+1)} & \tau_{zy}^{(i+1)}\end{bmatrix}_{\text{bottom}} = \begin{bmatrix}0 & 0 & 0\end{bmatrix} \quad (i=1,2,\cdots,k) \tag{d}$$

$$\begin{bmatrix}\sigma_z^{(1)} & \tau_{zx}^{(1)} & \tau_{zy}^{(1)}\end{bmatrix}_{\text{bottom}} = \begin{bmatrix}0 & 0 & 0\end{bmatrix}$$

这样，得到以下单元假定应力场。

(1) 第1层的应力场

$$\begin{aligned}
\sigma_x^{(1)} &= \beta_2^{(1)} + \xi\beta_3^{(1)} + \eta\beta_4^{(1)} + \zeta\beta_5^{(1)} + \xi^2\beta_6^{(1)} + \eta^2\beta_7^{(1)} + \zeta^2\beta_8^{(1)} + \xi\eta\beta_9^{(1)} + \xi\zeta\beta_{10}^{(1)} + \eta\zeta\beta_{11}^{(1)} \\
\sigma_y^{(1)} &= (1+\xi)^2\beta_1^{(1)} \\
\sigma_z^{(1)} &= (1+\zeta)^2\beta_2^{(1)} \\
\tau_{xy}^{(1)} &= \delta_1(1+\xi)\eta\beta_1^{(1)} + \delta_2(1+\xi)\eta\beta_7^{(1)} + \delta_3(1+\xi)\eta\beta_{12}^{(1)} + (1+\xi)\beta_{13}^{(1)} + (1+\xi)\zeta\beta_{14}^{(1)} \\
&\quad -(1-\xi^2)\beta_{15}^{(1)} \\
\tau_{zy}^{(1)} &= \delta_4(1+\xi)(1+\zeta)\beta_1^{(1)} + \delta_5(1+\xi)(1+\eta)\beta_7^{(1)} + \delta_6(1+\xi)(1+\zeta)\beta_{12}^{(1)} \\
\tau_{zx}^{(1)} &= \delta_7(1+\zeta)\eta\beta_1^{(1)} + \delta_8(1+\zeta)\beta_4^{(1)} + \delta_8(1+\zeta)\eta\beta_7^{(1)} + \delta_8(1+\zeta)\xi\beta_9^{(1)} \\
&\quad +0.5\delta_8(\zeta^2-1)\beta_{11}^{(1)} + \delta_8(1+\zeta)\eta\beta_{12}^{(1)} + \delta_4(1+\zeta)\beta_{13}^{(1)} + 0.5\delta_4(\zeta^2-1)\beta_{14}^{(1)} \\
&\quad +2\delta_4(1+\zeta)\xi\beta_{15}^{(1)}
\end{aligned} \tag{7.3.1}$$

(2) 第i层的应力场

$$\begin{aligned}
\sigma_x^{(i)} &= \beta_2^{(i)} + \xi\beta_3^{(i)} + \eta\beta_4^{(i)} + \zeta\beta_5^{(i)} + \xi^2\beta_6^{(i)} + \eta^2\beta_7^{(i)} + \zeta^2\beta_8^{(i)} + \xi\eta\beta_9^{(i)} + \xi\zeta\beta_{10}^{(i)} + \eta\zeta\beta_{11}^{(i)} \\
\sigma_y^{(i)} &= (1+\xi)^2\beta_1^{(i)} \\
\sigma_z^{(i)} &= (1+\zeta)^2\beta_2^{(i)} + \sigma_z^{(i-1)}\Big|_{\zeta=+1} \\
\tau_{xy}^{(i)} &= \delta_1(1+\xi)\eta\beta_1^{(i)} + \delta_2(1+\xi)\eta\beta_7^{(i)} + \delta_3(1+\xi)\eta\beta_{12}^{(i)} + (1+\xi)\beta_{13}^{(i)} + (1+\xi)\zeta\beta_{14}^{(i)} \\
&\quad -(1-\xi^2)\beta_{15}^{(i)} \\
\tau_{zy}^{(i)} &= \delta_4(1+\xi)(1+\zeta)\beta_1^{(i)} + \delta_5(1+\xi)(1+\eta)\beta_7^{(i)} + \delta_6(1+\xi)(1+\zeta)\beta_{12}^{(i)} + \tau_{zy}^{(i-1)}\Big|_{\zeta=+1} \\
\tau_{zx}^{(i)} &= \delta_7(1+\zeta)\eta\beta_1^{(i)} + \delta_8(1+\zeta)\beta_4^{(i)} + \delta_8(1+\zeta)\eta\beta_7^{(i)} + \delta_8(1+\zeta)\xi\beta_9^{(i)} \\
&\quad +0.5\delta_8(\zeta^2-1)\beta_{11}^{(i)} + \delta_9(1+\zeta)\eta\beta_{12}^{(i)} + \delta_4(1+\zeta)\beta_{13}^{(i)} + 0.5\delta_4(\zeta^2-1)\beta_{14}^{(i)} \\
&\quad +2\delta_4(1+\zeta)\xi\beta_{15}^{(i)} + \tau_{zx}^{(i-1)}\Big|_{\zeta=+1}
\end{aligned} \tag{7.3.2}$$

其中

$$\begin{aligned}
&\delta_1 = \frac{a}{b} \qquad \delta_2 = \frac{b}{a} \qquad \delta_3 = -\frac{ab}{h_i^2} \qquad \delta_4 = -\frac{h_i}{a} \\
&\delta_5 = \frac{ah_i}{b^2} \qquad \delta_6 = -\frac{a}{h_i} \qquad \delta_7 = -\frac{bh_i}{a^2} \qquad \delta_8 = \frac{h_i}{b} \qquad \delta_9 = \frac{b}{h_i}
\end{aligned} \tag{e}$$

这里，a,b为单元各边长的二分之一；h_i为第i层厚度的二分之一。

这个应力场同样满足式(7.2.5)下面的四点说明。

2. 边界位移场

选取同式(7.2.6)。此单元称为元SLP15β。

7.3.2 每层具有 12 结点及一个无外力直表面层合元

图 7.26 给出此单元几何形状，其中 *ABCD* 为无外力直表面。元中每一层具有 12 个结点如图 7.26(b)所示。

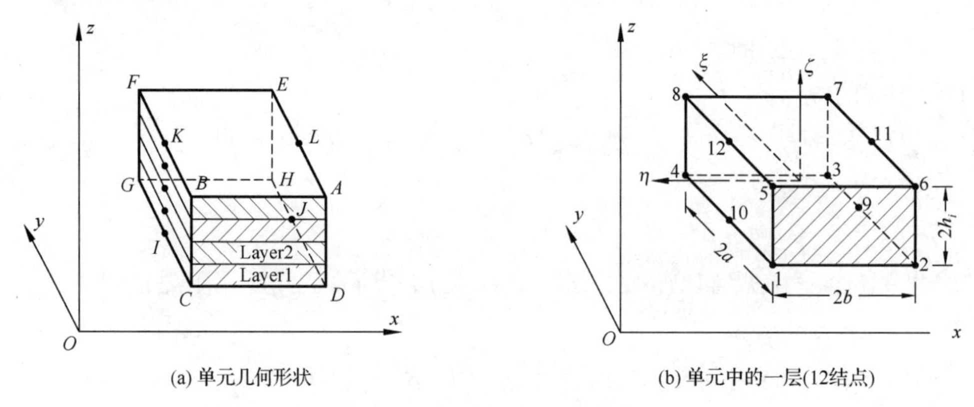

(a) 单元几何形状　　(b) 单元中的一层(12结点)

图 7.26 第二种具有一个无外力直表面的杂交应力层合元

一共建立了两种 12 结点单元 Case A 及 Case B[45-47]。它们的应力场及位移场分别选择如下。

1. 单元 Case A

1)假定应力场

对第 i 层，初始应力场选取同式(a)，其中

$$\boldsymbol{P}^0 = \begin{bmatrix} 1 & \xi & \eta & \zeta & \xi^2 & \xi\eta & \xi\zeta & \eta\zeta & \eta^2 & \zeta^2 & \xi^3 & \xi^2\eta & \xi^2\zeta & \xi\eta\zeta \end{bmatrix}_{14\times1} \tag{f}$$

共 $14\times6=84$ 个应力参数。

同以上 8 结点元的建立步骤，应用齐次平衡条件[式(b)]、表面 1265 上无外力条件[式(c)]、层间界面上横向应力 σ_z 、τ_{zx} 及 τ_{zy} 协调，以及现在分析中最下层假定无外力作用[式(d)]诸约束条件，共消去 63 个应力参数 β ，最后得到以下含有 $21-\beta$ 元 Case A 的假定应力场。

(1)第 1 层的应力场(每层 21 个 β)

$$\begin{aligned}
\sigma_y^{(1)} &= (1-3\xi^2-2\xi^3)\beta_1^{(1)} + (\xi+2\xi^2+\xi^3)\beta_2^{(1)} \\
\sigma_x^{(1)} &= \beta_3^{(1)} + \beta_4^{(1)}\xi + \beta_5^{(1)}\eta + \beta_6^{(1)}\zeta + \beta_7^{(1)}\xi^2 + \beta_8^{(1)}\eta^2 + \beta_9^{(1)}\zeta^2 + \beta_{10}^{(1)}\xi\eta \\
&\quad + \beta_{11}^{(1)}\xi\zeta + \beta_{12}^{(1)}\eta\zeta + \beta_{13}^{(1)}\xi^3 + \beta_{14}^{(1)}\xi^2\eta + \beta_{15}^{(1)}\xi^2\zeta + \beta_{16}^{(1)}\xi\eta\zeta \\
\sigma_z^{(1)} &= (1+2\zeta+\zeta^2)\beta_{17}^{(1)} \\
\tau_{xy}^{(1)} &= \frac{3m}{n}(\xi^2\eta+\xi\eta)\beta_1^{(1)} - \frac{m}{n}\left(\frac{1}{2}\eta+2\xi\eta+\frac{3}{2}\xi^2\eta\right)\beta_2^{(1)} - \frac{n}{m}(\eta+\xi\eta)\beta_8^{(1)} \\
&\quad - \frac{n}{2m}(\xi\zeta+\xi^2\zeta)\beta_{16}^{(1)} + \frac{l_1^2}{nm}(\eta+\xi\eta)\beta_{17}^{(1)} + (1+\xi^3)\beta_{18}^{(1)} + (\xi-\xi^3)\beta_{19}^{(1)} \\
&\quad + (\zeta+\xi\zeta)\beta_{20}^{(1)} + (\xi^2+\xi^3)\beta_{21}^{(1)} \\
\tau_{xz}^{(1)} &= -\frac{m^2}{nl_1}(6\xi\eta\zeta+3\eta\zeta+6\xi\eta+3\eta)\beta_1^{(1)} + \frac{m^2}{nl_1}(2\eta+3\xi\eta+3\xi\eta\zeta+2\eta\zeta)\beta_2^{(1)} \\
&\quad - \frac{n}{l_1}(1+\zeta)\beta_5^{(1)} - \frac{n}{l_1}(\eta+\eta\zeta)\beta_8^{(1)} - \frac{n}{l_1}(\xi+\xi\zeta)\beta_{10}^{(1)} + \frac{n}{2l_1}(1-\zeta^2)\beta_{12}^{(1)}
\end{aligned} \tag{7.3.3}$$

$$-\frac{n}{l_1}(\xi^2+\xi^2\zeta)\beta_{14}^{(1)}-\frac{n}{4l_1}(1-\zeta^2)\beta_{16}^{(1)}-\frac{l_1}{n}(\eta+\eta\zeta)\beta_{17}^{(1)}$$
$$-\frac{3m}{l_1}(\xi^2+\xi^2\zeta)\beta_{18}^{(1)}+\frac{m}{l_1}(3\xi^2+3\xi^2\zeta-1-\zeta)\beta_{19}^{(1)}$$
$$+\frac{m}{2l_1}(1-\zeta^2)\beta_{20}^{(1)}-\frac{3m}{l_1}(3\xi^2+3\xi^2\zeta+2\xi+2\xi\zeta)\beta_{21}^{(1)}$$
$$\tau_{yz}^{(1)}=\frac{3m}{l_1}(\xi+\xi^2+\xi\zeta+\xi^2\zeta)\beta_1^{(1)}-\frac{m}{2l_1}(1+4\xi+\zeta+3\xi^2+4\xi\zeta+3\xi^2\zeta)\beta_2^{(1)}$$
$$+\frac{n^2}{ml_1}(1+\zeta+\xi+\xi\zeta)\beta_8^{(1)}-\frac{l_1}{m}(1+\xi+\zeta+\xi\zeta)\beta_{17}^{(1)}$$

(2) 第 i 层的应力场(每层 21 个 β)

$$\sigma_y^{(i)}=(1-3\xi^2-2\xi^3)\beta_1^{(i)}+(\xi+2\xi^2+\xi^3)\beta_2^{(i)}$$
$$\sigma_x^{(i)}=\beta_3^{(i)}+\beta_4^{(i)}\xi+\beta_5^{(i)}\eta+\beta_6^{(i)}\zeta+\beta_7^{(i)}\xi^2+\beta_8^{(i)}\eta^2+\beta_9^{(i)}\zeta^2+\beta_{10}^{(i)}\xi\eta$$
$$+\beta_{11}^{(i)}\xi\zeta+\beta_{12}^{(i)}\eta\zeta+\beta_{13}^{(i)}\xi^3+\beta_{14}^{(i)}\xi^2\eta+\beta_{15}^{(i)}\xi^2\zeta+\beta_{16}^{(i)}\xi\eta\zeta$$
$$\sigma_z^{(i)}=(1+2\zeta+\zeta^2)\beta_{17}^{(i)}+\sigma_z^{(i)}\Big|_{\zeta=+1}$$
$$\tau_{xy}^{(i)}=\frac{3m}{n}(\xi^2\eta+\xi\eta)\beta_1^{(i)}-\frac{m}{n}\left(\frac{1}{2}\eta+2\xi\eta+\frac{3}{2}\xi^2\eta\right)\beta_2^{(i)}-\frac{n}{m}(\eta+\xi\eta)\beta_8^{(i)}$$
$$-\frac{n}{2m}(\xi\zeta+\xi^2\zeta)\beta_{16}^{(i)}+\frac{l_i^2}{nm}(\eta+\xi\eta)\beta_{17}^{(i)}+(1+\xi^3)\beta_{18}^{(i)}+(\xi-\xi^3)\beta_{19}^{(i)}$$
$$+(\zeta+\xi\zeta)\beta_{20}^{(i)}+(\xi^2+\xi^3)\beta_{21}^{(i)}$$
$$\tau_{zx}^{(i)}=-\frac{m^2}{nl_i}(6\xi\eta\zeta+3\eta\zeta+6\xi\eta+3\eta)\beta_1^{(i)}+\frac{m^2}{nl_i}(2\eta+3\xi\eta+3\xi\eta\zeta+2\eta\zeta)\beta_2^{(i)}$$
$$-\frac{n}{l_i}(1+\zeta)\beta_5^{(i)}-\frac{n}{l_i}(\eta+\eta\zeta)\beta_8^{(i)}-\frac{n}{l_i}(\xi+\xi\zeta)\beta_{10}^{(i)}+\frac{n}{2l_i}(1-\zeta^2)\beta_{12}^{(i)}\qquad(7.3.4)$$
$$-\frac{n}{l_i}(\xi^2+\xi^2\zeta)\beta_{14}^{(i)}-\frac{n}{4l_i}(1-\zeta^2)\beta_{16}^{(i)}-\frac{l_i}{n}(\eta+\eta\zeta)\beta_{17}^{(i)}$$
$$-\frac{3m}{l_i}(\xi^2+\xi^2\zeta)\beta_{18}^{(i)}+\frac{m}{l_i}(3\xi^2+3\xi^2\zeta-1-\zeta)\beta_{19}^{(i)}$$
$$+\frac{m}{2l_i}(1-\zeta^2)\beta_{20}^{(i)}-\frac{3m}{l_i}(3\xi^2+3\xi^2\zeta+2\xi+2\xi\zeta)\beta_{21}^{(i)}+\tau_{zx}^{(i-1)}\Big|_{\zeta=+1}$$
$$\tau_{yz}^{(i)}=\frac{3m}{l_i}(\xi+\xi^2+\xi\zeta+\xi^2\zeta)\beta_1^{(i)}-\frac{m}{2l_i}(1+4\xi+\zeta+3\xi^2+4\xi\zeta+3\xi^2\zeta)\beta_2^{(i)}$$
$$+\frac{n^2}{ml_i}(1+\zeta+\xi+\xi\zeta)\beta_8^{(i)}-\frac{l_i}{m}(1+\xi+\zeta+\xi\zeta)\beta_{17}^{(i)}+\tau_{yz}^{(i-1)}\Big|_{\zeta=+1}$$

式中，$m=1/a,n=-1/b,l_i=1/h_i,h_i$ 是第 i 层厚度的二分之一。

2) 单元位移场

考虑层合板剪切变形显著，以及认为不同层表面法线转角不同，选取各层的面内位移 u,v 沿厚度方向近似线性分布，而横向位移 w 沿整个厚度不变。

$$
\begin{aligned}
u(\xi,\eta,\zeta) &= \sum_{j=1}^{4} N_j(\xi,\eta)\left[\frac{1}{2}(1-\zeta)u_j^i + \frac{1}{2}(1+\zeta)u_j^{i+1}\right] \\
v(\xi,\eta,\zeta) &= \sum_{j=1}^{4} N_j(\xi,\eta)\left[\frac{1}{2}(1-\zeta)v_j^i + \frac{1}{2}(1+\zeta)v_j^{i+1}\right] \\
w(\xi,\eta,\zeta) &= \sum_{j=1}^{4} N_j(\xi,\eta) w_j
\end{aligned}
\tag{7.3.5}
$$

式中

$$
N_i = \begin{cases} \dfrac{1}{4}(1+\xi_i\xi)(1+\eta_i\eta)\xi\xi_i & (i=1,\cdots,4) \\ \dfrac{1}{2}(1-\xi^2)(1+\eta_i\eta) & (i=5,6) \end{cases} \tag{g}
$$

这样，得到层合板元 Case A，此元以后称为 SLP21β 元。

2. 单元 Case B

1)假定应力场

第 i 层的初始应力场选取同式(a)，其中

$$
\boldsymbol{P}^0 = \begin{bmatrix} 1 & \xi & \eta & \zeta & \xi^2 & \xi\eta & \xi\zeta & \eta\zeta & \zeta^2 & \xi^3 & \xi^2\eta & \xi^2\zeta & \xi\zeta^2 & \eta\zeta^2 & \xi\eta\zeta \end{bmatrix}_{15\times 1} \tag{h}
$$

运用以上元 Case A 相同方法，可以得到单元 Case B 的假定应力场。

(1)第 1 层(每层 26 个 β)

$$
\begin{aligned}
\sigma_y^{(1)} &= (1-3\xi^2-2\xi^3)\beta_1^{(1)} + (\xi+2\xi^2+\xi^3)\beta_2^{(1)} + (\eta+2\xi\eta+\xi^2\eta)\beta_3^{(1)} \\
&\quad + (\zeta+2\xi\zeta+\xi^2\zeta)\beta_4^{(1)} \\
\sigma_x^{(1)} &= \beta_5^{(1)} + \beta_6^{(1)}\xi + \beta_7^{(1)}\eta + \beta_8^{(1)}\zeta + \beta_9^{(1)}\xi^2 + \beta_{10}^{(1)}\xi\eta + \beta_{11}^{(1)}\xi\zeta + \beta_{12}^{(1)}\eta\zeta + \beta_{13}^{(1)}\zeta^2 \\
&\quad + \beta_{14}^{(1)}\xi^3 + \beta_{15}^{(1)}\xi^2\eta + \beta_{16}^{(1)}\xi^2\zeta + \beta_{17}^{(1)}\xi\zeta^2 + \beta_{18}^{(1)}\eta\zeta^2 + \beta_{19}^{(1)}\xi\eta\zeta \\
\sigma_z^{(1)} &= \frac{m^2}{l_1^2}(1+\zeta)^2\eta\beta_3^{(1)} + (1+\zeta)^2\beta_{20}^{(1)} + (1+\zeta)^2\xi\beta_{21}^{(1)} \\
\tau_{xy}^{(1)} &= \frac{3m}{n}(\xi^2\eta+\xi\eta)\beta_1^{(1)} - \frac{m}{2n}(\eta+4\xi\eta+3\xi^2\eta)\beta_2^{(1)} - \frac{m}{n}(\eta\zeta+\xi\eta\zeta)\beta_4^{(1)} \\
&\quad - \frac{n}{m}(\zeta^2+\xi\zeta^2)\beta_{18}^{(1)} + \frac{l_1^2}{nm}(\eta+\xi\eta)\beta_{20}^{(1)} + \frac{l_1^2}{2nm}(-\eta+\xi^2\eta)\beta_{21}^{(1)} \\
&\quad + (1+\xi^3)\beta_{22}^{(1)} + (\xi-\xi^3)\beta_{23}^{(1)} + (\zeta-\xi^2\zeta)\beta_{24}^{(1)} + (\xi^2-\xi^3)\beta_{25}^{(1)} + (\xi\zeta+\xi^2\zeta)\beta_{26}^{(1)} \\
\tau_{xz}^{(1)} &= (1+\zeta)\left(-\frac{3m^2}{nl_1}\right)(\eta+2\xi\eta)\beta_1^{(1)} + \frac{m^2}{nl_1}(2\eta+3\xi\eta)\beta_2^{(1)} + \frac{m^2}{2nl_1}\eta(\zeta-1)\beta_4^{(1)} \\
&\quad - \frac{n}{l_1}\xi\beta_{10}^{(1)} + \frac{n}{2l_1}(1-\zeta)\beta_{12}^{(1)} - \frac{n}{l_1}\xi^2\beta_{15}^{(1)} - \frac{n}{l_1}\beta_{17}^{(1)} + \frac{n}{2l_1}(1-\zeta)\xi\beta_{19}^{(1)} - \frac{l_1}{n}\eta\beta_{20}^{(1)} \\
&\quad - \frac{l_1}{n}\xi\eta\beta_{21}^{(1)} - \frac{3m}{l_1}\xi^2\beta_{22}^{(1)} - \frac{m}{l_1}(1-3\xi^2)\beta_{23}^{(1)} - \frac{m}{l_1}(1-\zeta)\xi\beta_{24}^{(1)} \\
&\quad - \frac{m}{l_1}(2\xi+3\xi^2)\beta_{25}^{(1)} + \frac{m}{2l_1}(1-\zeta)(1+2\xi)\beta_{26}^{(1)}
\end{aligned}
\tag{7.3.6}
$$

$$\tau_{yz}^{(1)} = (1+\xi)(1+\zeta)\frac{3m}{l_1}\xi\beta_1^{(1)} - \frac{m}{2l_1}(1+3\xi)\beta_2^{(1)} - \frac{2m}{l_1}\eta\beta_3^{(1)} + \frac{m}{2l_1}(1-\zeta)\beta_4^{(1)}$$
$$-\frac{l_1}{m}\beta_{20}^{(1)} - \frac{l_1}{2m}(\xi-1)\beta_{21}^{(1)}$$

(2) 第 i 层(每层 26 个 β)

$$\sigma_y^{(i)} = (1-3\xi^2-2\xi^3)\beta_1^{(i)} + (\xi+2\xi^2+\xi^3)\beta_2^{(i)} + (\eta+2\xi\eta+\xi^2\eta)\beta_3^{(i)}$$
$$+(\zeta+2\xi\zeta+\xi^2\zeta)\beta_4^{(i)}$$
$$\sigma_x^{(i)} = \beta_5^{(i)} + \beta_6^{(i)}\xi + \beta_7^{(i)}\eta + \beta_8^{(i)}\zeta + \beta_9^{(i)}\xi^2 + \beta_{10}^{(i)}\xi\eta + \beta_{11}^{(i)}\xi\zeta + \beta_{12}^{(i)}\eta\zeta + \beta_{13}^{(i)}\zeta^2$$
$$+\beta_{14}^{(i)}\xi^3 + \beta_{15}^{(i)}\xi^2\eta + \beta_{16}^{(i)}\xi^2\zeta + \beta_{17}^{(i)}\xi\zeta^2 + \beta_{18}^{(i)}\eta\zeta^2 + \beta_{19}^{(i)}\xi\eta\zeta$$
$$\sigma_z^{(1)} = \frac{m^2}{l_i^2}(1+\zeta)^2\eta\beta_3^{(i)} + (1+\zeta)^2\beta_{20}^{(i)} + (1+\zeta)^2\xi\beta_{21}^{(i)} + \sigma_z^{(i-1)}\Big|_{\zeta=+1}$$
$$\tau_{xy}^{(i)} = \frac{3m}{n}(\xi^2\eta+\xi\eta)\beta_1^{(i)} - \frac{m}{2n}(\eta+4\xi\eta+3\xi^2\eta)\beta_2^{(i)} - \frac{m}{n}(\eta\zeta+\xi\eta\zeta)\beta_4^{(i)}$$
$$-\frac{n}{m}(\zeta^2+\xi\zeta^2)\beta_{18}^{(i)} + \frac{l_i^2}{nm}(\eta+\xi\eta)\beta_{20}^{(i)} + \frac{l_i^2}{2nm}(-\eta+\xi^2\eta)\beta_{21}^{(i)} \tag{7.3.7}$$
$$+(1+\xi^3)\beta_{22}^{(i)} + (\xi-\xi^3)\beta_{23}^{(i)} + (\zeta-\xi^2\zeta)\beta_{24}^{(i)} + (\xi^2-\xi^3)\beta_{25}^{(i)} + (\xi\zeta+\xi^2\zeta)\beta_{26}^{(i)}$$
$$\tau_{xz}^{(i)} = (1+\zeta)(-\frac{3m^2}{nl_i})(\eta+2\xi\eta)\beta_1^{(i)} + \frac{m^2}{nl_i}(2\eta+3\xi\eta)\beta_2^{(i)} + \frac{m^2}{2nl_i}\eta(\zeta-1)\beta_4^{(i)}$$
$$-\frac{n}{l_i}\xi\beta_{10}^{(i)} + \frac{n}{2l_i}(1-\zeta)\beta_{12}^{(i)} - \frac{n}{l_i}\xi^2\beta_{15}^{(i)} - \frac{n}{l_i}\beta_{17}^{(i)} + \frac{n}{2l_i}(1-\zeta)\xi\beta_{19}^{(i)}$$
$$-\frac{l_i}{n}\eta\beta_{20}^{(i)} - \frac{l_i}{n}\xi\eta\beta_{21}^{(i)} - \frac{3m}{l_i}\xi^2\beta_{22}^{(i)} - \frac{m}{l_i}(1-3\xi^2)\beta_{23}^{(i)} - \frac{m}{l_i}(1-\zeta)\xi\beta_{24}^{(i)}$$
$$-\frac{m}{l_i}(2\xi+3\xi^2)\beta_{25}^{(i)} + \frac{m}{2l_i}(1-\zeta)(1+2\xi)\beta_{26}^{(i)} + \tau_{xz}^{(i-1)}\Big|_{\zeta=+1}$$
$$\tau_{yz}^{(i)} = (1+\xi)(1+\zeta)\frac{3m}{l_i}\xi\beta_1^{(i)} - \frac{m}{2l_i}(1+3\xi)\beta_2^{(i)} - \frac{2m}{l_i}\eta\beta_3^{(i)} + \frac{m}{2l_i}(1-\zeta)\beta_4^{(i)}$$
$$-\frac{l_i}{m}\beta_{20}^{(i)} - \frac{l_i}{2m}(\xi-1)\beta_{21}^{(i)} + \tau_{yz}^{(i-1)}\Big|_{\zeta=+1}$$

式中，$m=1/a, n=-1/b, l_i=1/h_i, h_i$ 第 i 层厚度的二分之一。

这个应力场同样满足式(7.2.5)的四点说明。

2) 单元位移场

同单元 Case A[式(7.3.5)]。此元称 SLP26β。文献[47]给出一系列数值算例，结果证明元 SLP 26β 较元 SLP 21β 准确。所以下面工程算例均用元 SLP26β 进行计算。

7.3.3 工程算例

例 7.6 四层$[90/0]_s$及$[0/90]_s$无限长板条承受给定平面应变(图 7.27)[45, 46]

研究一个四层的层板$[0/90]_s$及$[90/0]_s$，其主轴的材料特性为

$$\begin{aligned}
&E_{11} = 137.9\,\text{GPa} && (20.0\times10^{6}\,\text{psi})^{①} \\
&E_{22} = E_{33} = 14.48\,\text{GPa} && (2.1\times10^{6}\,\text{psi}) \\
&G_{12} = G_{23} = G_{31} = 5.86\,\text{GPa} && (0.85\times10^{6}\,\text{psi}) \\
&\nu_{12} = \nu_{13} = \nu_{23} = 0.21
\end{aligned} \tag{7.3.8}$$

其中，板宽为 $2b$；厚度为 $4h$（每层厚 h）；宽厚比为 4，即 $b=8h$ 。

有限元分析网格如图 7.28 所示。

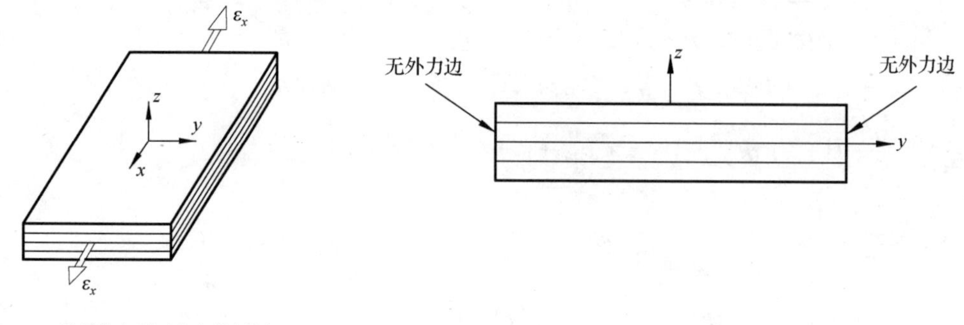

(a) 承受均匀平面应变的层板　　(b) 平面分析

图 7.27　承受平面应变层板

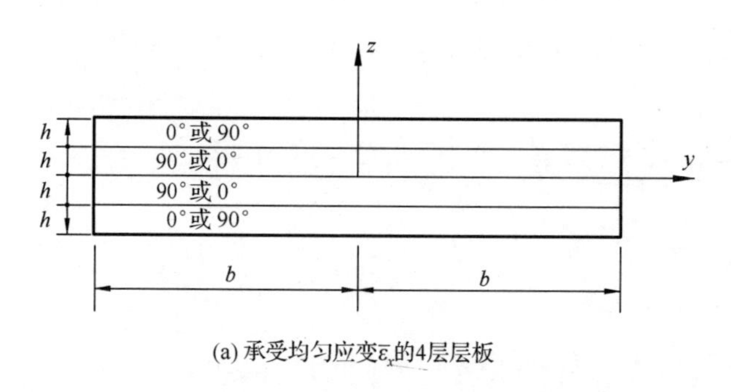

(a) 承受均匀应变 ε_x 的4层层板

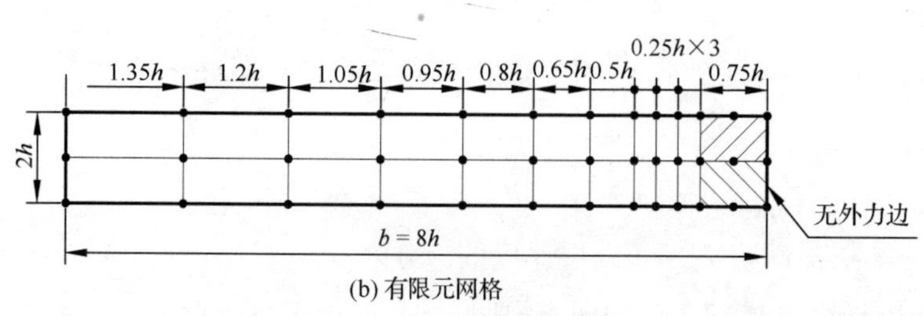

(b) 有限元网格

图 7.28　有限元分析（无限长板条承受给定平面应变 $\bar{\varepsilon}_x$）

应力分布由以下四种不同单元组合计算得到：

(1) 目前 SLP26β 特殊元（最右边影线部分），与其余部分的一般假定应力层合元[16]联合。

(2) 另一种 Spilker 等给出的特殊二维杂交应力层合元[19]（它也严格满足无外力边界条件），和一般平面应变杂交应力层合元[41]联合。

① Renieri 和 Herakovich[48]曾用常数 $E_{11}=144.8\text{GPa}$，Wang 和 Grossman[49]用 $E_{32}=15.17\text{GPa}$，这些弹性常数差别不大，将不影响以下研究的结论。

(3) 全部应用一般杂交应力层合元[16](不满足无外力边界条件)。

(4) 全部应用一般常应变三角形元。它又分为两种工况：4a 与 4b，其中工况 4a 取 4 个相邻单元中点应力的平均值[48]；而工况 4b 只给出单元中点应力的结果，没有取平均值[49]。

图 7.29 给出$[0/90]_s$和$[90/0]_s$两种板条、层中面($z=h$)上剪应力τ_{yz}分布，由图可见，当$y/b<0.85$时，三种工况 2～4 的结果与现在工况 1 相当接近；但是，当$0.85\leqslant y/b\leqslant 1.0$时，工况 3 与 4b 给出的$\tau_{yz}$分布显出不同，而工况 4a(由小圆圈表示)所提供的平均解与目前的结果仍很接近。

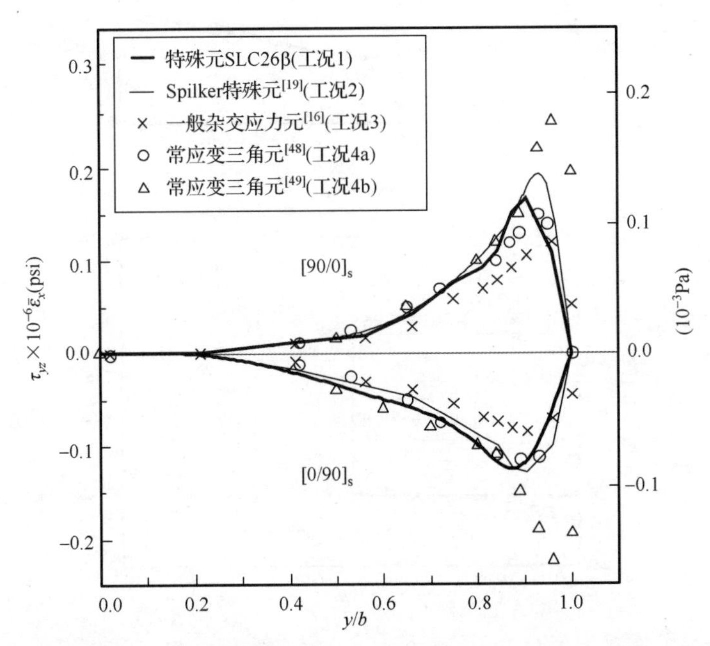

图 7.29　层中面切应力τ_{yz}沿内表面分布($z=h$)(板条承受平面应变$\bar{\varepsilon}_x$ $[90/0]_s$及$[0/90]_s$)

图 7.30 给出$z=h$表面上靠近无外力自由边处的法向应力σ_z分布，图中同时给出 Wang 及 Dickson 的级数解(工况 5)[13]。可见，在$z=h$表面上，对于$[90/0]_s$板条，当$y/b=1.0$时，现在特殊元的解、工况 2 及 4b 都趋向于零。而工况 5 在自由边为一压应力。对于$[0/90]_s$板条，目前特殊元的结果、工况 2 及 4b 都类似地趋向不同的高应力峰值，而工况 5 在自由边呈现不可靠的应力分布。同样可以看到，现在的特殊元工况 1 和另一种特殊元工况 2，在靠近自由边，由于分别用了准确满足无外力边界条件但并不相同的杂交应力元，所以在$y/b=1.0$处均给出一个σ_z确定值。对此，Gali 及 Ishai[50]也具有类似观点。

现在特殊元的结果与以上工况 4b 及工况 5 结果分歧的主要根源，在于是否准确满足无外力自由边的边界条件。由于现在的方法及工况 2 都严格满足无外力自由边的边界条件，所以，在靠近自由边处，它们可以提供较其他方法更准确的应力值。而工况 4b 只是近似满足自由边无外力条件，工况 5 更是违背了这些条件，因此，它们在靠近自由边处的解，显然不可靠。

同时，可以注意到，现在工况 1 与工况 2 二者的结果纵然十分接近，但它们并不相同，首先，现在方法建立的特殊元是一个三维元，而工况 2 的特殊元是一种二维元，所以，现在方法建立的特殊元可以应用于更广泛的问题；其次，这两种工况的计算效率也不同，为了得到以上结果，工况 2 对二分之一层板用了 682 个自由度求解，而现在工况 1 对四分之一板仅用了 114 个自由度。

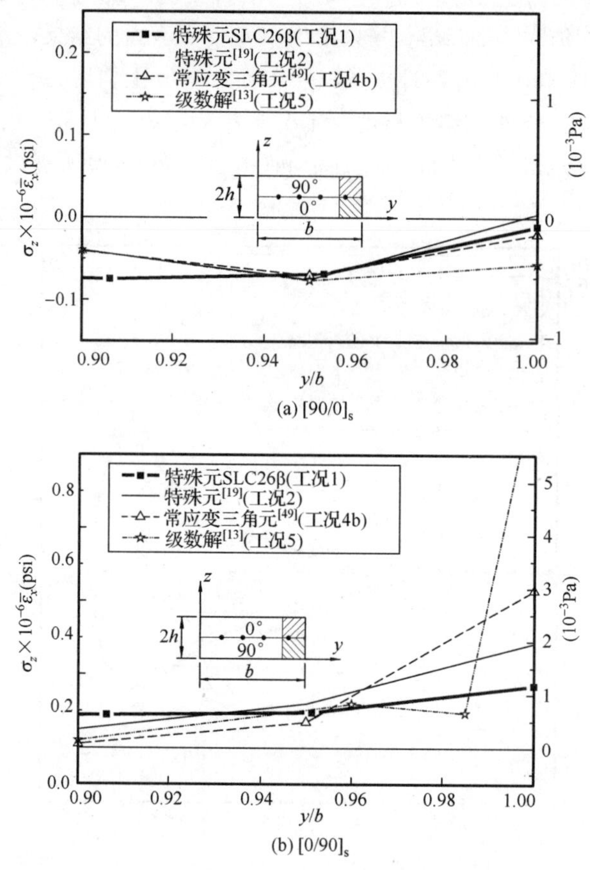

(a) $[90/0]_s$

(b) $[0/90]_s$

图 7.30　内表面上法向应力 σ_z 分布 $(z=h)$（板条承受给定平面应变 $\bar{\varepsilon}_x$ $[90/0]_s$ 及 $[0/90]_s$ 板）

确定一个近似方法可应用性的重要尺度是收敛试验，由于自由边的应力 τ_{yz} 已消失，这时可应用 $y/b=1.0$ 处的 σ_z 值进行收敛研究。图 7.31 给出在板条 $[0/90]_s$ 及 $[90/0]_s$ 的自由边处，当有限元数目增加时，应力 σ_z 随层厚 z 的收敛性，图形显示现在特殊元的解收敛迅速，应强调的是，在自由边现在只用了一个特殊元（图 7.28）。

例 7.7　四层 $[+45/-45]_s$ 无限长板条承受均匀平面法向应变 $\bar{\varepsilon}_x$ [46]

板条如图 7.27(a)，材料特性同上例，有限元网格也如图 7.28(b) 所示。板条应力依如下方法计算得到：

(1) 工况 1 及 4b 同前；

(2) 应用基于 Lekhnitskii 层合板弹性解及各向异性弹性理论[1,2]；

(3) 应用拟三维 8 结点假定位移等参元及一种网格优化程序[6]。

计算所得中面 $(z=h)$ 上应力 τ_{yz} 及 σ_z 分布，由图 7.32 及图 7.33 给出。

由图 7.32 可见，用现在特殊元 SLP 26β 所得中面上层间应力 τ_{yz} 的分布，与层板弹性解（工况 2）十分一致；而常应变三角形元（工况 4b）所提供的结果，与弹性解相差很大。这种显著的差异，也可以从图 7.33 给出的中面上层间应力 σ_z 分布上看出。对于 σ_z，现在工况 1 的解，仍与层板弹性解（工况 2）及优化网格法（工况 3）很接近。

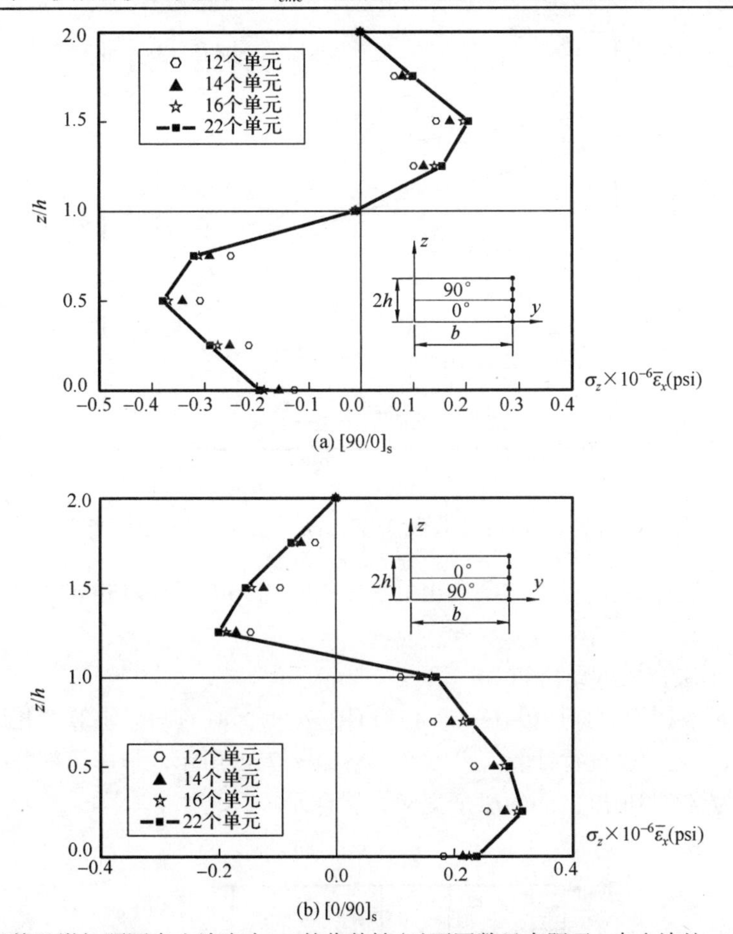

图 7.31　随有限元数目增加预测自由边应力 σ_z 的收敛性(对不同数目有限元，自由边处 σ_z 随厚度 z 的变化)

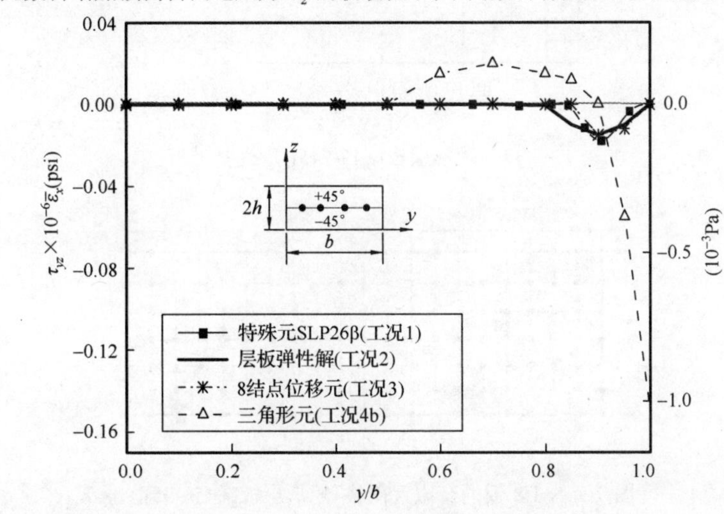

图 7.32　层中面切应力 τ_{yz} 沿内表面分布($z = h$)(板条承受平面应变 $\overline{\varepsilon}_x$ $[+45/-45]_s$)

这些结果，也表明现在方法的简便性，它仅仅用了一个具有 22 个单元的网格[图 7.28(b)]；而工况 3，应用一个具有 12 个 8 结点元的网格优化程序；工况 4b，应用极细的具有 392 个三角形元的网格。

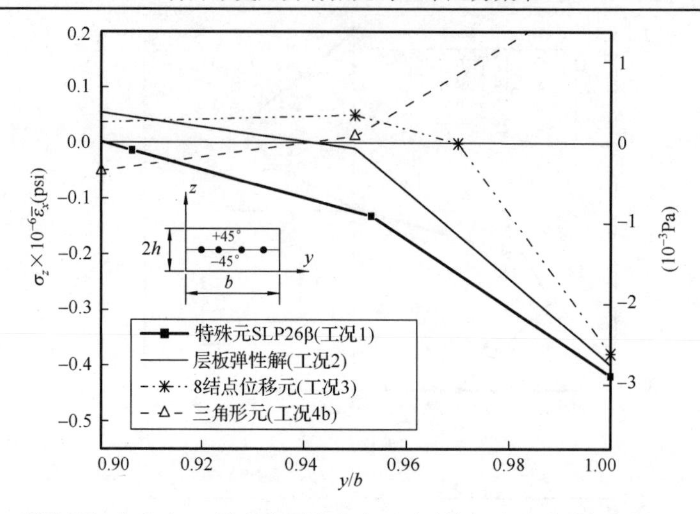

图 7.33　层中面法向应力 σ_z 沿内表面分布 ($z = h$) (板条承受平面应变 $\bar{\varepsilon}_x$ $[+45/-45]_s$)

同时，也可以注意到，以上结果给出的板$[0/90]_s$、$[90/0]_s$及$[+45/-45]_s$中面上的应力，都没有奇异性。

例 7.8　矩形层合板承受拉伸[46]

一个石墨–环氧树脂对称层板 ($[+45/-45]_s$) (图 7.34)，具有与以上算例相同的材料特性。由于对称，取八分之一板进行计算，有限元网格如图 7.35 所示，带影线部分为现在的特殊元 SLP26β，其余为文献[16]提供的一般杂交应力层合元。

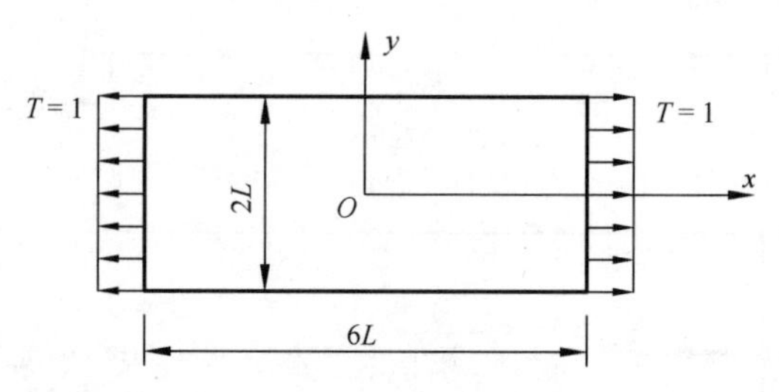

图 7.34　矩形层板$[+45/-45]_s$承受拉伸

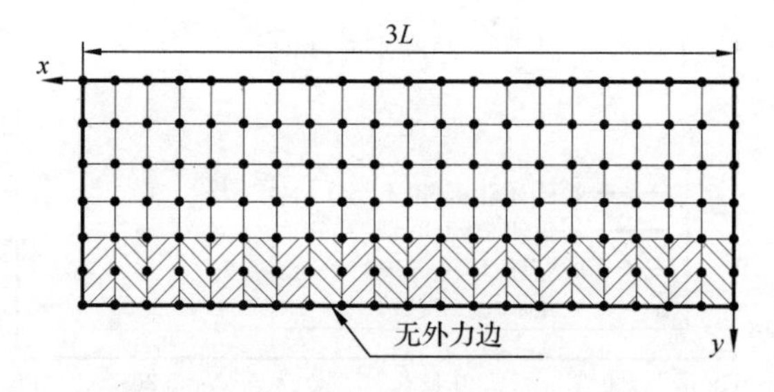

图 7.35　1/8 板的有限元网格 (矩形层板$[+45/-45]_s$)

计算所得靠近自由端的平面应力 σ_x、σ_y 及 τ_{xy} 沿板中面分布，以及层间应力 σ_z 及 τ_{xz} 的分布，分别由图 7.36 及图 7.37 给出。由于此问题没有理论解，利用 Bar-Yoseph 等[51]根据一种修正的 Hellinger-Reissner 原理及一种渐进展开方法建立的高性能杂交应力元之解，作为参考。

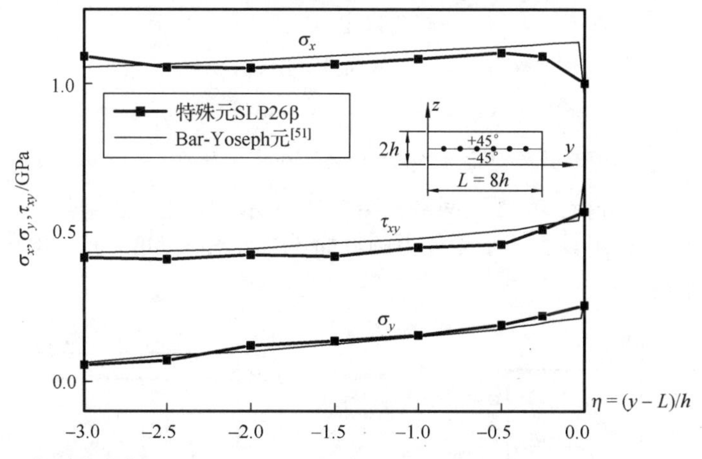

图 7.36　自由端应力σ_x、σ_y及τ_{xy}沿板中面分布($z = h$)($[+45/-45]_s$板条承受拉伸)

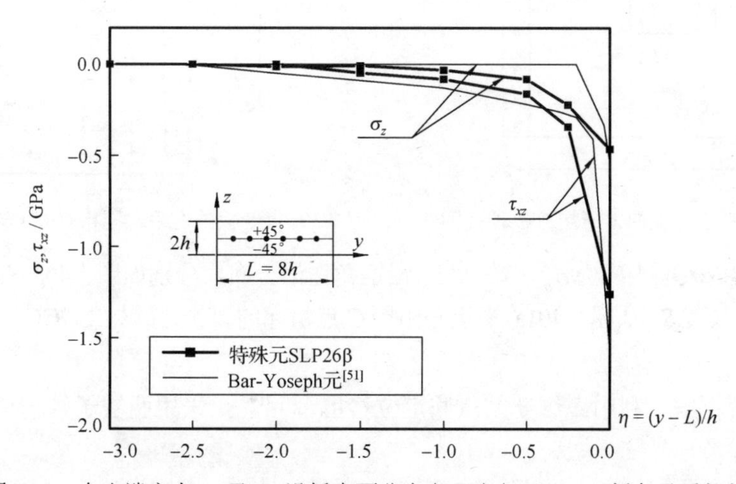

图 7.37　自由端应力σ_z及τ_{xz}沿板中面分布($z = h$)($[+45/-45]_s$板条承受拉伸)

由图可见，在所有指定点，现在方法所得应力，均与 Bar-Yoseph 等高性能杂交应力元的结果十分接近。但是 Bar-Yoseph 等的结果是利用了 800 个单元及对数网格得到的，而现在仅用了 168 个单元求解。

7.4　联合一个无外力圆柱表面及一个无外力直表面两类层合杂交应力元，求解槽孔层合板的应力

给出五个算例[52-54]，说明将以上建立的两类特殊层合元——具有一个给定无外力圆柱表面层合元及具有一个无外力直表面层合元——联合，可高效地分析由直面与圆柱面所形成的多种层板槽孔自由边的三维应力分布。

7.4.1　倒圆角方孔层板承受拉伸

例 7.9　两种四层$[90/0]_s$及$[0/90]_s$正交层板，平面尺寸$32a \times 32a$，每层厚度 $4a$，中心具有一个半径为a倒圆角的方孔$8a \times 8a$，两对边承受均匀拉伸$\boldsymbol{\sigma}_0$(图 7.38)。

材料特性(对于每层主轴)为

$$E_{11} = 137.9\,\text{GPa}$$
$$E_{22} = E_{33} = 14.48\,\text{GPa}$$
$$G_{12} = G_{31} = G_{23} = 5.86\,\text{GPa}$$
$$\nu_{12} = \nu_{31} = \nu_{23} = 0.21$$

对八分之一板进行分析，有限元网格如图 7.39 所示，沿孔直边用具有一个无外力直表面层合元 SLP15β，圆角处用具有一个无外力圆柱面层合元 SLC21β，其余部分应用一般假定应力层合元[16]联合求解。

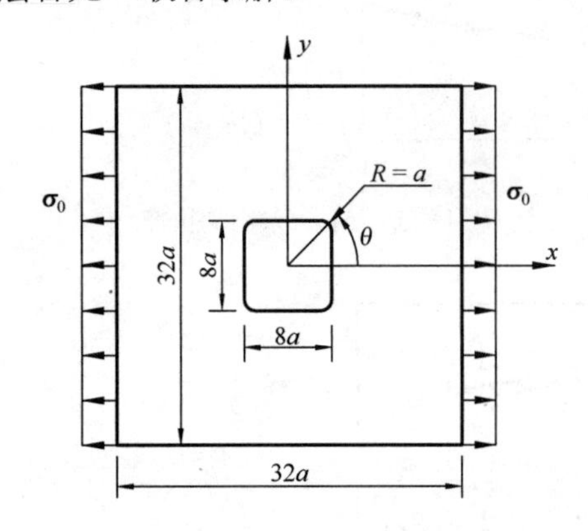

图 7.38　中心方孔的方形层合板顶视图

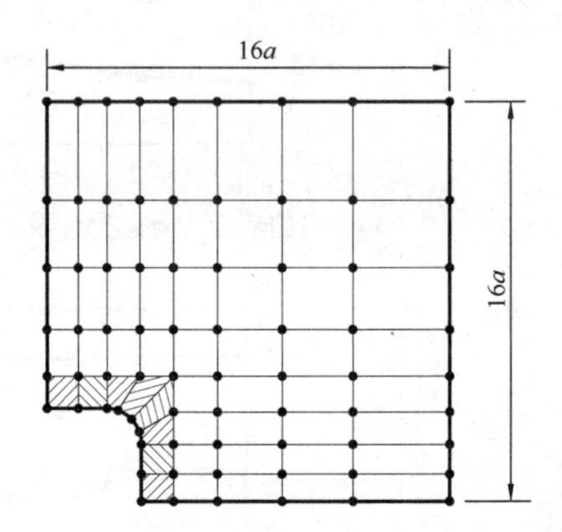

图 7.39　1/8 板的有限元网格(中心方孔的方形层板)

计算所得层内表面上应力 σ_θ、σ_z 及 $\tau_{\theta z}$ 沿圆角边沿分布，分别如图 7.40～图 7.42 所示。图中横坐标 L 等于长度 S [从图 7.40(a)右上角附图 C 点量起的弧长]除以 CC_1($CC_1 = 2R + 0.5\pi R$)，如图 7.40(a)所示。

由于没有解析解，利用三维 8 结点假定位移层合元[43]，采用两层子结构技术，逐级加密所得之解作为参考。

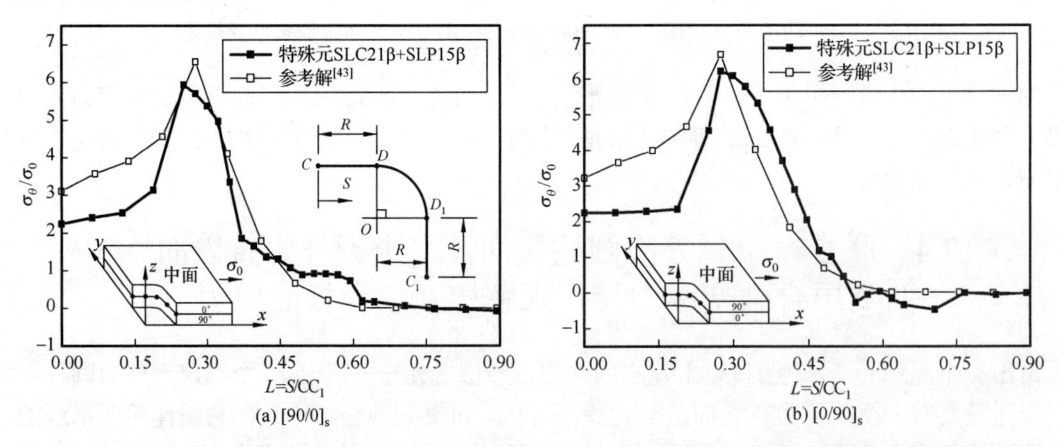

图 7.40　环向应力 σ_θ 沿倒角边沿分布($z = h$)(倒圆角方孔的方形层板承受拉伸)

可以看到，现在特殊层合元所得结果，均十分接近参考解，特别是对于最大法向应力 σ_z。但是，这些参考解是应用与图 7.6(b)类似的两层子结构方法得到的，其所用的自由度分别是 6459、28800 及 39990，即总的自由度为 75249。然而，现在的方法仅用了图 7.39 所示的一种网格，它总的自由度为 660，仅为位移元的 1/114。

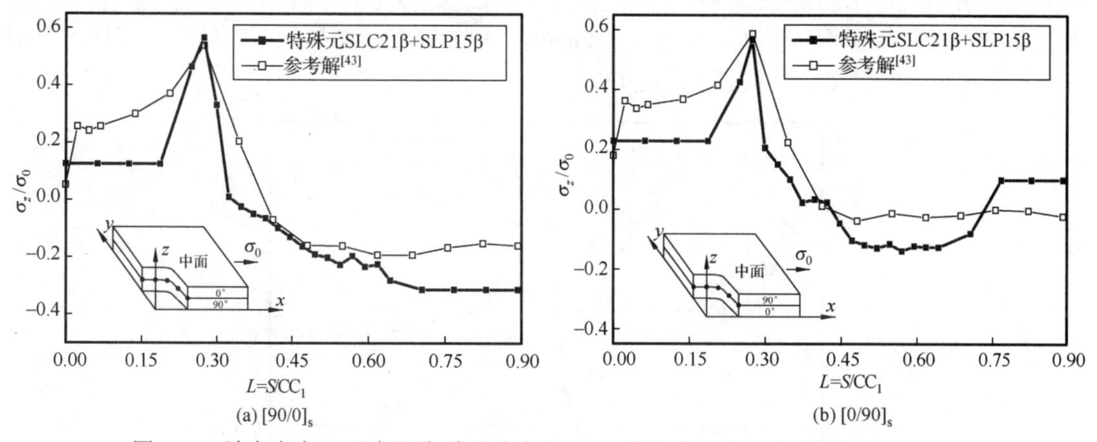

图 7.41　法向应力 σ_z 沿倒圆角边沿分布($z=h$)(倒圆角方孔的方形层板承受拉伸)

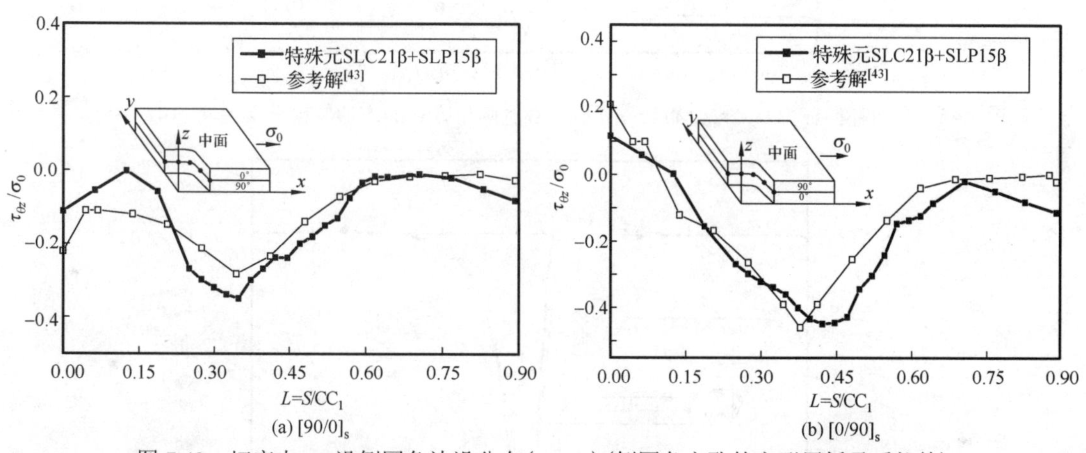

图 7.42　切应力 $\tau_{\theta z}$ 沿倒圆角边沿分布($z=h$)(倒圆角方孔的方形层板承受拉伸)

例 7.10　四层$[+45/-45]_s$正交方形层板$8a\times 8a$，每层厚度$h=0.2a$，中心具有倒圆角的方孔$2a\times 2a$，倒圆角半径$R=0.213a$（图 7.43）。单层材料常数$E_x=156.77\text{GPa}$，$E_y=8.95\text{GPa}$，$G_{xy}=5.35\text{GPa}$，$\nu_{xy}=0.3468$。图 7.44 给出 1/8 板的有限元网格。在孔边同样用两类特殊 SLC21β 及 SLP15β 层合元，其余部分用一般杂交应力层合元[16]。

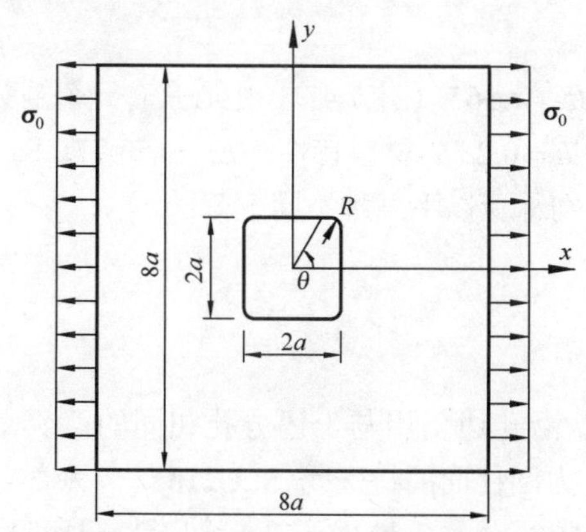

图 7.43　中心倒圆角方孔的方形层板

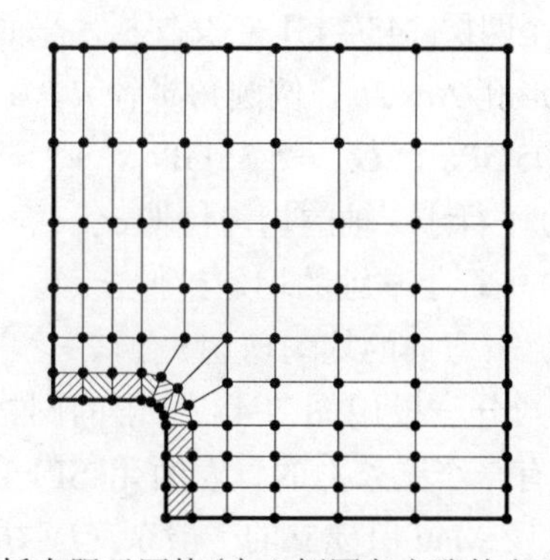

图 7.44　1/8 板有限元网格(中心倒圆角方孔的方形层板)

图 7.45、图 7.46 分别给出层板孔边应力σ_θ/σ_0及τ_{xy}/σ_0的分布，参考解系 Jong[55]以幂

级数表示的应力函数及对边界条件应用 Cauchy 型积分得到。结果表明，较粗的网格下，用特殊元计算得到的结果非常接近 Jong 的值。

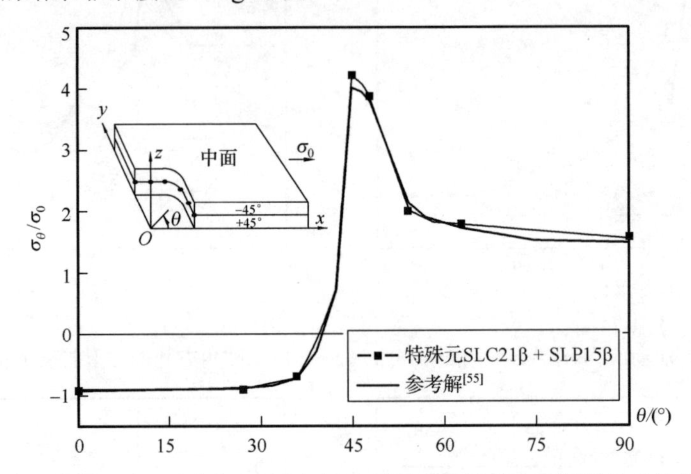

图 7.45 孔边环向应力 σ_θ/σ_0 分布（$z=h$）（中心倒圆角方孔的方形层板承受拉伸 $[+45/-45]_s$）

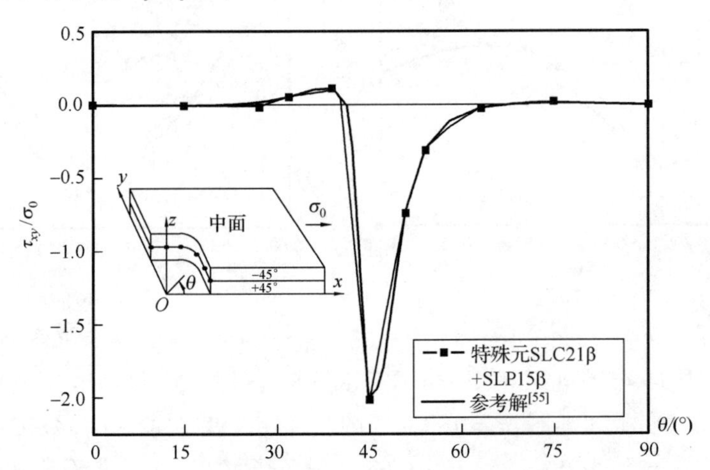

图 7.46 孔边切应力 τ_{xy}/σ_0 分布（$z=h$）（中心倒圆角方孔的方形层板承受拉伸 $[+45/-45]_s$）

7.4.2 倒圆角矩形孔的层板承受拉伸或剪切

一个四层$[+45/-45]_s$正交层板，平面尺寸$8a\times 8b(a/b=1.365)$（图 7.47），中心具有一个倒圆角的矩形孔$2a\times 2b$，倒圆角半径$R=0.196a$，每层厚$h=0.2a$。材料特性：$E_x=156.77\,\text{GPa}$，$E_y=8.95\,\text{GPa}$，$G_{xy}=5.35\,\text{GPa}$，$\nu_{xy}=0.3468$。板分别承受以下三种不同载荷：

(1) 平行于x轴的均匀拉伸σ_{x0}；

(2) 平行于y轴的均匀拉伸σ_{y0}；

(3) xy方向的均匀剪切τ_{xy0}。

对八分一板用图 7.48 给出的网格进行分析[54]。沿孔边仍用与上述方孔相同的两类单元：具有一个无外力的直表面元 SLP15β 及一个无外力圆柱面的特殊元 SLC21β，其余部分用 Pian 及 Mau 所建立的一般杂交应力层合元[16]联合求解。图 7.49 及表 7.4 给出计算所得沿孔边的应力σ_θ分布，参考解由 Jong[55]给出。以上结果表明：现在特殊元的解也十分接近 Jong 值，其最大的误差小于 5%。

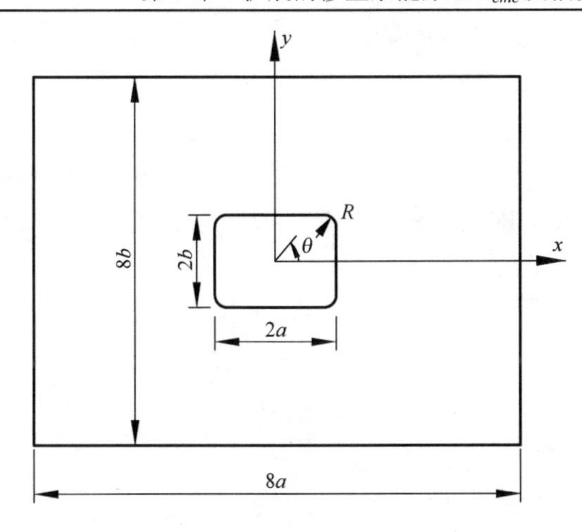

图 7.47　中心倒圆角矩形孔的矩形层板 $[+45/-45]_s$

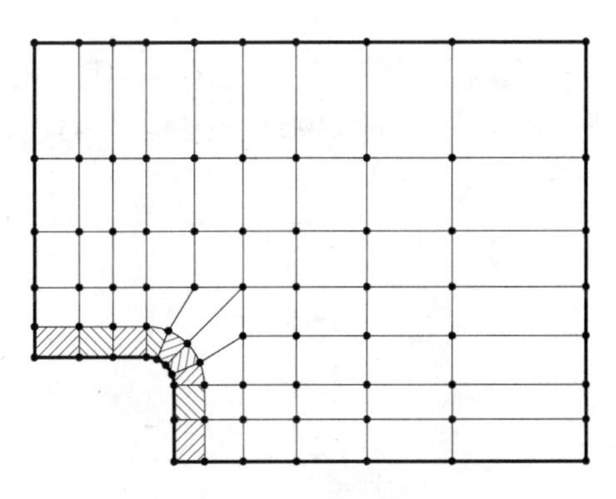

图 7.48　1/8 板的有限元网格（倒圆角矩形孔的矩形层板 $[+45/-45]_s$）

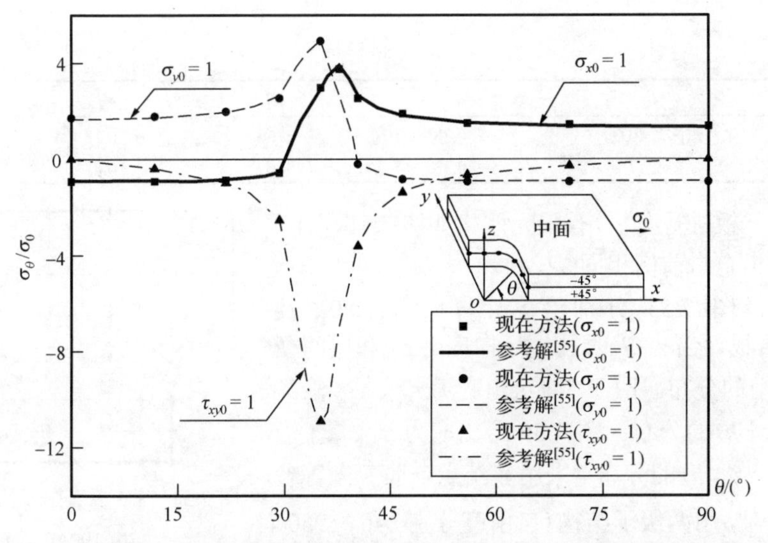

图 7.49　环向应力 σ_θ 沿矩形孔边分布（$z=h$）（倒圆角矩形孔的矩形层板 $[+45/-45]_s$）

表 7.4　计算所得正则化环向应力 σ_θ/σ_0（倒圆角矩形孔的矩形层板 $[+45/-45]_s$）

θ/(°)	$\sigma_{x0}=1,\ \sigma_{y0}=0,\ \tau_{xy0}=0$			$\sigma_{x0}=0,\ \sigma_{y0}=1,\ \tau_{xy0}=0$			$\sigma_{x0}=0,\ \sigma_{y0}=0,\ \tau_{xy0}=1$		
	现在的特殊元	误差/%	解析解[55]	现在的特殊元	误差/%	解析解[55]	现在的特殊元	误差/%	解析解[55]
0.00	−0.932	−3.9	**−0.897**	1.719	3.7	**1.657**	0.000	0.0	**0.000**
11.81	−0.926	−3.8	**−0.892**	1.788	3.8	**1.722**	−0.398	−2.3	**−0.389**
21.74	−0.875	−3.8	**−0.843**	1.985	1.5	**1.956**	−0.991	−0.9	**−0.982**
29.30	−0.567	−3.1	**−0.550**	2.545	−4.0	**2.651**	−2.548	−1.0	**−2.522**
35.14	2.991	2.3	**2.925**	4.912	−0.6	**4.944**	−10.905	0.6	**−10.970**
37.78	3.755	−4.0	**3.911**	—	—	—	—	—	—
40.45	2.538	−4.6	**2.661**	−0.210	0.5	**−0.211**	−3.621	−2.5	**−3.533**
46.75	1.899	4.7	**1.813**	−0.839	−3.7	**−0.809**	−1.385	−4.2	**−1.329**
55.99	1.501	−1.6	**1.526**	−0.933	−3.8	**−0.899**	−0.663	−3.4	**−0.641**
70.37	1.444	4.3	**1.385**	−0.936	−3.8	**−0.902**	−0.279	−3.0	**−0.271**
90.00	1.387	3.4	**1.341**	−0.931	−3.8	**−0.897**	0.000	0.0	**0.000**

7.4.3 单侧 U-型槽孔层板承受拉伸

一个四层正交层合板$12a \times 4a$（图 7.50），各层厚度$h = 0.1a$，槽孔的深度$D = 2a$。根据铺层角的不同，分为$[90/0]_s$及$[+45/-45]_s$两类层板，其材料特性列于表 7.5。

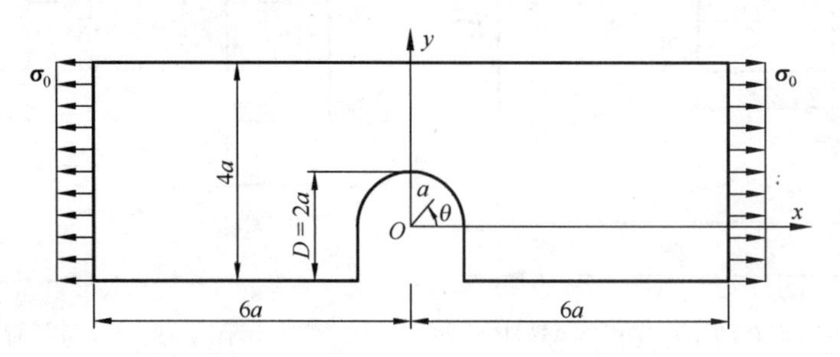

图 7.50　单侧 U-型槽孔层板承受拉伸

表 7.5　材料特性

铺层角	E_L/E_T	G_{ZT}/E_T	G_{LT}/E_T	ν_{ZT}	ν_{LT}
$[90/0]_s$	40.0	0.38	0.60	0.33	0.25
$[-45/+45]_s$	17.5	0.38	0.69	0.33	0.28

取四分之一板进行分析，有限元网格如图 7.51 所示。计算所用单元组合与前例相同[56]。

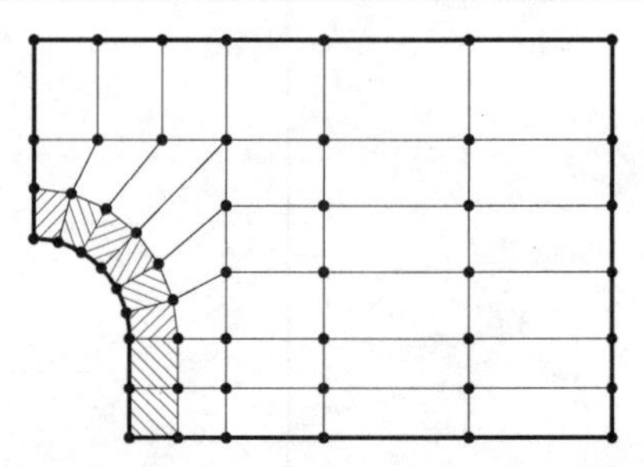

图 7.51　1/4 板有限元网格（单侧 U-型槽孔层板 $[90/0]_s$ 及$[+45/-45]_s$）

图 7.52 及图 7.53 分别给出计算所得$[90/0]_s$及$[+45/-45]_s$层合板，当$z = h$时孔边环向应力σ_θ和层间横向应力σ_z、$\tau_{\theta z}$的分布。图 7.54 给出应力$\tau_{\theta z}$、τ_{rz}沿径向($\theta = 45°$, $z = h$)的分布。图 7.55 给出应力σ_r、$\tau_{r\theta}$沿径向($\theta = 45°$, $z = h$)的分布。采用 8 结点一般三维等参位移层合板元[43]，用两级子结构（自由度分别 840、1950、5162，总共 7952）的结果作为参考解。

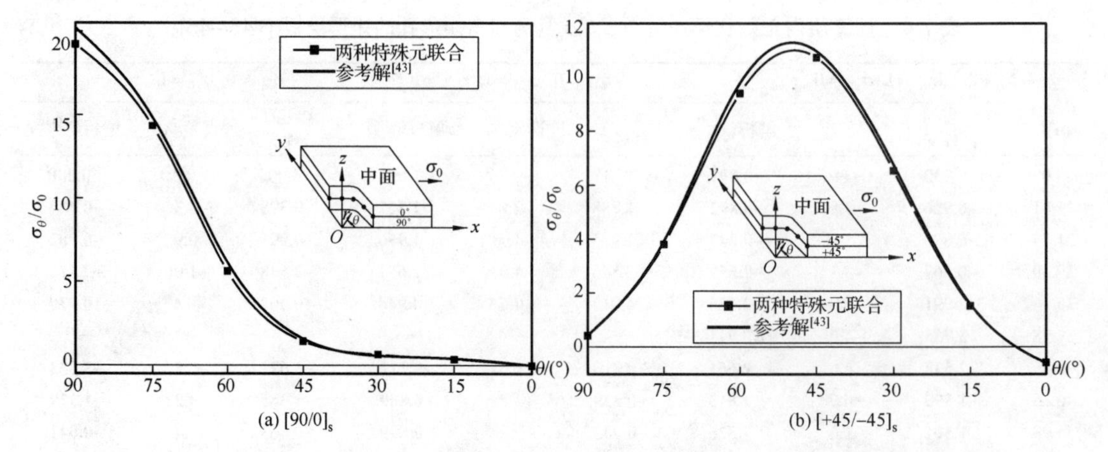

图 7.52　环向应力σ_θ/σ_0沿孔边分布($D/a = 2.0$, $z = h$)（单侧 U-型槽孔层板承受拉伸）

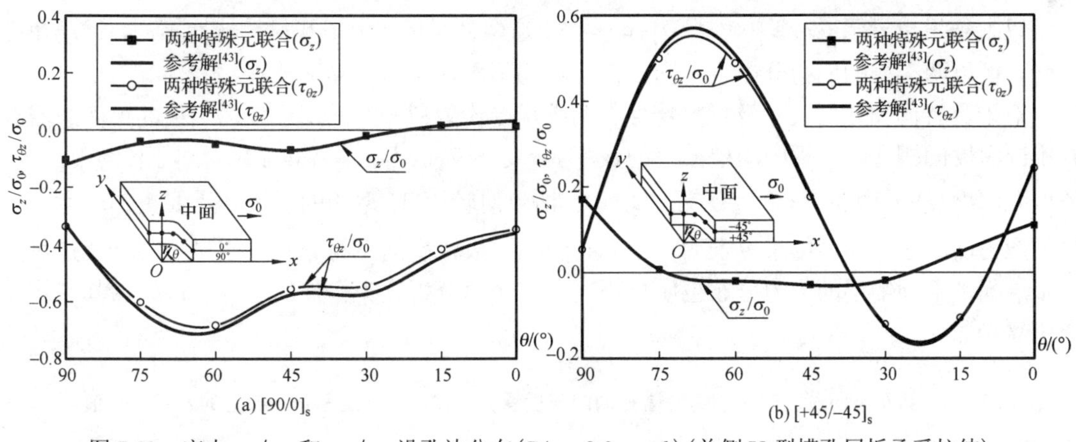

图 7.53　应力 σ_z/σ_0 和 $\tau_{\theta z}/\sigma_0$ 沿孔边分布($D/a = 2.0, z = h$)(单侧 U-型槽孔层板承受拉伸)

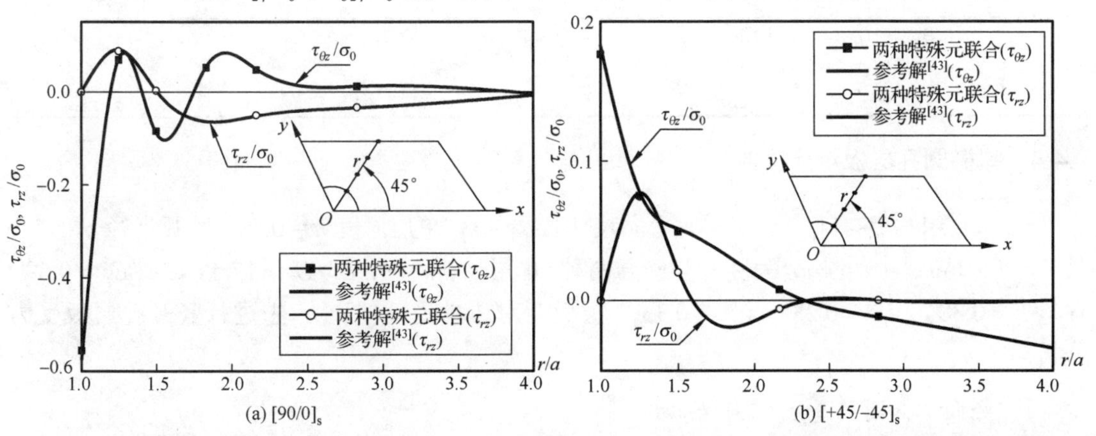

图 7.54　切应力 $\tau_{\theta z}/\sigma_0$ 和 τ_{rz}/σ_0 沿径向分布($D/a = 2.0, \theta = 45°, z = h$)(单侧 U-型槽孔层板承受拉伸)

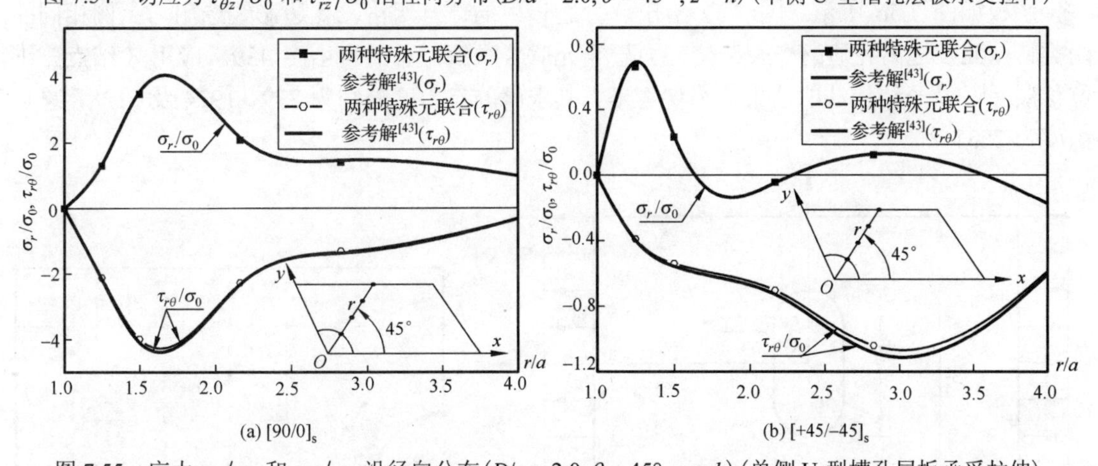

图 7.55　应力 σ_r/σ_0 和 $\tau_{r\theta}/\sigma_0$ 沿径向分布($D/a = 2.0, \theta = 45°, z = h$)(单侧 U-型槽孔层板承受拉伸)

这些结果同样表明，现在两类特殊元SLP15β 及SLC21β 联合，在相当粗的网格下，即可得到满意的孔边应力分布。例如，对于$[90/0]_s$层板，特殊元得到的最大正则化环向应力 $\sigma_\theta^{\max}/\sigma_0$ 为19.22($\theta = 90°$)，相应的参考解为20.21($\theta = 90°$)，二者仅相差−4.9%，特殊元给出最大应力的作用点也很准确。同样，特殊元也具有高的计算效率，现在所用网格的总自由度 299，仅为一般位移层元自由度的 1/26。

以上结果也显示：对于$[90/0]_s$及$[+45/-45]_s$这两种层板，由于其材料特性不同，铺层角度不同，所以两类板的应力分布也不同，但它们均不出现应力奇异现象。

对于具有同样几何尺寸及材料特性、两端承受均匀拉伸的四层层板，当板的单侧边沿具有不同深度的槽孔时，板中间层面上的$\sigma_\theta^{\max}/\sigma_0$也相差很大。表 7.6 显示，对于$[90/0]_s$层板，随槽孔深度$(D/a)$增加，$\sigma_\theta^{\max}/\sigma_0$迅速增大。所以对较深 U-型槽的层板，需要更加注意由于局部应力而引起破坏。结果也表明：不同材料的层板，层间应力分布也明显不同；就是对同一个层板，不同铺层的应力分布也明显不同，需全面分析这类构件的应力，以确保其工作安全可靠。

表 7.6 具有不同深度的单侧边沿槽孔的四层板承受拉伸，中间层面$(z=h)$上的$\sigma_\theta^{\max}/\sigma_0$值

孔的类型	$[90/0]_s$	$[+45/-45]_s$
浅圆槽$(D/a=0.5$ 图 7.19)	5.77	0.5
半圆槽$(D/a=1.0$ 图 7.11)	14	2.6
U-型槽$(D/a=2.0$ 图 7.50)	18.5	0.5

7.4.4 拟椭圆孔层板承受拉伸

一个四层$[+45/-45]_s$正交层板，平面尺寸$12a\times 8a$，单层厚度$h=0.4a$，圆弧半径a，中心具有一个拟椭圆孔，孔槽分为竖开与横开两种。单层材料特性：$E_L/E_T=17.5$，$G_{LT}/E_T=0.69$，$G_{ZT}/E=0.38$，$\nu_{LT}=0.28$，$\nu_{ZT}=0.33$。层板两对边承受拉伸σ_0。先进行竖开孔层板受力分析。

1. *竖向拟椭圆孔$[+45/-45]_s$层板*[57, 58]

层板如图 7.56 所示。图 7.57 给出八分之一板的计算网格，孔边影线选用与上例相同的两类特殊元及远离孔边的一般杂交应力层合元联合求解，总的自由度 439。应用 8 结点三维位移层元[43]及子结构法的结果作为参考解，其求解的自由度分别为 779、1924 及 5128，总自由度为 7831。

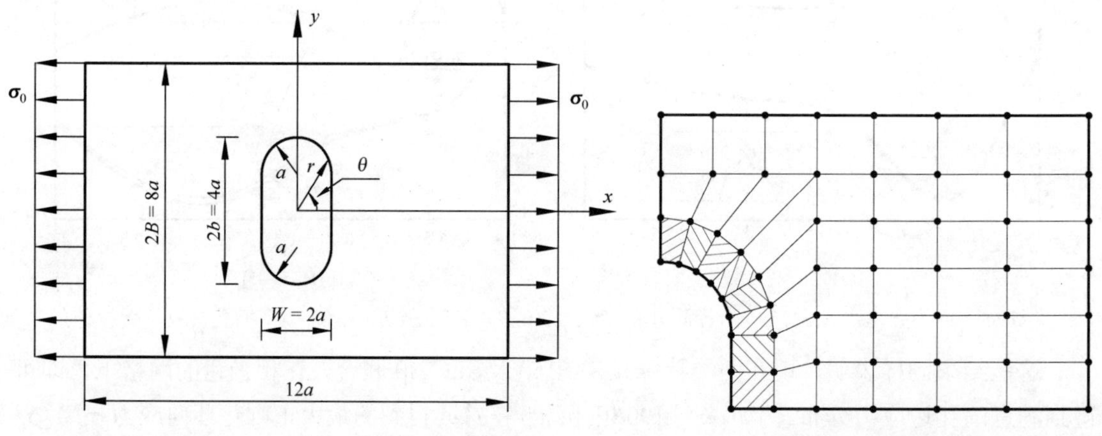

图 7.56 竖向拟椭圆孔层板承受拉伸 $[+45/-45]_s$

图 7.57 1/8 板的有限元网格（竖向拟椭圆孔层板 $[+45/-45]_s$）

计算所得两个层面$(z=h$ 及 $2h)$上沿孔边环向应力σ_θ分布由图 7.58 及表 7.7 给出。两个层面上的应力σ_z与$\tau_{\theta z}$沿孔边分布，及σ_r与$\tau_{r\theta}$，τ_{rz}与$\tau_{\theta z}$沿径向($\theta = 67.5°$)分布分别由图 7.59～图 7.61 给出。可见，现在的两种特殊元联合解，均给出十分准确的各项应力值，而所用自由度仅为参考解的 1/17。

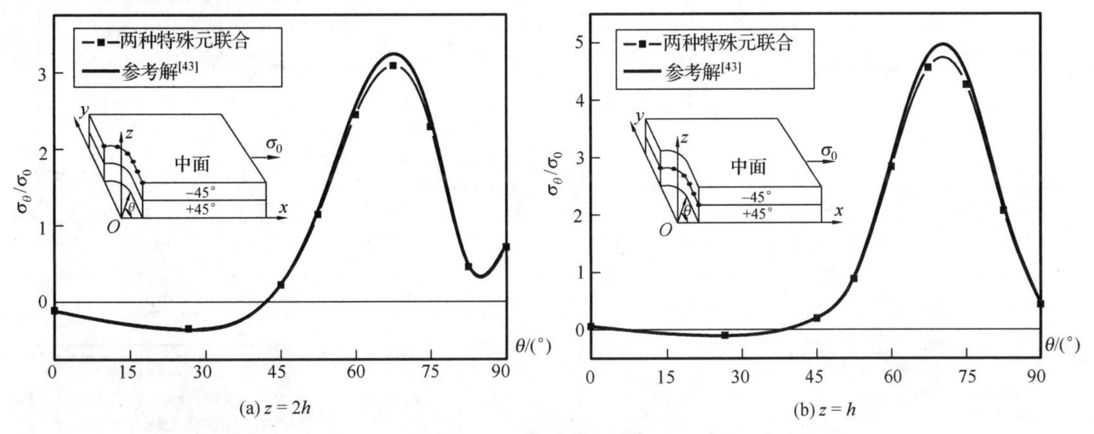

图 7.58　环向应力σ_θ/σ_0沿孔边分布(竖向拟椭圆孔层板承受拉伸 $[+45/-45]_s$)

表 7.7　计算所得孔边环向应力σ_θ/σ_0分布($z = h$)(竖向拟椭圆孔 $[+45/-45]_s$ 层板)

θ /(°)	现在的特殊元	参考解	误差/%
0.00	0.054	**0.057**	−5.3
26.57	−0.103	**−0.107**	−3.7
45.00	0.194	**0.204**	−4.9
52.50	0.881	**0.921**	−4.3
60.00	2.832	**2.961**	−4.4
67.50	4.559	**4.777**	−4.6
75.00	4.264	**4.467**	−4.5
82.50	2.068	**2.168**	−4.6
90.00	0.429	**0.448**	−4.2

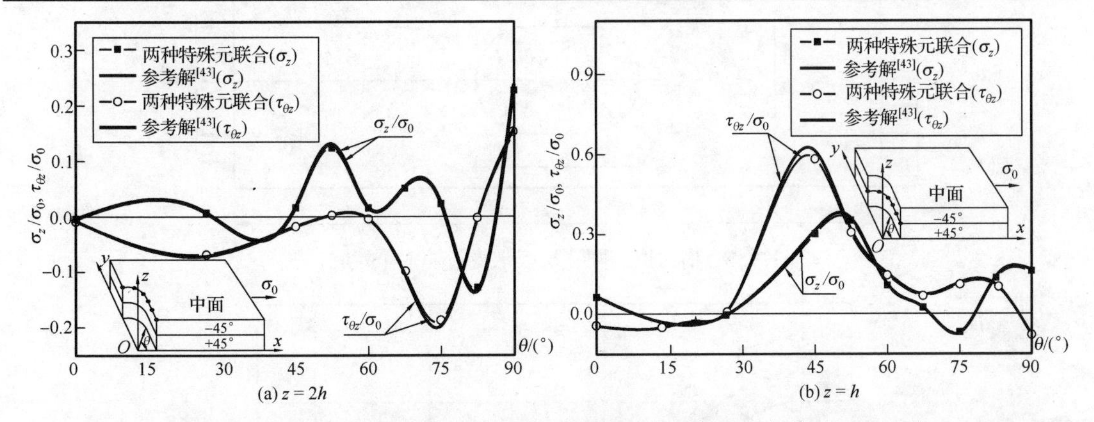

图 7.59　应力σ_z及$\tau_{\theta z}$沿孔边分布(竖向拟椭圆孔层板承受拉伸 $[+45/-45]_s$)

2. 横向拟椭圆孔$[+45/-45]_s$层板(图 7.62)[57, 58]

层板尺寸、材料特性、受载及所用单元类型均同上例竖开孔板。图 7.63 给出八分之一板的有限元计算网格，其总的自由度为 550。同样采用 8 结点三维位移层合元[43]，以两层子结构(自由度分别为 393、800 及 2002，总数 3195)计算，所得的解作为参考。

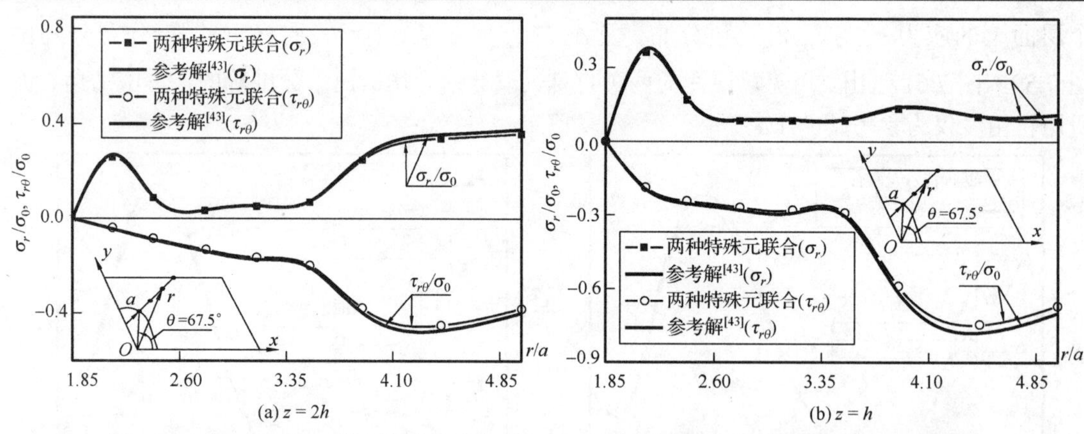

图 7.60　应力 σ_r 及 $\tau_{r\theta}$ 沿径向分布($\theta = 67.5°$)(竖向拟椭圆孔层板承受拉伸 $[+45/-45]_s$)

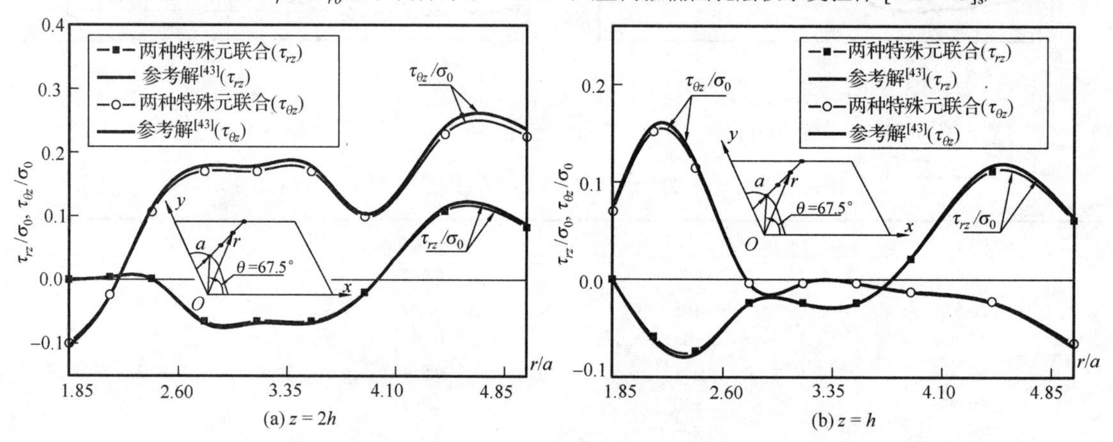

图 7.61　切应力 τ_{rz} 及 $\tau_{\theta z}$ 沿径向分布($\theta = 67.5°$)(竖向拟椭圆孔层板承受拉伸 $[+45/-45]_s$)

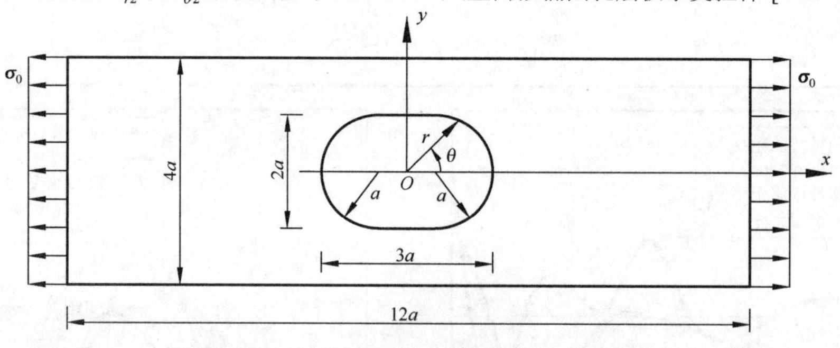

图 7.62　横向拟椭圆孔层板承受拉伸 $[+45/-45]_s$

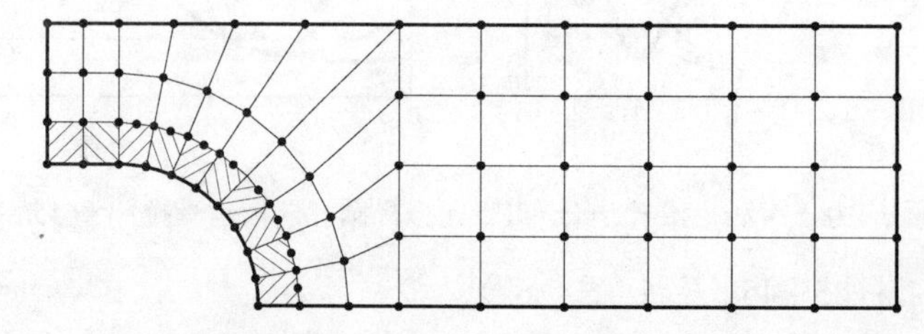

图 7.63　1/8 板的有限元网格(横向拟椭圆孔层板 $[+45/-45]_s$)

算得沿孔边层间($z = h$ 及 $2h$)的环向应力 σ_θ 分布由图 7.64 及表 7.8 给出，表 7.9 给出 $\sigma_\theta^{\max}$ 值。以上结果同样表明：现在两类特殊元联合所得 σ_θ/σ_0 分布与参考解十分接近，其中

$\sigma_{\theta}^{\max}/\sigma_0$值的误差仅为–4.6%，给出的最大应力作用点的位置也与参考解一致。图 7.65～图 7.67 分别给出孔边层间应力σ_z及$\tau_{\theta z}$、层间沿径向$(\theta=46.31°)$的应力σ_r和$\tau_{r\theta}$以及剪应力τ_{rz}和$\tau_{\theta z}$的分布。以上结果也显示，现在的特殊元同样给出十分准确的应力分布，而且不产生应力奇异现象。

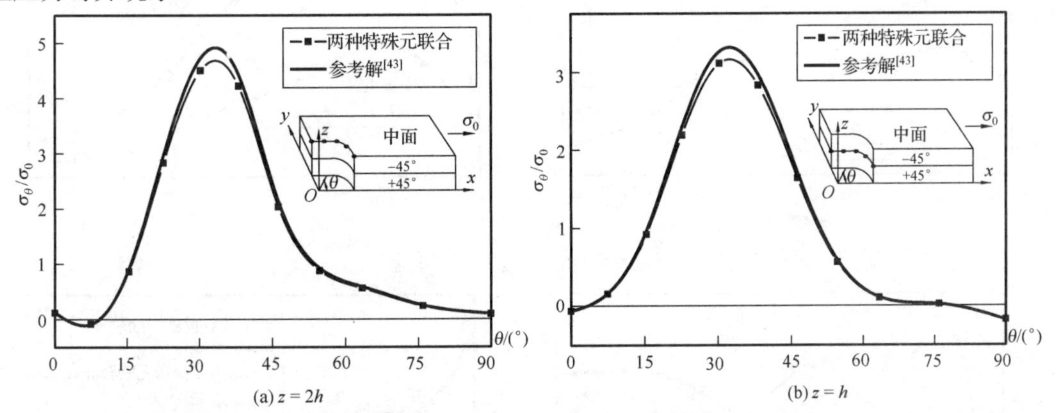

图 7.64　环向应力σ_θ沿孔边分布(横向拟椭圆孔层板承受拉伸 [+45/–45]$_s$)

表 7.8　计算所得孔边环向应力σ_θ/σ_0分布(横向拟椭圆孔[+45/–45]$_s$层板，$z=h$)

θ /(°)	现在的特殊元	参考解	误差/%
0.00	–0.125	**–0.131**	–4.6
7.51	0.307	**0.322**	–4.7
15.40	1.841	**1.931**	–4.7
22.65	4.382	**4.598**	–4.7
30.36	6.227	**6.529**	–4.6
38.23	5.665	**5.938**	–4.6
46.31	3.278	**3.441**	–4.7
54.67	1.119	**1.174**	–4.7
63.44	0.208	**0.218**	–4.6
75.96	0.041	**0.043**	–4.7
90.00	–0.348	**–0.364**	–4.4

表 7.9　计算所得孔边环向最大应力$\sigma_{\theta}^{\max}/\sigma_0$(横向拟椭圆孔[+45/–45]$_s$层板，$z=h$)

单元类型	自由度总数	$\sigma_{\theta}^{\max}/\sigma_0$	误差/%	θ /(°)
两类特殊元 SLC21β +SLP15β +一般杂交应力元[16]	550	6.320	–4.6	32.40
参考解[43]	**3195**	**6.622**		**32.40**

(a) $z=2h$　　(b) $z=h$

图 7.65　应力$\sigma_z,\tau_{\theta z}$沿孔边分布(横向拟椭圆孔层板承受拉伸 [+45/–45]$_s$)

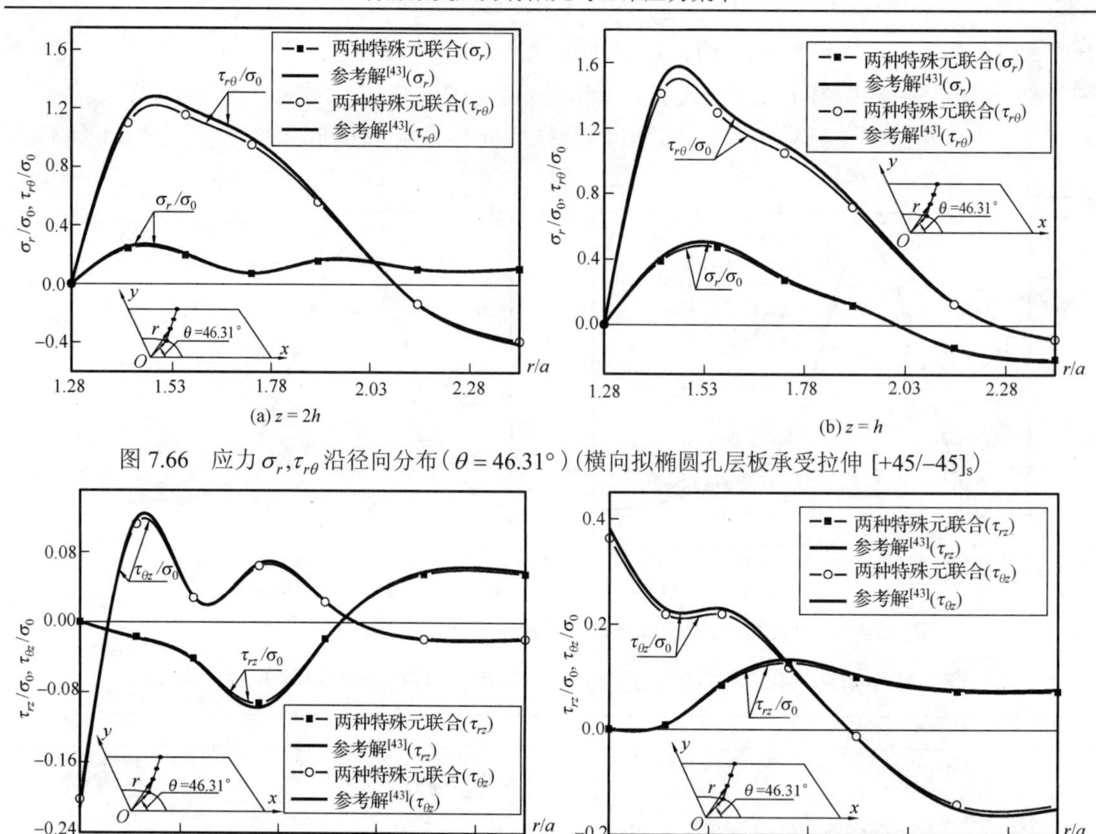

图 7.66　应力 $\sigma_r,\tau_{r\theta}$ 沿径向分布($\theta=46.31°$)(横向拟椭圆孔层板承受拉伸 $[+45/-45]_s$)

图 7.67　切应力 $\tau_{rz},\tau_{\theta z}$ 沿径向分布($\theta=46.31°$)(横向拟椭圆孔层板承受拉伸 $[+45/-45]_s$)

7.5　小　　结

(1)根据一种扩展的修正余能原理 Π_{emc}，建立了层板的应力分量的应力函数表达式，使其所得的三维应力场严格满足层内齐次平衡方程、层间横向应力连续条件，以及给定无外力表面边界条件，元间反力连续则通过拉氏乘子变分满足。这样，建立了两类三种具有一个给定无外力表面的特殊杂交应力层合元(表 7.10)。

表 7.10　具有一个给定无外力表面的特殊杂交应力层合元

单元名称	单元几何形状①	单元的每层		参考文献
		结点数	应力参数 β	
1　SLC21β 元		8	21	Tian，Ye (1998)[35]
2　SLP15β 元		8	15	Tian，Zhao (2001)[44]
3　SLP26β 元		12	26	Tian，Zhao，Tian (2002)[45]

① 带影线部分为给定无外力表面。

数值算例表明，这类特殊元与一般层合元联合，在相当粗的网格下，对一些带槽孔层合构件的自由边问题，提供相当准确的应力值。

(2) 这几类层合元的列式汇总列于表 7.11。

表 7.11 根据扩展的修正余能原理建立的层合元

	有限元模型	变量		矩阵方程中的未知数	矩阵方法	参考文献
1	层合板元①	应力：	$\boldsymbol{\sigma}^{(i)}=\boldsymbol{P}^{(i)}\boldsymbol{\beta}^{(i)}$	$\Pi_{emc}(\boldsymbol{\beta}^{(i)},\boldsymbol{q}^{(i)})\rightarrow\Pi_{emc}(\boldsymbol{\beta},\boldsymbol{q})$	位移	Pian, Mau（1972）[16]
		边界位移：	$\tilde{\boldsymbol{u}}^{(i)}=\boldsymbol{L}^{(i)}\boldsymbol{q}^{(i)}$	$\rightarrow\Pi_{emc}(\boldsymbol{q})$	$\boldsymbol{Kq}=\boldsymbol{Q}$	
2	具有一个无外力	应力：	$\boldsymbol{\sigma}^{(i)}=\boldsymbol{P}^{(i)}\boldsymbol{\beta}^{(i)}$	$\Pi_{emc}(\boldsymbol{q})$	位移	Tian, Ye（1998）[35]
	圆柱表面的层合元	边界位移：	$\tilde{\boldsymbol{u}}^{(i)}=\boldsymbol{L}^{(i)}\boldsymbol{q}^{(i)}$		$\boldsymbol{Kq}=\boldsymbol{Q}$	
3	具有一个无外力	应力：	$\boldsymbol{\sigma}^{(i)}=\boldsymbol{P}^{(i)}\boldsymbol{\beta}^{(i)}$	$\Pi_{emc}(\boldsymbol{q})$	位移	Tian, Zhao（2001）[44]
	直表面的层合元	边界位移：	$\tilde{\boldsymbol{u}}^{(i)}=\boldsymbol{L}^{(i)}\boldsymbol{q}^{(i)}$		$\boldsymbol{Kq}=\boldsymbol{Q}$	Tian, Zhao, Tian (2002)[45]

① 利用这种扩展的修正余能原理，还可以通过另一条途径建立层合元，感兴趣的读者可参考文献[59]。

参 考 文 献

[1] Wang S S, Choi I. Boundary-layer effects in composites laminates, Part I: free edge stress solutions and basic charteristics. ASME Trans J Appl Mech, 1982. 49: 541-548

[2] Wang S S, Choi I. Boundary-layer effects in composites laminates, Part Ⅱ: free edge stress solutions and basic characteristics. ASME Trans J Appl Mech, 1982. 49: 549-560

[3] Whitcomb D J D, Raju I S. Superposition method for analysis of free-edge stresses. J Compos Mater, 1983. 17: 492

[4] Chauduri R A. Triangular element for analysis of a stretched plate weaken by a part-through hole. Comput & Struct, 1986. 24(1): 97-105

[5] Lucking W M, Hoa S V, Senkar T S. The effect of geometry on interlaminar stresses of $[0/90]_s$ composite laminates with circular hole. J Compos Mater, 1984. 17: 188-198

[6] Wang S S, Strango R J. Optimally discretized finite elements for boundary-layer stresses in composites laminates. AIAA J, 1982. 24(4): 614-620

[7] Raju I S, Crews J H. Three-dimensional analysis of $[0/90]_s$ and $[90/0]_s$ laminates with central circular hole. Comp Tech Rev, 1981. 4(4): 116-124

[8] Raju I S, Crews J H. Interlaminar stress singularities at a straight free edge in composite laminates. Comp & Struct, 1981. 14: 21-28

[9] Rybicki E F, Schmuesser D W. Effect of stacking sequence and lay-up angle on a free edge stresses around a hole in laminate plated under tension. J Compos Mater, 1978. 12: 300-313

[10] Rybicki E F. Approximate three-dimensional solution for symmetric laminates under inplane loading. J Compos Mater, 1971. 59: 354-360

[11] Whitcomb J D, Straju J, Goree J G. Reliability of the finite element method for calculating free-edge stresses in composite laminate. Comput & Struct, 1982. 15: 23-37

[12] Ciare G S, Shabahang R. The reduction of stress concentration around the hole in an isotropic plate using composite material. Eng Frac Mech, 1989. 32: 757-766

[13] Wang J T S, Dickson J N. Interlaminar stresses in symmetric composite laminates. J Compos Mater, 1978. 12: 390-401

[14] Kaltakci M Y. Stress concentration in orthotropic plates with circular hole. Proc 2nd Balikesir Eng Symp, 1991: 145-156

[15] Barker R M, Dana J R, Pryor C W. Stress concentration near holes in laminates. J Eng Mech, 1974. 100: 477-488

[16] Pian T H H, Mau S T. Some recent studies on assumed stress hybrid models // Oden J T, Clough R W, Yamamoto Y. Advanced in Computational Methods in Structural Mechanics and Design. Huntsville: Univ of Alabama, 1972: 87-106

[17] Mau S T, Tong P, Pian T H H. Finite element solutions for laminated thick plates. J Compos Mater, 1972. 6: 304-311

[18] Pian T H H, Li M. Stress analysis of laminated composites by hybrid finite elements. IUTAM/IACM Sym, Vienna, 1989: 539-548

[19] Spilker R L, Chou S C. Edge effects in symmetric composite laminates: importance for satisfying the traction-free-edge condition. J Compos Mater, 1980. 14: 2-20

[20] Spilker R L, Chou S C. Evaluation of hybrid-stress formulation for thick multiplayer laminates. Proc 4th Conf on Fibrous Comp Struct Des, 1978: 13-17

[21] Nishioka T, Atluri S N. Stress analysis of holes in angle-ply laminates: an efficient assumed stress special hole element approach and a simple estimation method. Int J Comput Struct, 1982. 15: 135-147

[22] Tian Z S, Zhao F D, Tian Z. 3-Dimensional stress analyses around rectangular hole with rounded corners. CD-ROM and Proc ICCM-13, Beijing, 2001

[23] Tian Z S, Zhao F D. Interlaminar stress analyses of laminated plates around rectangular hole with rounded corners. CD-ROM and Proc WCCM'V, Vienna, 2002

[24] Yeh J R, Tadibakhsh I G. Stress singularity in composite laminates by finite element method. J Compos Mater, 1986. 20: 347-364

[25] Wang S S, Yuan F G. A singular hybrid finite element analysis of boundary-layer stresses in composite laminates. Int J Solids Struct, 1983. 19: 825-827

[26] Harris A, Oringer O, Witmer E A. A multiplayer traction-free edge quadrilateral warping element for the stress analysis of composite plates and shell. MIT-ASTR-1993-1

[27] Rybicki E F, Schmueser D W. Three-dimensional stress analysis of laminate plate containing a circular hole. Brattle Columbus Labs, 1976

[28] Li R F, Xie Z C. A new finite element method for interlaminar stress analysis of composite laminates at free edge // Cheung Y K, Lee J H W, LeLng A Y T. Comput Mech. Rotterdam: A A ralkema, 1991: 1025-1030

[29] Bar-Yoserph P, Israeli M. Asymptotic finite element method for boundary value problem. Int J Num Meth Engng, 1986. 6: 21-24

[30] Tian Z S, Zhao F D, Tian Z. Special hybrid element for stress analyses around circular cutouts in laminated composites. Science in China (Series E), 2001. 44(5): 531-541

[31] Tong P, Pian T H H. On the convergence of finite element method for problems with singularity. Int J Solids Struct, 1973. 9: 313-321

[32] Tain Z S, Liu J S, Ye L, et al. Studies of stress concentration by using special hybrid stress elements. Int J Num Meth Engng, 1997. 40: 1399-1412

[33] Tong P, Pian T H H. A variational principle and the convergence of a finite element methed based on assumed stress distribution. Int J Solids Struct, 1969. 5: 436-472

[34] Tong P, Pian T H H, Lasry S. A hybrid-element approach to crack problems in plane elasticity. Int J Num Meth Engng, 1973. 7: 297-308

[35] Tian Z S, Ye L. Special hybrid stress element for stress analyses around circular cutouts in laminated composites. CD-ROM and Proc WCCM'IV, Buenos Aires, 1998

[36] Tian Z S, Zhao F D. Stress analyses around circular-hole in laminated composites. Proc EPMESC'Ⅷ, 1999. 1: 278-288

[37] Yasar K M. Stress concentrations and failure criteria in anisotropic plates with circular holes subjected to tension or compression. Comput & Struct, 1998. 61(1): 67-78

[38] 萨文 ГН. 孔附近的应力集中. 卢鼎霍, 译. 北京：科学出版社, 1965

[39] Rybicki E F, Hopper A H. Analytical investigation of stress concentration due to holes in fiber reinforced plastic laminated plates: three-dimensional model. Brattle Columbus Labs, 1973

[40] Tian Z S, Yang Q P, Zhao F D. 3-Dimensional stress analysis of laminated composites with different cutouts. CD-ROM and Proc WCCM'VI and APCOM'04, Beijing, 2004. 3: 573

[41] Lakshminarayana H V. Stress distribution around a semi-circular edge-notch in a finite size laminated composite plate under uniaxial tension. J Comp Mat, 1983. 17: 357-361

[42] Chen K, Hu J S, Lee L J. Green's function for notch stress in composite laminates. Comp & Struc, 1990. 15: 239-258

[43] ANSYS Program 5.7. Element "Solid 64"

[44] Tian Z S, Zhao F D. 3-D stress analysis of laminated composites near a traction-free planar surface. CD-ROM and Proc ICCM-13, Beijing, 2001

[45] Tian Z S, Zhao F D, Tian Z. Stress analyses of straight boundary-layer in laminated composites by special hybrid finite element. CD-ROM and Proc WCCM'V, Vienna, 2002

[46] Tian Z S, Zhao F D, Yang Q P. Straight edge effects in laminated composites. J Finite Elements Anal Desi, 2004. 41: 1-14

[47] 赵奉东. 三维特殊杂交应力元分析层合板自由边应力[博士学位论文]. 北京：中国科学院研究生院, 2001

[48] Renieri G D, Herakovich C T. Nonlinear analysis of laminated fibrous composites. Blacksbury: Virginia Polytechnic Institute, 1976

[49] Wang S D, Crossman F E. Some new results on edge effect in symmetric composite laminates. J Compos Mater, 1977. 11: 92

[50] Gali S, Ishai O. Interlaminar stress distribution with an adhesive layer in the nonlinear range. J Adhes, 1978. 9: 153-266

[51] Bar-Yoseph P, Avrashi J. New variational-asymptotic formulations for interlaminar stress analysis in laminated plates. Int J Num Meth Engng, 1988. 26: 1507-1523

[52] Tian Z S, Yang Q P, Wang A P. 3-Dimensional stress analyses around cutouts in laminated composites by

special hybrid finite elements. J Compos Mater, 2016, 50(1): 75-98

[53] Tian Z S, Zhao F D. Stress analyses around rectangular hole in laminated composites. Proc 5th China-Japan-US Conf on Composites, Kunming, 2002: 90-95

[54] Tian Z S, Yang Q P, Zhang X Q. Special hybrid multilayer finite element for 3-D stress analyses around hole in laminated composites. CD-ROM WCCM'Ⅶ and ECCOMAS 2008, Vienice, 2008

[55] Jong T D. Stresses around rectangular holes in orthotropic plates. J Compos Mater, 1981. 15: 311-328

[56] 杨庆平. 单侧边缘U-型槽孔层合板的应力分布. 2004 全国博士生学术论坛. 哈尔滨, 2004

[57] Tian Z S, Yang P Q, Zhang X Q. Special hybrid multilayer finite element for 3-D stress analyses around quasi-elliptic hole in laminated composites. Proc EPMESC'X, Beijing, 2006: 722-727

[58] 杨庆平. 用新型杂交应力元分析层合材料槽孔三维应力分布[博士学位论文]. 北京: 中国科学院研究生院, 2006

[59] Spilker P L, Chou S C, Orringer O. Alternate hybrid-stress elements for analysis of multilayer composite plates. J Compos Mater, 1977. 11: 51-70

第8章　扩展的修正Hellinger-Reissner原理Π_{emR}及根据扩展的修正Hellinger-Reissner原理建立的特殊杂交应力层合元

本章首先建立对于非匀质材料扩展的修正Hellinger-Reissner原理Π_{emR}；再根据此变分原理，建立当一个单元划分为不同材料特性子域、其元内应力场沿子域表面不连续、位移场在横跨子域内表面也发生急剧变化时，一个非匀质有限元的列式。这种列式也可用于对每层横向剪应变均独立处置的厚板。首先阐述此变分原理的建立。

8.1　扩展的修正Hellinger-Reissner原理及有限元列式

第6章给出了离散的Hellinger-Reissner原理式(6.1.1)

$$\Pi_{HR}(\boldsymbol{\sigma},\boldsymbol{u})=\sum_n\left\{\int_{V_n}[-B(\boldsymbol{\sigma})+\boldsymbol{\sigma}^{\mathrm{T}}(\boldsymbol{Du})-\bar{\boldsymbol{F}}^{\mathrm{T}}\boldsymbol{u}]\mathrm{d}V-\int_{S_{u_n}}(\boldsymbol{v\sigma})^{\mathrm{T}}(\boldsymbol{u}-\bar{\boldsymbol{u}})\mathrm{d}S\right.$$
$$\left.-\int_{S_{\sigma_n}}\bar{\boldsymbol{T}}^{\mathrm{T}}\boldsymbol{u}\,\mathrm{d}S\right\}=\text{驻值} \tag{8.1.1}$$

约束条件

$$\boldsymbol{u}^{(a)}=\boldsymbol{u}^{(b)}\qquad (S_{ab}\text{上})$$

依据上式，建立扩展的修正Hellinger-Reissner原理[1,2]。

8.1.1　扩展的修正Hellinger-Reissner原理Π_{emR}

对于层合材料，引入拉氏乘子α_i及β_i分别解除子域间及元间位移连续条件，即

$$\begin{aligned}\boldsymbol{u}^{(c)}&=\boldsymbol{u}^{(d)}\qquad (S_{cd}\text{子域}c\text{及}d\text{间})\\ \boldsymbol{u}^{(a)}&=\boldsymbol{u}^{(b)}\qquad (S_{ab}\text{单元}a\text{及}b\text{间})\end{aligned} \tag{a}$$

离散的扩展Hellinger-Reissner原理泛函成为

$$\begin{aligned}&\Pi^*(\boldsymbol{\sigma},\boldsymbol{u},\boldsymbol{\alpha},\boldsymbol{\beta},\tilde{\boldsymbol{u}},\tilde{\tilde{\boldsymbol{u}}})\\ &=\sum_n\left\{\sum_m\int_{V_{mn}}[-B(\boldsymbol{\sigma}^{(m)})+\boldsymbol{\sigma}^{(m)\mathrm{T}}(\boldsymbol{Du}^{(m)})-\bar{\boldsymbol{F}}^{(m)\mathrm{T}}\boldsymbol{u}^{(m)}]\mathrm{d}V\right.\\ &\quad\left.+\sum_{cd}\int_{S_{cd}}[\boldsymbol{\alpha}^{(c)\mathrm{T}}(\boldsymbol{u}^{(c)}-\tilde{\boldsymbol{u}})+\boldsymbol{\alpha}^{(d)\mathrm{T}}(\boldsymbol{u}^{(d)}-\tilde{\boldsymbol{u}})]\mathrm{d}S\right\}\\ &\quad-\sum_n\left[\int_{S_{u_n}}(v\sigma)^{\mathrm{T}}(\boldsymbol{u}-\bar{\boldsymbol{u}})\mathrm{d}S+\int_{S_{\sigma_n}}\bar{\boldsymbol{T}}^{\mathrm{T}}\boldsymbol{u}\,\mathrm{d}S\right]\\ &\quad+\sum_{ab}\int_{S_{ab}}[\boldsymbol{\beta}^{(a)\mathrm{T}}(\boldsymbol{u}^{(a)}-\tilde{\tilde{\boldsymbol{u}}})+\boldsymbol{\beta}^{(b)\mathrm{T}}(\boldsymbol{u}^{(b)}-\tilde{\tilde{\boldsymbol{u}}})]\mathrm{d}S\end{aligned} \tag{b}$$

式中，n 为单元数；m 为每个单元的子域数；$\boldsymbol{\sigma}^{(m)}$、$\boldsymbol{u}^{(m)}$ 及 $\bar{\boldsymbol{F}}^{(m)}$ 分别为第 n 个元内第 m 个子域的应力、位移及已知体积力；$\tilde{\boldsymbol{u}}$ 为子域 c 与 d 间引入的子域间位移；$\boldsymbol{u}^{(c)}$、$\boldsymbol{u}^{(d)}$ 分别为子域 c 与 d 的位移；$\tilde{\tilde{\boldsymbol{u}}}$ 为单元 a 与 b 间引入的元间位移；$\boldsymbol{u}^{(a)}$、$\boldsymbol{u}^{(b)}$ 为元 a 与 b 的位移；V_{mn} 为第 n 个元内第 m 个子域的体积；S_{u_n} 及 S_{σ_n} 分别为第 n 个元的位移已知及外力已知边界面；S_{ab} 及 S_{cd} 为单元 a、b 间及子域 c、d 间的边界面。

对式(b)取变分，有

$$\begin{aligned}\delta\Pi^* = &\sum_n\left\{\sum_m\int_{V_{mn}}\left[-\frac{\partial B}{\partial\sigma_{ij}^{(m)}}\delta\sigma_{ij}^{(m)}+\sigma_{ij}^{(m)}\delta u_{i,j}^{(m)}+u_{i,j}^{(m)}\delta\sigma_{ij}^{(m)}-\bar{F}_i^{(m)}\delta u_i^{(m)}\right]\mathrm{d}V\right.\\&+\sum_{cd}\int_{S_{cd}}[(u_i^{(c)}-\tilde{u}_i)\delta\alpha_i^{(c)}+\alpha_i^{(c)}\delta u_i^{(c)}-\alpha_i^{(c)}\delta\tilde{u}_i\\&\left.+(u_i^{(d)}-\tilde{u}_i)\delta\alpha_i^{(d)}+\alpha_i^{(d)}\delta u_i^{(d)}-\alpha_i^{(d)}\delta\tilde{u}_i]\mathrm{d}S\right\}\\&+\sum_n\left\{-\int_{S_{u_n}}[(u_i-\bar{u}_i)\delta(\sigma_{ij}\nu_j)+\sigma_{ij}\nu_j\delta u_i]\mathrm{d}S-\int_{S_{\sigma_n}}\bar{T}_i\delta u_i\mathrm{d}S\right\}\\&+\sum_{ab}\int_{S_{ab}}[(u_i^{(a)}-\tilde{\tilde{u}}_i)\delta\beta_i^{(a)}+\beta_i^{(a)}\delta u_i^{(a)}-\beta_i^{(a)}\delta\tilde{\tilde{u}}\\&+(u_i^{(b)}-\tilde{\tilde{u}})\delta\beta_i^{(b)}+\beta_i^{(b)}\delta u_i^{(b)}-\beta_i^{(b)}\delta\tilde{\tilde{u}}]\mathrm{d}S=0\end{aligned}\tag{c}$$

式中

$$\int_{V_{mn}}\sigma_{ij}^{(m)}\delta u_{i,j}^{(m)}\mathrm{d}V=-\int_{V_{mn}}\sigma_{ij,j}^{(m)}\delta u_i^{(m)}\mathrm{d}V+\int_{\partial V_{mn}}\sigma_{ij}^{(m)}\nu_j^{(m)}\delta u_i^{(m)}\mathrm{d}S\tag{d}$$

式(d)最右一项积分转化为

$$\sum_n\sum_m\int_{\partial V_{mn}}\sigma_{ij}^{(m)}\nu_j^{(m)}\delta u_i^{(m)}\mathrm{d}S=\sum_n\int_{\partial V_n=S_{u_n}+S_{\sigma_n}+S_{ab}}\sigma_{ij}\nu_j\delta u_i\mathrm{d}S+\sum_n\sum_{cd}\int_{S_{cd}}\sigma_{ij}^{(m)}\nu_j^{(m)}\delta u_i^{(m)}\mathrm{d}S\tag{e}$$

式中，∂V_{mn} 为第 n 个元中第 m 个子域的边界；∂V_n 为第 n 个元的边界(图 8.1)。

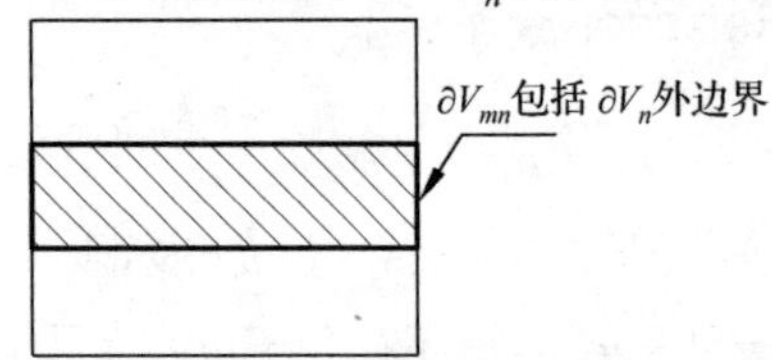

图 8.1　单元分成子域

将式(d)及式(e)代回式(c)，同时利用边界条件

$$\sigma_{ij}\nu_j=T_i=\bar{T}_i\qquad(S_{\sigma_n}\text{上})$$

得到

$$\begin{aligned}\delta\Pi^*=&\sum_n\left\{\sum_m\int_{V_{mn}}\left[-\left(\frac{\partial B^{(m)}}{\partial\sigma_{ij}^{(m)}}-\frac{1}{2}u_{i,j}^{(m)}-\frac{1}{2}u_{j,i}^{(m)}\right)\delta\sigma_{ij}^{(m)}-(\sigma_{ij,j}^{(m)}+\bar{F}_i^{(m)})\delta u_i^{(m)}\right]\mathrm{d}V\right.\\&+\sum_{cd}\int_{S_{cd}}\Big[(u_i^{(c)}-\tilde{u}_i)\delta\alpha_i^{(c)}+(\alpha_i^{(c)}+\sigma_{ij}^{(c)}\nu_j^{(c)})\delta u_i^{(c)}\\&\left.+(u_i^{(d)}-\tilde{u}_i)\delta\alpha_i^{(d)}+(\alpha_i^{(d)}+\sigma_{ij}^{(d)}\nu_j^{(d)})\delta u_i^{(d)}-(\alpha_i^{(c)}+\alpha_i^{(d)})\delta\tilde{u}_i\Big]\mathrm{d}S\right\}\end{aligned}\tag{f}$$

$$-\sum_{n}\int_{S_{u_n}}(u_i-\overline{u}_i)\delta(\sigma_{ij}\nu_j)\,\mathrm{d}S$$
$$+\sum_{ab}\int_{S_{ab}}\Big[(u_i^{(a)}-\tilde{\tilde{u}})\delta\beta_i^{(a)}+(\beta_i^{(a)}+\sigma_{ij}^{(a)}\nu_j^{(a)})\delta u_i^{(a)}$$
$$+(u_i^{(b)}-\tilde{\tilde{u}}_i)\delta\beta_i^{(b)}+(\beta_i^{(b)}+\sigma_{ij}^{(b)}\nu_j^{(b)})\delta u_i^{(b)}-(\beta_i^{(a)}+\beta_i^{(b)})\delta\tilde{\tilde{u}}_i\Big]\mathrm{d}S=0$$

由于在V_{mn}内的$\delta\sigma_{ij}^{(m)}$、$\delta u_i^{(m)}$，S_{cd}上的$\delta u_i^{(c)}$、$\delta u_i^{(d)}$、$\delta\alpha_i^{(c)}$、$\delta\alpha_i^{(d)}$、$\delta\tilde{u}_i$，S_{u_n}上的$\delta\sigma_{ij}\nu_j$，S_{ab}上$\delta\beta_i^{(a)}$、$\delta\beta_i^{(b)}$、$\delta u_i^{(a)}$、$\delta u_i^{(b)}$、$\delta\tilde{\tilde{u}}_i$，均为独立变分，所以由式(f)可知

V_{mn}内

$$\frac{\partial B^{(m)}}{\partial\sigma_{ij}^{(m)}}=\frac{1}{2}\left(u_{i,j}^{(m)}+u_{j,i}^{(m)}\right)$$
$$\sigma_{ij,j}^{(m)}+\overline{F}_i^{(m)}=0$$

S_{cd}上

$$\left.\begin{aligned}u_i^{(c)}&=\tilde{u}_i\\u_i^{(d)}&=\tilde{u}_i\end{aligned}\right\}\rightarrow u_i^{(c)}=u_i^{(d)}\qquad\text{(层间位移相等)}$$
$$\alpha_i^{(c)}=-\sigma_{ij}^{(c)}\nu_j^{(c)}=-T_i^{(c)}\tag{g}$$
$$\alpha_i^{(d)}=-\sigma_{ij}^{(d)}\nu_j^{(d)}=-T_i^{(d)}$$
$$\alpha_i^{(c)}=-\alpha_i^{(d)}\rightarrow T_i^{(c)}+T_i^{(d)}=0\qquad\text{(层间作用力互等)}$$

S_{u_n}上

$$u_i=\overline{u}_i$$

S_{ab}

$$\left.\begin{aligned}u_i^{(a)}&=\tilde{\tilde{u}}_i\\u_i^{(b)}&=\tilde{\tilde{u}}_i\end{aligned}\right\}\rightarrow u_i^{(a)}=u_i^{(b)}\qquad\text{(元间位移相等)}$$
$$\beta_i^{(a)}=-\sigma_{ij}^{(a)}\nu_j^{(a)}=-T_i^{(a)}$$
$$\beta_i^{(b)}=-\sigma_{ij}^{(b)}\nu_j^{(b)}=-T_i^{(b)}$$
$$\beta_i^{(a)}+\beta_i^{(b)}=0\rightarrow T_i^{(a)}+T_i^{(b)}=0\qquad\text{(元间作用力互等)}$$

加上原有已知边界条件

S_{σ_n}上

$$\sigma_{ij}\nu_j=T_i=\overline{T}_i\qquad\text{(化简时引入，非变分得到)}$$

可知此泛函(b)满足弹性理论基本方程。

将已识别的拉氏乘子代回泛函(b)，有

$$\begin{aligned}\Pi_{mR}(\boldsymbol{\sigma},\boldsymbol{u},\tilde{\boldsymbol{u}},\tilde{\tilde{\boldsymbol{u}}})=&\sum_{n}\sum_{m}\bigg\{\int_{V_{mn}}[-\boldsymbol{B}(\boldsymbol{\sigma}^{(m)})+\boldsymbol{\sigma}^{(m)\mathrm{T}}(\boldsymbol{D}\boldsymbol{u}^{(m)})-\overline{\boldsymbol{F}}^{(m)\mathrm{T}}\boldsymbol{u}^{(m)}]\mathrm{d}V\\&-\int_{S_{cd}}\boldsymbol{T}^{(m)\mathrm{T}}[\boldsymbol{u}^{(m)}-\tilde{\boldsymbol{u}}^{(m)}]\mathrm{d}S\bigg\}\qquad(\boldsymbol{T}=\boldsymbol{\nu}\boldsymbol{\sigma})\\&-\sum_{n}\bigg[\int_{S_{u_n}}\boldsymbol{T}^{\mathrm{T}}(\boldsymbol{u}-\overline{\boldsymbol{u}})\mathrm{d}S+\int_{S_{\sigma_n}}\overline{\boldsymbol{T}}^{\mathrm{T}}\boldsymbol{u}\,\mathrm{d}S+\int_{S_{ab}}\boldsymbol{T}^{\mathrm{T}}(\boldsymbol{u}-\tilde{\tilde{\boldsymbol{u}}})\mathrm{d}S\bigg]\end{aligned}\tag{h}$$

化简，得到如下扩展的 Hellinger-Reissner 原理

$$\begin{aligned}\Pi_{emR}(\boldsymbol{\sigma},\boldsymbol{u},\tilde{\boldsymbol{u}},\tilde{\tilde{\boldsymbol{u}}})=&\sum_{n}\sum_{m}\left\{\int_{V_{mn}}[-B(\boldsymbol{\sigma}^{(m)})+\boldsymbol{\sigma}^{(m)\mathrm{T}}(\boldsymbol{D}\boldsymbol{u}^{(m)})-\bar{\boldsymbol{F}}^{(m)\mathrm{T}}\boldsymbol{u}^{(m)}]\mathrm{d}V\right.\\&\left.-\int_{S_{cd}}\boldsymbol{T}^{(m)\mathrm{T}}(\boldsymbol{u}^{(m)}-\tilde{\boldsymbol{u}}^{(m)})\mathrm{d}S\right\}\\&-\sum_{n}\left[\int_{\partial V_n}\boldsymbol{T}^{\mathrm{T}}(\boldsymbol{u}-\tilde{\tilde{\boldsymbol{u}}})\mathrm{d}S+\int_{S_{\sigma_n}}\bar{\boldsymbol{T}}^{\mathrm{T}}\tilde{\tilde{\boldsymbol{u}}}\mathrm{d}S\right]\qquad(\boldsymbol{T}=\boldsymbol{\nu}\boldsymbol{\sigma})\\=&\text{驻值}\end{aligned}\tag{8.1.2}$$

约束条件

$$\tilde{\tilde{\boldsymbol{u}}}=\bar{\boldsymbol{u}}\qquad(S_{u_n}\text{上})$$
$$\boldsymbol{T}=\bar{\boldsymbol{T}}\qquad(S_{\sigma_n}\text{上})$$

式中，S_{u_n} 上的约束条件系化简时引入，并非变分得到。

如果上式的子域间及元间再引入以下条件。

(1) 子域间

$$\boldsymbol{u}^{(m)}=\boldsymbol{u}_q^{(m)}+\boldsymbol{u}_\lambda^{(m)}\qquad(V_{mn}\text{内})$$
$$\boldsymbol{u}_\lambda^{(m)}=\boldsymbol{u}^{(m)}-\tilde{\boldsymbol{u}}^{(m)}\qquad(\partial V_{mn}\text{上})$$

(2) 元间

$$\begin{aligned}&\boldsymbol{u}=\boldsymbol{u}_q+\boldsymbol{u}_\lambda\qquad(V_n\text{内})\\&\boldsymbol{u}_\lambda=\boldsymbol{u}-\tilde{\tilde{\boldsymbol{u}}}\qquad(\partial V_n\text{上})\end{aligned}\tag{i}$$

式中，$\boldsymbol{u}_q^{(m)}$ 为第 m 个子域的协调位移；$\boldsymbol{u}_\lambda^{(m)}$ 为第 m 个子域的附加非协调位移；$\boldsymbol{u}_q$ 为第 n 个元的协调位移；$\boldsymbol{u}_\lambda$ 为第 n 个元的附加非协调位移。

同时利用散度定理

$$\begin{aligned}&\int_{V_{mn}}\boldsymbol{\sigma}^{(m)\mathrm{T}}(\boldsymbol{D}\boldsymbol{u}_\lambda^{(m)})\,\mathrm{d}V=-\int_{V_{mn}}(\boldsymbol{D}^{\mathrm{T}}\boldsymbol{\sigma}^{(m)})^{\mathrm{T}}\boldsymbol{u}_\lambda^{(m)}\mathrm{d}V+\int_{\partial V_{mn}}(\boldsymbol{\nu}^{(m)}\boldsymbol{\sigma}^{(m)})^{\mathrm{T}}\boldsymbol{u}_\lambda^{(m)}\mathrm{d}S\\&(\boldsymbol{T}^{(m)}=\boldsymbol{\nu}^{(m)}\boldsymbol{\sigma}^{(m)})\end{aligned}\tag{j}$$

及与式(e)同理，上式最后一项有

$$\sum_{n}\sum_{m}\int_{\partial V_{mn}}\boldsymbol{T}^{(m)\mathrm{T}}\boldsymbol{u}_\lambda^{(m)}\mathrm{d}S=\sum_{n}\int_{\partial V_n}\boldsymbol{T}^{\mathrm{T}}\boldsymbol{u}_\lambda\mathrm{d}S+\sum_{n}\sum_{cd}\int_{S_{cd}}\boldsymbol{T}^{(m)\mathrm{T}}\boldsymbol{u}_\lambda^{(m)}\mathrm{d}S\tag{k}$$

则由式(8.1.2)得到

$$\begin{aligned}\Pi_{emR}(\boldsymbol{\sigma},\boldsymbol{u}_q,\boldsymbol{u}_\lambda)=&\sum_{n}\left\{\sum_{m}\int_{V_{mn}}[-B(\boldsymbol{\sigma}^{(m)})+\boldsymbol{\sigma}^{(m)\mathrm{T}}(\boldsymbol{D}\boldsymbol{u}_q^{(m)})-(\boldsymbol{D}^{\mathrm{T}}\boldsymbol{\sigma}^{(m)})^{\mathrm{T}}\boldsymbol{u}_\lambda^{(m)}\right.\\&\left.-\bar{\boldsymbol{F}}^{(m)\mathrm{T}}(\boldsymbol{u}_\lambda^{(m)}+\boldsymbol{u}_q^{(m)})]\mathrm{d}V-\int_{S_{\sigma_n}}\bar{\boldsymbol{T}}^{\mathrm{T}}\boldsymbol{u}_q\mathrm{d}S\right\}\\=&\text{驻值}\qquad(\boldsymbol{T}=\boldsymbol{\nu}\boldsymbol{\sigma})\end{aligned}\tag{8.1.3}$$

约束条件

$$\boldsymbol{u}_q=\bar{\boldsymbol{u}}\qquad(S_{u_n}\text{上})$$
$$\boldsymbol{T}=\bar{\boldsymbol{T}}\qquad(S_{\sigma_n}\text{上})$$

8.1.2　层合元列式

推导单元刚度矩阵可以只考虑一个元，不计体积力及表面力，所以对线弹性体，式(8.1.3)给出其能量表达式为

$$\Pi_{emR}(\boldsymbol{\sigma},\boldsymbol{u}_q,\boldsymbol{u}_\lambda)=\sum_m\int_{V_{mn}}\left[-\frac{1}{2}\boldsymbol{\sigma}^{(m)\mathrm{T}}\boldsymbol{S}^{(m)}\boldsymbol{\sigma}^{(m)}+\boldsymbol{\sigma}^{(m)\mathrm{T}}(\boldsymbol{D}\boldsymbol{u}_q^{(m)})-(\boldsymbol{D}^{\mathrm{T}}\boldsymbol{\sigma}^{(m)})^{\mathrm{T}}\boldsymbol{u}_\lambda^{(m)}\right]\mathrm{d}V \tag{8.1.4}$$

式中，$\boldsymbol{S}^{(m)}$为第 m 层材料的弹性阵。

对每层 m 选取

$$\boxed{\begin{aligned}\boldsymbol{\sigma}^{(m)}&=\boldsymbol{P}^{(m)}(\xi,\eta,\zeta)\boldsymbol{\beta}^{(m)}\\ \boldsymbol{u}_q^{(m)}&=\boldsymbol{N}^{(m)}(\xi,\eta,\zeta)\boldsymbol{q}^{(m)}\\ \boldsymbol{u}_\lambda^{(m)}&=\boldsymbol{M}^{(m)}(\xi,\eta,\zeta)\boldsymbol{\lambda}^{(m)}\end{aligned}} \tag{8.1.5}$$

式中，$\boldsymbol{P}^{(m)}$、$\boldsymbol{N}^{(m)}$、$\boldsymbol{M}^{(m)}$分别为应力$\boldsymbol{\sigma}^{(m)}$、位移$\boldsymbol{u}_q^{(m)}$及$\boldsymbol{u}_\lambda^{(m)}$的插值函数；$\boldsymbol{q}^{(m)}$为结点位移广义坐标；$\boldsymbol{\beta}^{(m)}$及$\boldsymbol{\lambda}^{(m)}$分别为应力$\boldsymbol{\sigma}^{(m)}$及位移$\boldsymbol{u}_\lambda^{(m)}$的广义坐标。

利用第 6 章所述理性列式中平衡方法，令式(8.1.4)变分时最后一项为零，作为应力约束条件。

$$\delta\int_{V_{mn}}(\boldsymbol{D}^{\mathrm{T}}\boldsymbol{\sigma}^{(m)})^{\mathrm{T}}\boldsymbol{u}_\lambda^{(m)}\mathrm{d}V=\boldsymbol{0} \tag{8.1.6}$$

同时，为了避免应力中的高阶项与常数项发生耦合，单元不能通过补片试验，可将应力$\boldsymbol{\sigma}^{(m)}$分为高阶项$\boldsymbol{\sigma}_h^{(m)}$及常数项$\boldsymbol{\sigma}_c^{(m)}$两部分：

$$\boldsymbol{\sigma}^{(m)}=\boldsymbol{\sigma}_c^{(m)}+\boldsymbol{\sigma}_h^{(m)} \tag{1}$$

依照文献[3]和[4]中田提出方法，将平衡约束条件[式(8.1.6)]也分为以下两部分：

(1)得到$\boldsymbol{u}_\lambda^{(m)*}$：

$$\delta\int_{V_{mn}}(\boldsymbol{D}^{\mathrm{T}}\boldsymbol{\sigma}_c^{(m)})^{\mathrm{T}}\boldsymbol{u}_\lambda^{(m)}\mathrm{d}V=\boldsymbol{0}\quad\rightarrow\quad\boldsymbol{u}_\lambda^{(m)*} \tag{8.1.7}$$

(2)由$\boldsymbol{u}_\lambda^{(m)*}$得到高阶应力项$\boldsymbol{\sigma}_h^{(m)+}$

$$\delta\int_{V_{mn}}(\boldsymbol{D}^{\mathrm{T}}\boldsymbol{\sigma}_h^{(m)})^{\mathrm{T}}\boldsymbol{u}_\lambda^{(m)*}\mathrm{d}V=\boldsymbol{0}\quad\rightarrow\quad\boldsymbol{\sigma}_h^{(m)+} \tag{8.1.8}$$

这时单元能量表达式(8.1.4)成为

$$\Pi_{emR}(\boldsymbol{\sigma}^{(m)+},\boldsymbol{u}_q^{(m)})=\sum_n\int_{V_{mn}}\left[-\frac{1}{2}\boldsymbol{\sigma}^{(m)+\mathrm{T}}\boldsymbol{S}^{(m)}\boldsymbol{\sigma}^{(m)+}+\boldsymbol{\sigma}^{(m)+\mathrm{T}}(\boldsymbol{D}\boldsymbol{u}_q^{(m)})\right]\mathrm{d}V \tag{8.1.9}$$

而

$$\boldsymbol{\sigma}^{(m)+}=\boldsymbol{\sigma}_c^{(m)}+\boldsymbol{\sigma}_h^{(m)+} \tag{8.1.10}$$

同时注意到

$$\boxed{\begin{aligned}\boldsymbol{\sigma}^{(m)+}&=\boldsymbol{P}^{(m)+}\boldsymbol{\beta}^{(m)+}\\ \boldsymbol{u}_q^{(m)}&=\boldsymbol{N}^{(m)}\boldsymbol{q}^{(m)}\end{aligned}} \tag{8.1.11}$$

将式(8.1.11)代入式(8.1.9)，即得

$$\Pi_{emR}(\boldsymbol{\beta}^{(m)+},\boldsymbol{q}^{(m)})=\sum_m\left[-\frac{1}{2}\boldsymbol{\beta}^{(m)+\mathrm{T}}\boldsymbol{H}^{(m)}\boldsymbol{\beta}^{(m)+}+\boldsymbol{\beta}^{(m)+\mathrm{T}}\boldsymbol{G}^{(m)}\boldsymbol{q}^{(m)}\right] \tag{m}$$

式中

$$\boldsymbol{H}^{(m)} = \int_{V_{mn}} \boldsymbol{P}^{(m)+\mathrm{T}} \boldsymbol{S}^{(m)} \boldsymbol{P}^{(m)+} \mathrm{d}V$$
$$\boldsymbol{G}^{(m)} = \int_{V_{mn}} \boldsymbol{P}^{(m)+\mathrm{T}} (\boldsymbol{D}\boldsymbol{N}^{(m)})\, \mathrm{d}V \tag{n}$$

由 $\partial \Pi_{emR} / \partial \boldsymbol{\beta}^{(m)+} = \mathbf{0}$，得

$$\boldsymbol{\beta}^{(m)+} = \boldsymbol{H}^{(m)^{-1}} \boldsymbol{G}^{(m)} \boldsymbol{q}^{(m)} \tag{o}$$

代入式(m)，得到单元刚度矩阵

$$\boldsymbol{k} = \sum_{m} \boldsymbol{G}^{(m)^{\mathrm{T}}} \boldsymbol{H}^{(m)^{-1}} \boldsymbol{G}^{(m)} \tag{8.1.12}$$

正如第 6 章所述，这种有限元列式，开始选择的应力场 $\boldsymbol{\sigma}^{(m)}$ 不必事先满足平衡方程，但选择的 $\boldsymbol{u}_{\lambda}^{(m)}$，应使由位移 $\boldsymbol{u}^{(m)} = \boldsymbol{u}_q^{(m)} + \boldsymbol{u}_{\lambda}^{(m)}$ 得到的应变 $\boldsymbol{\varepsilon}^{(m)}$ 与应力 $\boldsymbol{\sigma}^{(m)}$ 相匹配。同时，通过式(8.1.7)及式(8.1.8)消去了一些应力参数 $\boldsymbol{\beta}$，得到合理应力场 $\boldsymbol{\sigma}^{(m)+}$ [式(8.1.10)]。

8.2　具有一个无外力圆柱表面三维杂交应力层合元

图 8.2 给出具有一个无外力圆柱面 *ABCD* 的层合元，它的上、下表面 *ABFIE* 及 *DCGKH* 彼此平行并垂直于 z 轴，两个侧表面 *AEHD* 及 *BFGC* 沿径向方向，而 *HKGFIE* 同样是一个圆柱面。图 8.2(b)给出其中一层的坐标，单元每层 10 个结点[5,6]。

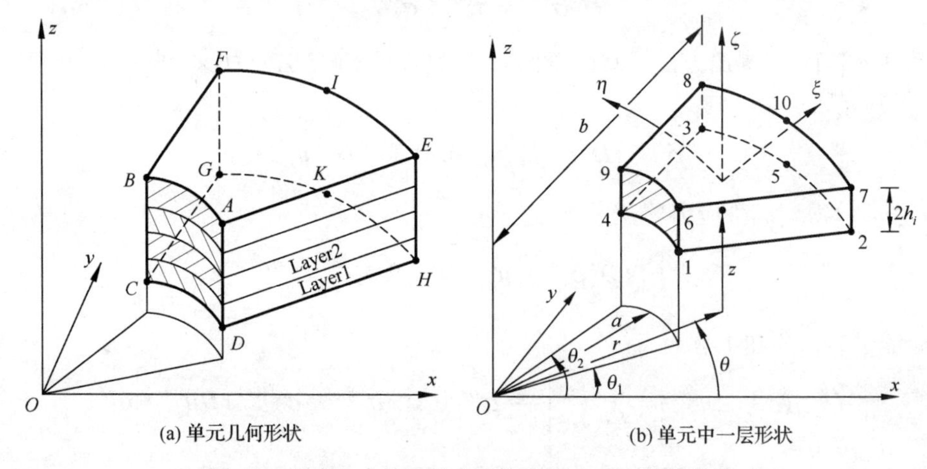

图 8.2　具有一个外无外力圆柱表面 *ABCD* 的层合元

8.2.1　单元位移场

与第 7 章相同，对于一个各向异性层板，其横向剪切变形效应远较各向同性板显著，为了包含这种效应，单元位移场选择允许不同层表面法线独立转动。

1. 单元协调位移场 $\boldsymbol{u}_q$

选取位移 $\boldsymbol{u}_q$ 为(假定单元由 4 层组成)

$$\boldsymbol{u}_q=\begin{bmatrix}u_r(\xi,\eta,\zeta)\\u_\theta(\xi,\eta,\zeta)\\w(\xi,\eta,\zeta)\end{bmatrix}=\begin{bmatrix}\sum_{i=1}^{4}N_i(\xi,\eta)\left[\frac{1}{2}(1-\zeta)u_{ri}^m+\frac{1}{2}(1+\zeta)u_{ri}^{m+1}\right]\\\sum_{i=1}^{4}N_i(\xi,\eta)\left[\frac{1}{2}(1-\zeta)u_{\theta i}^m+\frac{1}{2}(1+\zeta)u_{\theta i}^{m+1}\right]\\\sum_{i=1}^{4}N_i(\xi,\eta)w_i\end{bmatrix} \tag{8.2.1}$$

式中，u_{ri}^m、$u_{\theta i}^m$、u_{ri}^{m+1}、$u_{\theta i}^{m+1}$分别为第m及第$m+1$层的结点位移值；$N_i(\xi,\eta)$为内插函数：

$$N_i(\xi,\eta)=\begin{cases}\frac{1}{4}(1+\xi_i\xi)(1+\eta_i\eta) & i=1,4\\\frac{1}{4}\eta_i\eta(1+\xi_i\xi)(1+\eta_i\eta) & i=2,3\\\frac{1}{4}(1+\xi_i\xi)(1-\eta^2) & i=5\end{cases} \tag{a}$$

单元结点位移为

$$\begin{aligned}\boldsymbol{q}=[&u_{r1}^1,u_{r1}^2,\cdots,u_{r1}^{k+1},u_{\theta1}^1,u_{\theta1}^2,\cdots,u_{\theta1}^{k+1},w_1,\\&u_{r2}^1,u_{r2}^2,\cdots,u_{r2}^{k+1},u_{\theta2}^1,u_{\theta2}^2,\cdots,u_{\theta2}^{k+1},w_2,\cdots,\\&u_{r5}^1,u_{r5}^2,\cdots,u_{r5}^{k+1},u_{\theta5}^1,\cdots,u_{\theta5}^{k+1},w_5]^{\mathrm{T}}\end{aligned} \tag{8.2.2}$$

式中，k为总层数。

2. 非协调位移$\boldsymbol{u}_\lambda$

由于展开以上协调位移场$\boldsymbol{u}_q$可知它为ξ,η,ζ的非完整二次式，少ξ^2，η^2两项，同时三次项也不完整，缺$\xi^2\eta$，$\xi^2\zeta$，$\xi\zeta^2$，$\eta\zeta^2$，ξ^3，η^3，ζ^3七项，所以选取非协调位移$\boldsymbol{u}_\lambda$为

$$\begin{aligned}u_r=&\left(\frac{1}{3}-\xi^2\right)\lambda_1+\left(\frac{1}{3}-\zeta^2\right)\lambda_2+\xi^2\eta\lambda_3+\xi^2\zeta\lambda_4+\xi\zeta^2\lambda_5+\eta\zeta^2\lambda_6+\xi^3\lambda_7\\&+\eta^3\lambda_8+\zeta^3\lambda_9+\xi^2\eta\zeta\lambda_{10}+\xi\eta^2\zeta\lambda_{11}+\left(\frac{1}{3}-\xi^2\right)\eta^2\lambda_{12}+\xi^3\eta\lambda_{13}\\&+\xi^3\zeta\lambda_{14}+\xi\eta^3\lambda_{15}+\eta^3\zeta\lambda_{16}+\left(\frac{1}{5}-\xi^4\right)\lambda_{17}+\left(\frac{1}{5}-\eta^4\right)\lambda_{18}\\u_\theta=&\left(\frac{1}{3}-\xi^2\right)\lambda_{19}+\left(\frac{1}{3}-\zeta^2\right)\lambda_{20}+\xi^2\eta\lambda_{21}+\xi^2\zeta\lambda_{22}+\xi\zeta^2\lambda_{23}+\eta\zeta^2\lambda_{24}+\xi^3\lambda_{25}\\&+\eta^3\lambda_{26}+\zeta^3\lambda_{27}+\xi^2\eta\zeta\lambda_{28}+\xi\eta^2\zeta\lambda_{29}+\left(\frac{1}{3}-\xi^2\right)\eta^2\lambda_{30}+\xi^3\eta\lambda_{31}\\&+\xi^3\zeta\lambda_{32}+\xi\eta^3\lambda_{33}+\eta^3\zeta\lambda_{34}+\left(\frac{1}{5}-\xi^4\right)\lambda_{35}+\left(\frac{1}{5}-\eta^4\right)\lambda_{36}\\w=&\left(\frac{1}{3}-\xi^2\right)\lambda_{37}+\left(\frac{1}{3}-\zeta^2\right)\lambda_{38}+\xi^2\eta\lambda_{39}+\xi^2\zeta\lambda_{40}+\xi\zeta^2\lambda_{41}+\eta\zeta^2\lambda_{42}+\xi^3\lambda_{43}\\&+\eta^3\lambda_{44}+\zeta^3\lambda_{45}+\xi^2\eta\zeta\lambda_{46}+\xi\eta^2\zeta\lambda_{47}+\left(\frac{1}{3}-\xi^2\right)\eta^2\lambda_{48}+\xi^3\eta\lambda_{49}\\&+\xi^3\zeta\lambda_{50}+\xi\eta^3\lambda_{51}+\eta^3\zeta\lambda_{52}+\left(\frac{1}{5}-\xi^4\right)\lambda_{53}+\left(\frac{1}{5}-\eta^4\right)\lambda_{54}\end{aligned} \tag{8.2.3}$$

这样 $\boldsymbol{u}_q+\boldsymbol{u}_\lambda$ 为完整的 ξ,η 三次式，同时补充了几项不完整的四次式。其中用 $\left(\dfrac{1}{3}-\xi^2\right)$ 代替 ξ^2 等是为了满足式(8.1.7)。

8.2.2 单元假定应力场

(1)初始应力场

选取初始应力场为完整的二次式(含有 90 个应力参数 β)，即

$$
\begin{aligned}
\sigma_r &= \beta_1+\beta_2\xi+\beta_3\eta+\beta_4\zeta+\beta_5\xi\eta+\beta_6\eta\zeta+\beta_7\xi\zeta+\beta_8\xi^2+\beta_9\eta^2+\beta_{10}\zeta^2 \\
&\quad +\beta_{11}\xi\eta\zeta+\beta_{12}\xi^2\eta+\beta_{13}\xi^2\zeta+\beta_{14}\xi\eta^2+\beta_{15}\eta^2\zeta \\
\sigma_\theta &= \beta_{16}+\beta_{17}\xi+\beta_{18}\eta+\beta_{19}\zeta+\beta_{20}\xi\eta+\beta_{21}\eta\zeta+\beta_{22}\xi\zeta+\beta_{23}\xi^2+\beta_{24}\eta^2 \\
&\quad +\beta_{25}\zeta^2+\beta_{26}\xi\eta\zeta+\beta_{27}\xi^2\eta+\beta_{28}\xi^2\zeta+\beta_{29}\xi\eta^2+\beta_{30}\eta^2\zeta \\
\sigma_z &= \beta_{31}+\beta_{32}\xi+\beta_{33}\eta+\beta_{34}\zeta+\beta_{35}\xi\eta+\beta_{36}\eta\zeta+\beta_{37}\xi\zeta+\beta_{38}\xi^2+\beta_{39}\eta^2 \\
&\quad +\beta_{40}\zeta^2+\beta_{41}\xi\eta\zeta+\beta_{42}\xi^2\eta+\beta_{43}\xi^2\zeta+\beta_{44}\xi\eta^2+\beta_{45}\eta^2\zeta \\
\tau_{r\theta} &= \beta_{46}+\beta_{47}\xi+\beta_{48}\eta+\beta_{49}\zeta+\beta_{50}\xi\eta+\beta_{51}\eta\zeta+\beta_{52}\xi\zeta+\beta_{53}\xi^2+\beta_{54}\eta^2 \\
&\quad +\beta_{55}\zeta^2+\beta_{56}\xi\eta\zeta+\beta_{57}\xi^2\eta+\beta_{58}\xi^2\zeta+\beta_{59}\xi\eta^2+\beta_{60}\eta^2\zeta \\
\tau_{\theta z} &= \beta_{61}+\beta_{62}\xi+\beta_{63}\eta+\beta_{64}\zeta+\beta_{65}\xi\eta+\beta_{66}\eta\zeta+\beta_{67}\xi\zeta+\beta_{68}\xi^2+\beta_{69}\eta^2 \\
&\quad +\beta_{70}\zeta^2+\beta_{71}\xi\eta\zeta+\beta_{72}\xi^2\eta+\beta_{73}\xi^2\zeta+\beta_{74}\xi\eta^2+\beta_{75}\eta^2\zeta \\
\tau_{rz} &= \beta_{76}+\beta_{77}\xi+\beta_{78}\eta+\beta_{79}\zeta+\beta_{80}\xi\eta+\beta_{81}\eta\zeta+\beta_{82}\xi\zeta+\beta_{83}\xi^2+\beta_{84}\eta^2 \\
&\quad +\beta_{85}\zeta^2+\beta_{86}\xi\eta\zeta+\beta_{87}\xi^2\eta+\beta_{88}\xi^2\zeta+\beta_{89}\xi\eta^2+\beta_{90}\eta^2\zeta
\end{aligned} \tag{b}
$$

(2)利用约束方程(8.1.7)及方程(8.1.8)，和内圆柱表面 $ABCD$ 上无外力边界条件

$$
\sigma_r\big|_{\xi=-1}=0 \quad \tau_{r\theta}\big|_{\xi=-1}=0 \quad \tau_{rz}\big|_{\xi=-1}=0 \tag{c}
$$

消去初始应力场式(b)中 54 个应力参数。

(3)再利层间应力连续条件及假定层元的最下层表面无外力作用(假定层数由下朝上数)

$$
\begin{bmatrix}\sigma_z^{(m)} & \tau_{\theta z}^{(m)} & \tau_{rz}^{(m)}\end{bmatrix}_{底面}=\begin{bmatrix}\sigma_z^{(m+1)} & \tau_{\theta z}^{(m+1)} & \tau_{rz}^{(m+1)}\end{bmatrix}_{顶面} \tag{d}
$$

$$
\begin{bmatrix}\sigma_z^{(1)} & \tau_{\theta z}^{(1)} & \tau_{rz}^{(1)}\end{bmatrix}_{底面}=\begin{bmatrix}0 & 0 & 0\end{bmatrix}^{①} \tag{e}
$$

又消去 21 个应力参数，即总共消去 75 个应力参数 β，最后得到如下只有 15 个 β 的各层假定应力场。

(4)各层假定应力场

$$
\begin{aligned}
\sigma_r^{(m)} &= -\frac{1}{3B}(B+L+L\xi-B\xi^2)\beta_2^{(m)}-\frac{B}{2(B^2+BL+L^2)}[L\zeta-B\zeta\xi-(B+L)\xi^2\zeta]\beta_3^{(m)} \\
&\quad +\frac{1}{2}(1+\xi)\beta_4^{(m)}+\frac{B}{B^2+BL+L^2}[(B+L)\zeta+L\xi\zeta-B\xi^2\zeta]\beta_5^{(m)}+\frac{1}{3B\alpha}(4B+L \\
&\quad +L\xi-4B\xi^2)\eta\beta_6^{(m)}-\frac{1}{6(B^2+BL+L^2)\alpha}[(2B^2+3BL+L^2+6B^2\alpha^2+3BL\alpha^2)\zeta
\end{aligned}
$$

---

① 此条件式(e)为非必要条件。

$$+(2BL+L^2+3B^2\alpha^2+6BL\alpha^2)\xi\zeta-(2B^2+BL+3B^2\alpha^2-3BL\alpha^2)\xi^2\zeta]\beta_7^{(m)}$$
$$-\frac{3}{2\alpha}(1+\xi)\eta\beta_8^{(m)}+\frac{1}{12(B+L)\alpha}[B-L-6B\alpha^2-6L\alpha^2-(12B+6L)\eta^2](1+\xi)\beta_9^{(m)}$$
$$-\frac{2B+L}{(B+L)\alpha}(1+\xi)\eta\zeta\beta_{10}^{(m)}-\frac{2H_m}{(B+L)\alpha}(1+\xi)\eta\zeta\beta_{11}^{(m)}+\frac{H_m}{6BL\alpha}(2B-L-L\xi$$
$$-2B\xi^2)\eta\beta_{12}^{(m)}+\frac{H_m}{48L^2(B+L)\alpha}[3B^2-5BL+2L^2+2B^2\alpha^2-2BL\alpha^2-4L^2\alpha^2$$
$$+(6BL-24L^2)\eta^2+(4B^2\alpha^2+4BL\alpha^2)\xi^2+(3B^2-5BL+2L^2+6B^2\alpha^2+2BL\alpha^2$$
$$-4L^2\alpha^2)\xi+(6BL-24L^2)\xi\eta^2]\beta_{13}^{(m)}-\frac{H_m}{2L\alpha}(1+\xi)\eta\beta_{14}^{(m)}+\frac{H_m}{48BL^2(B+L)\alpha^2}[3B^3$$
$$-4B^2L-BL^2+2L^3+2B^3\alpha^2+12B^2L\alpha^2-18BL^2\alpha^2-4L^3\alpha^2+(6B^2L-6BL^2)\eta^2$$
$$+(4B^3\alpha^2-16B^2L\alpha^2-20BL^2\alpha^2)\xi^2+(3B^3-4B^2L-BL^2+2L^3+6B^3\alpha^2$$
$$-28B^2L\alpha^2-38BL^2\alpha^2-4L^3\alpha^2)\xi+6(B^2L-BL^2)\xi\eta^2]\beta_{15}^{(m)}$$

$$\sigma_\theta^{(m)}=\beta_1^{(m)}+\xi^2\beta_2^{(m)}+[\xi\zeta+\frac{3B(B+L)}{2(B^2+BL+L^2)}\xi^2\zeta]\beta_3^{(m)}+\xi\beta_4^{(m)}+(\zeta-\frac{3B^2}{B^2+BL+L^2}\xi^2\zeta)\beta_5^{(m)}$$
$$+\frac{1}{3B^2\alpha}[(4B^2+BL+L^2)\eta-6BL\xi\eta-12B^2\xi^2\eta]\beta_6^{(m)}-\frac{1}{2B(B^2+BL+L^2)\alpha}[(2B^3$$
$$+3B^2L+3BL^2+L^3)\eta^2\zeta-(2B^3+B^2L+3B^3\alpha^2-3B^2L\alpha^2)\xi^2\zeta]\beta_7^{(m)}$$
$$-\frac{3}{2B\alpha}(B+L+6B\xi)\eta\beta_8^{(m)}-\frac{1}{2B\alpha}(2B+L+3B\xi)\eta^2\beta_9^{(m)}$$
$$-\frac{1}{B\alpha}(2B+L+3B\xi)\eta\zeta\beta_{10}^{(m)}-\frac{2H_m}{BL\alpha}(L+B\xi)\eta\zeta\beta_{11}^{(m)}+\frac{H_m}{6B^2L\alpha}[(2B^2-BL-L^2)\eta$$
$$-6BL\xi\eta-6B^2\xi^2\eta]\beta_{12}^{(m)}+\frac{H_m}{8BL^2\alpha}[(BL-4L^2)\eta^2+(3B^2-6BL)\xi\eta^2]\beta_{13}^{(m)}$$
$$-\frac{H_m}{2BL\alpha}(B+L+2B\xi)\eta\beta_{14}^{(m)}+\frac{(B-L)H_m}{8BL\alpha^2}[1+(3B-2L)\xi]\eta^2\beta_{15}^{(m)}\tag{8.2.4}$$

$$\sigma_z^{(m)}=-\frac{B\alpha}{2H_m}(1+2\zeta+\zeta^2)\beta_{13}^{(m)}-\frac{B+L}{2H_m}(1+2\zeta+\zeta^2)\beta_{15}^{(m)}+\sigma_z^{(m-1)}\Big|_{\xi=1}$$
$$\tau_{r\theta}^{(m)}=-(1-\xi^2)\beta_6^{(m)}+(1+\xi)\eta\zeta\beta_7^{(m)}+(1+\xi)\beta_8^{(m)}+(1+\xi)\eta\beta_9^{(m)}+(1+\xi)\zeta\beta_{10}^{(m)}$$
$$-\frac{BH_m}{4L^2}(1+\xi)\xi\eta\beta_{13}^{(m)}-\frac{(B-L)H_m}{4L^2\alpha}(1+\xi)\xi\eta\beta_{15}^{(m)}$$
$$\tau_{\theta z}^{(m)}=-(1-\zeta^2)\beta_{11}^{(m)}+(1+\zeta)\xi\beta_{12}^{(m)}+(1+\frac{B}{L}\xi)(1+\zeta)\eta\beta_{13}^{(m)}+(1+\zeta)\beta_{14}^{(m)}$$
$$+\frac{B-L}{L\alpha}(1+\zeta)\xi\eta\beta_{15}^{(m)}+\tau_{\theta z}^{(m-1)}\Big|_{\zeta=1}$$
$$\tau_{rz}^{(m)}=(1+\xi+\zeta+\xi\zeta)\beta_{15}^{(m)}+\tau_{rz}^{(m-1)}\Big|_{\zeta=1}$$

其中

$$B=\frac{2}{b+a}\qquad L=\frac{2}{b-a}\qquad H_m=\frac{1}{h_m}\qquad \alpha=\frac{2}{\theta_2-\theta_1}\tag{f}$$

这个应力场对应的单元称为元 SLR10。

8.3 其余三种具有一个无外力圆柱表面每层 10 结点的三维杂交应力层合元

对于图 8.2 所示具有一无外力圆柱面层合元，还建立了以下三种单元[7,8]，并分别命名为 Case A～Case C。这三种元所选协调位移 $\boldsymbol{u}_q$ 均与元 SLR10 的式(8.2.1)相同。它们各层选取如下的非协调位移 $\boldsymbol{u}_\lambda$ 及假定应力 $\boldsymbol{\sigma}$。

8.3.1 单元 Case A

1. 非协调位移 $\boldsymbol{u}_\lambda$

选取 $\boldsymbol{u}_\lambda$ 使所构成的 $\boldsymbol{u}(=\boldsymbol{u}_\lambda+\boldsymbol{u}_q)$ 为完整的三次式，但 $\boldsymbol{u}_\lambda$ 与上例不同，增加了非完整四次式，元 Case A 的 $\boldsymbol{u}_\lambda$ 共含有 45 个 λ 项

$$
\begin{aligned}
u_r=&\left(\frac{1}{3}-\xi^2\right)\lambda_1+\left(\frac{1}{3}-\zeta^2\right)\lambda_2+\xi^2\eta\lambda_3+\xi^2\zeta\lambda_4+\xi\zeta^2\lambda_5+\eta\zeta^2\lambda_6+\xi^3\lambda_7+\eta^3\lambda_8\\
&+\zeta^3\lambda_9+\xi^2\eta\zeta\lambda_{10}+\left(\frac{1}{3}-\xi^2\right)\eta^2\lambda_{11}+\xi^3\eta\lambda_{12}+\xi^3\zeta\lambda_{13}+\xi\eta^3\lambda_{14}+\eta^3\zeta\lambda_{15}\\
u_\theta=&\left(\frac{1}{3}-\xi^2\right)\lambda_{16}+\left(\frac{1}{3}-\zeta^2\right)\lambda_{17}+\xi^2\eta\lambda_{18}+\xi^2\zeta\lambda_{19}+\xi\zeta^2\lambda_{20}+\eta\zeta^2\lambda_{21}+\xi^3\lambda_{22}+\eta^3\lambda_{23}\\
&+\zeta^3\lambda_{24}+\xi^2\eta\zeta\lambda_{25}+\left(\frac{1}{3}-\xi^2\right)\eta^2\lambda_{26}+\xi^3\eta\lambda_{27}+\xi^3\zeta\lambda_{28}+\xi\eta^3\lambda_{29}+\eta^3\zeta\lambda_{30}\\
w=&\left(\frac{1}{3}-\xi^2\right)\lambda_{31}+\left(\frac{1}{3}-\zeta^2\right)\lambda_{32}+\xi^2\eta\lambda_{33}+\xi^2\zeta\lambda_{34}+\xi\zeta^2\lambda_{35}+\eta\zeta^2\lambda_{36}+\xi^3\lambda_{37}+\eta^3\lambda_{38}\\
&+\zeta^3\lambda_{39}+\xi^2\eta\zeta\lambda_{40}+\left(\frac{1}{3}-\xi^2\right)\eta^2\lambda_{41}+\xi^3\eta\lambda_{42}+\xi^3\zeta\lambda_{43}+\xi\eta^3\lambda_{44}+\eta^3\zeta\lambda_{45}
\end{aligned}
\tag{8.3.1}
$$

2. 初始应力场

考虑层板各层面的应力 σ_r、σ_θ、$\tau_{r\theta}$ 一般大于横向应力 σ_z、τ_{zr} 及 $\tau_{z\theta}$，所以应力 σ_r、σ_θ 及 $\tau_{r\theta}$ 各选取了 15 项 β，而 σ_z、τ_{zr} 及 $\tau_{z\theta}$ 各只选取了 10 项 β，组成含有 $75-\beta$ 项、并具有完整二次式的如下初始应力场

$$
\begin{aligned}
\sigma_r=&\beta_1+\beta_7\xi^2\eta+\beta_8\xi^2\zeta+\beta_9\xi\eta^2+\beta_{10}\eta^2\zeta+\beta_{11}\xi\eta\zeta+\beta_{12}\xi^2+\beta_{13}\eta^2+\beta_{14}\zeta^2\\
&+\beta_{15}\xi\eta+\beta_{16}\eta\zeta+\beta_{17}\xi\zeta+\beta_{18}\xi+\beta_{19}\eta+\beta_{20}\zeta\\
\sigma_\theta=&\beta_2+\beta_{21}\xi^2\eta+\beta_{22}\xi^2\zeta+\beta_{23}\xi\eta^2+\beta_{24}\eta^2\zeta+\beta_{25}\xi\eta\zeta+\beta_{26}\xi^2+\beta_{27}\eta^2+\beta_{28}\zeta^2\\
&+\beta_{29}\xi\eta+\beta_{30}\eta\zeta+\beta_{31}\xi\zeta+\beta_{32}\xi+\beta_{33}\eta+\beta_{34}\zeta\\
\sigma_z=&\beta_3+\beta_{35}\xi^2+\beta_{36}\eta^2+\beta_{37}\zeta^2+\beta_{38}\xi\eta+\beta_{39}\eta\zeta+\beta_{40}\xi\zeta+\beta_{41}\xi+\beta_{42}\eta+\beta_{43}\zeta\\
\tau_{r\theta}=&\beta_4+\beta_{44}\xi^2\eta+\beta_{45}\xi^2\zeta+\beta_{46}\xi\eta^2+\beta_{47}\eta^2\zeta+\beta_{48}\xi\eta\zeta+\beta_{49}\xi^2+\beta_{50}\eta^2+\beta_{51}\zeta^2\\
&+\beta_{52}\xi\eta+\beta_{53}\eta\zeta+\beta_{54}\xi\zeta+\beta_{55}\xi+\beta_{56}\eta+\beta_{57}\zeta\\
\tau_{\theta z}=&\beta_5+\beta_{58}\xi^2+\beta_{59}\eta^2+\beta_{60}\zeta^2+\beta_{61}\xi\eta+\beta_{62}\eta\zeta+\beta_{63}\xi\zeta+\beta_{64}\xi+\beta_{65}\eta+\beta_{66}\zeta\\
\tau_{rz}=&\beta_6+\beta_{67}\xi^2+\beta_{68}\eta^2+\beta_{69}\zeta^2+\beta_{70}\xi\eta+\beta_{71}\eta\zeta+\beta_{72}\xi\zeta+\beta_{73}\xi+\beta_{74}\eta+\beta_{75}\zeta
\end{aligned}
\tag{a}
$$

3. Case A 的各层假定应力场

利用平衡约束方程[式(8.1.6)]，圆柱表面上无外力边界条件[8.2 节式(c)]。层间应力连续条件[8.2 节式(d)]以及最下层表面无外力条件[8.2 节式(e)]，共消去 59 个β，最终得到每层具有 16 个β的 Case A 假定应力场。其第m层应力场为

$$
\begin{aligned}
\sigma_r^{(m)} &= (1-3\eta^2)(1+\xi)\beta_2^{(m)} - \frac{1}{3B}(B+3L\eta^2+3L\xi\eta^2-B\xi^2)\beta_3^{(m)} \\
&\quad -\frac{B}{2(B^2+BL+L^2)}[L\zeta-B\xi\zeta-(B+L)\xi^2\zeta]\beta_4^{(m)}+\frac{3}{2}(1+\xi)\eta^2\beta_5^{(m)} \\
&\quad +\frac{B}{B^2+BL+L^2}[(B+L)\zeta+L\xi\zeta-B\xi^2\zeta]\beta_6^{(m)}+\frac{1}{3B\alpha}(4B+L+L\xi-4B\xi^2)\eta\beta_7^{(m)} \\
&\quad -\frac{1+2\alpha^2}{2\alpha}(1+\xi)\eta\beta_8^{(m)}-\frac{1}{6(B^2+BL+L^2)\alpha}[(2B^2+3BL+L^2+6B^2\alpha^2+3BL\alpha^2)\zeta \\
&\quad +(2BL+L^2+3B^2\alpha^2+BL\alpha^2)\xi\zeta-(2B^2+BL+3B^2\alpha^2-3BL\alpha^2)\xi^2\zeta]\beta_9^{(m)} \\
&\quad -\frac{3}{2\alpha}(1+\xi)\eta\beta_{10}^{(m)}-\frac{3(1+2\alpha)}{4\alpha}(1+\xi)\eta^2\beta_{11}^{(m)}-\frac{2B+L}{(B+L)\alpha}(1+\xi)\eta\zeta\beta_{12}^{(m)} \\
&\quad -\frac{2H_m}{(B+L)\alpha}(1+\xi)\eta\zeta\beta_{13}^{(m)}+\frac{H_m}{6BL\alpha}(2B-L-L\xi-2B\xi^2)\eta\beta_{14}^{(m)}-\frac{H_m}{2L\alpha}(1+\xi)\eta\beta_{15}^{(m)} \\
&\quad +\frac{H_m}{12BL\alpha^2}[4B\alpha^2+(3B-3L-18B\alpha^2-6L\alpha^2)(1+\xi)\eta^2-4B\alpha^2\xi^2]\beta_{16}^{(m)} \\
\sigma_\theta^{(m)} &= \beta_1^{(m)}+\xi^2\beta_3^{(m)}+\left[\xi\zeta+\frac{3B(B+L)}{2(B^2+BL+L^2)}\xi^2\zeta\right]\beta_4^{(m)}+\xi\beta_5^{(m)} \\
&\quad +\left(\zeta-\frac{3B^2}{B^2+BL+L^2}\xi^2\zeta\right)\beta_6^{(m)}+\frac{1}{3B^2\alpha}[(4B^2+BL+L^2)\eta-6BL\xi\eta-12B^2\xi^2\eta]\beta_7^{(m)} \\
&\quad -\frac{1}{2B\alpha}[(B+L-2B\alpha^2+2L\alpha^2)\eta+2B\xi\eta]\beta_8^{(m)}-\frac{1}{2B(B^2+BL+L^2)\alpha}[(2B^3 \\
&\quad +3B^2L+3BL^2+L^3)\eta^2\zeta-(2B^3+B^2L+3B^3\alpha^2-3B^2L\alpha^2)\xi^2\zeta]\beta_9^{(m)} \\
&\quad -\frac{3}{2B\alpha}(B+L-2B\xi)\eta\beta_{10}^{(m)}-\frac{1}{2B\alpha}(2B+L+3B\xi)\eta^2\beta_{11}^{(m)}-\frac{1}{B\alpha}(2B+L \\
&\quad +3B\xi)\eta\zeta\beta_{12}^{(m)}-\frac{2H_m}{BL\alpha}(L+B\xi)\eta\zeta\beta_{13}^{(m)}+\frac{H_m}{6B^2L\alpha}[(2B^2-BL-L^2)\eta-6BL\xi\eta \\
&\quad -6B^2\xi^2\eta]\beta_{14}^{(m)}-\frac{H_m}{2BL\alpha}[(B+L)\eta+2B\xi\eta]\beta_{15}^{(m)}+\frac{(B-L)H_m}{2B^2L\alpha^2}(L+B\xi)\eta^2\beta_{16}^{(m)} \\
\sigma_z^{(m)} &= -\frac{L}{H_m}(1+2\zeta+\zeta^2)\beta_{16}^{(m)}+\sigma_z^{(m-1)}\Big|_{\zeta=1} \\
\tau_{r\theta}^{(m)} &= -(1-\xi^2)\beta_7^{(m)}+(1+\xi)\eta^2\beta_8^{(m)}+(1+\xi)\eta\zeta\beta_9^{(m)}+(1+\xi)\beta_{10}^{(m)}+(1+\xi)\eta\beta_{11}^{(m)}+(1+\xi)\zeta\beta_{12}^{(m)} \\
\tau_{\theta z}^{(m)} &= -(1-\zeta^2)\beta_{13}^{(m)}+(1+\zeta)\xi\beta_{14}^{(m)}+(1+\zeta)\beta_{15}^{(m)}-\frac{B-L}{B\alpha}(1+\zeta)\eta\beta_{16}^{(m)}+\tau_{\theta z}^{(m-1)}\Big|_{\zeta=1} \\
\tau_{rz}^{(m)} &= (1+\xi+\zeta+\xi\zeta)\beta_{16}^{(m)}+\tau_{rz}^{(m-1)}\Big|_{\zeta=1}
\end{aligned}
\tag{8.3.2}
$$

式中B, L, H_m及α定义同 8.2.2 小节式(f)。

8.3.2　单元 Case B

1. 非协调位移 $\boldsymbol{u}_\lambda$

选取 $\boldsymbol{u}$ 为非完整三式项：

$$\begin{aligned}
u_r &= \left(\frac{1}{3}-\xi^2\right)\lambda_1+\left(\frac{1}{3}-\zeta^2\right)\lambda_2+\xi^2\eta\lambda_3+\xi^2\zeta\lambda_4+\xi^3\lambda_5+\eta^3\lambda_6 \\
u_\theta &= \left(\frac{1}{3}-\xi^2\right)\lambda_7+\left(\frac{1}{3}-\zeta^2\right)\lambda_8+\xi^2\eta\lambda_9+\xi^2\zeta\lambda_{10}+\xi^3\lambda_{11}+\eta^3\lambda_{12} \\
w &= \left(\frac{1}{3}-\xi^2\right)\lambda_{13}+\left(\frac{1}{3}-\zeta^2\right)\lambda_{14}+\xi^2\eta\lambda_{15}
\end{aligned} \tag{8.3.3}$$

2. 初始应力场

选取含有 $51-\beta$ 的式(b)，其中面内应力 $\sigma_r,\sigma_\theta,\tau_{r\theta}$ 为完整二次式，而层间横向应力为非完整的二次式，即

$$\begin{aligned}
\sigma_r &= \beta_1+\beta_7\xi^2+\beta_8\eta^2+\beta_9\zeta^2+\beta_{10}\xi\eta+\beta_{11}\eta\zeta+\beta_{12}\xi\zeta+\beta_{13}\xi+\beta_{14}\eta+\beta_{15}\zeta \\
\sigma_\theta &= \beta_2+\beta_{16}\xi^2+\beta_{17}\eta^2+\beta_{18}\zeta^2+\beta_{19}\xi\eta+\beta_{20}\eta\zeta+\beta_{21}\xi\zeta+\beta_{22}\xi+\beta_{23}\eta+\beta_{24}\zeta \\
\sigma_z &= \beta_3+\beta_{25}\xi\eta+\beta_{26}\eta\zeta+\beta_{27}\xi\zeta+\beta_{28}\xi+\beta_{29}\eta+\beta_{30}\zeta \\
\tau_{r\theta} &= \beta_4+\beta_{31}\xi^2+\beta_{32}\eta^2+\beta_{33}\zeta^2+\beta_{34}\xi\eta+\beta_{35}\eta\zeta+\beta_{36}\xi\zeta+\beta_{37}\xi+\beta_{38}\eta+\beta_{39}\zeta \\
\tau_{\theta z} &= \beta_5+\beta_{40}\xi\eta+\beta_{41}\eta\zeta+\beta_{42}\xi\zeta+\beta_{43}\xi+\beta_{44}\eta+\beta_{45}\zeta \\
\tau_{rz} &= \beta_6+\beta_{46}\xi\eta+\beta_{47}\eta\zeta+\beta_{48}\xi\zeta+\beta_{49}\xi+\beta_{50}\eta+\beta_{51}\zeta
\end{aligned} \tag{b}$$

运用与以上相同的步骤，可得到具有 $14-\beta$ 的假定应力场 Case B。

3. Case B 的各层假定应力场

第 m 层应力场

$$\begin{aligned}
\sigma_r^{(m)} &= -\frac{1}{3B}(B+L+L\xi-B\xi^2)\beta_2^{(m)}+\frac{1}{2}(1+\xi)\beta_4^{(m)}+\frac{B}{B+L}(1+\xi)\eta\beta_5^{(m)} \\
&\quad +\frac{B}{B+L}(1+\xi)\zeta\beta_6^{(m)}-\frac{\alpha}{2}(1+\xi)\beta_9^{(m)}-\frac{H_m}{6BL}[(B+L)+(3B+L)\xi+2B\xi^2]\beta_{14}^{(m)} \\
\sigma_\theta^{(m)} &= \beta_1^{(m)}+\xi^2\beta_2^{(m)}+\xi\zeta\beta_3^{(m)}+\xi\beta_4^{(m)}+\eta\beta_5^{(m)}+\zeta\beta_6^{(m)}-\frac{3}{\alpha}\xi\eta\beta_8^{(m)}-\frac{2B+L}{2B\alpha}\eta^2\beta_9^{(m)} \\
&\quad -\frac{2B+L}{B\alpha}\eta\zeta\beta_{10}^{(m)}-\frac{H_m}{2B\alpha}\xi\eta\beta_{11}^{(m)}-\frac{H_m}{2B\alpha}\eta^2\beta_{12}^{(m)}-\frac{H_m}{L\alpha}\xi\eta\beta_{13}^{(m)} \\
\sigma_z^{(m)} &= (1+\zeta)\beta_7^{(m)}+\sigma_z^{(m-1)}\Big|_{\zeta=1} \\
\tau_{r\theta}^{(m)} &= (1+\xi)\beta_8^{(m)}+(1+\xi)\eta\beta_9^{(m)}+(1+\xi)\zeta\beta_{10}^{(m)}+\frac{H_m}{4L}(1-\xi^2)\beta_{11}^{(m)} \\
\tau_{\theta z}^{(m)} &= \xi(1+\zeta)\beta_{11}^{(m)}+\eta(1+\zeta)\beta_{12}^{(m)}+(1+\zeta)\beta_{13}^{(m)}+\tau_{\theta z}^{(m-1)}\Big|_{\zeta=1} \\
\tau_{rz}^{(m)} &= (1+\xi+\zeta+\xi\zeta)\beta_{14}^{(m)}+\tau_{rz}^{(m-1)}\Big|_{\zeta=1}
\end{aligned} \tag{8.3.4}$$

8.3.3 单元 Case C

1. 非协调位移 $\boldsymbol{u}_\lambda$

选取使位移 $\boldsymbol{u}$ 构成完整三次式(共含有 27 项 λ)

$$
\begin{aligned}
u_r &= \left(\frac{1}{3}-\xi^2\right)\lambda_1 + \left(\frac{1}{3}-\zeta^2\right)\lambda_2 + \xi^2\eta\lambda_3 + \xi^2\zeta\lambda_4 + \xi\zeta^2\lambda_5 + \eta\zeta^2\lambda_6 \\
&\quad + \xi^3\lambda_7 + \eta^3\lambda_8 + \zeta^3\lambda_9 \\
u_\theta &= \left(\frac{1}{3}-\xi^2\right)\lambda_{10} + \left(\frac{1}{3}-\zeta^2\right)\lambda_{11} + \xi^2\eta\lambda_{12} + \xi^2\zeta\lambda_{13} + \xi\zeta^2\lambda_{14} + \eta\zeta^2\lambda_{15} \\
&\quad + \xi^3\lambda_{16} + \eta^3\lambda_{17} + \zeta^3\lambda_{18} \\
w &= \left(\frac{1}{3}-\xi^2\right)\lambda_{19} + \left(\frac{1}{3}-\zeta^2\right)\lambda_{20} + \xi^2\eta\lambda_{21} + \xi^2\zeta\lambda_{22} + \xi\zeta^2\lambda_{23} + \eta\zeta^2\lambda_{24} \\
&\quad + \xi^3\lambda_{25} + \eta^3\lambda_{26} + \zeta^3\lambda_{27}
\end{aligned} \tag{8.3.5}
$$

2. 初始应力场

选取如下含有 $60-\beta$ 的完整二式项

$$
\begin{aligned}
\sigma_r &= \beta_1 + \beta_7\xi^2 + \beta_8\eta^2 + \beta_9\zeta^2 + \beta_{10}\xi\eta + \beta_{11}\eta\zeta + \beta_{12}\xi\zeta + \beta_{13}\xi + \beta_{14}\eta + \beta_{15}\zeta \\
\sigma_\theta &= \beta_2 + \beta_{16}\xi^2 + \beta_{17}\eta^2 + \beta_{18}\zeta^2 + \beta_{19}\xi\eta + \beta_{20}\eta\zeta + \beta_{21}\xi\zeta + \beta_{22}\xi + \beta_{23}\eta + \beta_{24}\zeta \\
\sigma_z &= \beta_3 + \beta_{25}\xi^2 + \beta_{26}\eta^2 + \beta_{27}\zeta^2 + \beta_{28}\xi\eta + \beta_{29}\eta\zeta + \beta_{30}\xi\zeta + \beta_{31}\xi + \beta_{32}\eta + \beta_{33}\zeta \\
\tau_{r\theta} &= \beta_4 + \beta_{34}\xi^2 + \beta_{35}\eta^2 + \beta_{36}\zeta^2 + \beta_{37}\xi\eta + \beta_{38}\eta\zeta + \beta_{39}\xi\zeta + \beta_{40}\xi + \beta_{41}\eta + \beta_{42}\zeta \\
\tau_{\theta z} &= \beta_5 + \beta_{43}\xi^2 + \beta_{44}\eta^2 + \beta_{45}\zeta^2 + \beta_{46}\xi\eta + \beta_{47}\eta\zeta + \beta_{48}\xi\zeta + \beta_{49}\xi + \beta_{50}\eta + \beta_{51}\zeta \\
\tau_{rz} &= \beta_6 + \beta_{52}\xi^2 + \beta_{53}\eta^2 + \beta_{54}\zeta^2 + \beta_{55}\xi\eta + \beta_{56}\eta\zeta + \beta_{57}\xi\zeta + \beta_{58}\xi + \beta_{59}\eta + \beta_{60}\zeta
\end{aligned} \tag{c}
$$

运用与以上相同的步骤，得到具有 14 个 β 的假定应力场。

3. Case C 的假定应力场

第 m 层应力场

$$
\begin{aligned}
\sigma_r^{(m)} &= -\frac{1}{3B}(B+L+L\xi-B\xi^2)\beta_2^{(m)} + \frac{1}{2}(1+\xi)\beta_4^{(m)} + \frac{B}{B+L}(1+\xi)\eta\beta_5^{(m)} \\
&\quad + \frac{B}{B+L}(1+\xi)\zeta\beta_6^{(m)} - \frac{\alpha}{2}(1+\xi)\beta_8^{(m)} - \frac{H_m}{6BL}[(B+L)+(3B+L)\xi + 2B\xi^2]\beta_{14}^{(m)} \\
\sigma_\theta^{(m)} &= \beta_1^{(m)} + \xi^2\beta_2^{(m)} + \xi\zeta\beta_3^{(m)} + \xi\beta_4^{(m)} + \eta\beta_5^{(m)} + \zeta\beta_6^{(m)} - \frac{3}{\alpha}\xi\eta\beta_7^{(m)} - \frac{2B+L}{2B\alpha}\eta^2\beta_8^{(m)} \\
&\quad - \frac{2B+L}{B\alpha}\eta\zeta\beta_9^{(m)} - \frac{2H_m}{B\alpha}\zeta\eta\beta_{10}^{(m)} - \frac{H_m}{2B\alpha}\xi\eta\beta_{11}^{(m)} - \frac{H_m}{2B\alpha}\eta^2\beta_{12}^{(m)} - \frac{H_m}{L\alpha}\xi\eta\beta_{13}^{(m)} \\
\sigma_z^{(m)} &= \frac{B\alpha}{2H_m}(1-\zeta^2)\beta_{12}^{(m)} + \frac{1}{2H_m}[B-3L-4L\zeta-(B+L)\zeta^2]\beta_{14}^{(m)} + \sigma_z^{(m-1)}\Big|_{\zeta=1} \\
\tau_{r\theta}^{(m)} &= (1+\xi)\beta_7^{(m)} + (1+\xi)\eta\beta_8^{(m)} + (1+\xi)\zeta\beta_9^{(m)} + \frac{H_m}{4L}(1-\xi^2)\beta_{11}^{(m)}
\end{aligned} \tag{8.3.6}
$$

$$\tau_{\theta z}^{(m)} = -(1-\zeta^2)\beta_{10}^{(m)} + \xi(1+\zeta)\beta_{11}^{(m)} + \eta(1+\zeta)\beta_{12}^{(m)} + (1+\zeta)\beta_{13}^{(m)} + \tau_{\theta z}^{(m-1)}\Big|_{\zeta=1}$$

$$\tau_{rz}^{(m)} = (1+\xi+\zeta+\xi\zeta)\beta_{14}^{(m)} + \tau_{rz}^{(m-1)}\Big|_{\zeta=1}$$

8.4　中心横向拟椭圆孔层板受力分析

考虑具有一个拟椭圆孔[6]四层$[+45/-45]_s$及$[90/0]_s$的两个正交层板$12a\times 4a$，圆弧半径为 a，承受拉伸σ_0(图 8.3)，每层的厚度为$0.2a$，材料特性由表 8.1 给出。

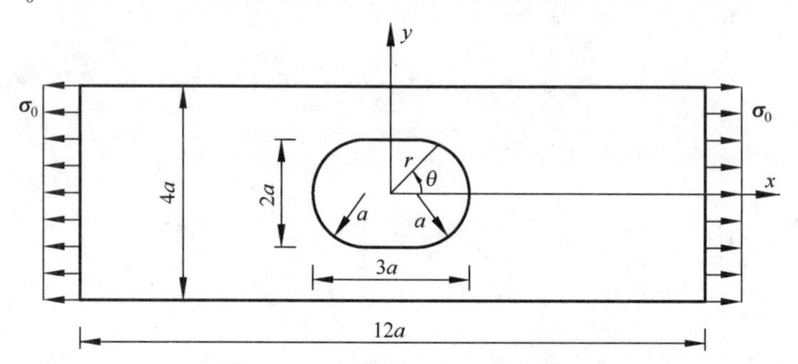

图 8.3　中心横向拟椭圆孔层板承受拉伸

表 8.1　层合板材料特性

序号	层板	E_L/E_T	G_{LT}/E_T	G_{ZT}/E_T	ν_{LT}	ν_{ZT}
1	$[+45/-45]_s$	17.5	0.69	0.38	0.28	0.33
2	$[90/0]_s$	39.8	0.60	0.38	0.25	0.30

取八分之一板进行分析，有限元网格如图 8.4 所示，用以下三种有限元组合进行计算：

(1)沿孔边圆弧部分用现在的特殊杂交应力元 SLR10；

(2)沿孔边的直表面部分，用田、赵所建立的具有一个无外力直表面的杂交应力层合元 SLPC12[9]；

(3)其余部分，应用 Pian 等所建立的一般假定应力层合元[10]及假定位移层合元[11]联合求解。

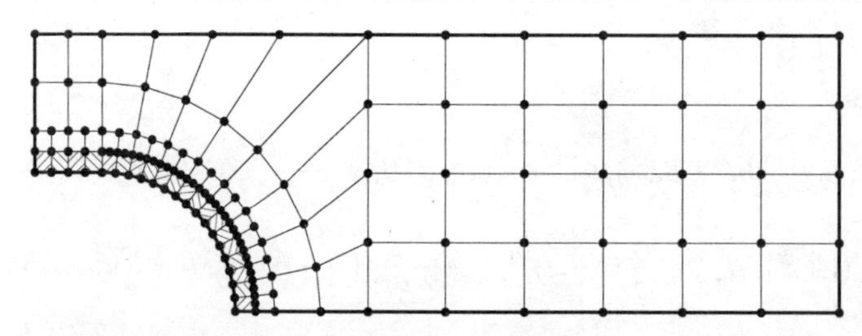

图 8.4　中心横向拟椭圆孔层板有限元网格

应用一般假定位移层合元[11]及子结构法，由非常细的网格所得结果作为参考，其自由度分别为 393，800 及 2002，总的自由度为 3195。

8.4.1　Case A、Case B 及 Case C 三种单元性能比较

对于这三种单元，计算所得层间孔边沿的环向应力σ_θ分布如图 8.5 所示。表 8.2 给出三

种单元的$\sigma_\theta^{\max}/\sigma_0$值，由图 8.5 及表 8.2 可见，对于$[+45/-45]_s$板，Case A 的$\sigma_\theta^{\max}/\sigma_0=6.395$（$\theta=31.74°$）十分接近参考解$\sigma_\theta^{\max}/\sigma_0=6.622$（$\theta=32.40°$），误差仅为−3.4%。其提供的孔边环向应力分布，也十分接近参考解。而 Case B、Case C 的结果较大地偏离了参考解。所以以下仅对 Case A 与 SLR10 两种单元进行对比，其余两种单元 Case B 及 Case C 舍去。

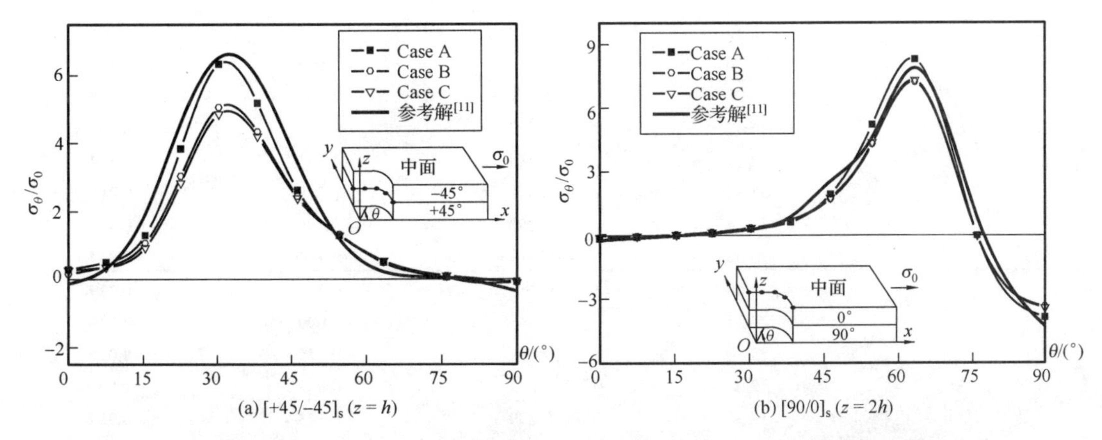

图 8.5　孔边环向应力σ_θ分布(中心横向拟椭圆孔层板承受拉伸)

表 8.2　计算所得孔边最大环向应力$\sigma_\theta^{\max}/\sigma_0$(横向拟椭圆孔层板承受拉伸)

层板		单元类型	自由度总数	$\sigma_\theta^{\max}/\sigma_0$	误差/%	θ/(°)
$[+45/-45]_s$（$z=h$）	1	Case A	1000	6.395	−3.4	31.74
	2	Case B	1000	5.125	−22.6	31.74
	3	Case C	1000	4.971	−24.9	30.36
		参考解[11]	**3195**	**6.622**		**32.40**
$[90/0]_s$（$z=2h$）	1	Case A	614	8.286	5.1	63.44
	2	Case B	614	7.212	−8.5	63.44
	3	Case C	614	7.303	−7.3	63.44
		参考解[11]	**3195**	**7.881**		**63.44**

8.4.2　Case A 与 SLR10 两种元比较

对于中心具有横向拟椭圆孔的$[+45/-45]_s$及$[90/0]_s$层板，用 Case A 及 SLR10 进行计算，得到孔边最大环向应力值由表 8.3 给出。表 8.4 及图 8.6 给出层间环向应力σ_θ沿孔边分布。

表 8.3　计算所得孔边最大环向应力$\sigma_\theta^{\max}/\sigma_0$(横向拟椭圆孔层板承受拉伸)

层板	单元类型	自由度总数	$\sigma_\theta^{\max}/\sigma_0$	误差/%	θ/(°)
$[+45/-45]_s$（$z=h$）	Case A	1000	6.395	−3.4	31.74
	SLR10	1000	6.106	−7.8	32.27
	参考解[11]	**3195**	**6.622**		**32.40**
$[90/0]_s$（$z=2h$）	Case A	614	8.286	5.1	63.44
	SLR10	614	8.190	3.9	63.44
	参考解[11]	**3195**	**7.881**		**63.44**

表 8.4 计算所得孔边环向应力 σ_θ/σ_0 分布(横向拟椭圆孔层板承受拉伸)

层板	θ / (°)	Case A	SLR10	参考解[11]
$[+45/-45]_s$ ($z=h$)	0.00	0.288	0.501	**−0.131**
	7.51	0.496	0.787	**0.322**
	15.40	1.291	1.641	**1.931**
	22.65	3.838	3.858	**4.598**
	30.36	6.338	6.005	**6.529**
	38.23	5.181	5.283	**5.938**
	46.31	2.620	3.156	**3.441**
	54.67	1.286	1.673	**1.174**
	63.44	0.495	0.589	**0.218**
	75.96	0.052	0.106	**0.043**
	90.00	−0.076	−0.104	**−0.364**
$[90/0]_s$ ($z=2h$)	0.00	−0.160	−0.160	**−0.229**
	7.51	−0.086	−0.099	**−0.138**
	15.40	−0.020	−0.045	**−0.029**
	22.65	0.073	0.059	**0.087**
	30.36	0.299	0.318	**0.284**
	38.23	0.618	0.762	**0.873**
	46.31	1.927	2.151	**2.548**
	54.67	5.193	5.637	**4.611**
	63.44	8.286	8.190	**7.881**
	75.96	−0.026	−0.050	**0.827**
	90.00	−3.878	−3.843	**−4.310**

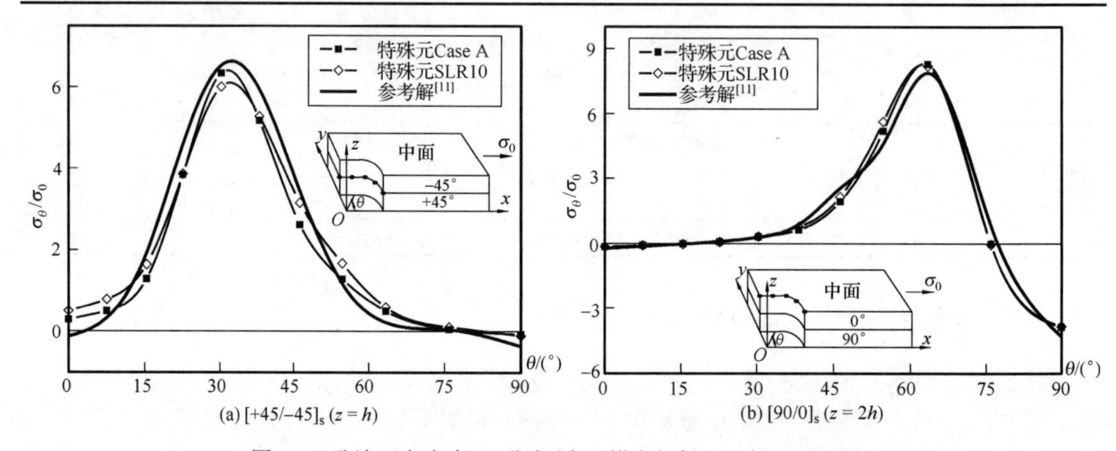

图 8.6 孔边环向应力 σ_θ 分布(中心横向拟椭圆孔板承受拉伸)

表 8.5～表 8.9 及图 8.7～图 8.11 分别给出层间应力 σ_z、$\tau_{\theta z}$ 沿孔边沿分布，及层间应力 σ_r、$\tau_{r\theta}$ 和 τ_{rz} 沿径向($\theta=46.31°$)的分布。

表 8.5 计算所得孔边环向应力 σ_z/σ_0 分布(中心横向拟椭圆孔层板承受拉伸)

层板	θ / (°)	Case A	SLR 10	参考解[11]
$[+45/-45]_s$ ($z=h$)	0.00	0.090	0.091	**−0.152**
	7.51	0.018	0.056	**−0.275**
	15.40	−0.014	0.038	**−0.241**
	22.65	−0.002	0.072	**−0.173**

续表

层板	θ / (°)	Case A	SLR 10	参考解[11]
$[+45/-45]_s$ （$z=h$）	30.36	0.015	0.119	**−0.078**
	38.23	0.021	0.099	**0.007**
	46.31	0.013	0.047	**−0.017**
	54.67	−0.003	0.034	**0.087**
	63.44	−0.054	0.058	**0.029**
	75.96	−0.005	−0.012	**−0.006**
	90.00	0.006	−0.002	**−0.057**
$[90/0]_s$ （$z=2h$）	0.00	0.088	0.051	**−0.061**
	7.51	0.090	0.046	**−0.040**
	15.40	0.086	0.034	**−0.050**
	22.65	0.081	0.034	**−0.018**
	30.36	0.080	0.051	**−0.001**
	38.23	0.071	0.083	**0.028**
	46.31	0.062	0.131	**0.023**
	54.67	0.081	0.074	**−0.016**
	63.44	0.053	−0.004	**−0.016**
	75.96	0.024	0.029	**−0.052**
	90.00	−0.145	−0.123	**−0.047**

表 8.6　计算所得孔边应力 $\tau_{\theta z}/\sigma_0$ 分布（中心横向拟椭圆孔层板承受拉伸）

层板	θ / (°)	Case A	SLR 10	参考解[11]
$[+45/-45]_s$ （$z=h$）	0.00	−0.042	−0.040	**−0.191**
	7.51	−0.066	0.001	**−0.030**
	15.40	−0.083	0.007	**0.038**
	22.65	−0.070	0.042	**0.152**
	30.36	−0.046	0.019	**0.287**
	38.23	−0.021	−0.021	**0.372**
	46.31	0.010	0.014	**0.382**
	54.67	0.011	0.056	**0.371**
	63.44	−0.028	−0.110	**−0.015**
	75.96	0.025	0.002	**−0.041**
	90.00	0.014	0.002	**0.025**
$[90/0]_s$ （$z=2h$）	0.00	−0.008	−0.001	**−0.021**
	7.51	−0.025	−0.031	**−0.001**
	15.40	−0.041	−0.043	**0.008**
	22.65	−0.062	−0.054	**0.012**
	30.36	−0.074	−0.061	**0.037**
	38.23	−0.058	−0.054	**0.128**
	46.31	−0.022	−0.088	**0.209**
	54.67	−0.005	−0.103	**0.155**
	63.44	−0.432	−0.409	**−0.197**
	75.96	0.105	0.126	**−0.261**
	90.00	−0.094	−0.079	**−0.030**

表 8.7　计算所得环向应力 σ_r/σ_0 沿径向分布（$\theta=46.31°$）（中心横向拟椭圆孔层板承受拉伸）

r/a	$[+45/-45]_s$（$z=h$）			$[90/0]_s$（$z=2h$）		
	Case A	SLR10	参考解[11]	Case A	SLR10	参考解[11]
1.28	0.000	0.000	**0.000**	0.000	0.000	**0.000**
1.42	0.406	0.464	**0.410**	0.673	0.733	**0.429**
1.56	0.344	0.346	**0.497**	0.540	0.531	**0.783**
1.73	0.280	0.272	**0.288**	0.494	0.495	**0.609**
1.90	0.143	0.143	**0.126**	0.422	0.421	**0.390**
2.15	−0.152	−0.151	**−0.143**	0.357	0.356	**0.352**
2.40	−0.252	−0.252	**−0.219**	0.221	0.220	**0.318**

表 8.8　计算所得剪应力 $\tau_{r\theta}/\sigma_0$ 沿径向分布（$\theta=46.31°$）（中心横向拟椭圆孔层板承受拉伸）

r/a	$[+45/-45]_s$（$z=h$）			$[90/0]_s$（$z=2h$）		
	Case A	SLR10	参考解[11]	Case A	SLR10	参考解[11]
1.28	0.000	0.000	**0.000**	0.000	0.000	**0.000**
1.42	1.298	1.460	**1.484**	−1.557	−1.686	**−1.222**
1.56	1.253	1.256	**1.362**	−1.305	−1.284	**−1.610**
1.73	1.163	1.148	**1.103**	−1.201	−1.202	**−1.391**
1.90	0.847	0.846	**0.756**	−1.033	−1.028	**−0.884**
2.15	0.119	0.119	**0.137**	−0.887	−0.884	**−0.831**
2.40	−0.146	−0.145	**−0.087**	−0.560	−0.559	**−0.752**

表 8.9　计算所得剪应力 τ_{rz}/σ_0 沿径向分布（$\theta=46.31°$）（中心横向椭圆孔层板承受拉伸）

r/a	$[+45/-45]_s$（$z=h$）			$[90/0]_s$（$z=2h$）		
	Case A	SLR10	参考解[11]	Case A	SLR10	参考解[11]
1.28	0.000	0.000	**0.000**	0.000	0.000	**0.000**
1.42	−0.014	−0.070	**0.009**	−0.036	−0.025	**0.009**
1.56	0.030	0.006	**0.089**	−0.011	−0.012	**0.012**
1.73	0.015	0.007	**0.134**	−0.004	−0.005	**−0.004**
1.90	0.019	0.013	**0.106**	−0.003	−0.003	**−0.015**
2.15	0.057	0.055	**0.077**	−0.009	−0.009	**−0.026**
2.40	0.057	0.055	**0.077**	−0.009	−0.009	**−0.026**

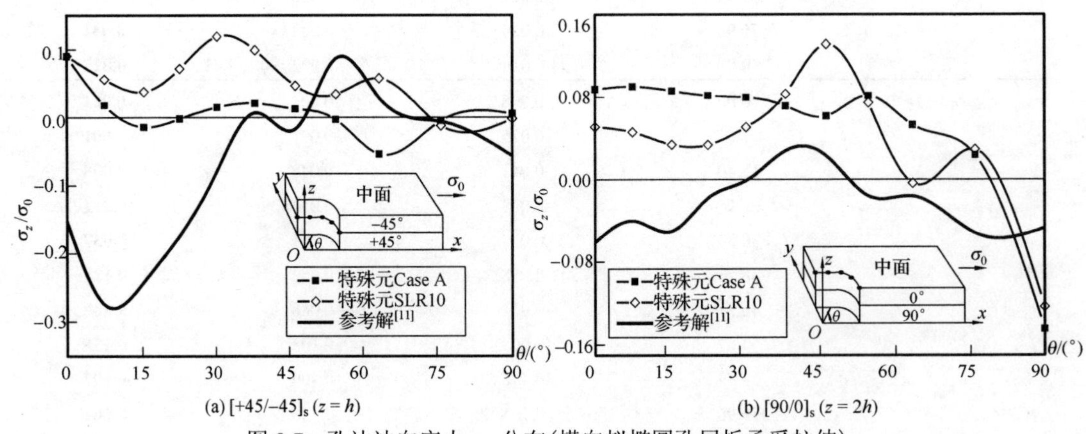

图 8.7　孔边法向应力 σ_z 分布（横向拟椭圆孔层板承受拉伸）

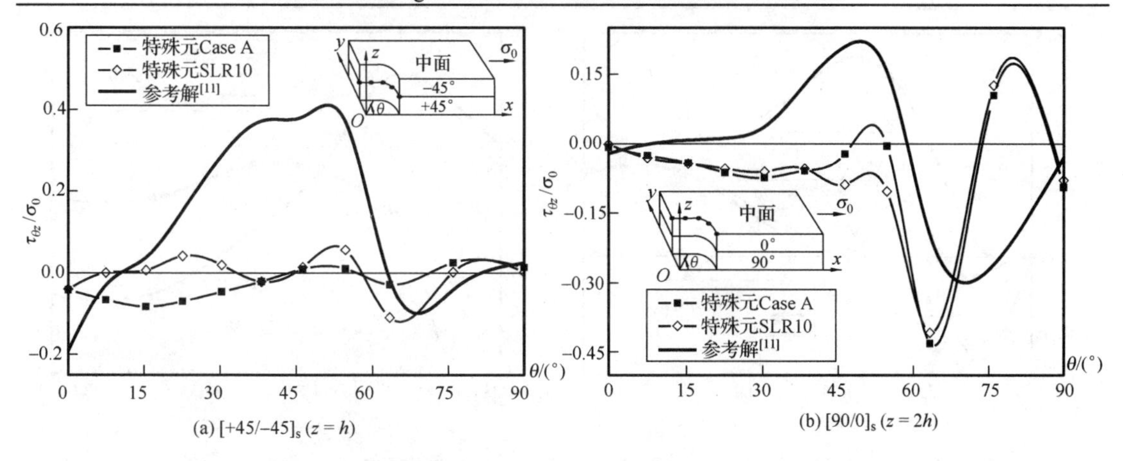

图 8.8　孔边切应力 $\tau_{\theta z}$ 分布(中心横向拟椭圆孔层板承受拉伸)

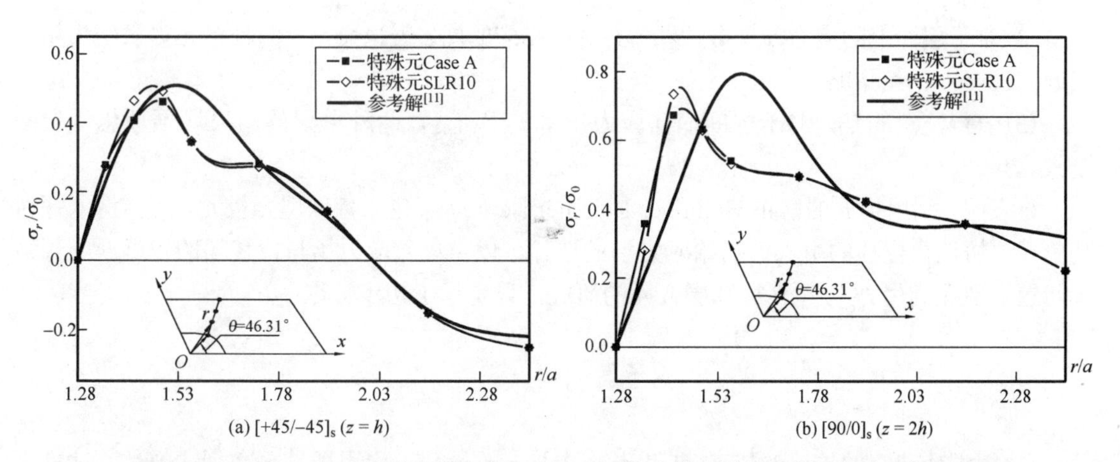

图 8.9　径向应力 σ_r 沿径向分布($\theta = 46.31°$)(中心横向拟椭圆孔层板承受拉伸)

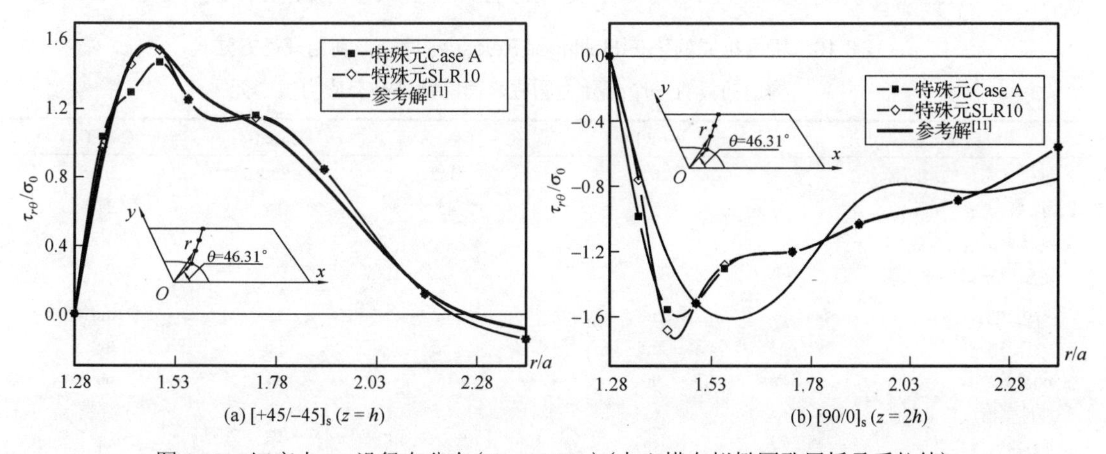

图 8.10　切应力 $\tau_{r\theta}$ 沿径向分布($\theta = 46.31°$)(中心横向拟椭圆孔层板承受拉伸)

由以上结果可见:

(1)现在两种特殊元的解，由表 8.2、表 8.3 及图 8.5、图 8.6 给出的孔边最大环向应力值 $\sigma_\theta^{\max}$ 及孔边环向应力 σ_θ 分布可见，均接近参考解。两者比较，元 Case A 略好一点。

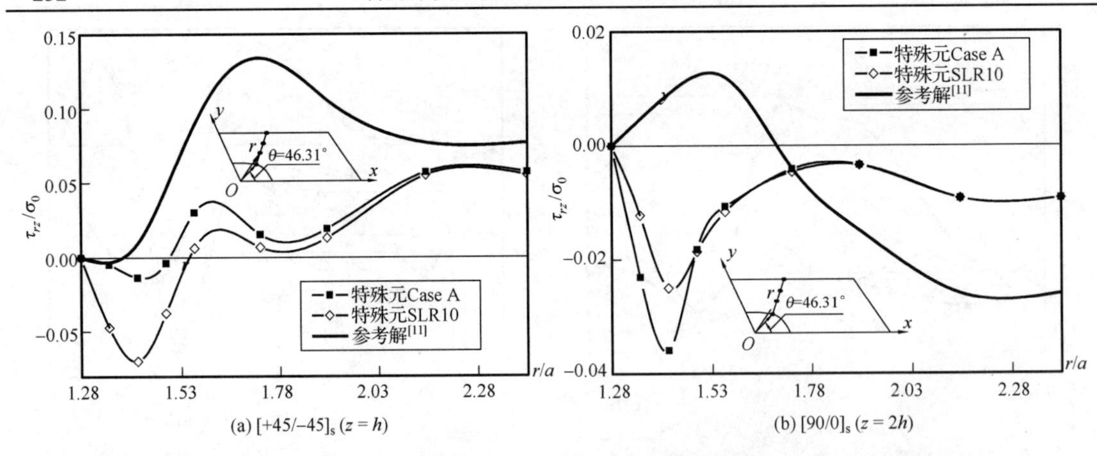

图 8.11　切应力 τ_{rz} 沿径向分布（$\theta = 46.31°$）（中心横向拟椭圆孔层板承受拉伸）

(2) 对于层面上的应力 σ_r，σ_θ 及 $\tau_{r\theta}$，对比相应的图、表也显示，两种单元提供结果精度相近，Case A 的结果略好。

(3) 值得注意的是，对于层间横向应力 σ_z，τ_{rz} 及 $\tau_{\theta z}$，两种单元的结果均不理想，误差较大。

这表明，利用扩展的修正 Hellinger-Reissner 原理 Π_{emR} 建立特殊层合板元，还需深入探讨其单元非协调内位移的引入、初始应力场的选择，以及单元应力场与位移场的正确匹配等诸多问题。现在利用 Π_{emR} 建立特殊层合元的研究，只是作了初步尝试。

8.5　小　　结

(1) 根据所建立的扩展的修正 Hellinger-Reissner 原理，应用理性平衡列式方法，建立了具有一个给定无外力圆柱表面的 10 结点杂交应力层合元，其单元特性汇总列于表 8.10。

表 8.10　根据扩展的修正 Hellinger-Reissner 原理，利用理性方法构造的具有一个无外力圆柱表面的特殊杂交应力层合元

单元名称		SLR10	Case A	Case B	Case C
1 每层 $\boldsymbol{u}$ 完整的最高幂次		3rd	3rd	2nd	3rd
2 $\boldsymbol{u}_\lambda$ 数	$n=$	54	45	15	27
3 刚体自由度	$r=$	6	6	6	6
4 完整的 $\boldsymbol{\sigma}$ 最高幂次					
$\sigma_r, \sigma_\theta, \tau_{r\theta}$		2nd	2nd	2nd	2nd
$\sigma_z, \tau_{rz}, \tau_{\theta z}$		2nd	2nd	1st	2nd
$\boldsymbol{\sigma}$ 总数	$j=$	90	75	51	60
5 理性平衡法约束条件 +无外力边条条件	$i=$	54	45	27	31
6 层间应力连续条件 +下表面无外力条件	$k=$	21	14	10	15
7 独立应力参数 β 总数	$m=j-i-k$	15	16	14	14
参考文献		田, 杨, 等(2008, 2015)[2,6]	杨(2006)[7,8]	杨(2006)[7,8]	杨(2006)[7,8]

(2) 根据一种扩展的修正 Hellinger-Reissner 原理，依据理性平衡方法，所建立的特殊层

合元，纵然在较粗网格下，可以提供比较准确的环向应力σ_θ及近似的层间应力σ_r及$\tau_{r\theta}$，但是从所提供的三维 6 个应力分量全面来看，现在利用Π_{emR}所建立的特殊层合元，显然不如利用Π_{emc}所建立的特殊层合元，有待进一步改进。

参 考 文 献

[1] 田宗漱, 卞学镄(Pian T H H). 多变量变分原理与多变量有限元方法. 2 版. 北京：科学出版社，2014

[2] 田宗漱, 杨庆平, 王安平. 扩展的 Hellinger-Reissner 原理及特殊层合杂交应力元. 固体力学学报, 2015. 36(2): 185-196

[3] Tian Z S, Tian Z R. Further study of construction of axisymmetric finite element by hybrid stress method. Proc EMPESC'Ⅲ, Macao, 1990. 549-558

[4] Tian Z S, Tian J. New axisymmetric solid element by an extended Hellinger-Reissner principle. Proc ICES'92, 1992: 77

[5] Yang Q P, Tian Z S. Special hybrid multilayer finite elements for 3-D stress analyses around holes in laminated composites. CD-ROM 2007 Int Symp on Comput Mech, Beijing, 2007

[6] Yang Q P, Tian Z S, Zhang X Q. Special hybrid multilayer finite elements for 3-D stress analyses a round hole in laminated composites. CD-ROM WCCM'VIII and ECCOMAS 2008, Venice, 2008

[7] 杨庆平, 王安平, 田宗漱. 分析层合材料槽孔应力的新型特殊层合杂交应力元. 船舶力学, 2018. 22(1): 66-72

[8] 杨庆平. 用新型杂交应力元分析层合材料槽孔三维应力分布[博士学位论文]. 北京: 中国科学院研究生院, 2006

[9] Tian Z S, Zhao F D. Stress analysis of straight boundary in laminated composites by special hybrid finite element. Proc and CD-ROM WCCM'Ⅴ, Vienna, 2002: 437

[10] Pian T H H, Mau S T. Some recent studies in assumed stress hybrid models //Oden J T, Clough R W, Yamamoto Y. Advances in Computational Methods in Structural Mechanics and Design. Alabama: University of Alabama Press, 1972: 87-106

[11] ANSYS Program 5.7. Element 'Solid 46'

附　录　A

将第 4 章具有一个给定外力圆柱表面特殊杂交应力元汇总，列于附录 A。首先图 A.1～图 A.3 给出各种特殊元的形状，附录 A 中各表给出各种特殊元应力场的具体表达式及根据数值结果筛选出的各种单元。

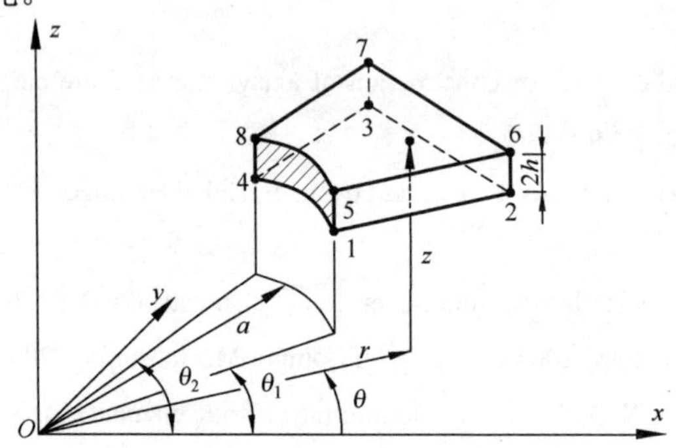

图 A.1　具有一个给定无外力圆柱表面的三维 8 结点元

（应力类型Ⅰ, SC8Ⅰ元；应力类型Ⅱ, SC8　Ⅱ元；应力类型Ⅲ, SC8　Ⅲ元）

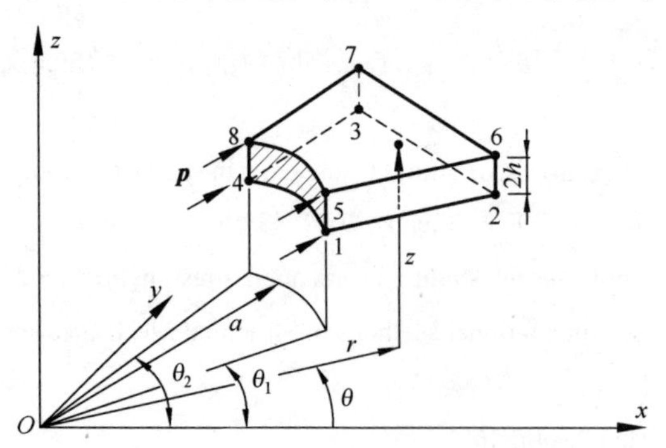

图 A.2　具有一个均匀受压圆柱表面的三维 8 结点元

（应力类型Ⅰ, SC8Ⅰ2 元）

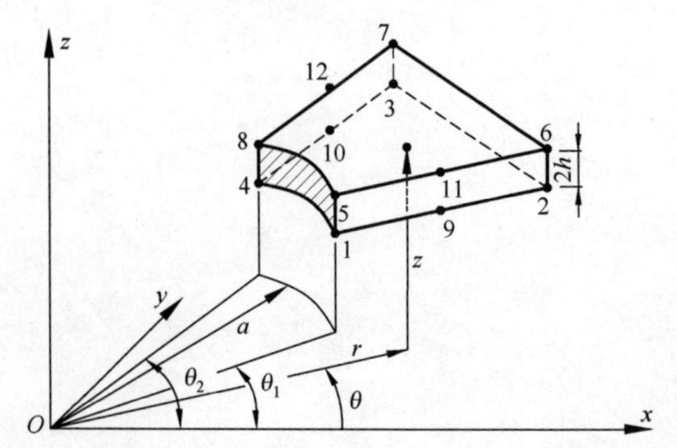

图 A.3　具有一个给定无外力圆柱表面的三维 12 结点元

（应力类型Ⅰ, SC12Ⅰ元；应力类型Ⅳ, SC12　Ⅳ元）

1. 类型Ⅰ

1)应力分量的应力函数表达式

$$
\begin{aligned}
\sigma_r &= \frac{1}{r}\frac{\partial \phi_1}{\partial r}+\frac{1}{r^2}\frac{\partial \phi_1}{\partial \theta^2}+z\left(\frac{1}{r}\frac{\partial \phi_2}{\partial r}+\frac{1}{r^2}\frac{\partial^2 \phi_2}{\partial \theta^2}\right)\\
\sigma_\theta &= \frac{\partial^2 \phi_1}{\partial r^2}+z\frac{\partial^2 \phi_2}{\partial r^2}\\
\tau_{r\theta} &= \frac{1}{r^2}\frac{\partial \phi_1}{\partial \theta}-\frac{1}{r}\frac{\partial^2 \phi_1}{\partial r\partial \theta}+z\left(\frac{1}{r^2}\frac{\partial \phi_2}{\partial \theta}-\frac{1}{r}\frac{\partial^2 \phi_2}{\partial r\partial \theta}\right)\\
\tau_{rz} &= \frac{1}{r}\frac{\partial \phi_3}{\partial r}\\
\tau_{z\theta} &= \frac{1}{r}\frac{\partial \phi_3}{\partial r\partial \theta}\\
\sigma_z &= \phi_4(r,\theta)-\frac{z}{r}\left(\frac{\partial^2 \phi_3}{\partial r^2}+\frac{1}{r}\frac{\partial^3 \phi_3}{\partial r\partial \theta^2}\right)
\end{aligned}
\tag{1}
$$

2)8 结点三维元 SC8Ⅰ1(圆柱面上无外力作用，图 A.1)

$$
\begin{aligned}
\sigma_r &= \left(1-\frac{a^2}{r^2}\right)\beta_1+\left(1-4\frac{a^2}{r^2}+3\frac{a^4}{r^4}\right)(\beta_2\cos 2\theta+\beta_3\sin 2\theta)\\
&\quad +r\left(1-\frac{a^4}{r^4}\right)(\beta_4\cos\theta+\beta_5\sin\theta)+r\left(1-\frac{5a^4}{r^4}+\frac{4a^6}{r^6}\right)(\beta_6\cos 3\theta+\beta_7\sin 3\theta)\\
&\quad +z\left[\left(1-\frac{a^2}{r^2}\right)\beta_8+\left(1-4\frac{a^2}{r^2}+3\frac{a^4}{r^4}\right)(\beta_9\cos 2\theta+\beta_{10}\sin 2\theta)\right]\\
\sigma_\theta &= \left(1+\frac{a^2}{r^2}\right)\beta_1-\left(1+3\frac{a^4}{r^4}\right)(\beta_2\cos 2\theta+\beta_3\sin 2\theta)\\
&\quad +r\left(3+\frac{a^4}{r^4}\right)(\beta_4\cos\theta+\beta_5\sin\theta)-r\left(1-\frac{a^4}{r^4}+4\frac{a^6}{r^6}\right)(\beta_6\cos 3\theta+\beta_7\sin 3\theta)\\
&\quad +z\left[\left(1+\frac{a^2}{r^2}\right)\beta_8-\left(1+3\frac{a^4}{r^4}\right)(\beta_9\cos 2\theta+\beta_{10}\sin 2\theta)\right]\\
\tau_{r\theta} &= -\left(1+2\frac{a^2}{r^2}-3\frac{a^4}{r^4}\right)(\beta_2\sin 2\theta-\beta_3\cos 2\theta)+r\left(1-\frac{a^4}{r^4}\right)(\beta_4\sin\theta-\beta_5\cos\theta)\\
&\quad -r\left(1+3\frac{a^4}{r^4}-4\frac{a^6}{r^6}\right)(\beta_6\sin 3\theta-\beta_7\cos 3\theta)\\
&\quad -z\left(1+2\frac{a^2}{r^2}-3\frac{a^4}{r^4}\right)(\beta_9\sin 2\theta-\beta_{10}\cos 2\theta)\\
\tau_{rz} &= \left(1-\frac{a^2}{r^2}\right)\beta_{11}+r\left(1-\frac{a^4}{r^4}\right)(\beta_{12}\cos\theta+\beta_{13}\sin\theta)+\left(1-\frac{a^4}{r^4}\right)(\beta_{14}\sin 2\theta+\beta_{15}\cos 2\theta)
\end{aligned}
\tag{1}^1
$$

$$\tau_{z\theta}=-r\left(1-\frac{a^4}{r^4}\right)(\beta_{12}\sin\theta-\beta_{13}\cos\theta)-2\left(1-\frac{a^4}{r^4}\right)(\beta_{14}\cos2\theta+\beta_{15}\sin2\theta)$$

$$\sigma_z=\beta_{16}+r\beta_{17}+\theta\beta_{18}-\frac{z}{r}\left[\left(1+\frac{a^2}{r^2}\right)\beta_{11}+r\left(1+3\frac{a^4}{r^4}\right)(\beta_{12}\cos\theta+\beta_{13}\sin\theta)\right.$$
$$\left.+\left(3-7\frac{a^4}{r^4}\right)(\beta_{14}\sin2\theta-\beta_{15}\cos2\theta)\right]$$

3) 8 结点三维元 SC8 I 2(圆柱面上承受均匀径向压力 $\boldsymbol{p}$ 作用，图 A.2)

$$\sigma_r=p+\left(1-\frac{a^2}{r^2}\right)\beta_1+\left(1-4\frac{a^2}{r^2}+3\frac{a^4}{r^4}\right)(\beta_2\cos2\theta+\beta_3\sin2\theta)$$
$$+r\left(1-\frac{a^4}{r^4}\right)(\beta_4\cos\theta+\beta_5\sin\theta)+r\left(1-5\frac{a^4}{r^4}+4\frac{a^6}{r^6}\right)(\beta_6\cos3\theta+\beta_7\sin3\theta)$$
$$+z\left[\left(1-\frac{a^2}{r^2}\right)\beta_8+\left(1-4\frac{a^2}{r^2}+3\frac{a^4}{r^4}\right)(\beta_9\cos2\theta+\beta_{10}\sin2\theta)\right]$$

$$\sigma_\theta=\left(1+\frac{a^2}{r^2}\right)\beta_1-\left(1+3\frac{a^4}{r^4}\right)(\beta_2\cos2\theta+\beta_3\sin2\theta)$$
$$+r\left(3+\frac{a^4}{r^4}\right)(\beta_4\cos\theta+\beta_5\sin\theta)-r\left(1-\frac{a^4}{r^4}+4\frac{a^6}{r^6}\right)(\beta_6\cos3\theta+\beta_7\sin3\theta)$$
$$+z\left[\left(1+\frac{a^2}{r^2}\right)\beta_8-\left(1+3\frac{a^4}{r^4}\right)(\beta_9\cos2\theta+\beta_{10}\sin2\theta)\right]$$

$$\tau_{r\theta}=-\left(1+2\frac{a^2}{r^2}-3\frac{a^4}{r^4}\right)(\beta_2\sin2\theta-\beta_3\cos2\theta)+r\left(1-\frac{a^4}{r^4}\right)(\beta_4\sin\theta-\beta_5\cos\theta)$$
$$-r\left(1+3\frac{a^4}{r^4}-4\frac{a^6}{r^6}\right)(\beta_6\sin3\theta-\beta_7\cos3\theta)$$
$$-z\left(1+2\frac{a^2}{r^2}-3\frac{a^4}{r^4}\right)(\beta_9\sin2\theta-\beta_{10}\cos2\theta)$$

$$\tau_{rz}=\left(1-\frac{a^2}{r^2}\right)\beta_{11}+r\left(1-\frac{a^4}{r^4}\right)(\beta_{12}\cos\theta+\beta_{13}\sin\theta)+\left(1-\frac{a^4}{r^4}\right)(\beta_{14}\sin2\theta+\beta_{15}\cos2\theta)\qquad(1)^2$$

$$\tau_{z\theta}=-r\left(1-\frac{a^4}{r^4}\right)(\beta_{12}\sin\theta-\beta_{13}\cos\theta)-2\left(1-\frac{a^4}{r^4}\right)(\beta_{14}\cos2\theta+\beta_{15}\sin2\theta)$$

$$\sigma_z=\beta_{16}+r\beta_{17}+\theta\beta_{18}-\frac{z}{r}\left[\left(1+\frac{a^2}{r^2}\right)\beta_{11}+r\left(1+3\frac{a^4}{r^4}\right)(\beta_{12}\cos\theta+\beta_{13}\sin\theta)\right.$$
$$\left.+\left(3-7\frac{a^4}{r^4}\right)(\beta_{14}\sin2\theta-\beta_{15}\cos2\theta)\right]$$

4) 12 结点三维元 SC12 I (圆柱面上无外力作用，图 A.3)

(1) 应力场

$$
\begin{aligned}
\sigma_r &= \left(1-\frac{a^2}{r^2}\right)\beta_1 + \left(1-\frac{4a^2}{r^2}+\frac{3a^4}{r^4}\right)(\beta_2\cos 2\theta+\beta_3\sin 2\theta) \\
&+r\left(1-\frac{a^4}{r^4}\right)(\beta_4\cos\theta+\beta_5\sin\theta)+r\left(1-\frac{5a^4}{r^4}+\frac{4a^6}{r^6}\right)(\beta_6\cos 3\theta+\beta_7\sin 3\theta) \\
&+r^2\left(1-\frac{6a^6}{r^6}+\frac{5a^8}{r^8}\right)(\beta_8\cos 4\theta+\beta_9\sin 4\theta) \\
&+z\left[\left(1-\frac{a^2}{r^2}\right)\beta_{10}+\left(1-\frac{4a^2}{r^2}+\frac{3a^4}{r^4}\right)(\beta_{11}\cos 2\theta+\beta_{12}\sin 2\theta)\right. \\
&+r\left(1-\frac{a^4}{r^4}\right)(\beta_{13}\cos\theta+\beta_{14}\sin\theta) \\
&\left.+r\left(1-\frac{5a^4}{r^4}+\frac{4a^6}{r^6}\right)(\beta_{15}\cos 3\theta+\beta_{16}\sin 3\theta)\right]
\end{aligned}
$$

$$
\begin{aligned}
\sigma_\theta &= \left(1+\frac{a^2}{r^2}\right)\beta_1 - \left(1+\frac{3a^4}{r^4}\right)(\beta_2\cos 2\theta+\beta_3\sin 2\theta) \\
&+r\left(3+\frac{a^4}{r^4}\right)(\beta_4\cos\theta+\beta_5\sin\theta)-r\left(1-\frac{a^4}{r^4}+\frac{4a^6}{r^6}\right)(\beta_6\cos 3\theta+\beta_7\sin 3\theta) \\
&-r^2\left(1-\frac{2a^6}{r^6}+\frac{5a^8}{r^8}\right)(\beta_8\cos 4\theta+\beta_9\sin 4\theta) \\
&+z\left[\left(1+\frac{a^2}{r^2}\right)\beta_{10}-\left(1+\frac{3a^4}{r^4}\right)(\beta_{11}\cos 2\theta+\beta_{12}\sin 2\theta)\right. \\
&+r\left(3+\frac{a^4}{r^4}\right)(\beta_{13}\cos\theta+\beta_{14}\sin\theta) \\
&\left.-r\left(1-\frac{a^4}{r^4}+\frac{4a^6}{r^6}\right)(\beta_{15}\cos 3\theta+\beta_{16}\sin 2\theta)\right] \qquad (1)^3
\end{aligned}
$$

$$
\begin{aligned}
\tau_{r\theta} &= -\left(1+\frac{2a^2}{r^2}-\frac{3a^4}{r^4}\right)(\beta_2\sin 2\theta-\beta_3\cos 2\theta) \\
&+r\left(1-\frac{a^4}{r^4}\right)(\beta_4\sin\theta-\beta_5\sin\theta)-r\left(1+\frac{3a^4}{r^4}-\frac{4a^6}{r^6}\right)(\beta_6\sin 3\theta-\beta_7\cos 3\theta) \\
&-r^2\left(1+\frac{4a^6}{r^6}-\frac{5a^8}{r^8}\right)(\beta_8\sin 4\theta-\beta_9\cos 4\theta) \\
&+z\left[\left(1+\frac{2a^2}{r^2}-\frac{3a^4}{r^4}\right)(-\beta_{11}\sin 2\theta+\beta_{12}\cos 2\theta)+r\left(1-\frac{a^4}{r^4}\right)(\beta_{13}\sin\theta-\beta_{14}\cos\theta)\right. \\
&\left.+r\left(1+\frac{3a^4}{r^4}-\frac{4a^6}{r^6}\right)(-\beta_{15}\sin 3\theta+\beta_{16}\cos 3\theta)\right]
\end{aligned}
$$

$$
\begin{aligned}
\tau_{rz} = &\left(1-\frac{a^2}{r^2}\right)\beta_{17} + \left(1-\frac{a^4}{r^4}\right)(\beta_{18}\cos 2\theta + \beta_{19}\sin 2\theta) \\
&+r\left(1-\frac{a^4}{r^4}\right)(\beta_{20}\cos\theta + \beta_{21}\sin\theta) + r\left(1-\frac{a^6}{r^6}\right)(\beta_{22}\cos 3\theta + \beta_{23}\sin 3\theta) \\
&+r^2\left(1-\frac{a^6}{r^6}\right)(\beta_{24}\cos 2\theta + \beta_{25}\sin 2\theta) + r^2\left(1-\frac{a^8}{r^8}\right)(\beta_{26}\cos 4\theta + \beta_{27}\sin 4\theta) \\
&-\frac{1}{a^3}\left(\frac{a^3}{r^3}-\frac{a^5}{r^5}\right)(\beta_{31}\cos 3\theta + \beta_{32}\sin 3\theta) - \frac{1}{a^4}\left(\frac{a^4}{r^4}-\frac{a^6}{r^6}\right)(\beta_{33}\cos 4\theta + \beta_{34}\sin 4\theta)
\end{aligned}
$$

$$
\begin{aligned}
\tau_{\theta z} = &-2\left(1-\frac{a^4}{r^4}\right)(\beta_{18}\sin 2\theta - \beta_{19}\cos 2\theta) - r\left(1-\frac{a^4}{r^4}\right)(\beta_{20}\sin\theta - \beta_{21}\cos\theta) \\
&-3r\left(1-\frac{a^6}{r^6}\right)(\beta_{22}\sin 3\theta - \beta_{23}\cos 3\theta) - 2r^2\left(1-\frac{a^6}{r^6}\right)(\beta_{24}\sin 2\theta - \beta_{25}\cos 2\theta) \\
&-4r^2\left(1-\frac{a^8}{r^8}\right)(\beta_{26}\sin 4\theta - \beta_{27}\cos 4\theta) + \frac{3}{a^3}\left(\frac{a^3}{r^3}-\frac{a^5}{r^5}\right)(\beta_{31}\sin 3\theta - \beta_{32}\cos 3\theta) \\
&+\frac{4}{a^4}\left(\frac{a^4}{r^4}-\frac{a^6}{r^6}\right)(\beta_{33}\sin 4\theta - \beta_{34}\cos 4\theta)
\end{aligned}
$$

$$
\begin{aligned}
\sigma_z = \beta_{28} + r\beta_{29} + \theta\beta_{30} - \frac{z}{r}\Bigg[&\left(1+\frac{a^2}{r^2}\right)\beta_{17} - \left(3-\frac{7a^4}{r^4}\right)(\beta_{18}\cos 2\theta + \beta_{19}\sin 2\theta) \\
&+r\left(1+\frac{3a^4}{r^4}\right)(\beta_{20}\cos\theta + \beta_{21}\sin\theta) - r\left(7-\frac{13a^6}{r^6}\right)(\beta_{22}\cos 3\theta + \beta_{23}\sin 3\theta) \\
&-r^2\left(1-\frac{7a^6}{r^6}\right)(\beta_{24}\cos 2\theta + \beta_{25}\sin 2\theta) - r^2\left(13-\frac{21a^8}{r^8}\right)(\beta_{26}\cos 4\theta + \beta_{27}\sin 4\theta) \\
&-\frac{1}{a^3}\left(\frac{11a^3}{r^3}-\frac{13a^5}{r^5}\right)(\beta_{31}\cos 3\theta + \beta_{32}\sin 3\theta) + \frac{1}{a^4}\left(\frac{19a^4}{r^4}-\frac{21a^6}{r^6}\right)(\beta_{33}\cos 4\theta + \beta_{34}\sin 4\theta)\Bigg]
\end{aligned}
$$

(2) 依式 $(1)^3$ 建立的各种单元数值计算结果

从式 $(1)^3$ 建立的单元中，消去以下表 A.1 所列应力参数 β，得到四种 12 结点三维元 SC12 I（A，B，C 及 D）。此表最后一行消去有关应力参数，得到一种 8 结点三维元 E。

表 A.1　从式 $(1)^3$ 消去应力参数 β_i 所得特殊元

单元	消去的应力参数 β_i	单元 β 数	第 4 章表 4.1 中命名
	12 结点元		
A	31～34	30	SC12 I
B	0	34	—
C	15, 16, 33, 34	30	—
D	15, 16	32	—
	8 结点元		
E	8, 9, 13～16, 22～27, 31～34	18	

数值算例表明，12 结点元 A 给出较其余三种 12 结点元 B、C、D 及 8 结点元 E 更准确的环向应力 σ_θ。但所有这 5 种元，均不提供准确的应力 σ_z。

2. 类型Ⅱ

1)应力分量的应力函数表达式

$$\begin{aligned}
\sigma_r &= \frac{1}{r}\frac{\partial\phi_1}{\partial r}+\frac{1}{r^2}\frac{\partial^2\phi_1}{\partial\theta^2}+z\left(\frac{1}{r}\frac{\partial\phi_2}{\partial r}+\frac{1}{r^2}\frac{\partial^2\phi_2}{\partial\theta^2}\right)\\
\sigma_\theta &= \frac{\partial^2\phi_1}{\partial r^2}+z\frac{\partial^2\phi_2}{\partial r^2}\\
\tau_{r\theta} &= \frac{1}{r^2}\frac{\partial\phi_1}{\partial\theta}-\frac{1}{r}\frac{\partial^2\phi_2}{\partial r\partial\theta}-\frac{1}{r}\frac{\partial\phi_3}{\partial r}+z\left(\frac{1}{r^2}\frac{\partial\phi_2}{\partial\theta}-\frac{1}{r}\frac{\partial^2\phi_2}{\partial r\partial\theta}\right)\\
\tau_{rz} &= \frac{1}{r}\frac{\partial\phi_3}{\partial r}+\frac{z}{r^2}\frac{\partial^2\phi_3}{\partial r\partial\theta}\\
\tau_{z\theta} &= \frac{1}{r}\frac{\partial^2\phi_3}{\partial r\partial\theta}+\frac{z}{r}\frac{\partial^2\phi_3}{\partial r^2}+\frac{z}{r^2}\frac{\partial\phi_3}{\partial r}\\
\sigma_z &= \phi_4(r,\theta)-z\left(\frac{1}{r}\frac{\partial^2\phi_3}{\partial r^2}+\frac{1}{r^2}\frac{\partial^3\phi_3}{\partial r\partial\theta^2}+\frac{z}{r^2}\frac{\partial^3\phi_3}{\partial r^2\partial\theta}\right)
\end{aligned} \tag{2}$$

2)8 结点三维元 SC8Ⅱ的应力场(圆柱面上无外力作用，图 A.1)

$$\begin{aligned}
\sigma_r &= \left(1-\frac{a^2}{r^2}\right)\beta_1+\left(1-4\frac{a^2}{r^2}+3\frac{a^4}{r^4}\right)(\beta_2\cos2\theta+\beta_3\sin2\theta)\\
&\quad +r\left(1-\frac{a^4}{r^4}\right)(\beta_4\cos\theta+\beta_5\sin\theta)+r\left(1-5\frac{a^4}{r^4}+4\frac{a^6}{r^6}\right)(\beta_6\cos3\theta+\beta_7\sin3\theta)\\
&\quad +z\left[\left(1-\frac{a^2}{r^2}\right)\beta_8+\left(1-4\frac{a^2}{r^2}+3\frac{a^4}{r^4}\right)(\beta_9\cos2\theta+\beta_{10}\sin2\theta)\right]\\
\sigma_\theta &= \left(1+\frac{a^2}{r^2}\right)\beta_1-\left(1+3\frac{a^4}{r^4}\right)(\beta_2\cos2\theta+\beta_3\sin2\theta)\\
&\quad +r\left(3+\frac{a^4}{r^4}\right)(\beta_4\cos\theta+\beta_5\sin\theta)-r\left(1-\frac{a^4}{r^4}+4\frac{a^6}{r^6}\right)(\beta_6\cos3\theta+\beta_7\sin3\theta)\\
&\quad +z\left[\left(1+\frac{a^2}{r^2}\right)\beta_8-\left(1+3\frac{a^4}{r^4}\right)(\beta_9\cos2\theta+\beta_{10}\sin2\theta)\right]\\
\tau_{r\theta} &= -\left(1+2\frac{a^2}{r^2}-3\frac{a^4}{r^4}\right)(\beta_2\sin2\theta-\beta_3\cos2\theta)+r\left(1-\frac{a^4}{r^4}\right)(\beta_4\sin\theta-\beta_5\cos\theta)\\
&\quad -r\left(1+3\frac{a^4}{r^4}-4\frac{a^6}{r^6}\right)(\beta_6\sin3\theta-\beta_7\cos3\theta)-\left(1-\frac{a^2}{r^2}\right)\beta_{11}\\
&\quad -r\left(1-\frac{a^4}{r^4}\right)(-\beta_{16}\cos\theta+\beta_{17}\sin\theta)-z\left(1+2\frac{a^2}{r^2}-3\frac{a^4}{r^4}\right)(\beta_9\sin2\theta-\beta_{10}\cos2\theta)
\end{aligned} \tag{2^1}$$

$$\tau_{rz}=\left(1-\frac{a^2}{r^2}\right)\beta_{11}+r\left(1-\frac{a^4}{r^4}\right)(\beta_{12}\cos\theta+\beta_{13}\sin\theta)$$
$$+\left(1-\frac{a^4}{r^4}\right)(\beta_{14}\cos2\theta+\beta_{15}\sin2\theta)-z\left(1-\frac{a^4}{r^4}\right)(\beta_{16}\sin\theta-\beta_{17}\cos2\theta)$$

$$\tau_{z\theta}=\frac{2z}{r}\beta_{11}-r\left(1-\frac{a^4}{r^4}\right)(\beta_{12}\sin\theta-\beta_{13}\cos\theta)-2\left(1-\frac{a^4}{r^4}\right)(\beta_{14}\cos2\theta-\beta_{15}\cos2\theta)$$
$$+z\left(3+\frac{a^4}{r^4}\right)(\beta_{16}\cos\theta+\beta_{17}\sin\theta)$$

$$\sigma_z=\beta_{18}+r\beta_{19}+\theta\beta_{20}-\frac{z}{r}\left[\left(1+\frac{a^2}{r^2}\right)\beta_{11}+r\left(1+3\frac{a^4}{r^4}\right)(\beta_{12}\cos\theta+\beta_{13}\sin\theta)\right.$$
$$\left.-\left(3-7\frac{a^4}{r^4}\right)(\beta_{14}\sin2\theta+\beta_{15}\cos2\theta)\right]+\frac{2z^2}{r}\left(1+\frac{a^4}{r^4}\right)(\beta_{16}\sin\theta-\beta_{17}\cos\theta)$$

3)数值计算结果

式$(2)^1$给出一种含有20–β的三维元SC8 Ⅱ。从式$(2)^1$中消去β_{20}又可以得到另一种具有19个应力参数β的三维元G，如表A.2所示。

表A.2　从式$(2)^1$消去应力参数β_i所得特殊元

单元	消去的应力参数β_i	单元β数	第4章表4.1中命名
F	—	20	SC8 Ⅱ
G	20	19	—

数值计算显示，这两种SC8 Ⅱ三维元结果十分相近。

3. 类型Ⅲ

1)应力场的应力分量表达式

$$\begin{aligned}
\sigma_r&=\frac{1}{r}\frac{\partial\phi_1}{\partial r}+\frac{1}{r^2}\frac{\partial^2\phi_1}{\partial\theta^2}+z\left(\frac{1}{r}\frac{\partial\phi_2}{\partial r}+\frac{1}{r^2}\frac{\partial^2\phi_2}{\partial\theta^2}\right)\\
\sigma_\theta&=\frac{\partial^2\phi_1}{\partial r^2}+z\frac{\partial^2\phi_2}{\partial r^2}\\
\tau_{r\theta}&=\frac{1}{r^2}\frac{\partial\phi_1}{\partial\theta}-\frac{1}{r}\frac{\partial^2\phi_1}{\partial r\partial\theta}+z\left(\frac{1}{r^2}\frac{\partial\phi_2}{\partial\theta}-\frac{1}{r}\frac{\partial^2\phi_2}{\partial r\partial\theta}\right)-\frac{\partial\phi_3}{\partial r}\\
\tau_{rz}&=\frac{1}{r}\frac{\partial\phi_3}{\partial r}+\frac{z}{r}\frac{\partial^2\phi_3}{\partial r\partial\theta}\\
\tau_{z\theta}&=\frac{1}{r}\frac{\partial^2\phi_3}{\partial r\partial\theta}+z\left(\frac{\partial^2\phi_3}{\partial r^2}+\frac{2}{r}\frac{\partial\phi_3}{\partial r}\right)\\
\sigma_z&=\phi_4(r,\theta)-\frac{z}{r}\left(\frac{\partial^2\phi_3}{\partial r^2}+\frac{1}{r}\frac{\partial^3\phi_3}{\partial r\partial\theta^2}\right)-\frac{z^2}{r}\left(\frac{\partial^3\phi_3}{\partial r^2\partial\theta}+\frac{1}{r}\frac{\partial^2\phi_3}{\partial r\partial\theta}\right)
\end{aligned}\tag{3}$$

2) 12 结点三维元 SC12 Ⅲ应力场(圆柱面上无外力作用，图 A.3)

$$
\begin{aligned}
\sigma_r =& \left(1-\frac{a^2}{r^2}\right)\beta_1+\left(1-\frac{4a^2}{r^2}+\frac{3a^4}{r^4}\right)(\beta_2\cos 2\theta+\beta_3\sin 2\theta)\\
&+r\left(1-\frac{a^4}{r^4}\right)(\beta_4\cos\theta+\beta_5\sin\theta)+r\left(1-\frac{5a^4}{r^4}+\frac{4a^6}{r^6}\right)(\beta_6\cos 3\theta+\beta_7\sin 3\theta)\\
&+r^2\left(1-\frac{6a^6}{r^6}+\frac{5a^8}{r^8}\right)(\beta_8\cos 4\theta+\beta_9\sin 4\theta)\\
&+z\left[\left(1-\frac{a^2}{r^2}\right)\beta_{10}+\left(1-\frac{4a^2}{r^2}+\frac{3a^4}{r^4}\right)(\beta_{11}\cos 2\theta+\beta_{12}\sin 2\theta)\right.\\
&\left.+r\left(1-\frac{a^4}{r^4}\right)(\beta_{13}\cos\theta+\beta_{14}\sin\theta)+r\left(1-\frac{5a^4}{r^4}+\frac{4a^6}{r^6}\right)(\beta_{15}\cos 3\theta+\beta_{16}\sin 3\theta)\right]\\
\sigma_\theta =& \left(1+\frac{a^2}{r^2}\right)\beta_1-\left(1+\frac{3a^4}{r^4}\right)(\beta_2\cos 2\theta+\beta_3\sin 2\theta)\\
&+r\left(3+\frac{a^4}{r^4}\right)(\beta_4\cos\theta+\beta_5\sin\theta)-r\left(1-\frac{a^4}{r^4}+\frac{4a^6}{r^6}\right)(\beta_6\cos 3\theta+\beta_7\sin 3\theta)\\
&-r^2\left(1-\frac{2a^6}{r^6}+\frac{5a^8}{r^8}\right)(\beta_8\cos 4\theta+\beta_9\sin 4\theta)\\
&+z\left[\left(1+\frac{a^2}{r^2}\right)\beta_{10}-\left(1+\frac{3a^4}{r^4}\right)(\beta_{11}\cos 2\theta+\beta_{12}\sin 2\theta)\right.\\
&\left.+r\left(3+\frac{a^4}{r^4}\right)(\beta_{13}\cos\theta+\beta_{14}\sin\theta)-r\left(1-\frac{a^4}{r^4}+\frac{4a^6}{r^6}\right)(\beta_{15}\cos 3\theta+\beta_{16}\sin 3\theta)\right]\\
\sigma_z =& \beta_{28}+r\beta_{29}+\theta\beta_{30}-\frac{z}{r}\left[\left(1+\frac{a^2}{r^2}\right)\beta_{17}-\left(3-\frac{7a^4}{r^4}\right)(\beta_{18}\cos 2\theta+\beta_{19}\sin 2\theta)\right.\\
&+r\left(1+\frac{3a^4}{r^4}\right)(\beta_{20}\cos\theta+\beta_{21}\sin\theta)-r\left(7-\frac{13a^6}{r^6}\right)(\beta_{22}\cos 3\theta+\beta_{23}\sin 3\theta)\\
&\left.-r^2\left(1-\frac{7a^6}{r^6}\right)(\beta_{24}\cos 2\theta+\beta_{25}\sin 2\theta)-r^2\left(13-\frac{21a^8}{r^8}\right)(\beta_{26}\cos 4\theta+\beta_{27}\sin 4\theta)\right]\\
\tau_{r\theta} =& -\left(1+\frac{2a^2}{r^2}-\frac{3a^4}{r^4}\right)(\beta_2\sin 2\theta-\beta_3\cos 2\theta)+r\left(1-\frac{a^4}{r^4}\right)(\beta_4\sin\theta-\beta_5\cos\theta)\\
&-r\left(1+\frac{3a^4}{r^4}-\frac{4a^6}{r^6}\right)(\beta_6\sin 3\theta-\beta_7\cos 3\theta)-r^2\left(1+\frac{4a^6}{r^6}-\frac{5a^8}{r^8}\right)(\beta_8\sin 4\theta-\beta_9\cos 4\theta)\\
&+z\left[-\left(1+\frac{2a^2}{r^2}-\frac{3a^4}{r^4}\right)(\beta_{11}\sin 2\theta-\beta_{12}\cos 2\theta)+r\left(1-\frac{a^4}{r^4}\right)(\beta_{13}\sin\theta-\beta_{14}\cos\theta)\right.\\
&\left.-r\left(1+\frac{3a^4}{r^4}-\frac{4a^6}{r^6}\right)(\beta_{15}\sin 3\theta-\beta_{16}\cos 3\theta)\right]
\end{aligned}
\qquad (3)[1]
$$

$$
\begin{aligned}
\tau_{rz}=&\left(1-\frac{a^2}{r^2}\right)\beta_{17}+\left(1-\frac{a^4}{r^4}\right)(\beta_{18}\cos 2\theta+\beta_{19}\sin 2\theta)\\
&+r\left(1-\frac{a^4}{r^4}\right)(\beta_{20}\cos\theta+\beta_{21}\sin\theta)+r\left(1-\frac{a^6}{r^6}\right)(\beta_{22}\cos 3\theta+\beta_{23}\sin 3\theta)\\
&+r^2\left(1-\frac{a^6}{r^6}\right)(\beta_{24}\cos 2\theta+\beta_{25}\sin 2\theta)+r^2\left(1-\frac{a^8}{r^8}\right)(\beta_{26}\cos 4\theta+\beta_{27}\sin 4\theta)\\
\tau_{z\theta}=&-2\left(1-\frac{a^4}{r^4}\right)(\beta_{18}\sin 2\theta-\beta_{19}\cos 2\theta)-r\left(1-\frac{a^4}{r^4}\right)(\beta_{20}\sin\theta-\beta_{21}\cos\theta)\\
&-3r\left(1-\frac{a^6}{r^6}\right)(\beta_{22}\sin 3\theta-\beta_{23}\cos 3\theta)-2r^2\left(1-\frac{a^6}{r^6}\right)(\beta_{24}\sin 2\theta-\beta_{25}\cos 2\theta)\\
&-4r^2\left(1-\frac{a^8}{r^8}\right)(\beta_{26}\sin 4\theta-\beta_{27}\cos 4\theta)
\end{aligned}
$$

3) 数值计算结果

由式(3)[1]消去多余β，得到表 A.3 中两种三维特殊元。

表 A.3　从式(3)[1]消去应力参数 β_i 所得特殊元

单元	消去的应力参数 β_i	单元 β 数	第 4 章表 4.1 中命名
12 结点三维元	0	30	SC12 Ⅲ
8 结点三维元	13～16，24～30	18	SC8 Ⅲ

此类特殊元 SC8 Ⅲ 除具有上两类特殊元的优点外，重要之点是提供更准确的σ_z值。

4. 类型Ⅳ

1) 应力分量的应力函数表达式

$$
\begin{aligned}
&\sigma_r=\frac{1}{r}\frac{\partial\phi_1}{\partial r}+\frac{1}{r^2}\frac{\partial^2\phi_1}{\partial\theta^2}+z\left(\frac{1}{r}\frac{\partial\phi_2}{\partial r}+\frac{1}{r^2}\frac{\partial^2\phi_2}{\partial\theta^2}\right)\\
&\sigma_\theta=\frac{\partial^2\phi_1}{\partial r^2}+z\frac{\partial^2\phi_2}{\partial r^2}\\
&\tau_{r\theta}=\frac{1}{r^2}\frac{\partial\phi_1}{\partial\theta}-\frac{1}{r}\frac{\partial^2\phi_1}{\partial r\partial\theta}+z\left(\frac{1}{r^2}\frac{\partial\phi_2}{\partial\theta}-\frac{1}{r}\frac{\partial^2\phi_2}{\partial r\partial\theta}\right)-\frac{\partial\phi_4}{\partial r}\\
&\tau_{rz}=\frac{1}{r}\frac{\partial\phi_3}{\partial r}+\frac{z}{r}\frac{\partial^2\phi_4}{\partial r\partial\theta}\\
&\tau_{\theta z}=\frac{1}{r}\frac{\partial^2\phi_3}{\partial r\partial\theta}+z\left(\frac{\partial^2\phi_4}{\partial r^2}+\frac{2}{r}\frac{\partial\phi_4}{\partial r}\right)\\
&\sigma_z=\varphi_5(r,\theta)-\frac{z}{r}\left(\frac{\partial^2\phi_3}{\partial r^2}+\frac{1}{r}\frac{\partial^3\phi_3}{\partial r\partial\theta^2}\right)-\frac{z^2}{r}\left(\frac{\partial^3\phi_4}{\partial r^2\partial\theta}+\frac{1}{r}\frac{\partial^2\phi_4}{\partial r\partial\theta}\right)
\end{aligned}
\tag{4}
$$

2) 12 结点三维元 SC12 Ⅳ(圆柱面上无外力作用，图 A.3)

$$
\begin{aligned}
\sigma_r =& \left(1-\frac{a^2}{r^2}\right)\beta_1 + r\left(1-\frac{a^4}{r^4}\right)(\beta_2\cos\theta+\beta_3\sin\theta) \\
&+\left(1-\frac{4a^2}{r^2}+\frac{3a^4}{r^4}\right)(\beta_4\cos2\theta+\beta_5\sin2\theta)+\left(1-\frac{4a^4}{r^4}\right)(\beta_6\cos2\theta+\beta_7\sin2\theta) \\
&+r\left(1-\frac{5a^4}{r^4}+\frac{4a^6}{r^6}\right)(\beta_8\cos3\theta+\beta_9\sin3\theta)+r\left(2-\frac{r^2}{a^2}-\frac{a^6}{r^6}\right)(\beta_{10}\cos3\theta+\beta_{11}\sin3\theta) \\
&+z\left[\left(1-\frac{a^2}{r^2}\right)\beta_{12}+r\left(1-\frac{a^4}{r^4}\right)(\beta_{13}\cos\theta+\beta_{14}\sin\theta)\right. \\
&\left.+\left(1-\frac{4a^2}{r^2}+\frac{3a^4}{r^4}\right)(\beta_{15}\cos2\theta+\beta_{16}\sin2\theta)+\left(1-\frac{4a^4}{r^4}\right)(\beta_{17}\cos2\theta+\beta_{18}\sin2\theta)\right] \\
\sigma_\theta =& \left(1+\frac{a^2}{r^2}\right)\beta_1 + r\left(3+\frac{a^4}{r^4}\right)(\beta_2\cos\theta+\beta_3\sin\theta) \\
&-\left(1+\frac{3a^4}{r^4}\right)(\beta_4\cos2\theta+\beta_5\sin2\theta)-r\left(1-\frac{4a^2}{r^2}-\frac{a^4}{r^4}\right)(\beta_6\cos2\theta+\beta_7\sin2\theta) \\
&-r\left(1-\frac{a^4}{r^4}+\frac{4a^6}{r^6}\right)(\beta_8\cos3\theta+\beta_9\sin3\theta)-r\left(2-\frac{5r^2}{a^2}-\frac{a^6}{r^6}\right)(\beta_{10}\cos3\theta+\beta_{11}\sin3\theta) \\
&+z\left[\left(1+\frac{a^2}{r^2}\right)\beta_{12}+r\left(3+\frac{a^4}{r^4}\right)(\beta_{13}\cos\theta+\beta_{14}\sin\theta)\right. \\
&\left.-\left(1+\frac{3a^4}{r^4}\right)(\beta_{15}\cos2\theta+\beta_{16}\sin2\theta)-\left(1-\frac{4r^2}{a^2}-\frac{a^4}{r^4}\right)(\beta_{17}\cos2\theta+\beta_{18}\sin2\theta)\right] \\
\tau_{r\theta} =& r\left(1-\frac{a^4}{r^4}\right)(\beta_2\sin\theta-\beta_3\cos\theta)-\left(1-\frac{2a^2}{r^2}-\frac{3a^4}{r^4}\right)(\beta_4\sin2\theta-\beta_5\cos2\theta) \\
&-\left(1-\frac{2r^2}{a^2}+\frac{a^4}{r^4}\right)(\beta_6\sin2\theta-\beta_7\cos2\theta)-r\left(1+\frac{3a^4}{r^4}-\frac{4a^6}{r^6}\right)(\beta_8\sin3\theta-\beta_9\cos3\theta) \\
&-r\left(2-\frac{3r^2}{a^2}+\frac{a^6}{r^6}\right)(\beta_{10}\sin3\theta-\beta_{11}\cos3\theta) \\
&+z\left[r\left(1-\frac{a^4}{r^4}\right)(\beta_{13}\sin\theta-\beta_{14}\cos\theta)-\left(1+\frac{2a^2}{r^2}-\frac{3a^4}{r^4}\right)(\beta_{15}\sin2\theta-\beta_{16}\cos2\theta)\right. \\
&\left.-\left(1-\frac{2r^2}{a^2}+\frac{a^4}{r^4}\right)(\beta_{17}\sin2\theta-\beta_{18}\cos2\theta)\right] \\
&-r\left(1-\frac{a^2}{r^2}\right)\beta_{29}-r^2\left(1-\frac{a^4}{r^4}\right)(\beta_{30}\cos\theta+\beta_{31}\sin\theta) \\
&-r\left(1-\frac{a^4}{r^4}\right)(\beta_{32}\cos2\theta+\beta_{33}\sin2\theta)-r^3\left(1-\frac{a^6}{r^6}\right)[\beta_{34}\cos2\theta+\beta_{35}\sin2\theta] \qquad (4)^1
\end{aligned}
$$

$$\tau_{rz}=\left(1-\frac{a^2}{r^2}\right)\beta_{22}+r\left(1-\frac{a^4}{r^4}\right)(\beta_{23}\cos\theta+\beta_{24}\sin\theta)$$

$$+\left(1-\frac{a^4}{r^4}\right)(\beta_{25}\cos2\theta+\beta_{26}\sin2\theta)+r^2\left(1-\frac{a^6}{r^6}\right)(\beta_{27}\cos2\theta+\beta_{28}\sin2\theta)$$

$$+z\left[r\left(1-\frac{a^4}{r^4}\right)(-\beta_{30}\sin\theta+\beta_{31}\cos\theta)+2\left(1-\frac{a^4}{r^4}\right)(-\beta_{32}\sin2\theta+\beta_{33}\cos2\theta)\right.$$

$$\left.+2r^2\left(1-\frac{a^6}{r^6}\right)(-\beta_{34}\sin2\theta+\beta_{35}\cos2\theta)\right]$$

$$\tau_{z\theta}=-r\left(1-\frac{a^4}{r^4}\right)(\beta_{23}\sin\theta-\beta_{24}\cos\theta)-2\left(1-\frac{a^4}{r^4}\right)(\beta_{25}\sin2\theta-\beta_{26}\cos2\theta)$$

$$-2r^2\left(1-\frac{a^6}{r^6}\right)(\beta_{27}\sin2\theta-\beta_{28}\cos2\theta)$$

$$+z\left[\left(3-\frac{a^2}{r^2}\right)\beta_{29}+4r(\beta_{30}\cos\theta+\beta_{31}\sin\theta)+\left(3+\frac{a^4}{r^4}\right)(\beta_{32}\cos2\theta+\beta_{33}\sin2\theta)\right.$$

$$\left.+r^2\left(5+\frac{a^6}{r^6}\right)(\beta_{34}\cos2\theta+\beta_{35}\sin2\theta)\right]$$

$$\sigma_z=\beta_{19}+r\beta_{20}+\theta\beta_{21}-\frac{z}{r}\left[\left(1+\frac{a^2}{r^2}\right)\beta_{22}+r\left(1+\frac{3a^4}{r^4}\right)(\beta_{23}\cos\theta+\beta_{24}\sin\theta)\right.$$

$$\left.-\left(3-\frac{7a^4}{r^3}\right)(\beta_{25}\cos2\theta+\beta_{26}\sin2\theta)-r^2\left(1-\frac{7a^6}{r^6}\right)(\beta_{27}\cos2\theta+\beta_{28}\sin2\theta)\right]$$

$$+z^2\left[\left(3+\frac{a^4}{r^4}\right)(-\beta_{30}\sin\theta+\beta_{31}\cos\theta)+\frac{4}{r}\left(1+\frac{a^4}{r^4}\right)(-\beta_{32}\sin2\theta+\beta_{33}\cos2\theta)\right.$$

$$\left.+4r\left(2+\frac{a^6}{r^6}\right)(-\beta_{34}\sin2\theta+\beta_{35}\cos2\theta)\right]$$

3) 数值计算结果(表 A.4)

表 A.4　从式(4)[1] 消去应力参数 β_i 所得特殊元

单元	消去的应力参数 β_i	单元 β 数	第 4 章表 4.1 中命名为
H	25~28	31	SC12 Ⅳ
I	32~35	31	—
J	8~11, 32~35	27	—
K	10, 11, 17, 18, 27, 28, 34, 35	27	—
L	8~11, 15~18, 32~35	23	—

一般情况下，一个 12 结点三维杂交应力元，为了扫除单元多余零能模式，所需最小应力参数为 30，但正如文献[1]～[3]所指出的：现在的特殊元与远离槽孔的一般假定

位移元(或一般假定应力元)联合求解，其应力参数可选取小于所需最小 β 数，不影响最后求解的稳定性，所以这里选用了具有 27 个应力参数 β 的两种单元 J、K，及仅具有 23 个 β 的单元 L。

数值算例表明，这五种单元相比，特殊元 H 的性能最佳。在稀疏网格下，特殊元 H 不仅提供远较一般位移元及一般杂交应力元准确的应力集中系数、孔边环向应力 σ_θ 分布，而且也给出较现有的 12 结点及 8 结点特殊元更准确的中面垂直方向法向应力 σ_z。

5. 小结

(1) 由以上应力类型Ⅰ至Ⅳ所建立的各种特殊杂交应力元，以及根据数值计算最终筛选出的特殊元，统一列入表 A.5 中。

(2) 以上几类 12 结点三维元，消去一定的应力参数 β 后，均可得到相应的 8 结点三维元。

(3) 所有的 12 结点及 8 结点三维元，如令其 z 方向的应力分量 τ_{rz}，$\tau_{\theta z}$ 及 σ_z 为零，同时，令其余的应力分量不沿 z 变化，即可得到相应的 6 结点(或 4 结点)二维元。以上导出的这些二维元的应力场不仅满足齐次平衡方程、给定圆弧边上无外力边界条件，而且满足弹性理论协调方程。

(4) 由应力场类型Ⅳ建立的结点具有转动自由度的特殊杂交应力元，以及根据数值计算最终筛选出的特殊元，统一列入表 A.6 中。

表 A.5 由应力类型Ⅰ至Ⅳ建立的各种三维特殊杂交应力元及根据数值计算结果筛选出的特殊元

应力场类型	单元类型	建立的特殊元		应力场的表达式	筛选的特殊元
		名称	β 数		
Ⅰ	1 8 结点三维元[4]	SC8 Ⅰ 1 (圆柱面上无外力作用)	18	式(1)^1	SC8 Ⅰ 1
	2 8 结点三维元[5]	SC8 Ⅰ 2 (圆柱面上承均匀径向压力 p)	18	式(1)^2	SC8 Ⅰ 2
	3 12 结点三维元[6,7]			式(1)^3 消去参数 β_i	
		A(SC12 Ⅰ)	30	31~34	SC12 Ⅰ
		B	34	—	
		C	30	15, 16, 33, 34	
		D	32	15, 16	
	4 8 结点三维元[6,7]	E	18	8, 9, 13～16, 22～27, 31～34	(Case E)
Ⅱ	8 结点三维元[8]			式(2)^1 消去参数 β_i	
		F(SC8 Ⅱ)	20	—	SC8 Ⅱ
		G	19	20	
Ⅲ				式(3)^1 消去参数 β_i	
	12 结点三维元[9]	SC12 Ⅲ	30	—	SC12 Ⅲ
	8 结点三维元[10]	SC8 Ⅲ	18	13～16, 22～27	SC8 Ⅲ
Ⅳ	12 结点三维元[11]			式(4)^1 消去参数 β_i	
		H(SC12 Ⅳ)	31	25～28	SC12 Ⅳ
		I	31	32～35	
		J	27	8～11, 32～35	
		K	27	10, 11, 17, 18, 27, 28, 34, 35	
		L	23	8～11, 15～28, 32～35	

表 A.6 由应力类型Ⅳ建立的各结点具有转动自由度特殊杂交应力元及根据数值计算结果筛选出的特殊元

应力场类型	单元类型	建立的特殊元		应力场的表达式	筛选的特殊元
		名称	β 数		
Ⅳ	1 4结点平面元[12,13]			第4章式(4.3.5)消去参数 β_i	
		SF4-A	9	6, 7, 10, 11	
		SF4-B	9	10～13	SL4
		SF4-C	7	8～13	
	2 8结点三维元[14]			式(4.4.3)消去参数 β_i	
		D	36	37～45	
		E	37	33～38, 44, 45	SL8
		F	37	31, 32, 33～38	
	3 4结点平面元[14]	B	9	10～45	SL4

参 考 文 献

[1] Pian T H H. State-of-the-art development of hybrid /mixed finite element method. J Finite Element Anal Desi,1995. 21: 5-20

[2] 杜太生. 用理性方法建立具有一个无外力圆柱表面三维特殊杂交应力元[硕士学位论文]. 北京: 中国科学院研究生院, 1990

[3] Kuna M, Zwicke M. A mixed hybrid finite element for three-dimensional elastic crack analysis. Int J Fract, 1990. 45: 65-79

[4] Pian T H H, Tian Z S. Hybrid solid element with a traction-free cylindrical surface. Proc ASME Symp on Hybrid and Mixed Finite Element Models, 1986: 89-95

[5] 田宗漱, 原克明. 具有一个均布载荷圆柱表面的杂交应力元. 计算结构力学及应用, 1990. 7: 105-108

[6] Tian Z S. A study of stress concentration in solids with circular holes by 3-dimensional special hybrid stress finite elements. J Strain Analysis, 1990. 25: 29-35

[7] 田宗漱, 田铮. 对三维特殊杂交应力元的进一步研究. 中国科学院研究生院学报, 1989. 6(1): 33-47

[8] Tian Z S, Tian Z. Improved hybrid solid elements with a traction-free cylindrical surface. Int J Num Meth Engng, 1990. 29: 801-809

[9] 杨庆平, 田宗漱. 矩形凸肩板拉伸与弯曲时的三维应力集中. 船舶力学, 2004. 8(5): 42-70

[10] Tian Z S. Further Improved 3-dimensional hybrid finite element with a traction-free cylindrical surface. Proc WCCM' Ⅱ, Stuttgart, 1990: 459-462

[11] 田宗漱, 王安平. 一类新的具有一个无外力圆柱表面的杂交应力元. 应用力学学报, 2007. 24(4): 499-503

[12] Wang A P, Tian Z S. Special hybrid element with drilling degrees of freedom. CD-ROM WCCM'Ⅵ & APPCOM'04, Beijing, 2004

[13] 王安平, 田宗漱. 具有一个无外力圆弧边含转动自由度的杂交应力元. 中国科学院研究生院学报, 2007. 24(1): 25-33

[14] Wang A P, Tian Z S. A 3-dimensional assumed stress hybrid element with drilling degrees of freedom. Proc EPMESC' Ⅹ, Sanya, 2006: 728-737

附 录 B

B.1 FEABL 程序说明

FEABL 的源程序在光盘附录 C 的第一部分，此程序的几点说明陈述于下，以便使用。

“FEABL”是麻省理工学院(MIT)“气弹及结构研究室”1975 年建立的一套有限元程序，它用于多场变量有限元或多场变量有限元与一般传统位移元联合求解工程问题。

作者 20 世纪 90 年代，在麻省理工学院卞学鐄(Pian T H H)教授指导下从事杂交应力元研究，用此程序进行计算。

1. FEABL 程序存储系统

1)数据矢量

```
DIMENSION REAL(××××), INTGR(××××)
```

- 一个一维向量的数据矢量具有两个参考名称: 作为浮点值的 REAL 及作为整数值的 INTGR
- 用户根据本身需要选择其维数“××××”

2)输入-输出控制系统

(1)`COMMON/ IO /KR,KW,KP,KT1,KT2,KT3`

- KR：读卡器(任意的)
- KW：打印器
- KP：打孔卡(任意的)
- KT1，KT2：输出删除控制
- KT3：一个额外设置卡(用户可任意定义)

(2)`COMMON / SIZE / NET,NDT,NUT,NSP,IODYN`

- NET：单元总数
- NDT：整个结构总的自由度(包括约束及非约束自由度)
- NUT：由 FEABL 定义的一个参数
- NSP：执行动力分析时，NSP 等于包括子空间迭代中本征值的总数
- IODYN：参数

  NODYN = 0：静力分析，约束 DOF 可以是任何预定值

  NODYN = 1：静力分析，约束 DOF 不假定至整体方程中，所有约束 DOF 假定为零

  NODYN = 2：动力分析，一致质量阵，不假定约束 DOF

  NODYN = 3：动力分析，集中质量阵，不假定约束 DOF

  当 IODYN≥1，FEABL 自动保存总自由度 DOF 数在参数 NUT 中，并重新设置 NDT 等于未约束的 DOF 总数。

(3)地址指标参数

```
COMMON / BEGIN / ICON,IKOUNT,ILNZ,IMASTR,IQ,IK,IM,IV,IVB,IU
COMMON / END / LCON,LKOUNT,LLNZ,LMASTR,LQ,LK,LM,LV,LVB,LU
```

这些参数控制 DATA 矢量中数据子块开始与终止的位置。用户已建立/SIZE/块体后，通过呼叫 FEABL 子程序 SETUP，可建立大多数这些参数的正确值。

2. FEABL 程序的子程序

1) 辅助建立 DATA 矢量的子程序

```
CALL SETUP ( LENGTH,NCON,MASTRL,REAL,INTGR)
```

- LENGTH：一个标量整数，数值等于用户指定的 DATA 矢量的维数
- NCON：一个标量整数，大于或等于装配结构总的自由度数(这里位移已被指定)
- MASTRL：一个标量整数，大于或等于总体装配清单所需总的信息数

2) 详细组织整体刚度矩阵的分矩阵

```
CALL ORK ( LENGTH,REAL,INTGR)
```

3) 单元装配子程序

```
CALL ASEMBL (LNUM,NDE,ELK,ELM,ELQ,REAL,INTGR)
```

- LNUM：一个正标量整数等于用户整个单元数
- NDE：一个正标量整数等于装配单元总的 DOF 数
- ELK：一个浮点，二维方阵列所包含的单元刚度阵
- ELM：一个浮点，二维方阵列所包含的单元质量阵
- ELQ：一个浮点矢量，它包含由重力、热变形、非线性相关量等所产生的单元等效结点力。如果没有等效结点力，它包含浮点零值

4) 边界约束子程序

```
CALL BCON (REAL,INTGR)
```

5) 刚度阵浮动子程序

```
CALL FACT (ISGN,REAL,INTGR)
```

- ISGN：标量刚度矩阵条件参数，可选择
- ISGN = +1：用户希望所装配的方程组是正定的（如对一个正确约束的矩阵位移方法），否则，自动停车
- ISGN = –1：用户希望其方程组是半正定的（如混合方法的结构分析、流体力学等，这时其 $\boldsymbol{k}$ 阵行列式可能是正定的，也可能是负定的），同时，如遇到一个奇异点，则需自动停车
- ISGN = 0：用户希望在所有条件下维持运行

6) 求解联立方程组的子程序

```
CALL SIMULQ (ENERGY,REAL,INTGR )
```

- ENERGY：一个标量浮点变量，当运行 SIMULQ 时，其值不限定

7) 从整体位移矢量提出单元位移的子程序

```
CALL XTRACT (LNUM,NDE,ELQ,REAL,INTGR)
```

- ELQ：一个浮点矢量至少 NDE 字长，当调动 XTRACT 时，ELQ 项未定义

3. FEABL 程序流程

FEABL 程序流程如图 B.1 所示。

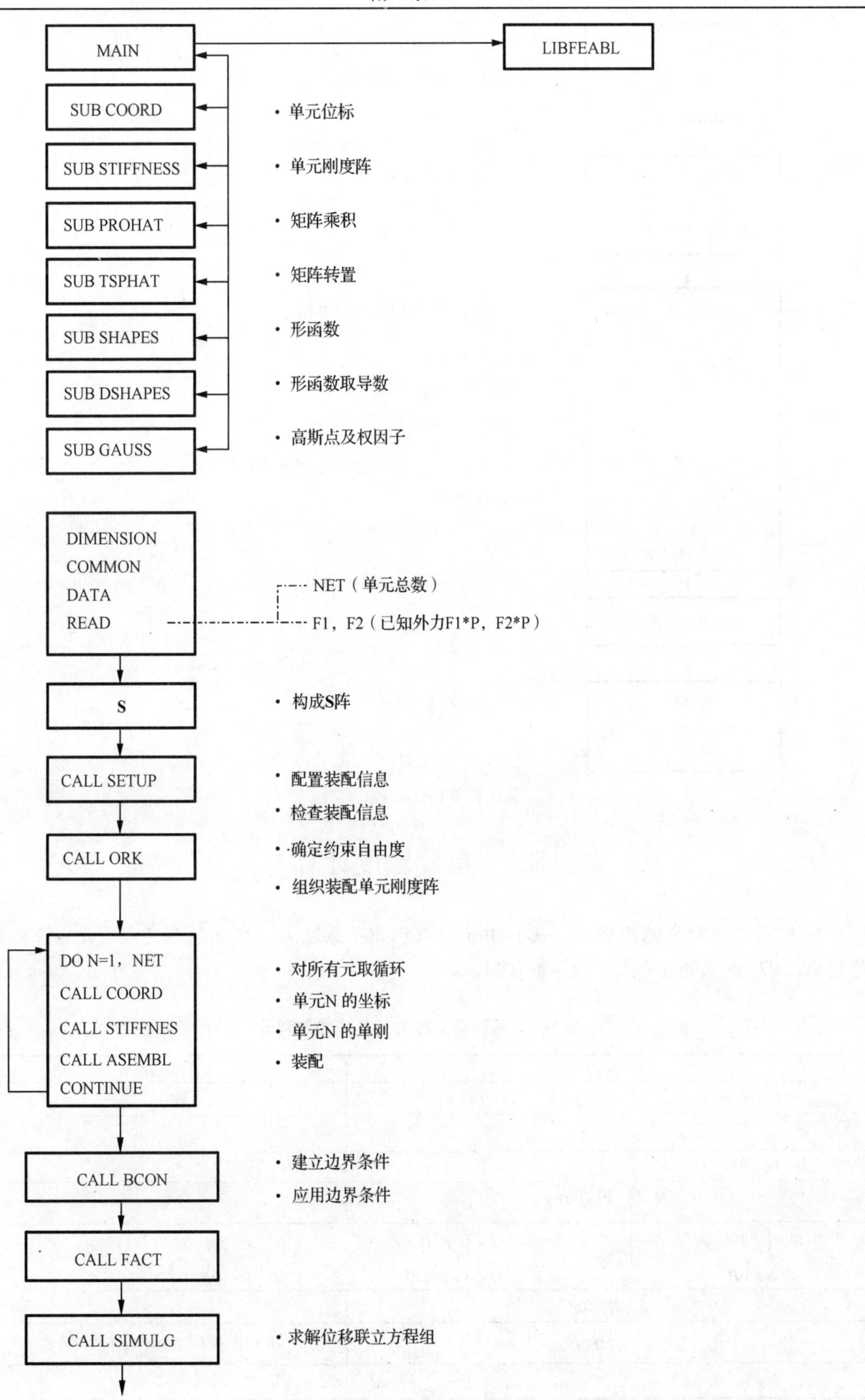
MAIN
LIBFEABL
SUB COORD
• 单元位标
SUB STIFFNESS
• 单元刚度阵
SUB PROHAT
• 矩阵乘积
SUB TSPHAT
• 矩阵转置
SUB SHAPES
• 形函数
SUB DSHAPES
• 形函数取导数
SUB GAUSS
• 高斯点及权因子
DIMENSION
COMMON
DATA
READ
NET（单元总数）
F1，F2（已知外力F1*P，F2*P）
S
• 构成S阵
CALL SETUP
• 配置装配信息
• 检查装配信息
CALL ORK
• 确定约束自由度
• 组织装配单元刚度阵
DO N=1，NET
CALL COORD
CALL STIFFNES
CALL ASEMBL
CONTINUE
• 对所有元取循环
• 单元N 的坐标
• 单元N 的单刚
• 装配
CALL BCON
• 建立边界条件
• 应用边界条件
CALL FACT
CALL SIMULG
• 求解位移联立方程组

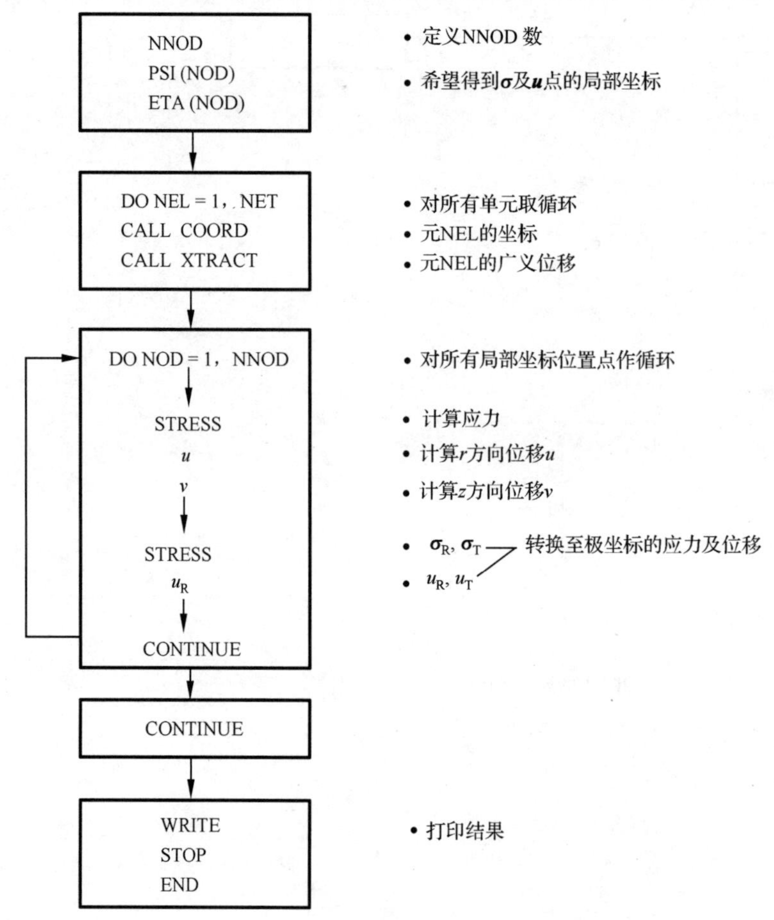

图 B.1　FEABL 程序流程

B.2　单元刚度计算

1. 根据修正的余能原理 Π_{mc} 及 Hellinger-Reissner 原理 Π_{HR} 建立的杂交应力元，根据最小势能原理 Π_{P} 建立的传统位移元(表 B.1)

表 B.1　两种杂交应力元及传统位移元

杂交应力元		传统位移元
$\Pi_{mc}(\boldsymbol{\sigma}^*,\tilde{\boldsymbol{u}})$	$\Pi_{HR}(\boldsymbol{\sigma}^*,\boldsymbol{u})$	$\Pi_{P}(\boldsymbol{u})$
$\boldsymbol{\sigma}^*=\boldsymbol{P\beta}$		—
$\tilde{\boldsymbol{u}}=\boldsymbol{Lq}$ (∂V_n上)	$\boldsymbol{u}=\boldsymbol{Nq}$ (V_n内)	
$\boldsymbol{H}=\int_{V_n}\boldsymbol{P}^{\mathrm{T}}\boldsymbol{SP}\mathrm{d}V$		—
$\boldsymbol{G}=\int_{\partial V_n}\boldsymbol{R}^{\mathrm{T}}\boldsymbol{L}\mathrm{d}S$ $\boldsymbol{R}=\boldsymbol{\nu P}$	$\boldsymbol{G}=\int_{V_n}\boldsymbol{P}^{\mathrm{T}}\boldsymbol{B}\mathrm{d}V$ $\boldsymbol{D}$：微分算子	$\boldsymbol{\varepsilon}=\boldsymbol{Du}=\boldsymbol{Bq}$ $\boldsymbol{B}=\boldsymbol{DN}$
$\boldsymbol{\beta}=\boldsymbol{H}^{-1}\boldsymbol{Gq}$		—
$\boldsymbol{k}=\boldsymbol{G}^{\mathrm{T}}\boldsymbol{H}^{-1}\boldsymbol{G}$		$\boldsymbol{k}=\int_{V_n}\boldsymbol{B}^{\mathrm{T}}\boldsymbol{CB}\mathrm{d}V$　$(\boldsymbol{\sigma}=\boldsymbol{C\varepsilon})$
$\boldsymbol{Kq}=\sum\boldsymbol{kq}=\boldsymbol{Q}$		

1) $\boldsymbol{\nu}$：外表面方向余弦阵

$$\boldsymbol{\nu}=\begin{bmatrix} \nu_x & 0 & 0 & \nu_y & 0 & \nu_z \\ 0 & \nu_y & 0 & \nu_x & \nu_z & 0 \\ 0 & 0 & \nu_z & 0 & \nu_y & \nu_x \end{bmatrix} \qquad \begin{aligned} \nu_x &= \cos(\boldsymbol{n},x) \\ \nu_y &= \cos(\boldsymbol{n},y) \\ \nu_z &= \cos(\boldsymbol{n},z) \end{aligned} \tag{1}$$

2) $\boldsymbol{G}$ 式中位移 $\tilde{\boldsymbol{u}}$ 或 $\boldsymbol{u}$ 如以直角坐标表示，则应力 $\boldsymbol{\sigma}$ 也应以直角坐标表示。当 $\boldsymbol{\sigma}$ 初始以极坐标表示时，则 $\boldsymbol{\sigma}$ 需转化为与 $\boldsymbol{u}$ 为相同的直角坐标表示，即

令　$\boldsymbol{\sigma}=\boldsymbol{t}\bar{\boldsymbol{\sigma}}$　　$\boldsymbol{\sigma}$：直角坐标中的应力　$\boldsymbol{\sigma}=\boldsymbol{P\beta}=\boldsymbol{t}\bar{\boldsymbol{P}}\boldsymbol{\beta}$

则

$$\boldsymbol{G}=\int_{\partial V_n}(\boldsymbol{\nu P})^{\mathrm{T}}\boldsymbol{L}\,\mathrm{d}S \qquad \bar{\boldsymbol{\sigma}}\text{：极坐标中的应力} \qquad \bar{\boldsymbol{\sigma}}=\bar{\boldsymbol{P}}\boldsymbol{\beta}$$

$$=\int_{\partial V_n}(\boldsymbol{\nu t}\bar{\boldsymbol{P}})^{\mathrm{T}}\boldsymbol{L}\,\mathrm{d}S \qquad \boldsymbol{t}\text{：应力转化阵}$$

$$=\int_{\partial V_n}\bar{\boldsymbol{P}}^{\mathrm{T}}\boldsymbol{t}^{\mathrm{T}}\boldsymbol{\nu}^{\mathrm{T}}\boldsymbol{L}\,\mathrm{d}S \qquad (\Pi_{mc}) \tag{2}$$

或

$$\boldsymbol{G}=\int_{V_n}(\boldsymbol{t}\bar{\boldsymbol{P}})^{\mathrm{T}}(\boldsymbol{DN})\,\mathrm{d}V \qquad (\Pi_{HR}) \tag{3}$$

2. 杂交应力元单刚列式

1) 8 结点一般三维杂交应力元——以 Pian 及 Tong 所建立的具有 $18-\beta$ 的元 OHSE①为例

(1) 应力 $\boldsymbol{\sigma}$

$$\underset{6\times1}{\boldsymbol{\sigma}}=\begin{Bmatrix} \sigma_x \\ \sigma_y \\ \sigma_z \\ \tau_{xy} \\ \tau_{yz} \\ \tau_{zx} \end{Bmatrix}=\begin{bmatrix} \beta_1+\beta_2\eta+\beta_3\zeta+\beta_4\eta\zeta \\ \beta_5+\beta_6\xi+\beta_7\zeta+\beta_8\xi\zeta \\ \beta_9+\beta_{10}\xi+\beta_{11}\eta+\beta_{12}\xi\eta \\ \beta_{13}+\beta_{14}\zeta \\ \beta_{15}+\beta_{16}\xi \\ \beta_{17}+\beta_{18}\eta \end{bmatrix}=\underset{6\times18}{\boldsymbol{P}}\ \underset{18\times1}{\boldsymbol{\beta}} \tag{4}$$

(2) 位移 $\boldsymbol{u}$（图 B.2）

$$\begin{Bmatrix} u(\xi,\eta,\zeta) \\ v(\xi,\eta,\zeta) \\ w(\xi,\eta,\zeta) \end{Bmatrix}=\begin{bmatrix} N_1 & 0 & 0 & N_2 & 0 & 0 & \\ 0 & N_1 & 0 & 0 & N_2 & 0 & \text{etc} \\ 0 & 0 & N_1 & 0 & 0 & N_2 & \end{bmatrix}\begin{Bmatrix} u_1 \\ v_1 \\ w_1 \\ \vdots \\ u_8 \\ v_8 \\ w_8 \end{Bmatrix}=\underset{3\times24}{\boldsymbol{N}}\ \underset{24\times1}{\boldsymbol{q}} \tag{5}$$

$$\begin{Bmatrix} x(\xi,\eta,\zeta) \\ y(\xi,\eta,\zeta) \\ z(\xi,\eta,\zeta) \end{Bmatrix}=\begin{bmatrix} N_1 & 0 & 0 & N_2 & 0 & 0 & \\ 0 & N_1 & 0 & 0 & N_2 & 0 & \text{etc} \\ 0 & 0 & N_1 & 0 & 0 & N_2 & \end{bmatrix}\begin{Bmatrix} x_1 \\ y_1 \\ z_1 \\ \vdots \\ x_8 \\ y_8 \\ z_8 \end{Bmatrix}=\boldsymbol{NX} \tag{6}$$

① Pian T H H, Tong P. Relations between incompatible displacement model and hybrid stress model. Int J Num Meth Engng, 1986. 22:173-181

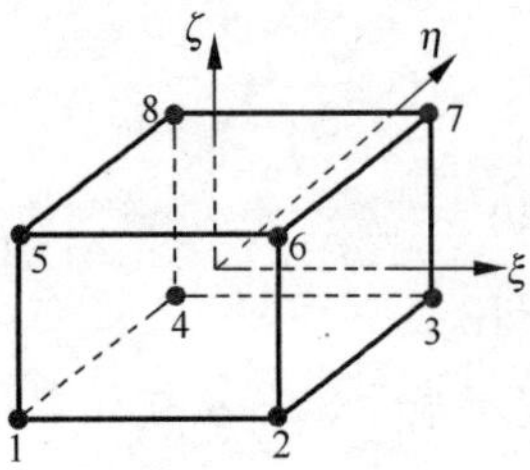

图 B.2　8 结点元

$$
\begin{aligned}
&\boldsymbol{N}_1=\frac{1}{8}(1-\xi)(1-\eta)(1-\zeta) &&\boldsymbol{N}_5=\frac{1}{8}(1-\xi)(1-\eta)(1+\zeta)\\
&\boldsymbol{N}_2=\frac{1}{8}(1+\xi)(1-\eta)(1-\zeta) &&\boldsymbol{N}_6=\frac{1}{8}(1+\xi)(1-\eta)(1+\zeta)\\
&\boldsymbol{N}_3=\frac{1}{8}(1+\xi)(1+\eta)(1-\zeta) &&\boldsymbol{N}_7=\frac{1}{8}(1+\xi)(1+\eta)(1+\zeta)\\
&\boldsymbol{N}_4=\frac{1}{8}(1-\xi)(1+\eta)(1-\zeta) &&\boldsymbol{N}_8=\frac{1}{8}(1-\xi)(1+\eta)(1+\zeta)
\end{aligned}
\tag{7}
$$

(3) 确定 $\boldsymbol{B}$ 阵

$$
\boldsymbol{\varepsilon}=\boldsymbol{D}\boldsymbol{u}=(\boldsymbol{D}\boldsymbol{N})\boldsymbol{q}=\boldsymbol{B}\boldsymbol{q}
$$

$$
\boldsymbol{\varepsilon}=\begin{Bmatrix} u_{,\xi}\\ u_{,\eta}\\ u_{,\zeta}\\ v_{,\xi}\\ v_{,\eta}\\ v_{,\zeta}\\ w_{,\xi}\\ w_{,\eta}\\ w_{,\zeta}\end{Bmatrix}=\underbrace{\begin{bmatrix}
N_{1,\xi} & 0 & 0 & N_{2,\xi} & 0 & 0 & \\
N_{1,\eta} & 0 & 0 & N_{2,\eta} & 0 & 0 & \\
N_{1,\zeta} & 0 & 0 & N_{2,\zeta} & 0 & 0 & \\
0 & N_{1,\xi} & 0 & 0 & N_{2,\xi} & 0 & \\
0 & N_{1,\eta} & 0 & 0 & N_{2,\eta} & 0 & \text{etc}\\
0 & N_{1,\zeta} & 0 & 0 & N_{2,\zeta} & 0 & \\
0 & 0 & N_{1,\xi} & 0 & 0 & N_{2,\xi} & \\
0 & 0 & N_{1,\eta} & 0 & 0 & N_{2,\eta} & \\
0 & 0 & N_{1,\zeta} & 0 & 0 & N_{2,\zeta} &
\end{bmatrix}}_{\boldsymbol{N}'_{9\times 24}}\underbrace{\begin{Bmatrix} u_1\\ v_1\\ w_1\\ \vdots\\ u_8\\ v_8\\ w_8\end{Bmatrix}}_{\boldsymbol{q}_{24\times 1}}
\tag{8}
$$

从而得到应变

$$
\boldsymbol{\varepsilon}=\underbrace{\begin{bmatrix}
1&0&0&0&0&0&0&0&0\\
0&0&0&0&1&0&0&0&0\\
0&0&0&0&0&0&0&0&1\\
0&1&0&1&0&0&0&0&0\\
0&0&0&0&0&1&0&1&0\\
0&0&1&0&0&0&1&0&0
\end{bmatrix}}_{\boldsymbol{B}^0_{6\times 9}}\underbrace{\begin{bmatrix}
\bar{J}_{11}&\bar{J}_{12}&\bar{J}_{13}&&&&&&\\
\bar{J}_{21}&\bar{J}_{22}&\bar{J}_{23}&&&&&\mathbf{0}&\\
\bar{J}_{31}&\bar{J}_{32}&\bar{J}_{33}&&&&&&\\
&&&\bar{J}_{11}&\bar{J}_{12}&\bar{J}_{13}&&&\\
&&&\bar{J}_{21}&\bar{J}_{22}&\bar{J}_{23}&&&\\
&&&\bar{J}_{31}&\bar{J}_{32}&\bar{J}_{33}&&&\\
&&&&&&\bar{J}_{11}&\bar{J}_{12}&\bar{J}_{13}\\
&\mathbf{0}&&&&&\bar{J}_{21}&\bar{J}_{22}&\bar{J}_{23}\\
&&&&&&\bar{J}_{31}&\bar{J}_{32}&\bar{J}_{33}
\end{bmatrix}}_{\bar{\boldsymbol{J}}_{9\times 9}}\begin{Bmatrix} u_{,\xi}\\ u_{,\eta}\\ u_{,\zeta}\\ \vdots\\ w_{,\xi}\\ w_{,\eta}\\ w_{,\zeta}\end{Bmatrix}
$$

$$
=\underbrace{\begin{bmatrix}
\bar{J}_{11}&\bar{J}_{12}&\bar{J}_{13}&0&0&0&&&\\
0&0&0&\bar{J}_{21}&\bar{J}_{22}&\bar{J}_{23}&0&0&0\\
0&0&0&0&0&0&\bar{J}_{31}&\bar{J}_{32}&\bar{J}_{33}\\
\bar{J}_{21}&\bar{J}_{22}&\bar{J}_{23}&\bar{J}_{11}&\bar{J}_{12}&\bar{J}_{13}&0&0&0\\
0&0&0&\bar{J}_{31}&\bar{J}_{32}&\bar{J}_{33}&\bar{J}_{21}&\bar{J}_{22}&\bar{J}_{23}\\
\bar{J}_{31}&\bar{J}_{32}&\bar{J}_{33}&0&0&0&\bar{J}_{11}&\bar{J}_{12}&\bar{J}_{13}
\end{bmatrix}}_{\boldsymbol{B}^0\bar{\boldsymbol{J}}_{6\times 9}}\times
\tag{9}
$$

$$\begin{bmatrix} N_{1,\xi} & 0 & 0 & N_{2,\xi} & 0 & 0 & N_{3,\xi} & 0 & 0 & \\ N_{1,\eta} & 0 & 0 & N_{2,\eta} & 0 & 0 & N_{3,\eta} & 0 & 0 & \\ N_{1,\zeta} & 0 & 0 & N_{2,\zeta} & 0 & 0 & N_{3,\zeta} & 0 & 0 & \\ 0 & N_{1,\xi} & 0 & 0 & N_{2,\xi} & 0 & 0 & N_{3,\xi} & 0 & \\ 0 & N_{1,\eta} & 0 & 0 & N_{2,\eta} & 0 & 0 & N_{3,\eta} & 0 & \text{etc} \\ 0 & N_{1,\zeta} & 0 & 0 & N_{2,\zeta} & 0 & 0 & N_{3,\zeta} & 0 & \\ 0 & 0 & N_{1,\xi} & 0 & 0 & N_{2,\xi} & 0 & 0 & N_{3,\xi} & \\ 0 & 0 & N_{1,\eta} & 0 & 0 & N_{2,\eta} & 0 & 0 & N_{3,\eta} & \\ 0 & 0 & N_{1,\zeta} & 0 & 0 & N_{2,\zeta} & 0 & 0 & N_{3,\zeta} & \end{bmatrix}_{\boldsymbol{N}'_{9\times24}} \underbrace{\begin{Bmatrix} u_1 \\ v_1 \\ w_1 \\ \vdots \\ u_8 \\ v_8 \\ w_8 \end{Bmatrix}}_{\boldsymbol{q}_{24\times1}}$$

其中

$$\boldsymbol{J} = \begin{bmatrix} \partial x/\partial\xi & \partial y/\partial\xi & \partial z/\partial\xi \\ \partial x/\partial\eta & \partial y/\partial\eta & \partial z/\partial\eta \\ \partial x/\partial\zeta & \partial y/\partial\zeta & \partial z/\partial\zeta \end{bmatrix} = \begin{bmatrix} \partial N_1/\partial\xi & \cdots & \partial N_8/\partial\xi \\ \partial N_1/\partial\eta & \cdots & \partial N_8/\partial\eta \\ \partial N_1/\partial\zeta & \cdots & \partial N_8/\partial\zeta \end{bmatrix} \begin{bmatrix} x_1 & y_1 & z_1 \\ \vdots & \vdots & \vdots \\ x_8 & y_8 & z_8 \end{bmatrix}$$

$$= \begin{bmatrix} J_{11} & J_{12} & J_{13} \\ J_{21} & J_{22} & J_{23} \\ J_{31} & J_{32} & J_{33} \end{bmatrix}$$

$$|\boldsymbol{J}| = J_{11}J_{22}J_{33} + J_{21}J_{32}J_{13} + J_{12}J_{23}J_{31} - J_{13}J_{22}J_{31} - J_{11}J_{23}J_{32} - J_{12}J_{21}J_{33} \tag{10}$$

于是有

$$\boldsymbol{\varepsilon} = \begin{Bmatrix} \varepsilon_x \\ \varepsilon_y \\ \varepsilon_z \\ \varepsilon_{xy} \\ \varepsilon_{yz} \\ \varepsilon_{zx} \end{Bmatrix} = \underbrace{\begin{bmatrix} 1 & 0 & 0 & 0 & 0 & 0 & 0 & 0 & 0 \\ 0 & 0 & 0 & 0 & 1 & 0 & 0 & 0 & 0 \\ 0 & 0 & 0 & 0 & 0 & 0 & 0 & 0 & 1 \\ 0 & 1 & 0 & 1 & 0 & 0 & 0 & 0 & 0 \\ 0 & 0 & 0 & 0 & 0 & 1 & 0 & 1 & 0 \\ 0 & 0 & 1 & 0 & 0 & 0 & 1 & 0 & 0 \end{bmatrix}}_{\boldsymbol{B}^0_{6\times9}} \begin{Bmatrix} u_{,x} \\ u_{,y} \\ u_{,z} \\ v_{,x} \\ v_{,y} \\ v_{,z} \\ w_{,x} \\ w_{,y} \\ w_{,z} \end{Bmatrix} \tag{11}$$

而

$$\begin{Bmatrix} u_{,x} \\ u_{,y} \\ u_{,z} \\ v_{,x} \\ v_{,y} \\ v_{,z} \\ w_{,x} \\ w_{,y} \\ w_{,z} \end{Bmatrix} = \underbrace{\begin{bmatrix} \bar{J}_{11} & \bar{J}_{12} & \bar{J}_{13} & & & & & & \\ \bar{J}_{21} & \bar{J}_{22} & \bar{J}_{23} & & & & & \mathbf{0} & \\ \bar{J}_{31} & \bar{J}_{32} & \bar{J}_{33} & & & & & & \\ & & & \bar{J}_{11} & \bar{J}_{12} & \bar{J}_{13} & & & \\ & & & \bar{J}_{21} & \bar{J}_{22} & \bar{J}_{23} & & & \\ & & & \bar{J}_{31} & \bar{J}_{32} & \bar{J}_{33} & & & \\ & & & & & & \bar{J}_{11} & \bar{J}_{12} & \bar{J}_{13} \\ & \mathbf{0} & & & & & \bar{J}_{21} & \bar{J}_{22} & \bar{J}_{23} \\ & & & & & & \bar{J}_{31} & \bar{J}_{32} & \bar{J}_{33} \end{bmatrix}}_{\bar{\boldsymbol{J}} = \boldsymbol{J}^{-1}_{9\times9}} \begin{Bmatrix} u_{,\xi} \\ u_{,\eta} \\ u_{,\zeta} \\ v_{,\xi} \\ v_{,\eta} \\ v_{,\zeta} \\ w_{,\xi} \\ w_{,\eta} \\ w_{,\zeta} \end{Bmatrix} \tag{12}$$

从而

$$\boldsymbol{\varepsilon}=\left[\begin{array}{c|c|c}\bar{J}_{11}N_{1,\xi}+\bar{J}_{12}N_{1,\eta}+\bar{J}_{13}N_{1,\zeta} & 0 & 0\\ 0 & \bar{J}_{21}N_{1,\xi}+\bar{J}_{22}N_{1,\eta}+\bar{J}_{23}N_{1,\zeta} & 0\\ 0 & 0 & \bar{J}_{31}N_{1,\xi}+\bar{J}_{32}N_{1,\eta}+\bar{J}_{33}N_{1,\zeta}\\ \bar{J}_{21}N_{1,\xi}+\bar{J}_{22}N_{1,\eta}+\bar{J}_{23}N_{1,\zeta} & \bar{J}_{11}N_{1,\xi}+\bar{J}_{12}N_{1,\eta}+\bar{J}_{13}N_{1,\zeta} & 0\\ 0 & \bar{J}_{31}N_{1,\xi}+\bar{J}_{32}N_{1,\eta}+\bar{J}_{33}N_{1,\zeta} & \bar{J}_{21}N_{1,\xi}+\bar{J}_{22}N_{1,\eta}+\bar{J}_{23}N_{1,\zeta}\\ \bar{J}_{31}N_{1,\xi}+\bar{J}_{32}N_{1,\eta}+\bar{J}_{33}N_{1,\zeta} & 0 & \bar{J}_{11}N_{1,\xi}+\bar{J}_{12}N_{1,\eta}+\bar{J}_{13}N_{1,\zeta}\end{array}\right.$$

$$\begin{array}{c|c|c}\bar{J}_{11}N_{2,\xi}+\bar{J}_{12}N_{2,\eta}+\bar{J}_{13}N_{2,\zeta} & 0 & 0\\ 0 & \bar{J}_{21}N_{2,\xi}+\bar{J}_{22}N_{2,\eta}+\bar{J}_{23}N_{2,\zeta} & 0\\ 0 & 0 & \bar{J}_{31}N_{2,\xi}+\bar{J}_{32}N_{2,\eta}+\bar{J}_{33}N_{2,\zeta}\\ \bar{J}_{21}N_{2,\xi}+\bar{J}_{22}N_{2,\eta}+\bar{J}_{23}N_{2,\zeta} & \bar{J}_{11}N_{2,\xi}+\bar{J}_{12}N_{2,\eta}+\bar{J}_{13}N_{2,\zeta} & 0\\ 0 & \bar{J}_{31}N_{2,\xi}+\bar{J}_{32}N_{2,\eta}+\bar{J}_{33}N_{2,\zeta} & \bar{J}_{21}N_{2,\xi}+\bar{J}_{22}N_{2,\eta}+\bar{J}_{23}N_{2,\zeta}\\ \bar{J}_{31}N_{2,\xi}+\bar{J}_{32}N_{2,\eta}+\bar{J}_{33}N_{2,\zeta} & 0 & \bar{J}_{11}N_{2,\xi}+\bar{J}_{12}N_{2,\eta}+\bar{J}_{13}N_{2,\zeta}\end{array} \tag{13}$$

$$\underbrace{\left.\begin{array}{c|c|c|c}\bar{J}_{11}N_{3,\xi}+\bar{J}_{12}N_{3,\eta}+\bar{J}_{13}N_{3,\zeta} & 0 & 0 & \\ 0 & \bar{J}_{21}N_{3,\xi}+\bar{J}_{22}N_{3,\eta}+\bar{J}_{23}N_{3,\zeta} & 0 & \\ 0 & 0 & \bar{J}_{31}N_{3,\xi}+\bar{J}_{32}N_{3,\eta}+\bar{J}_{33}N_{3,\zeta} & \text{etc}\\ \bar{J}_{21}N_{3,\xi}+\bar{J}_{22}N_{3,\eta}+\bar{J}_{23}N_{3,\zeta} & \bar{J}_{11}N_{3,\xi}+\bar{J}_{12}N_{3,\eta}+\bar{J}_{13}N_{3,\zeta} & 0 & \\ 0 & \bar{J}_{31}N_{3,\xi}+\bar{J}_{32}N_{3,\eta}+\bar{J}_{33}N_{3,\zeta} & \bar{J}_{21}N_{3,\xi}+\bar{J}_{22}N_{3,\eta}+\bar{J}_{23}N_{3,\zeta} & \\ \bar{J}_{31}N_{3,\xi}+\bar{J}_{32}N_{3,\eta}+\bar{J}_{33}N_{3,\zeta} & 0 & \bar{J}_{11}N_{3,\xi}+\bar{J}_{12}N_{3,\eta}+\bar{J}_{13}N_{3,\zeta} & \end{array}\right]}_{\boldsymbol{B}_{6\times24}}\underbrace{\begin{Bmatrix}u_1\\ v_1\\ w_1\\ \vdots\\ u_8\\ v_8\\ w_8\end{Bmatrix}}_{\boldsymbol{q}_{24\times1}}$$

这里

$$\boldsymbol{\varepsilon}=\boldsymbol{Bq}\qquad\qquad \underset{6\times24}{\boldsymbol{B}}=\underset{6\times9}{\boldsymbol{B}^{\circ}}\,\underset{9\times9}{\bar{\boldsymbol{J}}}\,\underset{9\times24}{\boldsymbol{N}'} \tag{14}$$

(4) 计算 $\boldsymbol{G}$ 及 $\boldsymbol{H}$

$$\begin{aligned}\underset{18\times24}{\boldsymbol{G}}&=\int_{V_n}\underset{18\times6}{\boldsymbol{P}^{\mathrm{T}}}\,\underset{6\times24}{\boldsymbol{B}}\,\mathrm{d}V=\int_{-1}^{1}\int_{-1}^{1}\int_{-1}^{1}\boldsymbol{P}^{\mathrm{T}}\boldsymbol{B}|\boldsymbol{J}|\,\mathrm{d}\xi\mathrm{d}\eta\mathrm{d}\zeta\\ &\doteq\sum_{i=1}^{3}\sum_{j=1}^{3}\sum_{k=1}^{3}f(\xi_i,\eta_j,\zeta_k)\,w_iw_jw_t\,|\boldsymbol{J}|=\sum_{i}\sum_{j}\sum_{k}f(\xi_i,\eta_j,\zeta_k)w_t\end{aligned} \tag{15}$$

令 $\boldsymbol{\varepsilon}=\boldsymbol{S\sigma}$，对各向同性材料

$$\boldsymbol{\varepsilon}=\begin{Bmatrix}\varepsilon_x\\ \varepsilon_y\\ \varepsilon_z\\ \varepsilon_{xy}\\ \varepsilon_{yz}\\ \varepsilon_{zy}\end{Bmatrix}=\underbrace{\frac{1}{E}\begin{bmatrix}1 & -\mu & -\mu & 0 & 0 & 0\\ -\mu & 1 & -\mu & 0 & 0 & 0\\ -\mu & -\mu & 1 & 0 & 0 & 0\\ 0 & 0 & 0 & 2(1+\mu) & 0 & 0\\ 0 & 0 & 0 & 0 & 2(1+\mu) & 0\\ 0 & 0 & 0 & 0 & 0 & 2(1+\mu)\end{bmatrix}}_{\boldsymbol{S}_{6\times6}}\underbrace{\begin{Bmatrix}\sigma_x\\ \sigma_y\\ \sigma_z\\ \tau_{xy}\\ \tau_{yz}\\ \tau_{zy}\end{Bmatrix}}_{\boldsymbol{\sigma}_{6\times1}}=\boldsymbol{S\sigma} \tag{16}$$

于是

$$\underset{18\times18}{\boldsymbol{H}} = \int_{V_n} \boldsymbol{P}^{\mathrm{T}} \boldsymbol{S} \boldsymbol{P} \mathrm{d}V = \int_{-1}^{1}\int_{-1}^{1}\int_{-1}^{1} \underset{18\times6}{\boldsymbol{P}^{\mathrm{T}}} \underset{6\times6}{\boldsymbol{S}} \underset{6\times18}{\boldsymbol{P}} \left|\boldsymbol{J}\right| \mathrm{d}\xi \mathrm{d}\eta \mathrm{d}\zeta$$
$$\doteq \sum_{i=1}^{3}\sum_{j=1}^{3}\sum_{k=1}^{3} g(\xi_i,\eta_j,\zeta_k)\, w_i w_j w_t \left|\boldsymbol{J}\right| \tag{17}$$

(5) 计算单刚

$$\boldsymbol{k} = \boldsymbol{G}^{\mathrm{T}} \boldsymbol{H}^{-1} \boldsymbol{G} \tag{18}$$

2) 单刚排列程序几点说明

(1) 当 $\boldsymbol{\sigma}$ 的分量以直角坐标表示时，$\boldsymbol{\varepsilon}$ 的分量也需以直角坐标表示，同时，取相应直角坐标的 $\boldsymbol{S}$ 阵。

(2) 以上是依 Π_{HR} 求单刚，由表 B.1 可见，$\boldsymbol{G}$ 阵为一个体积分。如对同一个应力场，依据 Π_{mc} 求单刚，选择单元表面位移场为

$$\tilde{\boldsymbol{u}} = \boldsymbol{L}\boldsymbol{q}$$

这时，$\boldsymbol{G}$ 积分应展布在一个三维元的 6 个表面上，即

$$\boldsymbol{G} = \int_{\partial V_n} \boldsymbol{R}^{\mathrm{T}} \boldsymbol{L} \mathrm{d}S = \int_{\partial V_n} (\boldsymbol{\nu P})^{\mathrm{T}} \boldsymbol{L} \mathrm{d}S \tag{19}$$

对于具有一个无外力表面的特殊元，由于此表面上外力为零，依据 Π_{mc} 列式时，$\boldsymbol{G}$ 只计算其余 5 个表面上的积分。

当由元内位移 $\boldsymbol{u}$，算得其表面上的位移与表面位移 $\tilde{\boldsymbol{u}}$ 相等时，两种方法求得的单刚相等。

(3) 我们讨论的特殊元，具有一个半径为 a 的无外力圆柱表面如图 B.3 所示，其柱坐标与自然坐标的转换关系为

$$r(\xi,\eta) = \frac{1+\xi}{2}\sqrt{\frac{s^2}{4}(1-\eta)^2 + (a+l_1)^2 - s(1-\eta)(a+l_1)\cos\delta} + \frac{1-\xi}{2}a$$
$$\theta(\xi,\eta) = \frac{1+\xi}{2}\tan^{-1}\frac{y_2+y_3+\eta s\sin\gamma}{x_2+x_3+\eta s\cos\gamma} + \frac{(1-\xi)(1+\eta)}{4}\theta_2 + \frac{(1-\xi)(1-\eta)}{4}\theta_1 \tag{20}$$
$$z = \zeta h + z_0$$

式中

$$\gamma = \tan^{-1}\frac{y_3-y_2}{x_3-x_2}$$
$$\delta = \gamma - \tan^{-1}\frac{y_3}{x_3} \tag{21}$$
$$s = \sqrt{(x_3-x_2)^2 + (y_3-y_2)^2}$$
$$l_1 = \sqrt{(x_4-x_3)^2 + (y_4-y_3)^2}$$

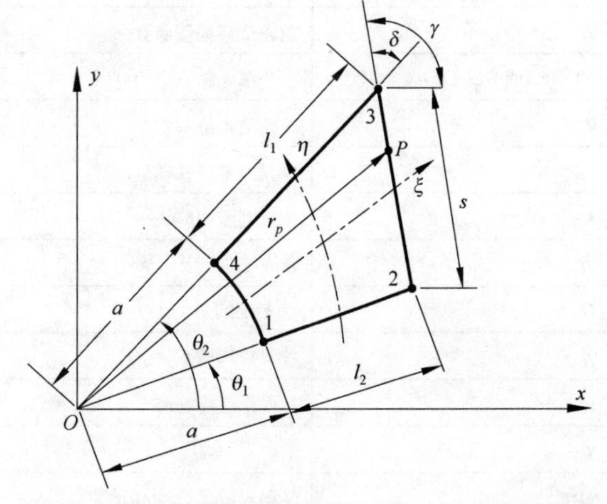

图 B.3 具有一个无外力圆柱表面的三维 8 结点特殊元平面图

(4) 对具有一个无外力直表面的 12 结点杂交应力元有如图 B.4 两种，单刚列式时请注意区分。

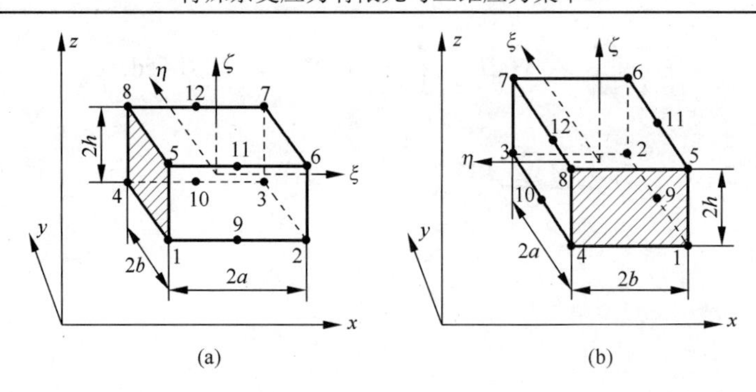

图 B.4　两种具有一个无外力直表面的三维 12 结点特殊元

3. 等参位移元单刚列式

$$\boldsymbol{u}=\boldsymbol{N}\boldsymbol{q}\,[\text{式}(5)]\xrightarrow{\text{式}(14)}\boldsymbol{B}\xrightarrow{\Pi_P}\boldsymbol{k}=\int_{V_n}\boldsymbol{B}^{\mathrm{T}}\boldsymbol{C}\boldsymbol{B}\,\mathrm{d}V\qquad(\boldsymbol{\sigma}=\boldsymbol{C}\boldsymbol{\varepsilon})\tag{22}$$

B.3　建立的几种典型单元程序说明

1. 程序中引入的量及维数(表 B.2)

程序中引入的量及维数如表 B.2 所示。

表 B.2　各子程序引入的量及有关维数

名称	内容	维数
β	单元应力参数	NBETA ×1
NBETA	一个单元的 β 数	
$\boldsymbol{P}$	应力插值函数	6× NBETA
$\boldsymbol{\sigma}$	单元应力场 $[\sigma_x,\sigma_y,\sigma_z,\tau_{yz},\tau_{zx},\tau_{xy}]^{\mathrm{T}}$	6×1
$\boldsymbol{S}$	材料弹性阵 $(\boldsymbol{\varepsilon}=\boldsymbol{S}\boldsymbol{\sigma})$	6×6
$\tilde{\boldsymbol{u}}$	单元表面位移 $[\tilde{u},\tilde{v},\tilde{w}]^{\mathrm{T}}$	3×1
$\boldsymbol{L}$	表面位移插值函数	3× $\overline{\text{N}}$DOF
$\overline{\text{N}}$DOF (或 NEDOF)	一个单元结点自由度数	
$\boldsymbol{q}$	单元结点位移数	$\overline{\text{N}}$DOF×1
$\boldsymbol{N}$	单元内部位移插值函数	
$\boldsymbol{k}$	单元刚度矩阵	$\overline{\text{N}}$DOF × $\overline{\text{N}}$DOF
$\boldsymbol{H}$	求 $\boldsymbol{k}$ 中的一个子阵	NBETA × NBETA
$\boldsymbol{G}$	求 $\boldsymbol{k}$ 中的另一个子阵	NBETA ×$\overline{\text{N}}$ DOF
$\boldsymbol{R}$	外力转化阵 $(\boldsymbol{R}=\boldsymbol{\nu}\boldsymbol{P})$	3× NBETA
$\boldsymbol{\nu}$	方向余弦变换阵	3×6
$\boldsymbol{T}$	表面力 $[T_x,T_y,T_z]^{\mathrm{T}}$	3×1
NET	结构离散后总的单元数	
NDT	结构离散后总的自由度数	
NCON	结构离散后总的位移边界数(限 FSUBA 及 FSUBB)	

续表

名称	内容	维数
NTYP	离散结构所用有限元类型	
NDOF	一个结点的自由度数	
J_1	离散结构每一种类型元的总数	
J_2	每种类型元中每个元的结点数(层合元为每层结点数)	
J_3	单元每个结点的总体自由度	
J_4	结构位移已知结点的总体自由度	
COORD	结构所有结点总体坐标	
NFORCE	已知外力结点数	
IFBC	每个外力作用点的总体自由度	
FORCF	每个外力的大小	
$J_1(5)$	离散结构最多用 5 种类型单元	
$J_2(5)$	每个结点自由度不大于 5 个	
COORDE(3,500)	离散结构最大结点数 500	
JCONN(8,300)	离散结构最大 300 个单元	
EE	杨氏弹性模量 E	
GNU	泊松比 μ	
a	圆孔半径	
BB	图 B.3 中 BB $=s$	
CC	图 B.3 中 CC $=l_1$	
DD	图 B.3 中 DD $=l_2$	
NORDER	高斯点数	
GAUSS(5)	5 个高斯点	
GWT(5)	5 个权函数	
IZFLAG=1	计算 $\boldsymbol{J}$	
IZFLAG $\neq$ 1 (或=0)	仅计算坐标 $(\xi,\eta,\zeta)\to(x,y,z)$	
NLAYS	层合板层数	
INODE	层板每层结点数	
NEDOF	一个层合元的自由度数	
NDOFX	每个层合元中每个小单元的自由度数	
JSS	每个层合元总的结点数	

2. 几种典型单元程序(表 B.3)

附录 C 中第二部分，给出我们所建立的 6 种典型特殊元程序，这些程序中的主程序及子程序的名称，列于表 B.3。

表 B.3　各类单元及其所用的主程序及子程序

序号	单元类型及建立单刚的变分原理	FSMAIN	FSUBA	FSUBB	SOLID	TPMAT	GMATRIX	HGMA-TRIX	TBMAT	TSTR	JACOB	VTMAT	LMATRX	GUASIP	TCART	MXINV (MIS,WIER)
		（输入 DATA+B.C.）			$\boldsymbol{k}$	$\boldsymbol{P}$	$\boldsymbol{G}$	$\boldsymbol{H}^{-1}\boldsymbol{G}$	$\boldsymbol{B}$	$\boldsymbol{\sigma}$	$\boldsymbol{J}$	$\boldsymbol{v}$	$\boldsymbol{L}$	Guss	xyz	$\boldsymbol{H}^{-1}$
1	12 节点一个无外力圆柱表面三维杂交应力元（Π_{mc}，元 SC12 I，30-β，各向同性材料）	FSMAIN1	FSUBA	FSUBB1	TSOLID1	TPMAT1	TGMAT1	/	/	TSTR1	TJMAT1	TVMAT1	TLMAT1	TGUASS	/	√
2	12 节点一个无外力直表面三维杂交应力元（Π_{HR}，元 SCP12，30-β，各向同性材料）(a) (b)	√①	√	√	TSOLID2	TPMAT2	/②	/	TBMAT2	TSTR2	/	/	/	√	/	√
3	8 节点三维一般杂交杂交应力元（Π_{HR}，18-β，Pian 及 Tong 元，各向同性材料）	FSMAIN3	√	FSUBB3	TSOLID3	TPMAT3	/	/	TBMAT3	TSTR3	/	/	/	√	TCART3	√
4	8 节点三维一般等参位移元（Π_p，各向同性材料）	√	√	FSUBB4	XPS	/	/	/	√	XSTR	/	/	/	√	/	/

续表

序号	单元类型及建立单刚的变分原理	FSMAIN	FSUBA	FSUBB	SOLID	TPMAT	GMATRIX	HGM-ATRIX	TBMAT	TSTR	JACOB	VTMAT	LMATRX	GUASIP	TCART	MXINV (MFS,WER)
		（输入 DATA+B.C.）			k	P	G	$H^{-1}G$	B	σ	J	v	L	Guss	xyz	H^{-1}
5	每一层 8 节点，一个无外力圆柱面杂交应力元（Π_{mc}，元 SLC21β，每层 21-β，各向**异性层**合材料） 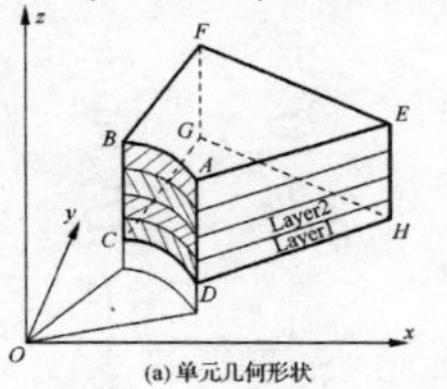 (a) 单元几何形状 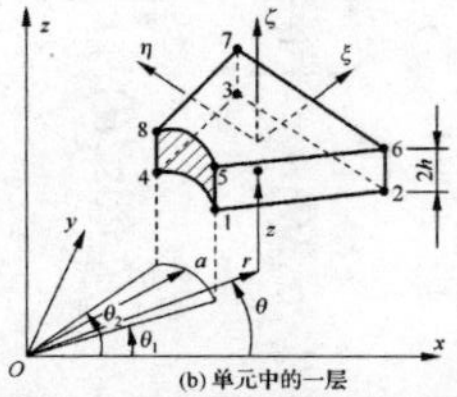 (b) 单元中的一层	FSMAIN	FSUBAL	FSUBBL	SKMATL	STPMATL	SGMATL	SHGMATL	/	STSTRL	SJACOB	SVTMATL	SLMATL	√	/	√
6	每一层 8 节点，一个无外力直表面杂交应力元（Π_{mc}，元 SLP15β，每层 15-β，各向**异性层**合材料） 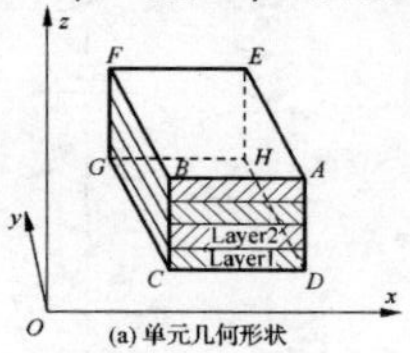 (a) 单元几何形状 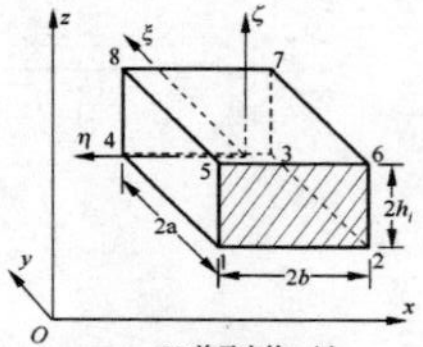 (b) 单元中的一层	√	√	√	ZKMATL	ZTPMATL	ZGMATL	ZHGMATL	/	ZTSTRL	ZJACOB	ZVTMATL	ZLMATL	√	/	√

注：① “√”代表与上一行对应子程序相同；② “/”代表此单元不用与上一行对应的子程序。

3. 表 B.3 中所列杂交应力元的应力场

1) 12 结点具有一个无外力圆柱表面三维杂交应力元(Π_{mc} 列式，元 SC12 I，30-β，各向同性材料)

$$\begin{aligned}
\sigma_r &= \left(1-\frac{a^2}{r^2}\right)\beta_1+\left(1-\frac{4a^2}{r^2}+\frac{3a^4}{r^4}\right)(\beta_2\cos2\theta+\beta_3\sin2\theta)\\
&+r\left(1-\frac{a^4}{r^4}\right)(\beta_4\cos\theta+\beta_5\sin\theta)+r\left(1-\frac{5a^4}{r^4}+\frac{4a^6}{r^6}\right)(\beta_6\cos3\theta+\beta_7\sin3\theta)\\
&+r^2\left(1-\frac{6a^6}{r^6}+\frac{5a^8}{r^8}\right)(\beta_8\cos4\theta+\beta_9\sin4\theta)\\
&+z\left[\left(1-\frac{a^2}{r^2}\right)\beta_{10}+\left(1-\frac{4a^2}{r^2}+\frac{3a^4}{r^4}\right)(\beta_{11}\cos2\theta+\beta_{12}\sin2\theta)\right.\\
&+r\left(1-\frac{a^4}{r^4}\right)(\beta_{13}\cos\theta+\beta_{14}\sin\theta)\\
&\left.+r\left(1-\frac{5a^4}{r^4}+\frac{4a^6}{r^6}\right)(\beta_{15}\cos3\theta+\beta_{16}\sin3\theta)\right]\\
\sigma_\theta &= \left(1+\frac{a^2}{r^2}\right)\beta_1-\left(1+\frac{3a^4}{r^4}\right)(\beta_2\cos2\theta+\beta_3\sin2\theta)\\
&+r\left(3+\frac{a^4}{r^4}\right)(\beta_4\cos\theta+\beta_5\sin\theta)-r\left(1-\frac{a^4}{r^4}+\frac{4a^6}{r^6}\right)(\beta_6\cos3\theta+\beta_7\sin3\theta)\\
&-r^2\left(1-\frac{2a^6}{r^6}+\frac{5a^8}{r^8}\right)(\beta_8\cos4\theta+\beta_9\sin4\theta)\\
&+z\left[\left(1+\frac{a^2}{r^2}\right)\beta_{10}-\left(1+\frac{3a^4}{r^4}\right)(\beta_{11}\cos2\theta+\beta_{12}\sin2\theta)\right.\\
&+r\left(3+\frac{a^4}{r^4}\right)(\beta_{13}\cos\theta+\beta_{14}\sin\theta)\\
&\left.-r\left(1-\frac{a^4}{r^4}+\frac{4a^6}{r^6}\right)(\beta_{15}\cos3\theta+\beta_{16}\sin2\theta)\right] \qquad (1)^3\\
\tau_{r\theta} &= -\left(1+\frac{2a^2}{r^2}-\frac{3a^4}{r^4}\right)(\beta_2\sin2\theta-\beta_3\cos2\theta)+r\left(1-\frac{a^4}{r^4}\right)(\beta_4\sin\theta-\beta_5\sin\theta)\\
&-r\left(1+\frac{3a^4}{r^4}-\frac{4a^6}{r^6}\right)(\beta_6\sin3\theta-\beta_7\cos3\theta)-r^2\left(1+\frac{4a^6}{r^6}-\frac{5a^8}{r^8}\right)(\beta_8\sin4\theta-\beta_9\cos4\theta)\\
&+z\left[\left(1+\frac{2a^2}{r^2}-\frac{3a^4}{r^4}\right)(-\beta_{11}\sin2\theta+\beta_{12}\cos2\theta)+r\left(1-\frac{a^4}{r^4}\right)(\beta_{13}\sin\theta-\beta_{14}\cos\theta)\right.\\
&\left.+r\left(1+\frac{3a^4}{r^4}-\frac{4a^6}{r^6}\right)(-\beta_{15}\sin3\theta+\beta_{16}\cos3\theta)\right]
\end{aligned}$$

$$\tau_{rz}=\left(1-\frac{a^2}{r^2}\right)\beta_{17}+\left(1-\frac{a^4}{r^4}\right)(\beta_{18}\cos 2\theta+\beta_{19}\sin 2\theta)$$
$$+r\left(1-\frac{a^4}{r^4}\right)(\beta_{20}\cos\theta+\beta_{21}\sin\theta)+r\left(1-\frac{a^6}{r^6}\right)(\beta_{22}\cos 3\theta+\beta_{23}\sin 3\theta)$$
$$+r^2\left(1-\frac{a^6}{r^6}\right)(\beta_{24}\cos 2\theta+\beta_{25}\sin 2\theta)+r^2\left(1-\frac{a^8}{r^8}\right)(\beta_{26}\cos 4\theta+\beta_{27}\sin 4\theta)$$

$$\tau_{\theta z}=-2\left(1-\frac{a^4}{r^4}\right)(\beta_{18}\sin 2\theta-\beta_{19}\cos 2\theta)-r\left(1-\frac{a^4}{r^4}\right)(\beta_{20}\sin\theta-\beta_{21}\cos\theta)$$
$$-3r\left(1-\frac{a^6}{r^6}\right)(\beta_{22}\sin 3\theta-\beta_{23}\cos 3\theta)-2r^2\left(1-\frac{a^6}{r^6}\right)(\beta_{24}\sin 2\theta-\beta_{25}\cos 2\theta)$$
$$-4r^2\left(1-\frac{a^8}{r^8}\right)(\beta_{26}\sin 4\theta-\beta_{27}\cos 4\theta)$$

$$\sigma_z=\beta_{28}+r\beta_{29}+\theta\beta_{30}-\frac{z}{r}\left[\left(1+\frac{a^2}{r^2}\right)\beta_{17}-\left(3-\frac{7a^4}{r^4}\right)(\beta_{18}\cos 2\theta+\beta_{19}\sin 2\theta)\right.$$
$$+r\left(1+\frac{3a^4}{r^4}\right)(\beta_{20}\cos\theta+\beta_{21}\sin\theta)-r\left(7-\frac{13a^6}{r^6}\right)(\beta_{22}\cos 3\theta+\beta_{23}\sin 3\theta)$$
$$\left.-r^2\left(1-\frac{7a^6}{r^6}\right)(\beta_{24}\cos 2\theta+\beta_{25}\sin 2\theta)-r^2\left(13-\frac{21a^8}{r^8}\right)(\beta_{26}\cos 4\theta+\beta_{27}\sin 4\theta)\right]$$

2) 12 结点具有一个无外力垂直表面三维杂交应力元（Π_{HR} 列式元 SCP12，30-β，各向同性材料）

$$
\begin{aligned}
&\sigma_x^a=\sigma_y^b=(1+\xi)^2\beta_1\\
&\sigma_y^a=\sigma_x^b=\beta_2+\xi\beta_3+\eta\beta_4+\zeta\beta_5+\xi^2\beta_6+\xi\eta\beta_7+\xi\zeta\beta_8\\
&\qquad+\frac{2d}{c}\xi\eta\zeta\beta_{16}+(\eta\zeta+2\xi\eta\zeta)\beta_{25}+\xi^2\eta\beta_{27}+\xi^2\zeta\beta_{28}\\
&\sigma_z^a=\sigma_z^b=\beta_9+\xi\beta_{10}+\eta\beta_{11}+\xi^2\beta_{12}+\xi\eta\beta_{13}-c\zeta\beta_{19}-c\xi\zeta\beta_{21}\\
&\qquad-d\zeta\beta_{22}+2d\xi\eta\zeta\beta_{23}-(d\zeta+2d\xi\zeta)\beta_{24}\\
&\qquad+(\eta\zeta+2\xi\eta\zeta)\beta_{26}+\xi^2\eta\beta_{29}+\xi^2\zeta\beta_{30}\\
&\tau_{xy}^a=\tau_{xy}^b=-\frac{d}{c}(\eta+\xi\eta)\beta_1+(1+\xi)\beta_{14}+(\xi+\xi^2)\beta_{15}\\
&\qquad+(\zeta-\xi^2\zeta)\beta_{16}-\frac{c}{d}(\xi\zeta+\xi^2\zeta)\beta_{25}\\
&\tau_{yz}^a=\tau_{zx}^b=\frac{d^2}{c}\eta\zeta\beta_1-c\zeta\beta_4-c\xi\zeta\beta_7-d\zeta\beta_{14}-(d\zeta+2d\xi\zeta)\beta_{15}+\beta_{17}\\
&\qquad+\xi\beta_{18}+\eta\beta_{19}+\xi^2\beta_{20}+\xi\eta\beta_{21}-c\xi^2\zeta\beta_{27}-\frac{1}{c}\xi^2\eta\beta_{30}\\
&\tau_{zx}^a=\tau_{yz}^b=-(d\zeta+d\xi\zeta)\beta_1+(1+\xi)\beta_{22}+(\eta-\xi^2\eta)\beta_{23}\\
&\qquad+(\xi+\xi^2)\beta_{24}-\frac{1}{d}(\xi\eta+\xi^2\eta)\beta_{26}
\end{aligned}
\tag{24}
$$

式中，σ^a 为特殊元“a”的应力；σ^b 为特殊元“b”的应力；$c=h/b$（对元“a”），$c=-h/b$（对元“b”）；$d=h/a$（对元“a”及元“b”）。

3）8结点三维一般杂交应力元（Π_{HR} 列式，Pian 及 Tong 元，18-β，各向同性材料）

$$
\begin{aligned}
\sigma_x &= \beta_1+\beta_2\eta+\beta_3\zeta+\beta_4\eta\zeta\\
\sigma_y &= \beta_5+\beta_6\xi+\beta_7\zeta+\beta_8\xi\zeta\\
\sigma_z &= \beta_9+\beta_{10}\xi+\beta_{11}\eta+\beta_{12}\xi\eta\\
\tau_{xy} &= \beta_{13}+\beta_{14}\zeta\\
\tau_{yz} &= \beta_{15}+\beta_{16}\xi\\
\tau_{xz} &= \beta_{17}+\beta_{18}\eta
\end{aligned}
$$

4）每层8结点，具有一个无外力圆柱表面层合杂交应力元（Π_{mc} 列式，元 SLC21β，每层21-β，各向异性层合材料）

$$
\begin{aligned}
\sigma_r^{(i)} &= \left(1-\frac{a^2}{r^2}\right)\beta_1^{(i)}+\left(1-\frac{4a^2}{r^2}+\frac{3a^4}{r^4}\right)[\beta_2^{(i)}\cos2\theta+\beta_3^{(i)}\sin2\theta]\\
&\quad+r\left(1-\frac{a^4}{r^4}\right)[\beta_4^{(i)}\cos\theta+\beta_5^{(i)}\sin\theta]+r\left(1-\frac{5a^4}{r^4}+\frac{4a^6}{r^6}\right)[\beta_6^{(i)}\cos3\theta+\beta_7^{(i)}\sin3\theta]\\
&\quad+(d_i+h_i\zeta)\left\{\left(1-\frac{a^2}{r^2}\right)\beta_8^{(i)}+\left(1-\frac{4a^2}{r^2}+\frac{3a^4}{r^4}\right)[\beta_9^{(i)}\cos2\theta+\beta_{10}^{(i)}\sin2\theta]\right.\\
&\quad\left.+r\left(1-\frac{a^4}{r^4}\right)[\beta_{11}^{(i)}\cos\theta+\beta_{12}^{(i)}\sin\theta]+r\left(1-\frac{5a^4}{r^4}+\frac{4a^6}{r^6}\right)[\beta_{13}^{(i)}\cos3\theta+\beta_{14}^{(i)}\sin3\theta]\right\}\\
\sigma_\theta^{(i)} &= \left(1+\frac{a^2}{r^2}\right)\beta_1^{(i)}-\left(1+\frac{3a^4}{r^4}\right)[\beta_2^{(i)}\cos2\theta+\beta_3^{(i)}\sin2\theta]\\
&\quad+r\left(1+\frac{a^4}{r^4}\right)[\beta_4^{(i)}\cos\theta+\beta_5^{(i)}\sin\theta]-r\left(1-\frac{a^4}{r^4}+\frac{4a^6}{r^6}\right)[\beta_6^{(i)}\cos3\theta+\beta_7^{(i)}\sin3\theta]\\
&\quad+(d_i+h_i\zeta)\left\{\left(1+\frac{a^2}{r^2}\right)\beta_8^{(i)}-\left(1+\frac{3a^4}{r^4}\right)[\beta_9^{(i)}\cos2\theta+\beta_{10}^{(i)}\sin2\theta]\right.\\
&\quad\left.+r\left(3+\frac{a^4}{r^4}\right)[\beta_{11}^{(i)}\cos\theta+\beta_{12}^{(i)}\sin\theta]-r\left(1-\frac{a^4}{r^4}+\frac{4a^6}{r^6}\right)[\beta_{13}^{(i)}\cos3\theta+\beta_{14}^{(i)}\sin3\theta]\right\}\\
\tau_{r\theta}^{(i)} &= \left(1+\frac{2a^2}{r^2}-\frac{3a^4}{r^4}\right)[-\beta_2^{(i)}\sin2\theta+\beta_3^{(i)}\cos2\theta]-r\left(1-\frac{a^4}{r^4}\right)[-\beta_4^{(i)}\sin\theta+\beta_5^{(i)}\cos\theta]\\
&\quad+r\left(1+\frac{3a^4}{r^4}-\frac{4a^6}{r^6}\right)[-\beta_6^{(i)}\sin3\theta+\beta_7^{(i)}\cos3\theta]\\
&\quad+(d_i+h_i\zeta)\left\{\left(1+\frac{2a^2}{r^2}-\frac{3a^4}{r^4}\right)[-\beta_9^{(i)}\sin2\theta+\beta_{10}^{(i)}\cos2\theta]\right.\\
&\quad\left.-r\left(1-\frac{a^4}{r^4}\right)[-\beta_{11}^{(i)}\sin\theta+\beta_{12}^{(i)}\cos\theta]+r\left(1+\frac{3a^4}{r^4}-\frac{4a^6}{r^6}\right)[-\beta_{13}^{(i)}\sin3\theta+\beta_{14}^{(i)}\cos3\theta]\right\}\qquad(26)\\
&\quad-r\left(1-\frac{a^2}{r^2}\right)\beta_{15}^{(i)}-r^2\left(1-\frac{a^4}{r^4}\right)[\beta_{16}^{(i)}\cos\theta+\beta_{17}^{(i)}\sin\theta]
\end{aligned}
$$

$$-r\left(1-\frac{a^4}{r^4}\right)[\beta_{18}^{(i)}\cos 2\theta+\beta_{19}^{(i)}\sin 2\theta]-r^2\left(1-\frac{a^6}{r^6}\right)[\beta_{20}^{(i)}\cos 3\theta+\beta_{21}^{(i)}\sin 3\theta]$$

$$\sigma_z^{(i)}=-h_i^2(1+\zeta)^2\left\{\left(3+\frac{a^4}{r^4}\right)[-\beta_{16}^{(i)}\sin\theta+\beta_{17}^{(i)}\cos\theta]+\frac{4}{r}\left(1+\frac{a^4}{r^4}\right)[-\beta_{18}^{(i)}\sin 2\theta+\beta_{19}^{(i)}\cos 2\theta]\right.$$

$$\left.+9\left(1+\frac{a^6}{r^6}\right)[-\beta_{20}^{(i)}\sin 3\theta+\beta_{21}^{(i)}\cos 3\theta]\right\}+\sigma_z^{(i-1)}\Big|_{\zeta=+1}-\frac{h_i}{r}(1+\zeta)(\tau_{rz}^{(i-1)}\Big|_{\zeta=+1})$$

$$-h_i(1+\zeta)\frac{\partial\tau_{rz}^{(i-1)}}{\partial r}\Bigg|_{\zeta=+1}-\frac{1}{r}(1+\zeta)\frac{\partial\tau_{\theta z}^{(i-1)}}{\partial\theta}\Bigg|_{\zeta=+1}$$

$$\tau_{\theta z}^{(i)}=h_i(1+\zeta)\left\{\left(3-\frac{a^2}{r^2}\right)\beta_{15}^{(i)}+4r[\beta_{16}^{(i)}\cos\theta+\beta_{17}^{(i)}\sin\theta]+\left(3+\frac{a^4}{r^4}\right)[\beta_{18}^{(i)}\cos 2\theta+\beta_{19}^{(i)}\sin 2\theta]\right.$$

$$\left.+2r\left(2+\frac{a^6}{r^6}\right)[\beta_{20}^{(i)}\cos 3\theta+\beta_{21}^{(i)}\sin 3\theta]\right\}+\tau_{\theta z}^{(i-1)}\Big|_{\zeta=+1}$$

$$\tau_{rz}^{(i)}=h_i(1+\zeta)\left\{r\left(1-\frac{a^4}{r^4}\right)[-\beta_{16}^{(i)}\sin\theta+\beta_{17}^{(i)}\cos\theta]+2\left(1-\frac{a^4}{r^4}\right)[-\beta_{18}^{(i)}\cos 2\theta+\beta_{19}^{(i)}\sin 2\theta]\right.$$

$$\left.+3r\left(1-\frac{a^6}{r^6}\right)[-\beta_{20}^{(i)}\sin 3\theta+\beta_{21}^{(i)}\cos 3\theta]\right\}+\tau_{rz}^{(i-1)}\Big|_{\zeta=+1}$$

5) 每层 8 结点，具有一个无外力垂直表面层合杂交应力元（Π_{mc} 列式，元 SLC15β 每层 15-β，各向异性层合材料）

$$\sigma_x^{(i)}=\beta_2^{(i)}+\xi\beta_3^{(i)}+\eta\beta_4^{(i)}+\zeta\beta_5^{(i)}+\xi^2\beta_6^{(i)}+\eta^2\beta_7^{(i)}+\zeta^2\beta_8^{(i)}+\xi\eta\beta_9^{(i)}+\xi\zeta\beta_{10}^{(i)}+\eta\zeta\beta_{11}^{(i)}$$

$$\sigma_y^{(i)}=(1+\xi)^2\beta_1^{(i)}$$

$$\sigma_z^{(i)}=(1+\zeta)^2\beta_2^{(i)}+\sigma_z^{(i-1)}\Big|_{\zeta=1}$$

$$\tau_{xy}^{(i)}=\delta_1(1+\xi)\eta\beta_1^{(i)}+\delta_2(1+\xi)\eta\beta_7^{(i)}+\delta_3(1+\xi)\eta\beta_{12}^{(i)}+(1+\xi)\beta_{13}^{(i)}+(1+\xi)\zeta\beta_{14}^{(i)}-(1-\xi^2)\beta_{15}^{(i)}$$

$$\tau_{yz}^{(i)}=\delta_4(1+\xi)(1+\zeta)\beta_1^{(i)}+\delta_5(1+\xi)(1+\eta)\beta_7^{(i)}+\delta_6(1+\xi)(1+\zeta)\beta_{12}^{(i)}+\tau_{yz}^{(i-1)}\Big|_{\zeta=1}$$

$$\tau_{zx}^{(i)}=\delta_7(1+\zeta)\eta\beta_1^{(i)}+\delta_8(1+\zeta)\beta_4^{(i)}+\delta_8(1+\zeta)\eta\beta_7^{(i)}+\delta_8(1+\zeta)\xi\beta_9^{(i)}-0.5\delta_8(1-\zeta^2)\beta_{11}^{(i)}$$

$$+\delta_9(1+\zeta)\eta\beta_{12}^{(i)}+\delta_4(1+\zeta)\beta_{13}^{(i)}-0.5\delta_4(1-\zeta^2)\beta_{14}^{(i)}+2\delta_4(1+\zeta)\xi\beta_{15}^{(i)}+\tau_{zx}^{(i-1)}\Big|_{\zeta=1}$$

式中

$$\delta_1=\frac{a}{b}\qquad\delta_2=\frac{b}{a}\qquad\delta_3=-\frac{ab}{h_i^2}\qquad\delta_4=-\frac{h_i}{a}\qquad\delta_5=\frac{ah_i}{b^2}$$

$$\delta_6=-\frac{a}{h_i}\qquad\delta_7=-\frac{bh_i}{a^2}\qquad\delta_8=\frac{h_i}{b}\qquad\delta_9=\frac{b}{h_i}$$

a,b 为单元各边长度的二分之一，h_i 为 i 层厚度的二分之一。

B.4 程序运行

1. 单元程序与 FEABL 连接

1) 只用 8 结点一般三维杂交应力元一种单元求解

```
¥   TYPE TC8F.COM
```

```
￥!  8-NODE COMMON SOLID HYBRID ELEMENT
￥   LINK FSMAIN3, FSUBA, TFSUBB3, TSOLID3, TSTR3, TBMAT3, TPMAT3, -
     TCART3, MXINV, MFS, WIS, WER, DFEABL/LIB
￥   ASSTGN TC8F.DAT FOR010
￥   ASSTGN TC8F.OUT FOR006
￥   RENAME FSMAIN3.EXE TC8FSMAIN.EXE
￥   RUN TC8FSMAIN
￥   PUR TC8F.LOG
￥   DEL TC8FSMAIN.*;*
￥   EXIT
```

2)用 12 结点一个无外力圆柱表面杂交应力元及 8 结点一般三维杂交应力元联合求解

```
￥   TYPE TS12F.COM
￥!  12-NODE SPECIFIC SOLID HYBRID ELEMENT + 8-NODE COMMON SOLID HYBRID ELEMENT
￥   LINK FSMAIN1, FSUBA. TFSUBB1, TSOLID1, TSTR1, TPMAT1, TGMAT1, TJMAT1, -
     TVMAT1, TLMAT1, TGUASS, TSOLID3, TSTR3, FSUBB3, TPMAT3, TBMAT3, TCART3, -
     MXINV, MFS, MIS, WIER, DFEABL/LIB
￥   ASSIGN TS12F.DAT FOR010
￥   ASSIGN TS12F.OUT FOR006
￥   RENAME FSMAIN.EXE TS12FSMAIN. EXE
￥   RUN TS12FSMAIN
￥   DEL TS12FSMAIN. *;*
￥   EXIT
```

其余多种元联合求解与此类似。

2. 依照子程序 FSUBA 及 FSUBB 建立的 DATA 文件

以一个板($8''\times 8''\times 0.2''$)，中心具有半径$a=1''$的圆孔，两对边承受均匀拉伸$\sigma_0$(图 B.5)，建立 DATA 文件。

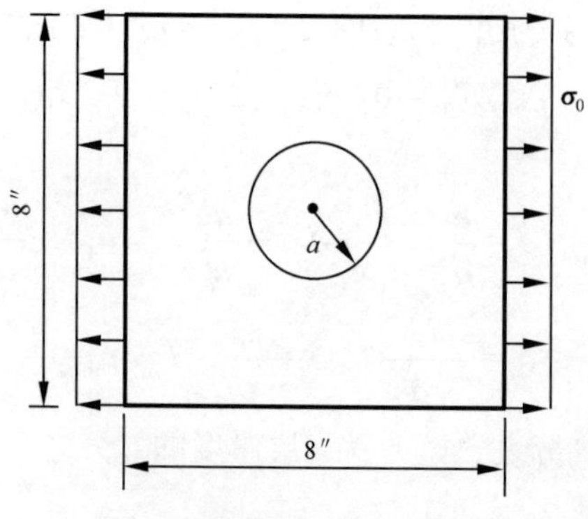

图 B.5　具有中心圆孔方板

考虑对称性，取八分之一板进行有限元分析。单元网格如图 B.6 所示，它由沿孔边两个 8 结点具有一个无外力圆柱面的特殊杂交应力元,及远离孔边两个 8 结点一般三维杂交应力元组成。

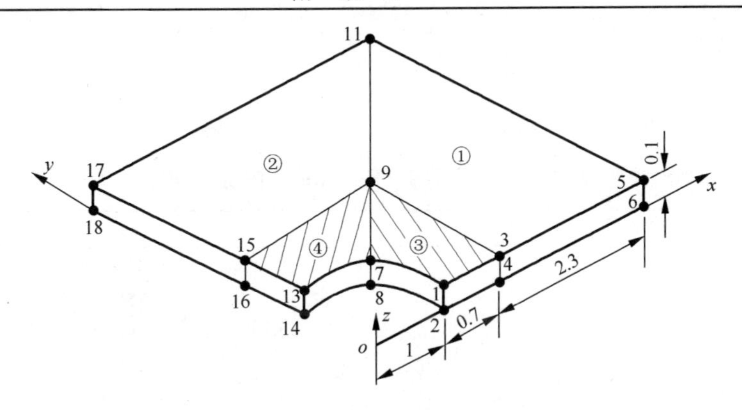

图 B.6 1/8 方板有限元网格

依照子程序 FSUBA 及 FSUBB，读入的 DATA 文件如下。

```
 4    54    21    2    3
 2     2
 8     8
 4     6    12   10    3    5    11    9
10    12    18   16    9   11    17   15
 2     4    10    8    1    3     9    7
 8    10    16   14    7    9    15   13
 2     5     6    8   11
12    14    17   18   24
30    36    37   40   42
43    46    48   49   52
54
0.10000000E+01   0.00000000E+00   0.10000000E+00
0.10000000E+01   0.00000000E+00   0.00000000E+00
0.15000000E+01   0.00000000E+00   0.10000000E+00
0.15000000E+01   0.00000000E+00   0.00000000E+00
0.20000000E+01   0.00000000E+00   0.10000000E+00
0.20000000E+01   0.00000000E+00   0.00000000E+00
0.70710678E+00   0.70710678E+00   0.10000000E+00
0.70710678E+00   0.70710678E+00   0.00000000E+00
0.13535534E+01   0.13535534E+01   0.10000000E+00
0.13535534E+01   0.13535534E+01   0.00000000E+00
0.20000000E+01   0.20000000E+01   0.10000000E+00
0.20000000E+01   0.20000000E+01   0.00000000E+00
0.00000000E+00   0.10000000E+01   0.10000000E+00
0.00000000E+00   0.10000000E+01   0.00000000E+00
0.00000000E+00   0.15000000E+01   0.10000000E+00
0.00000000E+00   0.15000000E+01   0.00000000E+00
0.00000000E+00   0.20000000E+01   0.10000000E+00
0.00000000E+00   0.20000000E+01   0.00000000E+00
8
13  16  31  32  34
0.5000000E+03   0.5000000E+03   0.5000000E+03   0.5000000E+03   0.5000000E+03
```

```
35  50  53
0.5000000E+03   0.5000000E+03   0.5000000E+03
```

各结点的自由度如表 B.4 所示。

表 B.4　各结点的自由度

结点	x	y	z
1	1	(2)	3
2	4	(5)	(6)
3	7	(8)	9
4	10	(11)	(12)
5	$\underline{13}$	(14)	15
6	$\underline{16}$	(17)	(18)
7	19	20	21
8	22	23	(24)
9	25	26	27
10	28	29	(30)
11	$\underline{31}$	$\underline{32}$	33
12	$\underline{34}$	$\underline{35}$	(36)
13	(37)	38	39
14	(40)	41	(42)
15	(43)	44	45
16	(46)	47	(48)
17	(49)	$\underline{50}$	51
18	(52)	$\underline{53}$	(54)

表中括号内的自由度为已知位移总体自由度，下划线的自由度为已知外力总体自由度。

(O-7265.01)

科学出版社互联网入口
信息技术分社：010-64009602 销售：010-64031535
E-mail: chenjing0523@mail.sciencep.com
销售分类建议：数理、力学

www.sciencep.com

定 价：128.00 元